Springer
Berlin
Heidelberg
New York
Barcelona
Budapest
Hongkong
London
Mailand
Paris
Santa Clara
Singapur
Tokio

L. Schimmelpfeng
S. Gessenich (Hrsg.)

Das Kreislaufwirtschafts- und Abfallgesetz

Neue Regelungen und Anforderungen

– inklusive untergesetzlichem Regelwerk –
7 Verordnungen, 1 Richtlinie

Mit 48 Abbildungen und 14 Tabellen

Lutz Schimmelpfeng
Stefan Gessenich
Umweltinstitut Offenbach GmbH
Nordring 82 B
D-63067 Offenbach am Main

Die Deutsche Bibliothek - CIP-Einheitsaufnahme

Das **Kreislaufwirtschafts- und Abfallgesetz** : neue Regelungen und Anforderungen ; inclusive unterschiedlichem Regelwerk / Lutz Schimmelpfeng ; Stefan Gessenich (Hrsg.). - Heidelberg : Springer, 1997
ISBN-13:978-3-540-61702-0 e-ISBN-13:978-3-642-60554-3
DOI:10.1007/978-3-642-60554-3

NE: Schimmelpfeng, Lutz [Hrsg.]

ISBN-13:978-3-540-61702-0

Dieses Werk ist urheberrechtlich geschützt. Die dadurch begründeten Rechte, insbesondere die der Übersetzung, des Nachdrucks, des Vortrags, der Entnahme von Abbildungen und Tabellen, der Funksendung, der Mikroverfilmung oder der Vervielfältigung auf anderen Wegen und der Speicherung in Datenverarbeitungsanlagen, bleiben, auch bei nur auszugsweiser Verwertung, vorbehalten. Eine Vervielfältigung dieses Werkes oder von Teilen dieses Werkes ist auch im Einzelfall nur in den Grenzen der gesetzlichen Bestimmungen des Urheberrechtsgesetzes der Bundesrepublik Deutschland vom 9. September 1965 in der jeweils geltenden Fassung zulässig. Sie ist grundsätzlich vergütungspflichtig. Zuwiderhandlungen unterliegen den Strafbestimmungen des Urheberrechtsgesetzes.

© Springer-Verlag Berlin Heidelberg 1997

Die Wiedergabe von Gebrauchsnamen, Handelsnamen, Warenbezeichnungen usw. in diesem Werk berechtigt auch ohne besondere Kennzeichnung nicht zu der Annahme, daß solche Namen im Sinne der Warenzeichen- und Markenschutz-Gesetzgebung als frei zu betrachten wären und daher von jedermann benutzt werden dürften.

Einbandgestaltung: E. Kirchner, Heidelberg
Satz: Reproduktionsfertige Vorlage von den Herausgebern

SPIN: 10548602 30/3136 - 5 4 3 2 1 0 – Gedruckt auf säurefreiem Papier

Vorwort

Am 07. Oktober 1996 ist das Kreislaufwirtschafts- und Abfallgesetz in Kraft getreten. Wie lange Zeit selbst unter Fachexperten fraglich, ist das untergesetzliche Regelwerk in Form der zunächst wichtigsten Verordnungen zur Umsetzung und Handhabung des Gesetzes termingerecht zum 20. September 1996 im Bundesgesetzblatt erschienen.

Betroffen von den neuen Regelungen sind praktisch alle abfallwirtschaftlichen Akteure in Wirtschaft und Verwaltung. Gründe hierfür sind in den teilweise gänzlich neuen Regelungen zu suchen, die kaum einen Bereich der Abfallwirtschaft auslassen: Beginnend mit der Einführung des Europäischen Abfallkatalogs, der von Abfallmenge und Art abhängigen Verpflichtung, Abfallwirtschaftskonzepte und Abfallbilanzen zu erstellen, die Chancen, Möglichkeiten und Pflichten Entsorgungsfachbetrieb zu werden, bis hin zur Veränderungen der Transportgenehmigungen, der Bestimmung besonders überwachungsbedürftiger Abfälle, deren Verwertung sowie neuen Regelungen hinsichtlich der Entsorgungsnachweise.

Viele der neuen Regelungen gründen auf Vorgängerregelungen in Bund oder Ländern, andere, wie der Europäische Abfallkatalog, auf EG-Regelungen. Die Erstellung von Abfallbilanzen und Abfallwirtschaftkonzepten ist z.B. in Nordrhein-Westfalen seit längerem geübte Praxis und ist im Band „EDV Anwendungen in der betrieblichen Abfallwirtschaft“ dieser Reihe aus anderem Blickwinkel schon einmal behandelt worden. In dem hier vorgelegten Band findet sich ein Erfahrungsbericht von Renate Schulz-Mathèe über die Umsetzung der entsprechenden NRW- Regelungen, wie sie in der Vergangenheit in diesem Bundesland zur Anwendung kam.

Andere Aspekte, wie die Lockerung des Anschluß- und Benutzerzwangs durch die mögliche Neuformierung von Entsorgergemeinschaften, und damit eine neue, ungewohnte Wettbewerbssituation für öffentliche Abfallverbände, ist von den dort betroffenen Körperschaften, wenn überhaupt, erst in Ansätzen erkannt worden.

In den betroffenen Wirtschaftzweigen jedenfalls ist die Resonanz auf die neuen Regelungen unübersehbar. Wenn Dr. Cosson vom Bundesverband der Deutschen Entsorgungswirtschaft die Gründung einer Entsorgergemeinschaft vorstellt, mag das nicht verwundern, aber auch in anderen Wirtschaftsverbänden laufen die Vorbereitungen zur Gründung von Entsorgergemeinschaften auf Hochtouren.

Überhaupt werden die Regelungen der Verordnung über Entsorgungsfachbetriebe und Richtlinie für die Tätigkeit und Anerkennung von Entsorgergemeinschaften als schwergewichtigste Neuerung des neuen Abfallrechts die größte unmittelbare Wirkung entfalten. Für den Abfallerzeuger ist die Garantie der sicheren und ordnungsgemäßen Entsorgung schlichtweg unverzichtbar.

Für die Umsetzung des Europäischen Abfallkatalogs im betrieblichen Alltag sind jetzt noch als großzügig erscheinende Übergangsregelungen getroffen worden. Praktische Erfahrungen haben die genzüberschreitenden Verbringer von Abfällen in, aus und durch die EU schongemacht, da diesen keine Übergangsregeln eingeräumt wurde. Die Anforderungen und Regelungen für diesen Bereich sind in dem Band „Der Europäische Abfallkatalog“ ausführlich diskutiert worden, der schon früher in dieser Reihe erschienen ist.

Im vorliegenden Band werden alle derzeit angewendeten und gültigen Kataloge, im Kontext der Verordnungen zur Abfallüberwachung, von Martin Engler vorgestellt.

Die weitgehendsten Auswirkungen, der mit der Einführung des neuen Abfallrechts diskutierten „Philosophie“ der Kreislaufwirtschaft werden wohl im Beitrag von Bruno Stark mit dem Verwertungs- und Entsorgungsdesign der Mercedes-Benz AG offenbar, in dem gezeigt wird, daß Produktverantwortung weit über das Sicherstellen von Attraktivität, Qualität und Sicherheit hinausgeht, indem beim Produktdesign ökologische Gesichtspunkte einer späteren Verwertung eingeschlossen werden.

Zusammengefaßt, diskutieren im vorliegenden Band Fachleute aus den zuständigen Ministerien, Vertreter einschlägiger Verbände sowie weitere, direkt von dem neuen Gesetz betroffene Experten, die erwartete Anwendung ab dem 07. 10. 96 als Tag des Inkrafttretens des neuen Abfallrechts. Das Zusammenspiel der verschiedenen Sichtweisen und Erwartungen erlaubt Einblick in die nunmehr veränderte, künftig bindende abfallwirtschaftliche Praxis.

Mit den im Anhang befindlichem Gesetz zur Kreislaufwirtschaft, sowie den bisher verabschiedeten Verordnungen und einer Richtlinie zum Gesetz, kann das vorliegende Werk den Charakter eines ersten Informations- und Interpretations-Handbuches beanspruchen, wobei die Priorität in allererster Linie auf der Aktualität des Werkes liegt.

Das Thema Kreislaufwirtschafts- und Abfallgesetz dürfte noch geraume Zeit für Unsicherheiten in der Handhabung und Umsetzung sorgen. Letztendlich werden, wie so oft, die Praxiserfahrungen mit dem neuen Gesetz Klarheit über einige bisher erkennbare Unwägsamkeiten erbringen. Das Umweltinstitut Offenbach wird mit aktuellen Veranstaltungen zum Thema, wie bisher schon, die interesierte Öffentlichkeit hochaktuell informieren.

Offenbach am Main, November 1996

Lutz Schimmelpfeng
Stefan Gessenich

Inhaltsverzeichnis

Einführung in die grundsätzlichen Veränderungen durch das Kreislaufwirtschafts- und Abfallgesetz 1
Henning v. Köller

Stand der untergesetzlichen Regelwerke zum Kreislaufwirtschafts- und Abfallgesetz 37
Karl Wagner

Abfallüberwachung – eine Bilanz
Das Spannungsfeld zwischen Eigenverantwortung und staatlicher Kontrolle 49
Carl-Otto Zubiller

Künftige Anforderungen an Entsorgungsfachbetriebe 57
Rainer Cosson

Beratungsprogramm zur Reststoff- bzw. Abfallvermeidung und -verwertung in Baden-Württemberg 61
Hans Ludwig Lipfert

Produktverantwortung und Selbstkontrolle am Beispiel Mercedes-Benz 67
Bruno Stark

Erste Verordnungstexte zur Umsetzung des Kreislaufwirtschafts- und Abfallgesetzes 73
Heinz Keune

Weitere Dualisierung der Abfallwirtschaft durch das Kreislaufwirtschafts- und Abfallgesetz 81
Jochen Hofmann-Hoeppel

Abfallwirtschaftskonzept und Abfallbilanzen als Instrumente der Kreislaufwirtschaft 103
Uwe Stoltenberg

Abfallwirtschaftskonzepte und Abfallbilanzen – ein Erfahrungsbericht aus Nordrhein-Westfalen 113
Renate Schulze-Matthée

Energetische Verwertung von Abfall 123
Günter Scheuß

Stoffliche Verwertung von Abfall 133
Egbert Schmidt

Abfallvermeidung und Abfallverwertung in mehrgeschossigen Wohnbauten inThüringen – Problemanalyse und Lösungsansätze 151
Rainer Sabrowski

Entsorgungsengineering 173
Michael Brühl-Saager

Anhang

Kreislaufwirtschafs- und Abfallgesetz (KrW-AbfG) vom 27. September 1994 187

Richtlinie für die Tätigkeit und Anerkennung von Entsorgergemeinschaften (Entsorgergemeinschaftenrichtlinie) vom 9. September 1996 227

Untergesetzliches Regelwerk (Verordnungen) zum Kreislaufwirtschafts- und Abfallgesetz vom 20. September 1996 235

Autorenverzeichnis

Dr. Michael Brühl-Saager
Freier Sachverständiger für Umweltschutz
Alter Ostdamm 50
48249 Dülmen

Dr. jur. Rainer Cosson
Bundesverband der Deutschen Entsorgungswirtschaft (BDE Köln)
Urdenbacher Acker 9
40593 Düsseldorf

Rechtsanwalt Dr. Jochen Hofmann-Hoeppel
Fachanwalt für Verwaltungsrecht
Textorstr. 9
97070 Würzburg

Rechtsanwalt Heinz Keune
Schönbornring 7
63263 Neu-Isenburg

Dr. Henning v. Köller
Regierungsdirektor im Bundesministerium
für Umwelt, Naturschutz und Reaktorsicherheit
Lerchenweg 5
53359 Rheinbach-Niederdrees

Dipl. Ing. Hans Ludwig Lipfert
Ministerium für Umwelt und Verkehr Baden-Württemberg
Kernerplatz 9
70182 Stuttgart

Dipl. Geogr. Renate Schulze-Matthée
Umweltamt Stadt Dortmund
Schloßstr. 27
42285 Wuppertal

Dipl.-Volkswirt Rainer Sabrowski
SHC Sabrowski-Hertrich-Consult GmbH
Haydnstr. 2
63743 Aschaffenburg

Dipl. Ing. Günter Scheuß
Mannheimer Versorgungs- und Verkehrsgesellschaft mbH
Leiter der Abteilung Planung MVV
68169 Mannheim

Egbert Schmidt
Edelhoff Entsorgung West GmbH & Co
Hegestück 20
58640 Iserlohn

Dipl. Ing. Bruno Stark
Mercedes-Benz AG
70322 Stuttgart

Dipl.-Ing. Uwe Stoltenberg
Ingenieurbüro Stoltenberg und Waibel
Gleueler Str. 205
50935 Köln

Baudirektor Karl Wagner
Bundesministerium für Umwelt, Naturschutz und Reaktorsicherheit
von-Halberg-Str. 13
53125 Bonn

Ltd. MinRat Carl-Otto Zubiller
Hessisches Ministerium für Umwelt, Energie, Jugend, Familie und Gesundheit
Mainzer Str. 80/PF 3109
65189 Wiesbaden

Einführung in die grundsätzlichen Veränderungen durch das Kreislaufwirtschafts- und Abfallgesetz

Henning von Köller

1 Die Entwicklung des Abfallrechts

1.1 Die Entwicklung des geltenden Abfallrechts

Zu den Anfängen des Umweltschutzes gehörte das Abfallbeseitigungsgesetz von 1972[1] – das erste bundeseinheitlich geltende Gesetz, das sich mit Abfällen befaßt. Es traf die heute noch vertrauten Regelungen

1972: Erstes Bundesgesetz – noch ohne Aussagen zur Abfallvermeidung

- zur Einsammlung, Beförderung, Behandlung, Lagerung und Ablagerung von Abfällen (§ 1 Abs. 2),
- verankerte den Grundsatz, daß durch Abfälle das Wohl der Allgemeinheit nicht beeinträchtigt werden darf (§ 2),
- setzte an die Stelle des kommunalrechtlichen Anschluß- und Benutzungszwangs den Anlagenzwang (§ 4 Abs. 1), die Andienungspflicht (§ 3 Abs. 1) und damit korrespondierend die Entsorgungspflicht, ein System, das bis heute (wenn auch mit Veränderungen) gilt *(zum Vergleich in Kursivschrift jeweils die neue Vorschrift im Kreislaufwirtschafts- und Abfallgesetz, hier zum Anlagenzwang § 27 Abs. 1 und zur Andienungspflicht § 13 KrW-/AbfG)*,
- machte die Abfallentsorgung dem Grundsatz nach zur Hoheitsaufgabe (Pflichtaufgabe) öffentlich-rechtlicher Körperschaften (§ 3 Abs. 2) *(vgl. § 15 KrW-/AbfG)*
- und gab den Ländern mehrere Planungsinstrumente (§§ 6, 7), um damit Standortentscheidungen von der untersten Verwaltungsebene auf eine höhere Planungsebene zu verlagern *(vgl. § 29 KrW-/AbfG)*.

---

[1] Das Gesetz über die Beseitigung von Abfällen vom 11.6.1972 (BGBl. I S. 873) beruht auf der konkurrierenden Gesetzgebungskompetenz des Bundes aus Art. 74 Nr. 24 GG, die erst zwei Monate vorher am 12.4.1972 (BGBl. I S. 593) geschaffen worden war.

1986: Von der Müllbeseitigung zur Abfallwirtschaft

Alle Bestimmungen des Gesetzes von 1972 waren reaktiver Natur. Sie betrafen aus heutiger Sicht ausschließlich die Ordnung der Abfallbeseitigung, die Abfallentsorgung im engeren Sinn. Es fehlten Instrumente zur Verringerung der Abfallmengen, zur Verwendung abfallarmer Produktionstechniken, zur Erhöhung der Haltbarkeit von Produkten sowie zur Verwertung von Abfällen oder zur Ausnutzung ihres Energiegehalts. Derartige Regelungen traf erst 1986 das Gesetz über die Vermeidung und Entsorgung von Abfällen, kurz Abfallgesetz (AbfG).

Es ersetzt das Wort „Abfallbeseitigung" durch den Begriff „Abfallentsorgung" und hat folgende Schwerpunkte:

- Das Abfallverwertungsgebot (§ 1 Abs. 2),
- die Altölentsorgung (§§ 5 a und 5 b),
- die Ermächtigung zum Erlaß einer TA Abfall (§ 4),
- die Ausdehnung der abfallrechtlichen Überwachung auf Altlasten (§ 11 Abs. 1 S. 2),
- Kennzeichnungs- und Rücknahmepflichten (§ 14); mit Ermächtigungen zum Erlaß von Durchführungsverord nungen *(vgl. §3 23, 24 KrW-/AbfG),*
- die Verhütung der Umgehung abfallrechtlicher Kontrollen – Abfallbegriff (§ 2 Abs. 3), was zwar nicht vollends gelungen ist, aber als politisches Ziel stets vorangestellt wird.

Abfallrecht der 2. Generation

Abfälle sollen quantitativ vermieden und qualitativ in ihrer Zusammensetzung verbessert werden. Die schädlichen Umweltauswirkungen durch Abfälle sollen vermieden werden (§ 2 Abs. 1). Gewicht und Volumen des Abfallaufkommens sollen vollständig oder teilweise vermindert werden. Durch Abfallvermeidung kann auch die Energie für Produktion, Transport und Aufbereitung der Abfälle eingespart werden.

Die heutige Entsorgungssituation

Diese vierte Novelle des Abfallgesetzes von 1986 hat unsere Entsorgungsprobleme allerdings nicht lösen können, wie u.a. der Sachverständigenrat für Umweltfragen in seinem Sondergutachten „Abfallwirtschaft" 1990 festgestellt hat. Unsere heutige Entsorgungssituation ist gekennzeichnet

- von Exportrisiken, bedingt durch Billigentsorgung hinter den Grenzen mit oft geringerem Entsorgungsstandard *(§ 12 Abs. 2),*

- von einer unorganischen Entwicklung hinsichtlich der Entsorgungskapazitäten; einerseits fehlen Anlagen, andererseits sind inzwischen neue Recyclinganlagen gebaut, die nicht ausgelastet sind; auch sind die Auswirkungen der Wiedervereinigung auf den Entsorgungsmarkt noch nicht verkraftet,
- von immer noch zu langen Zulassungsverfahren für neue Anlagen, was den Wettbewerb beeinträchtigt *(vgl. § 31 KrW-/AbfG)*.

Nicht einmal die angeblich immer stärker wachsenden Müllberge sind für unseren Entsorgungsnotstand ursächlich. Denn das Aufkommen an Siedlungsabällen z.B. pendelt in den alten Bundesländern während der letzten 10 Jahre um 30 Mio. t. Für deren Ablagerung standen 1977 noch 1355 Deponien zur Verfügung. 10 Jahre später, 1987, waren es nur noch 332 geordnete Abfallentsorgungsanlagen. Immer weniger Deponien entsorgen immer größere Einzugsbereiche und sind infolgedessen immer schneller verfüllt.

1970	1977	1987
50 000	1355	332

1.2 Entstehungsgeschichte des KrW-/AbfG

Kleine Lösung des Bundesrats 1991

Einen ersten Versuch zur erneuten (der fünften) Novellierung des Abfallgesetzes ergreift der Bundesrat mit seinem Entwurf zur Änderung des AbfG und des BImSchG[2]. Ziel ist, die Bedeutung der Vermeidung und Verwertung von Abfällen stärker zu betonen und die öffentliche Hand zu vorbildlichem Verhalten in bezug auf Abfallvermeidung und Abfallverwertung zu verpflichten. Es werden Gebote zur Abfallvermeidung und -verwertung und ein Vorrang der stofflichen Verwertung vor der energetischen Verwertung vorgeschlagen. Danach müßte z.B. Altpapier recycelt und dürfte nicht verbrannt werden.

---

2 Von den Ländern Niedersachsen und Bayern eingebrachter Entwurf eines Gesetzes zur Änderung des AbfG und des BImSchG vom 1.3.1991 (BR-Drs. 528/90, Beschluß) und BT-Drs. 12/631 vom 29.5.1991 mit ablehnender Stellungnahme der Bundesregierung.

Die Bundesregierung lehnt diese Vorschläge des Bundesrats ab[3] mit einem Papier, das zugleich die Eckwerte

- für eine übergreifende Harmonisierung des Abfall- und Immissionsschutzrechts enthält,
- Regelungen über den Stofffluß vorschlägt und
- das Ziel einer ressourcenschonenden Kreislaufwirtschaft verfolgt.

Vorläufer der Kreislaufwirtschaft:
**** HKWAbfV***
**** VerpackV***

Wie das gemeint ist, verdeutlichen zwei Beispiele, die als Vorläufer der Kreislaufwirtschaft gelten können: Halogenierte Kohlenwasserstoffe wurden bis 1989 in großen Mengen auf der Hohen See verbrannt. Von 1969-1978 waren es 579 000 t. Seit die Verordnung über die Entsorgung gebrauchter halogenierter Lösemittel (HKWAbfV)[4] von 1989 eine Rückgabe- und eine Rücknahmepflicht verordnete und gleichzeitig ein Vermischungsverbot verhängte, fließen diese Stoffe die Handelskette unvermischt zurück und können aufgearbeitet werden. Es fällt kein Abfall mehr an – ein unbestreitbarer Erfolg.

VerpackV verringert den Verpackungsaufwand um 14%

Ein weiteres, viel diskutiertes Beispiel: Verpackungen machen ein Drittel des Hausmüllaufkommens aus, nach dem Volumen gerechnet sogar die Hälfte. Die Verpackungsverordnung von 1991 geht gegen das Ex und Hopp von Verpackungen an und begründet bedingte Rücknahmepflichten zeitlich gestaffelt für Transportverpackungen, Umverpackungen und Verkaufsverpackungen und verpflichtet[5] zur stofflichen Verwertung. In den ersten 5 Jahren bewirkte die VerpackV einen Rückgang der Verkaufsverpackungen von rund 14%, denn der Verpackungsverbrauch ist bei den Haushalten und im Kleingewerbe von 7,6 Mio. t im Jahr 1991 auf 6,7 Mio. t

---

[3] BT-Drs. 12/631 vom 29.5.1991 und Zur Sache, 6/94, Gesetz zur Vermeidung von Rückständen, Verwertung von Sekundärrohstoffen und Entsorgung von Abfällen, Hrsg. Deutscher Bundestag, 1994, S. 12 und S. 32.

[4] Verordnung über die Entsorgung gebrauchter halogenierter Lösemittel (HKWAbfV) vom 23.10.1989 (BGBl. I S. 1918).

[5] Verpackungsverordnung (VerpackV) vom 12.6.1991 (BGBl. I S. 1234) § 1 Abs. 2 Nr. 3: „Abfälle aus Verpackungen sind dadurch zu vermeiden, daß Verpackungen ... stofflich verwertet werden, soweit die Voraussetzungen für eine Wiederbefüllung nicht vorliegen“.

im Jahr 1995 gesunken. Bezogen auf den Pro-Kopf-Verbrauch bedeutet dies einen Rückgang von 95 kg auf 82 kg. Der Gesamtverbrauch an Verpackungen ist seit 1991 von 13,1 Mio. t auf 11,7 Mio. t zurückgegangen (ohne Mehrweg- und schadstoffhaltige Verpackungen). Sind eigentlich nur Verpackungsmaterialien wertvolle Rohstoffe ?

	1991	1995
Mio. t gesamt	7,6	6,7
Pro Kopf kg/E/a	95	82

Weitreichender Referentenentwurf vom 17.6.1992

Spätestens die Verpackungsverordnung markiert die Wende von der Abfall- zur Verwertungsgesellschaft. Einen weiteren großen Schritt auf diesem Weg hat der Bundesumweltminister mit dem sog. Referentenentwurf vom 17. Juni 1992 zu einem Kreislaufwirtschafts- und Abfallgesetz vorgeschlagen. Er sieht einen Vorrang für die Rückstandsvermeidung vor und folgende Rangordnung der Pflichten:

1. Rückstände sind zu vermeiden,
2. als Sekundärrohstoff stofflich zu verwerten,
3. als Sekundärrohstoff energetisch zu verwerten,
4. als Abfall zu entsorgen.

Regierungsentwurf vom 31.3.1993 ...

Nach heftigen Protesten des Bundesverbands der Deutschen Industrie (BDI), des Deutschen Industrie- und Handelstags (DIHT), des Zentralverbands des Deutschen Handwerks (ZDH), des Bundesverbands des Deutschen Groß- und Außenhandels und des Bundesverbands der Deutschen Entsorgungswirtschaft (BDE), die das Spottwort vom „Kreislaufkollapsgesetz" in Umlauf brachten, hat die Bundesregierung am 31. März 1993 den überarbeiteten Entwurf eines Kreislaufwirtschafts- und Abfallgesetzes (KrW-/AbfG) verabschiedet. Auch dieser Gesetzentwurf reicht weiter als die Gesetzesinitiative des Bundesrats[6], ändert die Rechtssystematik und greift vielfältige Anregungen auf, die u.a. bei einer öffentlichen Anhörung am 13. August 1992 von insgesamt rund 180 bundesweit tätigen Verbänden gegeben worden sind.

... stößt auf Ablehnung

Wenn der Entwurf von Rückständen spricht, berücksichtigt er zwar materiellrechtlich/inhaltlich, aber nicht formalrecht-

6 vom 1.3.1991 (BR-Drucksache 528/91) mit Bundesrats-Entschließung vom gleichen Tage (BR-Drucksache 529/91).

lich die EG-rechtlichen Vorgaben und Entwicklungen sowie die Begriffsbildung in der OECD und der UNO. Dies war sein Tod. Der Bundesrat greift den Entwurf mit harscher Kritik an[7], wirft ihm vor, er höhle die kommunalen Selbstverwaltungsrechte aus und werde zu erheblichem Vollzugsdefizit führen. Auch bei einem 2. Hearing des Umweltausschusses des Deutschen Bundestags am 27./28. September 1993 fällt der Entwurf durch. Er wird im Auftrag des Umweltausschusses neu gefaßt, insbesondere wird der Abfallbegriff auch formalrechtlich an das EG-Recht angepaßt. Das sog. Listenprinzip wird übernommen.

Parlamentsentwurf vom 13.4.1994

Über diese Fassung des Entwurfs entscheidet der bei Meinungsverschiedenheiten zwischen Bundestag und Bundesrat nach Art. 77 Abs. 2 GG vorgesehene Vermittlungsausschuß. Noch kurz vor Ende der 12. Legislaturperiode wird das Vermittlungsverfahren erfolgreich abgeschlossen, und am 27. September 1994 das „Gesetz zur Vermeidung, Verwertung und Beseitigung von Abfällen"[8] erlassen und am 6. Oktober 1994 verkündet.

Vermittlungsausschuß: Entwurf vom 23.6.1994

- Sein Kernstück ist Artikel 1, das Kreislaufwirtschafts- und Abfallgesetz, mit dem das Abfallgesetz aufgehoben und eine spezielle Produktverantwortung begründet wird. Bereits bei der Planung und Herstellung von Produkten soll „vom Abfall her gedacht werden".
- Artikel 2 ändert das Bundes-Immissionsschutzgesetz, insbesondere dessen § 5 Abs. 1 Nr. 3.
- Artikel 3 ändert das UVP-G.
- Artikel 4 ändert das Düngemittelgesetz.
- Artikel 5 ändert das Strafgesetzbuch.
- Artikel 6 ändert das Chemikaliengesetz.
- Artikel 7 ändert die Verwaltungsgerichtsordnung und
- Artikel 8 das Gesetz über die Beschränkung von Rechtsmitteln in der Verwaltungsgerichtsbarkeit.
- Artikel 9 ändert das Hohe-See-Einbringungsgesetz und
- Artikel 10 die Hohe-See-Einbringungsverordnung.
- Artikel 11-13 enthalten die üblichen Übergangs- und Inkrafttretensregelungen. Die für den Bürger bedeutsamen Bestimmungen treten erst nach einer Übergangszeit

---

7 Stellungnahme vom 28.5.1993, BR-Drs. 245/93 (Beschluß) oder Anlage 2 zur BT-Drs. 12/5672.

8 BGBl. I S. 2705.

von zwei Jahren am 7. Oktober 1996 in Kraft, die Ermächtigungen zum Erlaß der Durchführungsverordnungen sind bereits am 7. Oktober 1994 in Kraft getreten.

2 Der weite Abfallbegriff des KrW-/AbfG

Das Eingangstor zum neuen Kreislaufwirtschafts- und Abfallgesetz ist sein Abfallbegriff, der den Geltungsbereich beschreibt. Der ab 7. Oktober 1996 geltende § 3 Abs. 1 KrW-/AbfG und wortgleich der bereits in Kraft getretene § 2 Abs. 1 AbfVerbrG definieren:

> „Abfälle im Sinne dieses Gesetzes sind alle beweglichen Sachen,
> die unter die in Anhang I aufgeführten Gruppen
> fallen und deren sich ihr Besitzer
> entledigt,
> entledigen will
> oder entledigen muß".

Danach können Abfälle jene beweglichen Sachen sein, die unter die in Anhang I aufgeführten Gruppen fallen (Listenprinzip). Anhang I listet die Abfallgruppen ausführlich auf. Dazu gehören Produkte, deren Verfalldatum überschritten ist oder die den Normen nicht entsprechen, unverwendbar gewordene Stoffe sowie Stoffe und Produkte aller Art, deren Verwendung verboten ist, z.B. verbotene Pflanzenschutzmittel, ferner Rückstände aus industriellen Verfahren, z.B. Schlacken, Destillationsrückstände, REA-Gips, Gaswaschschlamm, Luftfilterrückstände, verbrauchte Filter sowie bei maschineller und spanender Formgebung anfallende Rückstände, z.B. Dreh- und Fräsespäne, ferner im Bergbau anfallende Rückstände (Gangart) und kontaminierte Stoffe.

Q 1 und Q 16 grenzen nichts ab

Hervorzuheben sind die zwei Auffangtatbestände: Q 1 „Nachstehend nicht näher beschriebene Produktions- oder Verbrauchsrückstände" und Q 16 „Stoffe oder Produkte aller Art, die nicht einer der oben erwähnten Gruppen angehören". Das deutsche Rechtsempfinden, das nach scharfer begrifflicher Abgrenzung verlangt, stockt vor dieser allgemeinen Fassung und fragt, ob denn auch ein Montagsauto danach Abfall sein soll. Der Anhang I und sein erstes Begriffselement erscheint für die praktische Handhabung des Abfallbegriffs ungeeignet.

Als Zweites muß hinzukommen, daß sich der Besitzer dieser Sachen entledigt, entledigen will oder entledigen muß.

Die im Anhang I u.a. aufgeführten ge- und verbrauchten Produkte sowie Produktions- oder Verbrauchsrückstände sind daher nur dann Abfall, wenn der Besitzer sich ihrer entledigt, entledigen will oder entledigen muß. Zwei Voraussetzungen müssen gleichzeitig erfüllt sein, zum einen die Auflistung in Anhang I und zum zweiten entweder die tatsächliche Entledigung oder der Entledigungswille (subjektiver Abfallbegriff) oder der Zwang zur Entledigung (objektiver Abfallbegriff).[9]

2.1 Der subjektive Abfallbegriff

Ein neuer Entledigungsbegriff § 3 Abs. 2

§ 3 Abs. 2 KrW-/AbfG definiert die Entledigung, und hierin liegt das eigentlich Neue des Abfallbegriffs. Entledigung ist nicht nur der Vorgang, sich von einer beweglichen Sache zu befreien (wie bisher), sondern darüber hinaus auch die Zuführung der Sache zu einer Abfallentsorgung, d.h. die Zuführung zur Verwertung oder zur Beseitigung. Damit ist jedes Recycling abfallrechtlich eine Entledigung. Alle beweglichen Sachen, die verwertet werden, können daher Abfall sein. Recycling ist damit Abfallwirtschaft. Der Wille, etwas zu verwerten, ist Entledigungswille.

Reststoffe früherer Art

§ 3 Abs. 3 gibt zwar keine Begriffsbestimmung für den „Entledigungswillen", fingiert ihn aber unwiderlegbar für Reststoffe und für Altstoffe. Die bei der Herstellung von Produkten unbeabsichtigt anfallenden Stoffe (..."ohne daß der Zweck der jeweiligen Handlung hierauf gerichtet ist") werden üblicherweise Reststoffe genannt. Sie sollen der abfallrechtlichen Überwachung unterworfen werden, selbst wenn

---

9 Paetow, 2. Kölner Abfalltage 1993, Abfallwirtschaft im Binnenmarkt, K. Gutke Verlag S. 85; Seibert, UPR 1994 S. 415, ders. DVBl. 1994 S. 229, Fluck DVBl. 1993 S. 590.

ein Entledigungswille nicht oder nur unvollkommen erkennbar ist. Deshalb legt § 3 Abs. 3 Nr. 1 KrW-/AbfG fiktiv fest, daß ein Entledigungswille anzunehmen ist und ein möglicherweise anderes Motiv unbeachtlich bleibt, hinsichtlich solcher beweglicher Sachen, die bei der Produktion anfallen. Auch andere bewegliche Sachen, die bei der Energieumwandlung, bei der Behandlung oder Nutzung von Stoffen oder Erzeugnissen oder die bei Dienstleistungen anfallen, können so zu Abfall werden, indem ein Entledigungswille unterstellt wird, wenn der Zweck der jeweiligen Handlung nicht hierauf gerichtet ist. Schlacken, Aschen, Gips aus Rauchgasentschwefelungsanlagen, Lack- und Farbschlämme gehören dazu. Die zur Auslegung des § 5 Abs. 1 Nr. 3 BImSchG gefundenen Auslegungskriterien können herangezogen werden.

Altstoffe

Ferner ist ein Entledigungswille für solche beweglichen Sachen unterstellt, deren ursprüngliche Zweckbestimmung entfällt oder aufgegeben wird, ohne daß ein neuer Verwendungszweck unmittelbar an die Stelle tritt. – Ich nenne sie Altstoffe. Verbotene Produkte gehören dazu oder Produkte, deren Verfalldatum überschritten ist. Das nicht mehr reparaturfähige Unfallfahrzeug gehört hierzu. Allerdings ist die alte Schubkarre, in der im Vorgarten Blumen stehen, kein Abfall, weil sie einen neuen Verwendungszweck als Blumenkübel gefunden hat.

Damit richtet sich nicht mehr ausschließlich nach dem tatsächlichen Willen des Besitzers, wann ein Entledigungswille vorliegt, sondern auch nach der Zweckbestimmung einer Sache. Der somit erweiterte Abfallbegriff umfaßt alles, was bisher als Wertstoff, Ersatzbrennstoff, Sekundärrohstoff, Versatzmaterial, Altstoff, Dämmungsprodukt, Rezyklatrohware usw. dem Abfallrecht entzogen werden sollte. All dies ist künftig Abfall.

2.2 Der objektive Abfallbegriff

Der objektive Abfallbegriff des *§ 3 Abs. 4 KrW-/AbfG* stützt sich auf die vom Bundesverwaltungsgericht in den seinen beiden o.a. Urteilen vom 24. Juni 1993 entwickelten Auslegungskriterien zum objektiven Abfallbegriff des § 1 Abs. 1 AbfG ("bewegliche Sachen, ... deren geordnete Entsorgung zur Wahrung des Wohl der Allgemeinheit ... geboten ist").

BVerwG

Mit seinen beiden Urteilen vom 24. Juni 1993[10] hat das Bundesverwaltungsgericht noch zu § 1 Abs. 1 AbfG neue Auslegungskriterien entwickelt und entschieden, daß Abfall auch jene beweglichen Sachen sind, deren Entsorgung zur Wahrung des Wohls der Allgemeinheit geboten ist, z.B aus Gründen des Umweltschutzes. Sowohl für Altreifen als auch für Bauschutt hat das BVerwG die Abfalleigenschaft bejaht. Drei Prüfungsschritte sind vorzunehmen, nämlich zuerst die Vorfrage, ob die Sache noch zweckentsprechend verwendet wird, dann die Prüfung des gegenwärtigen und schließlich die des künftigen Gefahrenpotentials.

1. Sache wird nicht mehr zweckentsprechend verwendet

Dabei ist zunächst festzustellen, ob die bewegliche Sache in ihrem gegenwärtigen Zustand an ihrem Aufbewahrungsort das Wohl der Allgemeinheit gefährdet. Das wurde für Altreifen bejaht, weil sie in großen Mengen gelagert waren und eine Brandgefahr darstellten, und ebenso für Bauschutt, weil der im zu entscheidenden Fall schadstoffbelastet war.

2. Gegenwärtiges Gefahrenpotential

Weiter ist das zukünftige Gefährungspotential zu prüfen, d.h. es ist festzustellen, ob als Alternative zur öffentlichen Abfallentsorgung eine private Verwertung oder Wiederverwendung der Sache die bestehende Gemeinwohlgefahr beseitigen kann, ohne eine neue zu schaffen. Weist der Besitzer keine ordentliche Verwertung bzw. Verwendung nach, hat die Behörde von der Abfalleigenschaft (im objektiven Sinn) auszugehen. Maßstab für diesen zweiten Prüfungsschritt ist die Funktion des Abfallrechts, das die von Altstoffen potentiell ausgehenden Gefahren für das Wohl der Allgemeinheit, insbesondere für den Schutz der Umwelt, wirksam kontrollieren und vermeiden soll. Eine gänzlich unbestimmte Verwertungsabsicht des Besitzers der Altreifen reichte nicht aus, deren Eigenschaft als Wirtschaftsgut zu begründen. Auch der unsortierte Bauschutt wurde als Abfall angesehen, weil seine unkontrollierte Verwendung bei Wegebaumaßnahmen keine Alternative zu einer ordnungsgemäßen Entsorgung war.

3. Zukünftiges Gefahrenpotential

---

10 BVerwG Urt. v. 26.6.1993 NJW 1993 S. 3087 = NVwZ 1993 S. 988, 990 = ZUR 1993 S. 218 mit Anm. Wendenburg = DÖV 1993 S. 1045 und 1047 = DVBl. 1993 S. 1137 und 1139. Versteyl NVwZ 1993 S. 961, Fluck UPR 1993 S. 426, Seibert DVBl. 1994 S. 229.

Diese Grundsätze sind voll inhaltlich in das KrW-/AbfG übernommen worden. Die Definition folgt den EG-rechtlichen Vorgaben der 1991 geänderten Abfallrahmenrichtlinie.[11] Auch nach deren Art. 1 Abs. 1 Buchstabe a sind „Abfall: alle Stoffe oder Gegenstände, die unter die in Anhang I aufgeführten Gruppen fallen und deren sich der Besitzer entledigt, entledigen will oder entledigen muß". Der genannte Anhang I ist identisch mit dem Anhang I des KrW-/AbfG. Damit gilt ein und derselbe Abfallbegriff im KrW-/AbfG für den Anwendungsbereich der am 8. Mai 1994 in Kraft getretenen, unmittelbar anwendbaren EG-Verordnung (EWG) Nr. 259/93 und im Geltungsbereich des Ausführungsgesetzes zum Basler Übereinkommen.[12]

Der mit dieser Definition festgelegte Anwendungsbereich des KrW-/AbfG ist erheblich weiter als der des § 1 Abs. 1 AbfG, und umfaßt auch Reststoffe i.S. des alten § 5 Abs. 1 Nr. 3 BImSchG oder des § 2 Abs. 3 AbfG.

2.3 Abfallarten

Wie im EG-Recht wird unterschieden nach: „Abfälle zur Beseitigung" und „Abfälle zur Verwertung". Dabei kommt es auf die tatsächlichen Gegebenheiten an, z.B. auf die konkrete Verwertung eines Metalls, nicht auf dessen Verwertbarkeit oder andere abstrakte Umstände. Die Unterscheidung hat für die Überwachung Bedeutung, die für Abfälle zur Beseitigung schärfer ausgestaltet ist.

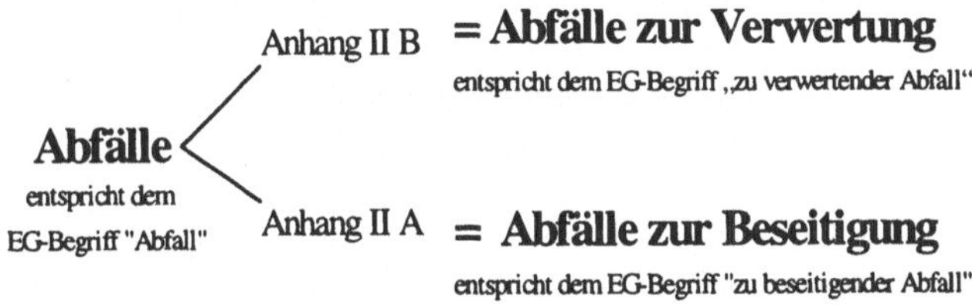

11 Richtlinie des Rates 91/156/EWG vom 18.3.1991 zur Änderung der Richtlinie 75/442/EWG über Abfälle (ABl. EG Nr. L 78 S. 32).

12 Die Anlehnung des KrW-/AbfG an die Terminologie des EG-Rechts wird allgemein begrüßt; vgl. 10. Trierer Kolloquium zum Umwelt- und Technikrecht vom 14.-16.9.1994.

Die Beseitigungsabfälle sind allesamt überwachungsbedürftig, teilweise sogar besonders überwachungsbedürftig. Hingegen gibt es auch nichtüberwachungsbedürftige Verwertungsabfälle neben den überwachungsbedürftigen und besonders überwachungsbedürftigen. Dies folgt aus § 41 Abs. 1 i.V.m. § 3 Abs. 8 KrW-/AbfG.

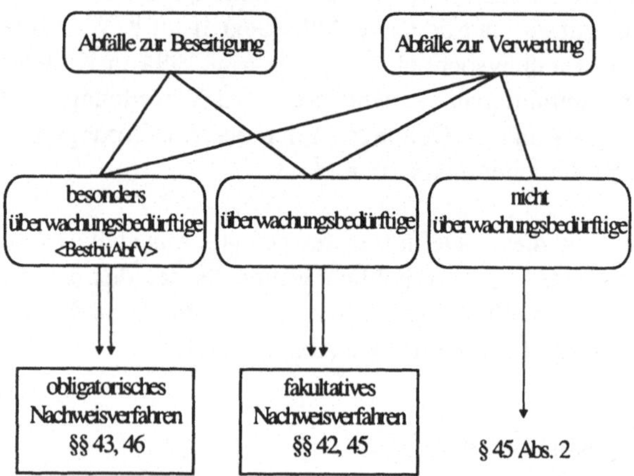

Den Kreis der besonders überwachungsbedürftigen Abfälle (Beseitigungs- und Verwertungsabfälle) legt die Bestimmungsverordnung besonders überwachungsbedürftige Abfälle (BestbüAbfV) fest, den Kreis der überwachungsbedürftigen Verwertungsabfälle die Bestimmungsverordnung überwachungsbedürftige Abfälle zur Verwertung (BestüVAbfV).

3 Untergesetzliches Regelwerk

Die Ermächtigung zum Erlaß von Durchführungsverordnungen ist bereits vor 2 Jahren am Tage nach der Verkündung des KrW-/AbfG am 7. Oktober 1994 in Kraft getreten. Aufgrund dessen sind jene für den Vollzug des Gesetzes notwendigen Verordnungen vorbereitet worden, durch die das neue Gesetz erst Leben gewinnt. Sie treten schrittweise in Kraft, zum Teil mit Rücksicht auf die Kapazitäten der Behörden erst am 1.1.1999. Gleichzeitig treten die Abfallbestimmungs-Verordnung, die Reststoffbestimmungs-Verordnung und die Abfall- und Reststoff-Überwachungsverordnung außer Kraft.

3.1 Verordnungen zum Vollzug

1. Verordnung zur Einführung des Europäischen Abfallkatalogs (EAK-Verordnung – EAKV)[13]

Alle Abfälle europaeinheitlich geschlüsselt

Sie ersetzt den Abfallkatalog der LAGA: er hat nur noch während der Übergangszeit bis 1999 Bedeutung.

Die Gestaltungsfreiheit des deutschen Verordnungsgebers war durch zwei Verzeichnisse der EG begrenzt, durch den European Waste Catalogue (EWC)[14] und durch den Hazardous Waste Catalogue (HWC), die Liste gefährlicher Abfälle.[15] Die von der EG so bezeichneten „gefährlichen Abfälle" dürfen mit den besonders überwachungsbedürftigen Abfällen des deutschen Rechts gleichgesetzt werden.

EWC und HWC sind für alle Mitgliedstaaten der EU verbindlich. Eine reibungslose und effektive Zusammenarbeit aller europäischen Behörden bei der Überwachung der grenzüberschreitenden Abfallverbringungen setzt voraus, daß die Abfallbezeichnungen harmonisiert werden, einschließlich der sechsstelligen EG-Codes.

2. Die Verordnung zur Bestimmung von besonders überwachungsbedürftigen Abfällen (Bestimmungsverordnung besonders überwachungsbedürftige Abfälle – BestbüAbfV)[16]

BestbüAbfV

Sie listet auf, welche Beseitigungsabfälle bzw. Verwertungsabfälle besonders überwachungsbedürftig sind. Es sind 255 Abfallarten, d.h. weniger als bisher, denn die aufgehobene AbfBestV bzw. RestBestV listeten 322 Arten von Abfällen i.S. des § 2 Abs. 2 AbfG auf. Die BestbüAbfV übernimmt

---

13 EAK-Verordnung vom 20.09.1996 (BGBl. I S. 1428).

14 Entscheidung 94/3/EG der Kommission vom 20. 12. 1993 über ein Abfallverzeichnis gemäß Artikel 1 Buchstabe a) der Richtlinie 75/442/EWG des Rates über Abfälle (ABl. Nr. L 5 S. 15); Malorny, Ulrich/ Stahlke, Wilfried, Europäischer Abfallkatalog und die die EG-Abfallverbringungsverordnung, Müll und Abfall 1994 S. 625.

15 Entscheidung 94/904/EG des Rates vom 22.12.1994 über ein Verzeichnis gefährlicher Abfälle im Sinne von Artikel 1 Absatz 4 der Richtlinie 91/689/EWG über gefährliche Abfälle (ABl. Nr. L 356 S. 14).

16 BestbüAbfV vom 20. September 1996 (BGBl. I S. 1366).

mit ihrer Anlage 1 die nach EG-Recht gefährlichen Abfälle des Verzeichnisses gefährlicher Abfälle (Hazardous Waste Catalogue – HWC) und stuft zusätzlich in Anlage 2 weitere Abfälle als besonders überwachungsbedürftig ein. Für die Umstellung gilt grundsätzlich eine Übergangsfrist von 3 Jahren, d.h. behördliche Entscheidungen (Zulassungen, Genehmigungen, Planfeststellungen, Entsorgungsnachweise) dürfen noch drei Jahre lang die alte Nomenklatur verwenden. Bis zum 7. 10. 1997 können Abfallbesitzer und Behörden noch den alten Abfallkatalog der LAGA verwenden.

BestüVAbfV

3. Verordnung zur Bestimmung von überwachungsbedürftigen Abfällen zur Verwertung (Bestimmungsverordnung überwachungsbedürftige Abfälle zur Verwertung – BestüVAbfV)[17]

Es sind die überwachungsbedürftigen Verwertungsabfälle i.S. des § 3 Abs. 8 Satz 2 KrW-/AbfG, deren Verwertung erfahrungsgemäß Probleme aufwerfen kann. Die BestüVAbfV übernimmt die Abfallbezeichnungen und Abfallschlüssel des EAK und tritt an die Stelle der RestBestV. Für überwachungsbedürftige Abfälle zur Verwertung kann die Behörde nach § 45 Abs. 1 KrW-/AbfG das fakultative Überwachungsverfahren anordnen. Dann müssen die Abfallerzeuger z.B. die Entsorgungsbelege aufbewahren. Näheres regelt die Nachweisverordnung.

NachwV

4. Verordnung über Verwertungs- und Beseitigungsnachweise (Nachweisverordnung – NachwV) zur Durchführung der §§ 41-47 KrW-/AbfG[18]

Die Entsorgungsbestätigung gilt als erteilt, wenn die Behörde nicht innerhalb von 30 Tagen widerspricht. Zertifizierte Entsorgungsfachbetriebe u.a. können vom großen Nachweisverfahren befreit werden. So sollen die behördlichen Kontrollen auf „schwarze Schafe" konzentriert werden.

---

17 BestüVAbfV vom 20. September 1996 (BGBl. I S. 1377).

18 NachwV vom 20. September 1996 (BGBl. I S. 1382).

5. Verordnung zur Transportgenehmigung (Transportgenehmigungsverordnung – TgV)[19] zur Durchführung des § 49 KrW-/AbfG

TgV

Sie legt die Anforderungen an die Sachkunde und Zuverlässigkeit der Einsammler und Abfallbeförderer fest. Zu beachten ist, daß künftig auch der Transport von besonders überwachungsbedürftigen Verwertungsabfällen einer Transport-Genehmigung bedarf; z.B. der Transport von Schrott, Gebrauchtwaren. Bisher handelte es sich um genehmigungsfreie Reststofftransporte. Die Transportgenehmigung gilt unbefristet und in ganz Deutschland.

6. Verordnung über Abfallwirtschaftskonzepte und Abfallbilanzen (Abfallwirtschaftskonzept- und bilanzverordnung – AbfKoBiV) [20] mit Durchführungsbestimmungen zu § 19 Abs. 1 und § 20 Abs. 1 KrW-/AbfG

AbfKoBiV

Ab bestimmten Schwellenwerten müssen die Betriebe Konzepte bzw. Bilanzen aufstellen und sind zum Ausgleich vom Überwachungsverfahren freigestellt. In der Bilanz Sie sind Art, Menge und Verbleib der im Betrieb anfallenden Abfälle darzulegen.

7. Verordnung über Entsorgungsfachbetriebe (Entsorgungsfachbetriebeverordnung – EfbV) zur Durchführung des § 52 KrW-/AbfG[21]

EbfV

Zertifizierte Entsorgungsfachbetriebe führen das Gütezeichen einer anerkannten Entsorgergemeinschaft oder haben mit dem Technischen Überwachungsverein (TÜV) einen Überwachungsvertrag abgeschlossen, der eine mindestens jährliche Überprüfung einschließt.[22]. Die EfbV legt Mindestanforderungen an die Organisation, Ausstattung und Tätigkeit der Entsorgungsfachbetriebe fest sowie Anforderungen an die Betriebsinhaber und an die im Betrieb beschäftigten Personen. Sie führt somit eine private Kontrolle ein.

---

19 TgV vom 20. September 1996 (BGBl. I S. 1411).

20 AbfKoBiV vom 20. September 1996 (BGBl. I S. 1447).

21 EbfV vom 20. September 1996 (BGBl. I S. 1421).

22 § 52 Abs. 1 KrW-/AbfG spricht irrtümlich von einer einjährigen Überprüfung, die natürlich nicht ein Jahr andauert.

Entsorgergemeinschaften zertifizieren

8. Richtlinie für die Tätigkeit und Anerkennung von Entsorgergemeinschaften (Entsorgergemeinschaftenrichtlinie)

Sie ist rechtlich eine Allgemeine Verwaltungsvorschrift der Bundesregierung zur Durchführung des § 52 Abs. 3 KrW-/AbfG[23]. Die Richtlinie bietet den Entsorgungsunternehmen den neuen Qualitätsstandard „Entsorgungsfachbetrieb" an, den sie – wie im Umwelt-Audit – freiwillig erfüllen können. Das räumt freilich Wettbewerbsvorteile ein.

3.2 Verordnungen zur Produktverantwortung

Noch kein Entwurf zu produktbezogenen Verordnungen

Die Industrie werden die produktbezogenen Verordnungen über die Produktverantwortung besonders interessieren. § 5 KrW-/AbfG bestimmt die Grundpflichten in der Kreislaufwirtschaft, die sich nach den aufgrund der §§ 23 und 24 erlassenen Rechtsverordnungen bemessen. Sie liegen noch nicht vor. Einige Entwürfe zu derartigen produktbezogenen Verordnungen waren schon unter dem Regime des § 14 AbfG vorbereitet, sind aber im Hinblick auf die Verabschiedung des KrW-/AbfG zurückgestellt worden. Sie betrafen Elektronikschrott, Batterien, Altautos und Shredderrückstände, Druckerzeugnisse, Bauschutt, Getränkemehrwegverpackungen u.a.

Allein die Verordnung über die Entsorgung gebrauchter halogenierter Lösemittel (HKWAbrV)[24] mit ihren Rückgabe- und Rücknahmepflichten und gleichzeitig Vermischungsverboten sowie ferner die Verpackungsverordnung[25] sind tatsächlich in Kraft gesetzt worden.

Weitere produktbezogene Verordnungen müssen die Produktverantwortung der Hersteller und Händler näher ausgestalten und Verbote, Beschränkungen und Kennzeichnungspflichten sowie Rücknahme- und Rückgabepflichten festle-

---

23 BR-Drucksache Nr. 359/96.

24 Verordnung über die Entsorgung gebrauchter halogenierter Lösemittel (HKWAbfV) vom 23.10.1989 (BGBl. I S. 1918).

25 Verpackungsverordnung (VerpackV) vom 12.6.1991 (BGBl. I S. 1234).

gen. §§ 23 und 24 KrW-/AbfG listen das Instrumentarium auf.

Freilich ist auch § 59 KrW-/AbfG zu beachten. Danach dürfen derartige produktbezogene Rechtsverordnungen nur mit Beteiligung des Deutschen Bundestags erlassen werden. Sie können wie die Verpackungsverordnung das Wirtschaftsleben erheblich verändern, wozu sich der Souverän in unserem Staat – das Parlament – ein Mitwirkungsrecht vorbehält.

Weil derartige produktbezogene Rechtsverordnungen auch den Europäischen Binnenmarkt beeinflussen, sind sie zusätzlich notifizierungspflichtig, d.h. sie fallen als sog. „Sonstige Vorschriften i.S. des Art. 1 Nr. 3“[26] unter die Richtlinie 83/189/EWG über das Informationsverfahren auf dem Gebiet der Normen und technischen Vorschriften. Es ist mithin damit zu rechnen, daß derartige Verordnungen nicht mehr in diesem Jahr *anwendbar* sein werden.[27]

4 Überwachung der Abfallentsorgung

7 neue Verordnungen von Mitte September 1996

Eine der sieben neuen Verordnungen ist die Nachweisverordnung mit Regelungen zur Durchführung der Vorschriften des siebten Teils des KrW-/AbfG (§§ 40-52 NachwV). Sie schafft verschiedene Überwachungsverfahren, denn es ist nicht gleichgültig, wo etwa Zyankaliabfälle bleiben. Je nach Umweltrelevanz werden unterschiedliche Pflichten begründet, u.a. die Pflicht, ein Nachweisbuch zu führen (§§ 43, 46 NachwV). Für besonders überwachungsbedürftige Abfälle

---

26 Art. 1 Nr. 3 lautet: „Sonstige Vorschrift: eine Vorschrift für ein Erzeugnis, die keine technische Spezifikation ist und insbesondere zum Schutz der Verbraucher oder der Umwelt erlassen wird und die seinen Lebenszyklus nach dem Inverkehrbringen betrifft, wie Vorschriften für Gebrauch, Wiederverwertung, Wiederverwendung oder Beseitigung, sofern diese Vorschriften die Zusammensetzung oder die Art des Erzeugnisses, bzw. Seine Vermarktung wesentlich beeinflussen können“.

27 EuGH Urt. V. 30.04.1996 (EuZW 1996 S. 379) entscheidet, daß ein Verstoß gegen die Mitteilungspflicht zur Unanwendbarkeit der betreffenden technischen Vorschrift führt, so daß sie einzelnen nicht entgegengehalten werden kann.

gilt das obligatorische Nachweisverfahren und für die schlicht überwachungsbedürftigen Abfälle das fakultative Überwachungsverfahren, das nur nach Anordnung der zuständigen Behörde durchzuführen ist. Wenn die Behörde wissen will, wie bestimmte Abfälle entsorgt worden sind, trifft sie eine solche Anordnung nach § 42 Abs. 1 bzw. § 45 Abs. 1 NachwV.

Wer ist verpflichtet?

Zur Nachweisführung sind Abfallerzeuger, Abfallbesitzer, Einsammler und Beförderer verpflichtet (§ 2 Abs. 1 NachwV).

Beide Verfahren, das obligatorische und das fakultative, bestehen – wie bisher – aus einer Vorabkontrolle über die Zulässigkeit der Entsorgung vor deren Beginn und ferner aus der nachgehenden Verbleibskontrolle über die Durchführung der Entsorgung.

4.1 Vorabkontrolle

Der Entsorgungsnachweis hat drei Bestandteile

Zum Nachweis über die Zulässigkeit der vorgesehenen Entsorgung – er findet statt, bevor der Abfall rollt – gibt es grundsätzlich den Entsorgungsnachweis (§§ 3 - 8 NachwV) mit den bekannten Bestandteilen: Verantwortliche Erklärung, Annahmeerklärung, die den neuen Namen Nachweiserklärung erhalten hat, und (Entsorgungs-)Bestätigung (§ 3 Abs. 2 NachwV). Neu hinzugekommen ist ein Anzeigeverfahren, das ohne behördliche Bestätigung auskommt (§§ 10-14 NachwV). Neu ist auch, daß die Behördenbestätigung als erteilt gilt (§ 5 Nr. 5 NachwV), wenn sich die Behörde nicht innerhalb von 30 Tagen äußert.

1. verantwortliche Erklärung

Erstens: Die verantwortliche Erklärung (VE) des Abfallerzeugers über die stoffliche Zusammensetzung und Herkunft der Abfälle umfaßt eine sog. Deklationsanlayse (DA) sowie Angaben zur Prüfung ihrer Verwertbarkeit und nachrichtlich die zur Abfallvermeidung getroffenen Maßnahmen.

Die Angaben über Verwertungsmöglichkeiten dürfen nicht leicht genommen werden. Die Behörden werden durch eine zu § 5 Abs. 1 Satz 3 BImSchG ergangene Verwaltungsvorschrift gehalten, die Vermeidung und Verwertung von Reststoffen an der Quelle, d.h. im genehmigungsbedürftigen Betrieb, zu prüfen.

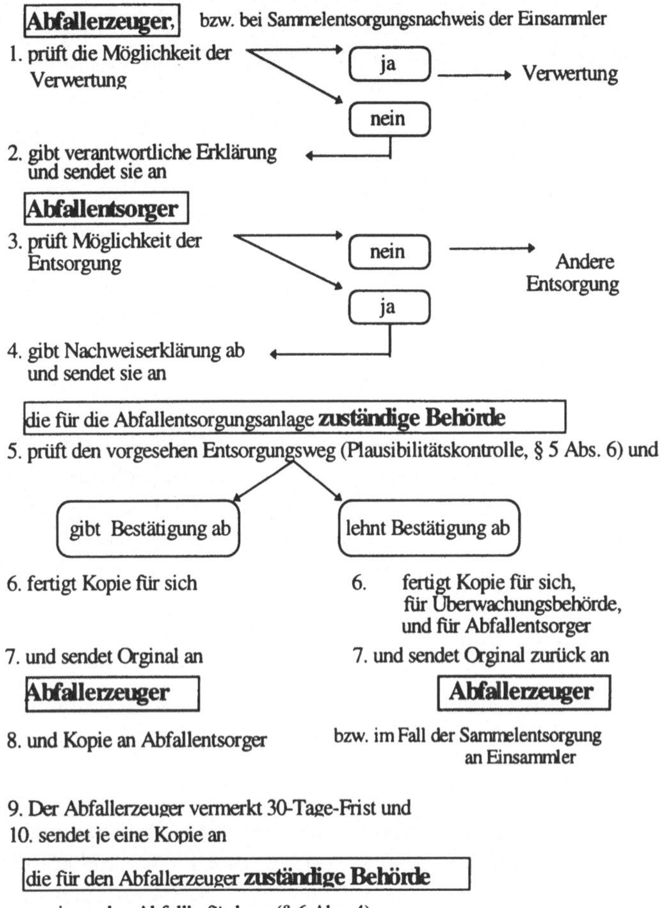

Auf die Beschreibung der Abfälle nach Herkunft, Art und Menge legt der zu verwendende Vordruck besonderen Wert. Dies belegt allein der Umfang des Vordrucks. Für die meisten Abfallarten wird eine Analyse erforderlich.

2. Nachweiserklärung

Zweitens: Die Nachweiserklärung (AE) (wie § 3 Abs. 2 NachwV die Annahmeerklärung jetzt nennt, während das Formular weiter den alten Ausdruck Annahmeerklärung verwendet) gibt der Betreiber der Abfallentsorgungsanlage ab und bekundet damit seine Bereitschaft zur Annahme eben dieser Abfälle in der genannten Menge. Die Nachweiserklärung entfällt bei grenzüberschreitenden Abfallverbringungen und wird ersetzt durch die europaeinheitliche Notifizierung (§ 1 Abs. 4 NachwV).

3. Entsorgungsbestätigung

Drittens: Die Behördenbestätigung (BB) der für die Entsorgungsanlage zuständigen Behörde, welche die Zulässigkeit der Entsorgung nach einer Plausiblilitätskontrolle bestätigt. Dabei prüft die zuständige Behörde den Eingang der Nachweiserklärung und bestätigt ihn innerhalb von 10 Tagen (§ 5 Abs. 1 NachwV).

Ferner ist zu prüfen, ob die vorgesehene Verwertung ordnungsgemäß und schadlos ist bzw. ob die vorgesehene Beseitigung gemeinwohlverträglich ist (§ 5 Abs. 2 Nr. 2 NachwV). Die Angaben einer im Rahmen des freiwilligen Umweltaudits abgegebenen Umwelterklärung sind zu berücksichtigen (§ 5 Abs. 2 S. 2 NachwV). Hingegen sind die Angaben des Abfallerzeugers darüber, ob es sich um eine Verwertung oder Beseitigung des Abfälle handelt, ungeprüft hinzunehmen (§ 5 Abs. 6 NachwV). Auch darf nicht geprüft werden, ob die übrigen aus dem KrW-/AbfG und aus sonstigen Vorschriften folgenden Erzeugerpflichten eingehalten sind. Gewollt ist eine strikte Plausibilitätskontrolle.

Beschleunigung im Grundverfahren

Die Behörde hat innerhalb von 30 Tagen zu entscheiden (§ 5 Abs. 5 NachwV). Tut sie es nicht, gilt die Entscheidung als erteilt.

Für Hausmüll und andere aus privaten Haushaltungen stammende Abfälle – der Pkw – ist nach § 1 Abs. 2 NachwV kein Entsorgungsnachweis erforderlich. Sie waren auch bisher nicht nachweispflichtig.

Die Vordrucke sind gänzlich neu gestaltet und entsprechen teilweise den Ansprüchen moderner Formulargestaltung. Wie bisher kann ein Entsorgungsnachweis 5 Jahre gelten.

Drei Sonderverfahren vereinfachen den Nachweis der Zulässigkeit der vorgesehenen Entsorgung: Der Sammelentsorgungsnachweis, das vereinfachte Verfahren und das Anzeigeverfahren, auch privilegiertes Verfahren genannt, weil es unter bestimmten Voraussetzungen einfacher abgewickelt wird.

Sammelentsorgungsnachweis

Der Einsammler kleinerer Mengen füllt nur SEN aus

Für Abfälle gleicher Art, die regelmäßig in geringer Menge anfallen (15 t im Jahr von einem Abfallschlüssel, bzw. 20 t im Jahr bei Abfällen des Anhangs 2 zur NachwV), die den gleichen Entsorgungsweg haben und die übrigen Voraussetzungen des § 8 NachwV erfüllen, kann ein Sammelentsorgungsnachweis geführt werden, den nicht der Abfallerzeuger, sondern der Einsammler ausfüllt.

In diesem Fall erfolgt die spätere Verbleibskontrolle zum Nachweis der durchgeführten Entsorgung im Verhältnis zwischen Abfallerzeuger und Einsammler durch den Übernahmeschein, der nur aus zwei Ausfertigungen besteht (§ 18 NachwV).

Das vereinfachte Nachweisverfahren

Vor allem für hausmüllähnliche Gewerbeabfälle

Ein vereinfachtes Nachweisverfahren gibt es nach § 25 NachwV für schlicht überwachungsbedürftige Abfälle, wenn es die Behörde anordnet. Das vereinfachte Verfahren ist bereits von § 12 Abfall- und Reststoffüberwachungs-Verordnung bekannt. Es dient allein dem Zweck, dem Abfallerzeuger den Nachweis zu ermöglichen, was mit seinen Abfällen geschehen ist. Er erhält von dem Einsammler eine Quittung.

Das privilegierte (Anzeige-)Verfahren

Bei Freistellung keine Behördenbestätigung

Das neue privilegierte Verfahren wenden nicht nur Entsorgungsfachbetriebe an, sondern die auf Antrag freigestellten Abfallentsorger (§ 13 NachwV). Sie genießen ein Grundvertrauen und müssen Zugang zu einer Entsorgungsanlage haben, wo die Abfälle stofflich oder energetisch verwertet oder abgelagert werden, jedoch nicht ausschließlich (zwischen)gelagert werden. Wer nur ein Zwischenlager betreibt, kann an dem privilegierten Verfahren nicht teilnehmen.

Auf die Freistellung besteht ein Rechtsanspruch, es sei denn, besondere Gründe sprechen gegen deren Erteilung oder die ordnungsgemäße und schadlose Verwertung, bzw. die gemeinwohlverträgliche Beseitigung ist nicht gewährleistet.

Die Freistellung kann befristet oder widerruflich erteilt werden. Sie befreit vor allem – wie das vereinfachte Verfahren – von der Behördenbestätigung (BB). Die Abfälle dürfen transportiert werden, ohne daß auf eine Entscheidung der

Behörde gewartet werden muß. Nur für besonders überwachungsbedürftige Abfälle besteht freilich eine Anzeigepflicht. Der Abfallerzeuger hat vor Beginn der Entsorgung (nach § 11 NachwV) mit einem Vordruck anzuzeigen, um welche Abfälle es sich handelt, die er mit einer verantwortlichen Erklärung zu beschreiben hat; eine Deklarationsanalyse ist in diesem Fall nicht erforderlich. Nach Eingang der Annahmeerklärung des Abfallentsorgers hat der Abfallerzeuger davon die Behörde nach (§ 11 Abs. 4 NachwV) ebenfalls zu unterrichten.

4.2 Verbleibskontrolle

Mit Begleitschein wird der Verbleib der Abfälle nachgewiesen

Nachdem ein Abfall entsorgt ist, hat nicht nur der Abfallerzeuger ein Interesse an einem Beweis, daß er nicht in dunklen Ecken verschwunden ist, sondern vollständig bei der im Entsorgungsnachweis vorgesehenen Entsorgungsanlage angekommen ist. Wie bisher geschieht dies mittels des seit 1974 vertrauten sechsfarbigen Begleitscheins.

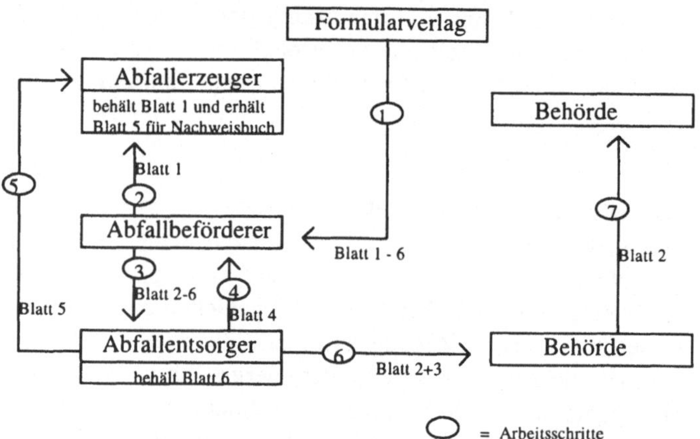

In aller Regel hat der Betriebsbeauftragte für Abfall die weiße, erste Ausfertigung des Begleitscheins mit der altgoldenen, fünften zu vergleichen und zu prüfen, ob die abgeholte Menge auch tatsächlich beim Abfallentsorger angekommen ist. Dieser Abgleich wurde früher von der Behörde durchgeführt, seit 1990 von dem Abfallerzeuger selbst.

Eine Erleichterung wurde neu eingeführt der sog. Listennachweis. Nach § 21 NachwV können die Angaben aus mehreren Nachweisen aufbereitet und zusammengefaßt der Behörde übermittelt werden.

Transportgenehmigung

Bisher konnte sich der Verordnungsgeber noch nicht dazu entschließen, auf die Transportgenehmigung ganz zu verzichten. Ihre Voraussetzungen und die Handhabung regelt die zur Durchführung des § 49 KrW-/AbfG erlassene Verordnung zur Transportgenehmigung (TgV) und legt die Anforderungen an die Sachkunde und Zuverlässigkeit der Einsammler und Beförderer fest.

4.3 Ausnahmen/Befreiungen von der Überwachung

Es gibt mehrere Ausnahmen von der Nachweispflicht:

Kleinmengenregelung (§ 48 Nr. 5 KrW-/AbfG i.V.m §§ 2 Abs. 2 und § 24 NachwV)

Kleinmengen

Abfallerzeuger, bei denen jährlich nicht mehr als insgesamt 2000 kg besonders überwachungsbedürftige Abfälle anfallen, müssen keine Nachweise führen. Für solche Abfallkleinmengen besteht auch keine Pflicht zur Erstellung von Abfallwirtschaftskonzepten und -bilanzen nach § 19 Abs. 1 Satz 1 KrW-/AbfG. Alle Abfallarten werden zusammengenommen, also bei einem Maler die Farbreste, Lösemittel und Altöle zusammen.

Eigenentsorgung (§§ 44, 47, jeweils Abs. 1 S. 1)

Eigenentsorger

Abfallwirtschaftskonzepte und Abfallbilanzen können die übliche Nachweisführung ersetzen. Soweit Abfallerzeuger oder Abfallbesitzer in eigenen, in einem engen räumlichen und betrieblichen Zusammenhang stehenden Anlagen beseitigen (§ 44 Abs. 1 Satz 1 NachwV) oder verwerten (§ 47 Abs. 1 Satz 1 NachwV), bedarf es der üblichen Nachweise nicht. Das Gesetz läßt den Nachweis durch Abfallwirtschaftskonzepte und Abfallbilanzen genügen. Sie müssen freilich den Anforderungen der §§ 19, 20 KrW-/AbfG genügen. Doch spart derjenige Betrieb, der Abfallwirtschaftskonzepte und -bilanzen ordentlich führt, viel Büroarbeit und damit Kosten.

Wenn die Eigenentsorgung nicht in solchen Anlagen durchgeführt wird, die in einem engen räumlichen und betrieblichen Zusammenhang stehen, soll die Behörde von der Vorlage der Nachweise absehen, wenn die Gemeinwohlverträglichkeit der Eigenentsorgung durch Abfallwirtschaftskonzepte und -bilanzen nachgewiesen werden kann. Die Befreiung von der Nachweispflicht hängt daher von der Aussagekraft der vorgelegten Konzepte und Bilanzen ab. Mittelständischen Betrieben ohne eigene Anlagen steht diese Möglichkeit nicht offen.

Freiwillige Rücknahme (§ 25 Abs. 2 Satz 2 NachwV)

Freiwillige Rücknahme

Die Behörde soll von dem obligatorischen Nachweisverfahren befreien, wenn Hersteller oder Händler Beseitigungsabfälle, überwachungsbedürftige Abfälle oder besonders überwachungsbedürftige Abfälle freiwillig zurücknehmen und damit die Ziele der Kreislaufwirtschaft fördern. Sie haben dies anzuzeigen. Voraussetzung für die Befreiung ist, daß eine ordnungsgemäße Verwertung oder Beseitigung nachgewiesen wird.

Klärschlamm (§ 1 Abs. 3 NachwV)

Klärschlamm

Die Verwertung von Klärschlamm wird nicht von der NachwV, sondern von der Klärschlammverordnung geregelt, wo spezielle Nachweisregelungen zu finden sind. Anders als bei der Altölentsorgung sollen die allgemeinen Nachweispflichten nicht zusätzlich bestehen.

Grenzüberschreitende Abfallverbringungen (§ 1 Abs. 4 NachwV)

Abfallexporte

Für die Verbringung von Abfällen nach Deutschland, von oder durch Deutschland gilt die unmittelbar anwendbare Verordnung Nr. 259/93/EWG i.V.m. dem Abfallverbringungsgesetz. Dieses Recht ist komplizierter als das deutsche untergesetzliche Regelwerk.

5 Wer ist Entsorgungsträger?

Hausmüllabfuhr im wesentlichen unverändert

Bisher oblag nach § 3 Abs. 1 AbfG die Entsorgung des Hausmülls den entsorgungspflichtigen Körperschaften und die Entsorgung der Ausschlußabfälle dem Abfallerzeuger bzw. -besitzer. Betrachten wir zunächst die Hausmüllentsorgung, die künftig nach § 13 Abs. 1 KrW-/AbfG[28] den „öffentlich-rechtlichen Entsorgungsträgern" obliegt. Das sind die nach Landesrecht zur Entsorgung verpflichteten juristischen Personen. Der Abfallerzeuger oder Abfallbesitzer hat seinen im privaten Haushalt angefallenen Abfall dem öffentlich-rechtlichen Entsorgungsträger zu überlassen, der ihn zu entsorgen hat. Die Verpflichtung besteht ab dem 7. Oktober 1996, wenn das Kreislaufwirtschafts- und Abfallgesetz vollständig in Kraft sein wird.

Bisher hat das Bundesrecht den Ländern überlassen, wem sie die Entsorgungspflicht übertragen. Hieran ändert das KrW-/AbfG nichts und schränkt die Länder in ihrer organisatorischen Gestaltungsfreiheit nicht ein.

5.1 Der öffentlich-rechtliche Entsorgungsträger

Die meisten Flächenländer haben bisher den Landkreisen bzw. kreisfreien Städten die Entsorgungspflicht auferlegt,

... nach neuem Recht

Das Kreislaufwirtschafts- und Abfallgesetz behält die Möglichkeit bei, den Ländern die Ordnung der Hausmüllentsorgung nach den örtlichen Gegebenheiten zu überlassen. § 63 KrW-/AbfG stellt darüber hinaus anheim, ob die Organisation und Aufgabenübertragung durch Gesetz, durch Verordnungen oder Anordnungen der Landesregierung geschieht.

Ich gehe davon aus, daß die nach altem Recht entsorgungspflichtigen Körperschaften vorübergehend weiter für die Hausmüllentsorgung verantwortlich bleiben und die öffentlich-rechtlichen Entsorgungsträger des neuen Rechts sein werden. Doch ist langfristig mit einer Änderung des Abfallrechts der Länder und auch mit Aufgabenverschiebungen zu rechnen, denn das KrW-/AbfG ändert den Zuschnitt der Aufgaben erheblich.

---

28 Art. 1 des Gesetzes zur Vermeidung, Verwertung und Beseitigung von Abfällen vom 27.9.1994 (BGBl. I S. 2705) ist das Gesetz zur Förderung der Kreislaufwirtschaft und Sicherung der umweltverträglichen Beseitigung von Abfällen (Kreislaufwirtschafts- und Abfallgesetz – KrW-/AbfG).

Privatisierung

Zu erwarten ist, daß einige Länder die Hausmüllabfuhr privatisieren werden. Denn Entsorgungsträger müssen nicht die kommunalen Gebietskörperschaften sein. Es können auch andere juristische Personen sein, auch solche des privaten Rechts (z.B. Aktiengesellschaften, GmbH). Die von § 13 Abs. 1 in Klammern gegebene Legaldefinition „öffentlich-rechtliche Entsorgungsträger“ beschreibt die öffentlich-rechtliche Aufgabe, um die es geht, nicht die Rechtsform des Entsorgungsträgers, dem das Landesrecht diese Aufgabe überträgt.

Für diese Auslegung des § 13 spricht nicht nur der Wortlaut der Vorschrift, sondern auch ihr Werdegang. Die von der Bundesregierung vorgeschlagene Formulierung „die nach Landesrecht zuständigen Körperschaften des öffentlichen Rechts“[29] hat der Gesetzgeber geändert in „die nach Landesrecht zur Entsorgung verpflichteten juristischen Personen“. Vor dem Hintergrund der intensiven politischen Diskussion der Privatisierungsfrage kann davon ausgegangen werden, daß diese Änderung bewußt vorgenommen wurde, um auch Private zum Zuge kommen zu lassen[30]

Ferner gibt der Ausschuß für Umwelt, Naturschutz und Reaktorsicherheit des Deutschen Bundestags eine Begründung, in der es heißt, öffentlich-rechtliche Entsorgungsträger seien „in aller Regel Kommunen oder Kommunalverbände“.[31] Folglich kommen auch andere dafür in Frage, und das können nach Lage der Dinge nur juristische Personen des privaten Rechts sein.

---

[29] BT-Drucks. 12/ 5672 vom 15.9.1993 mit dem Gesetzentwurf der Bundesregierung vom 31.3.1993, dort § 9.

[30] a.A. Peine, Das neue Kreislaufwirtschafts- und Abfallgesetz, im Tagungsband 7 „Abfallwirtschaft im Umbruch“ des Büros für Umwelt-Pädagogik, Göttingen, Mai 1995, S. 97, der eher nebenbei äußert, die öffentlich-rechtlichen Entsorgungsträger seien die nach Landesrecht verpflichteteten juristischen Personen des öffentlichen Rechts.

[31] Bericht des BT-UA vom 13.4.1994, BT-Drucks. 12/7284, Zeiter Teil Ziffer 10; Zur Sache 6/94 S. 849; v. Köller, Kreislaufwirtschafts- und Abfallgesetz, Erich-Schmidt-Verlag, 10785 Berlin, 280 Seiten, Juni 1995, S. 101.

Mithin können nach dem Willen des Gesetzgebers auch juristische Personen des privaten Rechts Entsorgungsträger sein. Auch ihnen kann die Aufgabe der Daseinsvorsorge Abfallentsorgung übertragen werden. Das ist in anderen Aufgabenfeldern nicht ungewöhnlich und wird in der Versorgungswirtschaft durch § 2 Abs. 2 Energiewirtschaftsgesetz ausdrücklich erlaubt. Danach sind öffentliche Energieversorger Energieversorgungsunternehmen „ohne Rücksicht auf Rechtsform und Eigentumsverhältnisse alle Unternehmen und Betriebe, die andere mit elektrischer Energie oder Gas versorgen".

Wie bisher können die öffentlich-rechtlichen Entsorgungsträger zur Erfüllung ihrer Aufgaben auch Dritte einschalten – entweder als Erfüllungsgehilfen gem. § 16 Abs. 1 oder bei gleichzeitiger Übertragung der Entsorgungspflicht gem. § 16 Abs. 2. Im ersteren Fall bleibt die Verantwortung für die Erfüllung der Entsorgungsaufgabe bei dem Entsorgungsträger und im zweiten Fall geht sie auf den Dritten über. Deshalb bedarf dieser Übergang der Verantwortung der Zustimmung der zuständigen Behörde.

5.2 Das System der Hausmüllentsorgung

Früher: Anschluß- und Benutzungszwang

Die Rechte und Pflichten der Erzeuger oder Besitzer von Hausmüll und der öffentlich-rechtlichen Entsorgungsträger müssen im Sinn eines Gebens und Übernehmens aufeinander abgestimmt werden. Im herkömmlichen juristischen Denken und sogar in manchem Lehrbuch des Kommunalrechts oder auch in einigen Ortssatzungen wird noch von einem Anschluß- und Benutzungszwang gesprochen, obwohl diese Bezeichnung des auch inhaltlich veränderten Rechtsinstituts schon 1972 von dem Abfallbeseitigungsgesetz fallen gelassen wurde.

Altes Recht

An Stelle des Anschluß- und Benutzungszwangs ist für die Hausmüllentsorgung seit 1972 ein ausgewogenes System von Überlassungspflicht, Entsorgungsanspruch und Entsorgungspflicht getreten. Man hat seinen Hausmüll zu überlassen und darf ihn nicht selbst entsorgen, z.B. um die Abfallgebühren zu sparen. Selbstentsorgung ist noch heute grundsätzlich unzulässig. Vielmehr bündelt das Abfallgesetz die Abfallentsorgungsprobleme einer Vielzahl von Menschen und zwingt selbst die Eigentümer abgelegener Grundstücke, ihre Abfälle den entsorgungspflichtigen Körperschaften zu überlassen. Auch im Einzelfall ist keine Befreiung von der Überlassungspflicht möglich. Auch wer nach Kompostierung, Verwertung und anderen legalen Maßnahmen nachweislich keine Abfälle mehr hat, muß Abfallgebühren bezahlen.

Im Gegenzug hat man einen Anspruch darauf, den Hausmüll als solchen entsorgt zu bekommen. Ortssatzungen über die Müllabfuhr bestimmen nur, wie Hausmüll zu überlassen ist, wo er zur Abholung bereitzustellen ist und wann er abgeholt wird. Aber es darf niemand von der Müllabfuhr ausgeschlossen werden. Sie dürfen nicht einmal festlegen, daß Teile des Hausmülls nicht abgeholt werden, sondern als Altmaterialien einer Wertstofftonne zuzuführen, z.B. zum Altglascontainer zu bringen sind. Eine derartige Selbstbefreiung der entsorgungspflichtigen Körperschaften von ihrer Entsorgungspflicht stößt auf rechtliche Bedenken. Die Rechtsprechung war insoweit unerbittlich und hat sich gegen den Aufbau von Bringsystemen ausgesprochen[32]. Nach geltendem Recht bedeutet Entsorgungsanspruch Holsystem.

Es liegt auf der Hand, daß dieses alte Recht den modernen Anforderungen zur Abfallvermeidung und Abfallverwertung nicht mehr angemessen ist. Stellt eine Stadt Container in zumutbarer Entfernung bereit, ist nicht einzusehen, warum nicht Satzungen je nach örtlichen Gegebenheiten ein Bringsystem für Altglas, Altpapier u.a. verwertbare Abfälle festlegen dürfen.[33]

---

[32] Hoppe, Umweltschutz in den Gemeinden DVBl. 1990 S. 609, 613, der § 6 der am 1.1.1968 in Kraft getretenen Satzung der Stadt Köln für nichtig hält, weil sie den einzelnen Abfallbesitzer dazu verpflichtet, einen Teil des bei ihm angefallenen Abfalls (Altglas) selbst wegzutransportieren. Für die Begründung dieser neuen, über die bloße Überlassungspflicht hinausgehenden Bringpflicht fehle der Kommune die Rechtsgrundlage.
a.A. Dahmen, Abfall „besitzen" verpflichtet, der städtetag 1990 S. 682, der davon ausgeht, daß § 3 Abs. 1 AbfG keine abschließende Regelung der Überlassungspflicht trifft, und durch Landesgesetz bestimmt werden dürfe, wie der Besitzer die Abfälle zu überlassen hat, z.B. im Bringsystem.

[33] v. Köller, Leitfaden Abfallrecht, 4. Auflage, 1993 S. 111.

Die Ordnung von Überlassungspflicht, Entsorgungsanspruch und Entsorgungspflicht, d.h. das System von Andienungs- und Entsorgungspflicht war im Gesetzgebungsverfahren besonders umstritten. Die Vorstellungen reichten von der Rückkehr zum früheren Anschluß- und Benutzungszwang bis zur völligen Privatisierung der Entsorgung.

Neues Recht

Das KrW-/AbfG begründet eine allgemeine Überlassungspflicht für Hausmüll und für Gewerbeabfall zur Beseitigung in § 13 Abs. 1, läßt aber verschiedene Ausnahmen zu, nämlich

Viele Ausnahmen zur allgemeinen Überlassungspflicht

1. bei Verwertungsmöglichkeiten nach § 13 Abs. 1 Satz 1,
2. für rücknahmepflichtige Abfälle nach § 13 Abs. 3 Nr. 1,
3. für gemeinnützige Sammlungen nach § 13 Abs. 3 Nr. 2,
4. für gewerbliche Sammlungen nach § 13 Abs. 3 Nr. 3

und dem Sinn nach für Gewerbeabfall zur Beseitigung

5. bei Eigenentsorgung nach § 13 Abs. 1 Satz 2,
6. wenn öffentliche Interessen eine Überlassung erfordern nach § 13 Abs. 1 Satz 2,
7. bei Übertragung der Entsorgungspflicht auf Dritte nach § 13 Abs. 2 i.V.m. § 16 Abs. 2,
8. bei Bildung von Entsorgungsverbänden nach § 13 Abs. 2 i.V.m. § 17 Abs. 3,
9. bei Wahrnehmung der Entsorgung durch die Kammern nach § 13 Abs. 2 i.V.m. § 18 Abs. 2.

Mithin gibt es von dem Grundsatz des § 13 Abs. 1, daß Hausmüll zu überlassen und Eigenentsorgung verboten ist, neun Ausnahmen. Auch Rückausnahmen sind möglich. Nach § 21 kann die zuständige Behörde im Einzelfall durch Anordnungen eine Überlassungspflicht begründen. Damit sind von Fall zu Fall flexible Lösungen möglich.

Ergänzend zu der allgemeinen Überlassungspflicht kann nach § 24 Abs. 2 Nr. 2 durch Rechtsverordnung für bestimmte Abfälle auch eine besondere Überlassungspflicht begründet werden.

Ein Kernpunkt der verabschiedeten Fassung des KrW-/AbfG ist die Lockerung der bisher uneingeschränkten Überlassungspflicht für Haushaltsabfälle durch § 13 Abs. 1. Nur soweit die privaten Haushalte zu einer Verwertung nicht in der Lage sind oder diese nicht beabsichtigen, muß Hausmüll

Private Hausmüllverwertung

den öffentlich-rechtlichen Entsorgungsträger überlassen werden.[34] Dies ist eine wesentliche Änderung des bisherigen Abfallrechts (§ 3 AbfG), das – von Ausnahmen abgesehen – keine Selbstentsorgung kannte.

Künftig kommt es darauf an, ob Haushaltungen zur Verwertung der Abfälle in der Lage sind. Von der Überlassungspflicht ist sogar befreit, wer eine Verwertung beabsichtigt. So ist denkbar, daß sich mehrere Erzeuger oder Besitzer von Hausmüll zusammenschließen, um dessen Verwertung gemeinsam zu organisieren. Damit in diesen Fällen der Verwertung keine Steine in den Weg gelegt werden, reicht zur Befreiung von der Überlassungspflicht die Verwertungsabsicht aus. Um diese Zielsetzung nicht in Gefahr zu bringen, hat der Gesetzgeber die Anregung des Bundesrats, auf Verlangen sei die tatsächliche Verwertung nachzuweisen oder die beabsichtigte Verwertung glaubhaft zu machen,[35] nicht aufgegriffen.

Gebühren-ermäßigung ??

Welche Auswirkungen und gebührenrechtlichen Folgen eine teilweise Verwertung oder die Verwertung eines Teils der Haushaltsabfälle hat, läßt sich noch nicht beurteilen, hängt aber allein von kommunalem Satzungsrecht ab. Es ist davon auszugehen, daß private Haushalte den öffentlich-rechtlichen Entsorgungsträgern mitzuteilen haben, ob und in welchem Umfang sie zu einer Verwertung in der Lage sind oder diese beabsichtigen. Ansonsten gilt die allgemeine Überlassungspflicht.

5.3 Private Entsorgungsträger

Die bisherigen Ausführungen befassen sich mit der Entsorgung von Hausmüll oder mit „Abfällen aus privaten Haushaltungen" – wie das KrW-/AbfG sie nennt. Sehr grob betrachtet ließe sich das Gesagte auf den Nenner bringen: Das Recht

---

[34] Kritisch zu § 13 Abs. 1 KrW-/AbfG Schink, ZAU 1994 S. 337, Landsberg/Schink, Ein Ende vom Elend des (Bundes-)Abfallgesetzes? in Städte- und Gemeinderat 1994 S. 67, Schink, A./ Schwade, W., Von der Abfallentsorgung zur Kreislaufwirtschaft, in Stadt und Gemeinde 1993 S. 18.

[35] Nr. 77. 9 der Stellungnahme des Bundesrats vom 28.5.1993 BR-Drs. 245/93 (Beschluß); Zur Sache 6/94 S. 428.

der Hausmüllentsorgung wurde auf der Grundlage des bisher geltenden Rechts fortentwickelt. Hinzugekommen sind verschiedene Ausnahmen von der Überlassungspflicht.

Die Rechtsänderungen für die Entsorgung von Abfällen aus anderen Herkunftsbereichen, aus „gewerblichen sowie sonstigen wirtschaftlichen Unternehmen oder öffentlichen Einrichtungen" (§ 17 Abs. 1), greifen hingegen tiefer.

Bisher führt die Behörde Regie

Bisher herrscht der Grundsatz des § 3 Abs. 1 AbfG, daß Abfälle dem Entsorgungspflichtigen zu überlassen sind, und zwar Hausmüll, Gewerbeabfall, Industrieabfall, Krankenhausabfall, alle Abfälle. In der Hand des Entsorgungspflichtigen liegt, ob er bestimmte Abfälle, die er nicht zusammen mit den in Haushaltungen anfallenden Abfällen entsorgen kann, gem. § 3 Abs. 3 AbfG von der Entsorgung ausschließt mit der Folge, daß der Abfallerzeuger selbst entsorgungspflichtig ist. Wird aber nicht ausgeschlossen, sind die Gewerbeabfälle der zuständigen entsorgungspflichtigen Körperschaft zu überlassen und von ihr zu entsorgen. In der Regel entscheidet eine Kreisverwaltung, ob ein Unternehmen die allgemeine Müllabfuhr in Anspruch nehmen muß oder einen privaten Entsorger beauftragen darf. Hiervon hängen nicht zuletzt die Kosten der Entsorgung ab, ja der Produktion. Für den Ausschluß der gewerblichen Abfälle nach § 3 Abs. 3 AbfG ist zwar die Zustimmung der zuständigen Behörde (in Nordrhein-Westfalen des Regierungspräsidenten) erforderlich, doch ist nicht auszuschließen, daß die Kreisverwaltung Unternehmen an der öffentlichen Müllabfuhr festhält, die das nicht wollen.

Hierin hat der Gesetzgeber eine behördliche Lenkung von Wirtschaft gesehen, die nicht erforderlich ist. Hinzu kommt die Erfahrung, daß dieses Regel-Ausnahme-Verhältnis nur auf dem Papier steht, denn viele Industrieabfälle werden ausgeschlossen. Ein beredtes Beispiel bildet die erst kürzlich in Berlin neu gefaßte Bekanntmachung[36] über den Ausschluß von Abfällen. Sie nennt 328 Abfallgruppen überwiegend gewerblicher oder industrieller Herkunft.

---

[36] Bekanntmachung über den Ausschluß von Abfällen vom 24.5. 1995 (Berliner ABl. Nr. 33 S. 2120).

Künftig führt das Unternehmen Regie

Das KrW-/AbfG kehrt dieses Regel-Ausnahme-Verhältnis um. Künftig liegt die Entscheidung darüber, ob die allgemeine Hausmüllabfuhr in Anspruch genommen wird oder nicht bei dem Unternehmen, das prüft, ob sich Eigenentsorgung lohnt. Eine allgemeine Überlassungspflicht für Gewerbeabfall, Industrie- und Krankenhausabfall an einen Entsorgungsträger gibt es nicht mehr. Nach § 11 Abs. 1 ist vielmehr der Erzeuger oder Besitzer von Abfällen verpflichtet, diese vorrangig zu verwerten, im übrigen nach den Grundsätzen der gemeinwohlverträglichen Abfallbeseitigung selbst zu beseitigen.

Der Unternehmer hat die Beseitigung seiner Abfälle – abgesehen von Hausmüll und anderen Ausnahmen – selbst in die Hand zu nehmen. Diese Umkehrung der Verhältnisse klingt revolutionär. Im Grunde wird aber nur das Recht an die faktischen Verhältnisse angeglichen, denn schon bisher hatten viele Unternehmer feste Verträge mit privaten Abfallentsorgern, die Ausschlußabfälle eingesammlt, befördert, behandelt, abgelagert und verbrannt haben. Eine Privatisierung der Abfallentsorgung findet also nur *de iure* statt.

Die liberale Regelung der Überlassungspflicht für Gewerbeabfall zu Beseitigung geht auf Anforderungen zurück, die Art. 8 der EG-Rahmenrichtlinie Abfall stellt.[37] Er fordert die Mitgliedstaaten auf, die erforderlichen Vorkehrungen zu treffen, damit jeder Besitzer von Abfällen diese einem privaten oder öffentlichen Sammelunternehmen oder einem Unternehmen übergibt, das die in den Anhängen genannten Verwertungs- oder Beseitigungsmaßnahmen durchführt oder selbst die ordnungsgemäße Verwertung oder Beseitigung sicherstellt.

Anders bei überwiegendem öffentlichen Interesse

Nur zwei Flecken hat dieses klare Bild marktwirtschaftlicher Selbstverantwortung: Was wird, wenn der abfallerzeugende Betrieb die Abfälle zur Beseitigung nicht selbst beseitigen kann? Und was wird, wenn ein überwiegendes öffentliches Interesse gebietet, bestimmte Abfälle zur Beseitigung weiterhin in öffentlicher Verantwortung zu entsorgen?

---

[37] Richtlinie des Rates 91/156/EWG vom 18.3.1991 (ABl. Nr. L . EG Nr. 78 S. 32) zur Änderung der Richtlinie 75/442/EWG über Abfälle.

Die letzte der beiden Fragen sollen zwei praxisnahe Beispiele erläutern. Die Stadt A hat nach Absprache und in Kooperation mit dem ortsansässigen Industrieunternehmen für dessen Abfälle und zugleich für die Siedlungsabfälle eine kommunale Abfallentsorgungsanlage gebaut. Plötzlich verlegt das Unternehmen seinen Firmensitz ins Ausland und möchte die Abfälle der zurückbleibenden Unternehmensteile gerne selbst entsorgen, z.B. am neuen Firmensitz. Oder Stadt B hat in Erwartung eines gleichbleibenden Abfallaufkommens in Absprache und in Kooperation mit der ortsansässigen, nach Tausenden zählenden öffentlichen Einrichtung eine Müllverwertungsanlage für mehr als 300 Mio. DM nach 12jähriger Planungs- und Bauzeit fertiggestellt. Plötzlich verläßt die öffentliche Einrichtung die Stadt B.

In beiden Fällen wären die kommunalen Anlagen nicht mehr ausgelastet. Ein überwiegendes öffentliches Interesse kann nach § 13 Abs. 1 Satz 2 KrW-/AbfG gebieten, die Abfälle weiter dem öffentlich-rechtlichen Entsorgungsträger zu überlassen.

§ 13 Abs. 1 Satz 2 KrW-/AbfG

„ Satz 1 < sc. die Überlassungspflicht > gilt auch für Erzeuger und Besitzer von Abfällen zur Beseitigung aus anderen Herkunftsbereichen, soweit sie diese nicht in eigenen Anlagen beseitigen oder überwiegende öffentliche Interessen eine Überlassung erfordern".

Gewerbeabfälle zur Beseitigung, die weder in einer eigenen Anlage noch sonst von einem Dritten (§ 16), einem Entsorgungsverband (§ 17) oder einer Industrie- und Handelskammer (§ 18) beseitigt werden können, fallen dem öffentlich-rechtlichen Entsorgungsträger zur Last. Nach § 13 Abs. 2 sind die Abfälle ihm zu überlassen. Er hat korrespondierend hierzu nach § 15 Abs. 1 eine Entsorgungspflicht. Mithin verbleibt dem öffentlich-rechtlichen Entsorgungsträger der nicht anders zu beseitigende Rest.

Dasselbe gilt bei überwiegendem öffentlichen Interesse, das größer ist als das private Interesse, z.B. an Eigenentsorgung. Besteht ein überwiegendes öffentliches Interesse an der Überlassung der Gewerbeabfälle, bleibt es bei der bisher geltenden Überlassungspflicht (§ 13 Abs. 1 Satz 2 letzter Halbsatz). Dieses öffentliche Interesse kann auch wirtschaftlicher Natur sein, so daß die öffentlich-rechtlichen Entsorgungsträger bei mangelnder Auslastung ihrer Anlagen weiterhin eine Überlassungspflicht durchsetzen können.

Wie sich dieses öffentliche Interesse artikulieren muß, wurde nicht geregelt, auch nicht, ob eine Zustimmung der zuständigen Behörde erforderlich ist. Ich gehe davon aus, daß sich das überwiegende öffentliche Interesse aus dem kommunalen Abfallwirtschaftskonzept (§ 19 Abs. 5) ergeben muß.

5.4 Die Entscheidung der Unternehmen

Das KrW-/AbfG eröffnet damit dem Abfallerzeuger bzw. Unternehmer mehrere Möglichkeiten, soweit er nicht Hausmüll oder bestimmte Abfälle zur Beseitigung nach § 13 Abs. 1 Satz 1 und 2 an den Entsorgungsträger überlassen muß. Er kann

Entweder: Eigenentsorger

- die Abfälle selbst entsorgen (Eigenentsorgung nach § 13 Abs. 1 Satz 2); es wird nicht verlangt, daß die eigene Entsorgungsanlage im Betriebsgelände liegt.

... oder IHK

- seine Selbstverwaltungskörperschaft der Wirtschaft (Industrie- und Handelskammer, Handwerkskammer, Landwirtschaftskammer) in Anspruch nehmen (vgl.§ 18); Kammern nehmen das Gesamtinteresse der ihnen gehörenden Gewerbetreibenden ihres Bezirks wahr. Dazu gehört auch die Abfallentsorgung, zumal deren Kosten keine Kleinigkeit mehr sind.

... oder Entsorgungsverband

- mit anderen gleicher Interessenslage einen Entsorgungsverband gründen (§ 17); hier wie auch im vorgenannten Fall (§ 18) besteht die Wahl, ob man die Verantwortlichkeit für die Erfüllung der abfallrechtlichen Pflichten behalten oder dem Entsorgungsverband bzw. der Kammer übertragen möchte. Die Übertragung nimmt auf Antrag die zuständige Behörde vor. Sie beurkundet wie ein Notar den Übergang der Verantwortung, zu dem die Zustimmung des öffentlich-rechtlichen Entsorgungsträgers erforderlich ist. Die Formstrenge wird für rechtliche Klarheit sorgen.

... oder Auftrag an Dritte

- Dritte mit der Entsorgung beauftragen (§ 16), selbst aber die Verantwortung für die Entsorgung beibehalten, in diesem Fall ist keine Rücksichtnahme auf kommunale Abfallwirtshaftskonzepte erforderlich.

- Oder das Unternehmen kann nichts unternehmen, sich wie bisher der Überlassungspflicht an den öffentlich-rechtlichen Entsorgungsträger unterwerfen und Abfallgebühren bezahlen.[38]

... oder wie bisher

5.5 Die Stellung der Entsorgungsträger

Neben die öffentlich-rechtlichen Entsorgungsträger werden private treten. Die Eigenentsorgung wird zunehmen. Manche abfallerzeugenden Unternehmen werden Entsorgungsverbände gründen, die keine Gebühren erheben, sondern Preise kalkulieren und an deren Spitze keine verdienten Kommunalpolitiker, sondern Manager und Fachleute stehen. Das KrW-/AbfG verändert damit die Abfallentsorgung, befreit sie aus den Fängen der Daseinsvorsorge und unterwirft sie schrittweise marktwirtschaftlichen Bedingungen. Die privaten Entsorgungsträger stellen sich dem Wettbewerb, unterliegen dem Tarifvertragsrecht, dem Mitbestimmungsrecht usw. Über ihre Rechtsstellung ist allein anzumerken, daß die allgemeinen privatrechtlichen Bedingungen gelten. Das allgemeine Wirtschaftsrecht zieht in die Abfallwirtschaft ein.

Mehr Wettbewerb bei der Entsorgung

Das bringt erhebliche Strukturveränderungen für die Entsorger, für alle abfallerzeugenden Betriebe, denen neue Pflichten zur Vermeidung und Verwertung und gemeinwohlverträglichen Beseitigung auferlegt werden, aber vor allem für die Kommunen.

Rastede-Urteil

Bevor hierin erneut eine Einschränkung der kommunalen Selbstverwaltung und ein Verstoß gegen Art. 28 Abs. 2 gesehen wird, empfiehlt sich ein Blick in die höchstrichterliche Rechtsprechung zur Hochzonung von Aufgaben der Abfallentsorgung. Von 1973-1988 dauerte dieser Rechtsstreit. Es ging um die Frage, ob die Länder nach Inkrafttreten des Abfallbeseitigungsgesetzes von 1972 befugt waren, die Einsammlung, Beförderung, Behandlung, Lagerung und Ablagerung der Abfälle den Gemeinden zu nehmen und höheren Verwaltungsebenen zu übertragen (sog. Hochzonung). Immer mehr Länder taten dies, weil vor allem den kleineren Ge-

---

[38] v. Köller, Kreislaufwirtschafts- und Abfallgesetz , S. 98.

meinden die zu einer umweltgerechten Abfallentsorgung erforderlichen technischen, finanziellen und auch personellen Mittel fehlten, insbesondere für Maßnahmen zur Abfallbehandlung und Abfallvermeidung. Das Bundesverfasssungsgericht beendete diesen langen, von der Gemeinde Rastede angestrengten Rechtsstreit durch Beschluß vom 23.11. 1988[39] und stellte fest, daß die Aufgaben der Abfallentsorgung aus der Garantie der kommunalen Selbstverwaltung herausgewachsen waren. Art. 28 Abs. 2 GG garantiert die sachliche Zuständigkeit für Angelegenheiten der örtlichen Gemeinschaft, die sich sachgerecht von der örtlichen Gemeinschaft erledigen lassen, aber nicht den Fortbestand bestimmter einzelner Aufgaben. Daraus folgt, daß die Verfassung nicht die Zuständigkeit für Aufgaben garantiert, die über die kommunale Leistungsfähigkeit hinausgehen oder die besser von Privaten erledigt werden.

Weil sich die Aufgaben der Kommunen im Bereich der Abfallentsorgung in den vergangenen Jahren allein durch die Verpackungsverordnung und die Einführung des Dualen Systems erheblich geändert haben, durfte das KrW-/AbfG ohne Eingriff in die Selbstverwaltungsgarantie neue Regelungen treffen.

Literatur

Kreislaufwirtschafts- und Abfallgesetz. Textausgabe mit Erläuterungen von Dr. Henning v. Köller, 392 S., DIN A 5, kartoniert, 49,80 DM, 2. Aufl., März 1996 (ISBN 3-503-03920-1)

Leitfaden Abfallrecht, ein Ratgeber für Betriebsbeauftragte für Abfall, Entsorger und Verwaltung (mit Gesetzestexten) von Dr. Henning v. Köller, 518 S., DIN A 5, kartoniert, 49,80 DM, 4. Aufl., Januar 1993, Erich Schmidt Verlag, Berlin (ISBN 3-503-03396-3)

---

39 BVerfG Beschl. v. 23.11.1988 DVBl. 1989 S. 300 = DÖV 1989 S. 349 = NVwZ 1989 S. 347 = UPR 1989 S. 138; vgl. auch BVerwG Urt. v. 4.8. 1983 DVBl. 1983 S. 1152 mit Anm. v. Knemeyer DVBl. 1984 S. 23; v. Köller, Leitfaden Abfallrecht, 4. Aufl. S. 108 mit weiteren Nachweisen.

Stand der untergesetzlichen Regelwerke zum Kreislaufwirtschafts- und Abfallgesetz

Karl Wagner

1 Einleitung

Das Kreislaufwirtschafts- und Abfallgesetz tritt zum 7.10.1996 in Kraft. Das Gesetz geht durch

- die Erweiterung des noch gültigen Abfallbegriffs auf „Reststoffe" und sogenannte „Wirtschaftsgüter",
- die Modifizierung der Vermeidungspflicht des BImSchG,
- die Verbesserung der Möglichkeiten produktbezogener Anforderungen im Sinne des § 14 AbfG,
- die Einführung der Verwertungspflicht für alle Abfälle

erheblich über das geltende Abfallgesetz hinaus (Wagner 1995). Das Gesetz erfaßt im Hinblick auf seinen Anwendungsbereich sowohl Abfälle zur Beseitigung als auch Abfälle zur Verwertung. Alle im Gesetz für Abfälle angelegten Rechtsfolgen ergeben sich in Abhängigkeit von der Entscheidung auf die Frage, ob es sich bei der betrachteten Sache um einen Abfall oder einen „Nichtabfall" handelt.

2 Abgrenzung Abfall/Nichtabfall/Produkt

§ 3 Abs. 1 KrW-/AbfG enthält als eine zentrale Begriffsbestimmung des Gesetzes die des Abfalls. Nach § 3 Abs. 1 KrW-/AbfG gilt, daß Abfälle *alle beweglichen Sachen sind, die unter die in Anhang I aufgeführten Gruppen fallen und deren sich ihr Besitzer entledigt, entledigen will oder entledigen muß. Abfälle zur Verwertung sind Abfälle, die verwertet werden; Abfälle, die nicht verwertet werden, sind Abfälle zur Beseitigung.*

Für das Vorliegen der Abfalleigenschaft eines Stoffes wird damit abgestellt auf das „Entledigen, Entledigen wollen oder Entledigen müssen".

In § 3 Abs. 2 KrW-/AbfG wird die *faktische Entledigung*, also die Tatsache des Entledigens, als die Aufgabe der tatsächlichen Sachherrschaft definiert. Eine solche faktische Entledigung ist sicher für diejenigen bei der Produktion anfallenden Stoffe anzunehmen, die nicht dem Anlagenzweck entsprechen und die der Anlagenbetreiber einem Verwertungsverfahren oder einem Beseitigungsverfahren zuführt. Diese Verwertungs- oder Beseitgungsverfahren können in Anlagenteilen oder Nebeneinrichtungen der Produktionsanlage vorgenommen werden; sie können aber auch in eigenständigen Anlagen oder als Nebenzweck in einer überwiegend anderen Zwecken dienenden Anlage durchgeführt werden.

In § 3 Abs. 3 KrW-/AbFG wird der „*Entledigungswille*" konkretisiert. Der Entledigungswille läßt sich in zwei Fallgruppen gliedern: Abfälle sind zukünftig Produkte und Stoffe, wenn sie „anfallen, ohne daß der Zweck der jeweiligen Handlung hierauf gerichtet ist". In der Produktion oder bei der Verarbeitung weder zielgerichtet produzierte noch zweckentsprechend eingesetzte Stoffe fallen damit unter den Abfallbegriff. Entscheidend wird damit die Produktionsabsicht des Erzeugers oder die Verwendungsabsicht des Besitzers unter Berücksichtigung der Verkehrsanschauung. Diese Produktionsabsicht drückt sich z.B. in den Antrags- oder Genehmigungsunterlagen aus. In der zweiten Fallgruppe entfällt die ursprüngliche Zweckbestimmung, ohne daß ein neuer Verwendungszweck unmittelbar an deren Stelle tritt. Unzweifelhaft dürfte eine Entledigung stets gegeben sein, wenn der Besitzer eine Sache unter Wegfall jeden weiteren Verwendungszwecks abgibt. Hier ist maßgeblich, daß der Besitzer sich des Stoffes als für ihn wertlos entledigen will.

In § 3 Abs. 4 KrW-/AbfG wird das Merkmal „*entledigen müssen*" unter Berücksichtigung der neusten BGH-Rechtsprechung konkretisiert. Entscheidend für das Entledigungsgebot ist zunächst, daß eine Sache nicht mehr ihrer ursprünglichen Zweckbestimmung entsprechend verwendet wird und das Wohl der Allgemeinheit durch ihr Gefährdungspotential beeinträchtigt werden kann. Es muß keine konkrete Gefahr vorliegen. Das Entledigungsgebot greift aber erst dann, wenn das Gefährdungspotential nicht bereits mit herkömmlichem Ordnungsrecht (Gefahrstoff-, Chemikalien-, Wasser-, Immissionsschutz-, Baurecht) beherrschbar ist.

3 Überblick über das untergesetzliche Regelwerk

Um das Gesetz vollziehen zu können, ist der Erlaß bzw. die Novellierung einer Reihe von Regelwerken erforderlich. Unter der Bezeichnung „untergesetzliches Regelwerk zum Kreislaufwirtschafts- und Abfallgesetz" hat das Bundeskabinett am 22. Mai 1996 folgende Verordnungen und Richtlinien beschlossen (Wagner 1996):

- Verordnung zur Einführung des Europäischen Abfallkataloges (EAK-Verordnung),
- Verordnung zur Bestimmung von besonders überwachungsbedürftigen Abfällen (Bestimmungsverordnung besonders überwachungsbedürftige Abfälle),
- Verordnung zur Bestimmung von überwachungsbedürftigen Abfällen zur Verwertung (Bestimmungsverordnung überwachungsbedürftige Abfälle zur Verwertung),
- Verordnung über Verwertungs- und Beseitigungsnachweise (Nachweisverordnung),
- Verordnung zur Transportgenehmigung (Transportgenehmigungsverordnung),
- Verordnung über Entsorgungsfachbetriebe (Entsorgungsfachbetriebeverordnung),
- Richtlinie für die Tätigkeit und Anerkennung von Entsorgergemeinschaften (Entsorgergemeinschaftenrichtlinie),
- Verordnung über Abfallwirtschaftskonzepte und Abfallbilanzen (Abfallwirtschaftskonzept- und -bilanzverordnung).

Die Texte wurden bis auf die EAK-Verordnung anschließend dem Bundesrat zugeleitet. Für den Erlaß der EAK-Verordnung mußte im Hinblick auf die Rechtsgrundlage (§ 57 in Verbindung mit § 59 KrW-/AbfG) zusätzlich der Deutsche Bundestag beteiligt werden. Das Plenum hat am 13. Juni 1996 der EAK-Verordnung in der vom Kabinett beschlossenen Fassung zugestimmt, so daß die Verordnung mit dem übrigen untergesetzlichen Regelwerk im Bundesrat zusammen beraten werden konnte.

Auf der Grundlage der Empfehlungen der Bundesratsausschüsse hat der Bundesrat auf seiner Sitzung am 5. Juli 1996 nach Maßgabe von Änderungen den Verordnungstexten zugestimmt. Dabei bleibt festzuhalten, daß die Maßgabebeschlüsse des Bundesrates ein realistisches, nicht überzogenes Augenmaß erkennen lassen: die stark divergierenden Empfehlungen des Umwelt- und des Wirtschaftsausschusses wurden weitgehend abgelehnt, so daß es im wesentlichen bei der Konzeption der Bundesregierung geblieben ist.

Das Bundeskabinett hat die Maßgabebeschlüsse des Bundesrates am 14. August 1996 übernommen. Die EAK-Verordnung muß aufgrund der vom Bundesrat vorgegebenen Maßgabebeschlüsse erneut dem Bundestag vorgelegt werden; dies ist für Anfang September 1996 vorgesehen. Die Verordnungen und die Richtlinie können damit nach Unterzeichnung durch die Bundesumweltministerin und den Bundeskanzler im Bundesgesetzblatt veröffentlicht werden. Sie werden somit rechtzeitig vor Inkrafttreten des Gesetzes, dem 7. Oktober 1996, veröffentlicht werden können.

4 Die Abfallbestimmungsverordnungen

Das Kreislaufwirtschafts- und Abfallgesetz erfaßt im Hinblick auf seinen Anwendungsbereich sowohl Abfälle zur Beseitigung als auch Abfälle zur Verwertung.

Abfälle werden unterschieden nach „besonders überwachungsbedürftig", „überwachungsbedürftig" und „nicht überwachungsbedürftig".

Abfälle zur Beseitigung
Aus der Gruppe aller Abfälle sind die besonders überwachungsbedürftigen Abfälle zur Beseitigung herausgehoben. Sie müssen durch Rechtsverordnung bestimmt werden (§ 3 Abs. 8 Satz 1 KrW-/AbfG in Verbindung mit § 41 Abs. 1 KrW-/AbfG). Alle nicht durch Verordnung bestimmten Abfälle, die beseitigt werden, sind überwachungsbedürftig (§ 3 Abs. 8 Satz2 KrW-/AbfG).

Abfälle zur Verwertung
Weiterhin ist die Bundesregierung ermächtigt, durch Rechtsverordnung

- die besonders überwachungsbedürftigen Abfälle zur Verwertung (§ 3 Abs. 8 Satz 1 KrW-/AbfG in Verbindung mit § 41 Abs. 3 Nr. 1 KrW-/AbfG) und
- überwachungsbedüftigen Abfälle zur Verwertung (§ 3 Abs. 8 Satz 2 KrW-/AbfG in Verbindung mit § 41 Abs. 3 Nr. 2 KrW-/AbfG)

zu bestimmen. Alle nicht durch Verordnung bestimmten Abfälle, die verwertet werden, sind nicht überwachungspflichtig.

Europäische Vorgaben
Ein wesentlicher Aspekt bei der Ausfüllung der genannten Verordnungsermächtigungen waren die europäischen Vorgaben:

- Die Europäische Kommission hat durch Entscheidung vom 20.12.1993 den Europäischen Abfallkatalog – EAK – bekanntgemacht. Der Abfallkatalog wird regelmäßig überprüft und ggf. geändert.
- Der Rat der europäischen Union hat am 22.12.1994 eine Entscheidung über das „Verzeichnis gefährlicher Abfälle" – den Hazardous Waste Catalogue (HWC) – getroffen. Dieses Verzeichnis definiert die gefährlichen Abfälle. Es beinhaltet 237 Abfallarten, die zugleich Teil des vorgenannten Abfallkataloges sind.

4.1 Verordnung zur Einführung des Europäischen Abfallkataloges

Wie oben angemerkt, hat die Europäische Kommission ein Verzeichnis der Abfälle erstellt. Dieses Verzeichnis, der Europäische Abfallkatalog (EAK), gilt für alle Abfälle, ungeachtet dessen, ob sie zur Verwertung oder zur Beseitigung bestimmt sind. Die Entscheidung der Kommission zum Europäischen Abfallkatalog ist an die Mitgliedstaaten gerichtet. Die Entscheidung ist ein Rechtsakt, der von den Mitgliedstaaten durch Verordnung umgesetzt werden muß.

Die geplante EAK-Verordnung bestimmt auf der Grundlage der Verordnungsermächtigung in § 57 KrW-/AbfG, wie Abfälle zukünftig zu bezeichnen sind, wie die zutreffende Abfallbezeichnung zu wählen ist und daß zu dem Stichtag 1.1.1999 die bestehenden Abfallschlüssel und -bezeichnungen auf die neuen Abfallschlüssel und -bezeichnungen umzustellen sind. Die Abfallbezeichnungen werden sich wesentlich von denen der Abfallbestimmungsverordnung von 1990 bzw. vom Abfallartenkatalog der LAGA unterscheiden.

4.2 Verordnung zur Bestimmung von besonders überwachungsbedürftigen Abfällen

Soweit Abfälle zur Beseitigung gehen, bestimmt § 41 Abs. 1 KrW-/AbfG, daß die Abfälle besonders überwachungsbedürftig sind, *die aus gewerblichen oder sonstigen wirtschaftlichen Unternehmen oder öffentlichen Einrichtungen stammen und die nach Art, Beschaffenheit oder Menge in besonderem Maße gesundheits-, luft- oder wassergefährdend, explosibel oder brennbar sind oder Erreger übertragbarer Krankheiten enthalten oder hervorbringen können.*

Entsprechend § 41 Abs. 3 Nr. 1 KrW-/AbfG gelten für die Bestimmung der besonders überwachungsbedürftigen Abfälle zur Verwertung dieselben Stoffmerkmale wie für die besonders überwachungsbedürftigen Abfälle zur Beseitigung. Aus diesem Grund sind die im Entwurf der Bestimmungsverordnung besonders überwachungsbedürftige Abfälle aufgeführten besonders überwachungsbedürftigen Abfälle zur Beseitigung identisch mit den besonders überwachungsbedürftigen Abfällen zur Verwertung.

Bei der Bestimmung der besonders überwachungsbedürftigen Abfälle ist aufgrund der Vorgaben der Europäischen Gemeinschaft das o.a. *Verzeichnis gefährlicher Abfälle* umzusetzen. Dieses Verzeichnis stellt den Mindestumfang der zu bestimmenden besonders überwachungsbedürftigen Abfälle dar. Das Verzeichnis gefährlicher Abfälle wird deshalb als Anlage 1 und damit als eine Teilmenge der besonders überwachungsbedürftigen Abfälle vollständig übernommen.

Darüber hinaus enthält die Verordnung weitere Abfallarten in Anlage 2, die unter Berücksichtigung der in § 41 Abs. 1 Satz 1 KrW-/AbfG aufgeführten Kriterien und damit unter Berücksichtigung der spezifischen nationalen Gegebenheiten als besonders überwachungsbedürftig eingestuft werden müssen. Alle diese Abfallarten weisen aufgrund spezifischer Produktionsbedingungen oder nutzungsrelevanter Tatbestände in der Regel mindestens einws der in § 41 Abs. 1 KrW-/AbfG angesprochenen Merkmale auf. Dies kann beispielsweise damit zusammenhängen, daß – in Abweichung zu europäischen Erfahrungen – verstärkt Abfälle in der Produktion eingesetzt werden, die gegenüber Rohstoffen einen höheren Schadstoffgehalt aufweisen und damit hinsichtlich der aus der Produktion resultierenden Abfälle eine besondere Überwachungsbedürftigkeit rechtfertigen.

Ein ganz wichtiger Regelpunkt der Verordnung ist die Übergangsregelung. Es wurde eine Regelung aufgenommen, nach der bis zu einem Stichtag, dem 31. Dezember 1998, besonders überwachungsbedürftige Abfälle diejenigen sind, die in der Abfallbestimmungs-Verordnung vom 3. April 1990 aufgeführt sind. Unter Berücksichtigung der Übergangsvorschrift der EAK-Verordnung sind bis zu dem Stichtag Anlagengenehmigungen, Entsorgungsnachweise und andere behördliche Entscheidungen, die die alten Abfallschlüssel und -bezeichnungen beinhalten, auf die neue Nomenklatur umzustellen. Wirksam werden diese Umstellungen aber erst zu dem festgelegten Stichtag. In der Zeitspanne zwischen Veröffentlichung der Verordnung und dem Stichtag sollen die Umstellungen betriebsintern vorbereitet werden.

Im Unterschied zu der Gesamtheit der Abfallarten sind nach bisherigem Abfallrecht die besonders überwachungsbedürftigen Abfälle bereits durch Verordnung bestimmt gewesen. Die Kategorisierung eines Abfalls als besonders überwachungsbedürftig hatte (und hat) materielle Folgen, die sich aus anderen Regelwerken,z.B. der Abfall- und Reststoffüberwachungs-Verordnung (Nachweisverfahren) oder der TA Sonderabfall (Stand der Technik bei Entsorgungsanlagen), aber auch der Konzept- und Bilanzverordnung ergeben.

4.3 Verordnung zur Bestimmung von überwachungsbedürftigen Abfällen zur Verwertung

Die in der Bestimmungsverordnung überwachungsbedürftige Abfälle zur Verwertung genannten Abfallarten sind die aus den Vollzugserfahrungen bekannten Abfallarten, die ein gewisses Risiko in sich bergen, daß sie einen nichtordnungsgemäßen Entsorgungsweg gehen können. Sie sind damit nicht unter allen Umständen einer Überwachung zu unterziehen. Gleichwohl sollen die Behörden bei diesen Abfällen eine im Gegensatz zu nichtüberwachungsbedürftigen Abfällen zur Verwertung erleichterte Möglichkeit haben, bestimmte im Gesetz genannte Überwachungselemente anordnen zu können. Die Abfallbezeichnungen sind ebenfalls der geplanten Verordnung zur Einführung des EAK entnommen.

4.4 Bestimmung der „sonstigen" Abfälle

Soweit Abfallarten weder in der Verordnung zur Bestimmung von besonders überwachungsbedürftigen Abfällen noch in der Verordnung zur Bestimmung von überwachungsbedürftigen Abfällen zur Verwertung genannt sind, erhalten sie ihre Abfallbezeichnung über die Verordnung zur Einführung des EAK. Im Fall der

Beseitigung handelt es sich um alle nicht in der Verordnung zur Bestimmung von besonders überwachungsbedürftigen Abfällen genannten Abfallarten. Im Fall der Verwertung handelt es sich um alle weder in der Verordnung zur Bestimmung von besonders überwachungsbedürftigen Abfällen noch in der Verordnung zur Bestimmung von überwachungsbedürftigen Abfällen zur Verwertung genannten Abfallarten.

5 Die Nachweisverordnung

Mit dem Inkrafttreten des Kreislaufwirtschafts- und Abfallgesetzes werden auch die Verordnungen zur Abfall- und Reststoffüberwachung an den Geltungsbereich des Gesetzes angepaßt werden müssen. Die Überwachung muß im Hinblick auf den erweiterten Anwendungsbereich (Beseitigung und Verwertung insgesamt) gegenüber dem bisherigen Instrumentarium angepaßt und flexibler gestaltet werden.

Die §§ 40ff KrW-/AbfG bestimmen die Maßnahmen der Überwachung sowohl der Kreislaufwirtschaft als auch der Abfallentsorgung. Abfälle werden im Hinblick auf ihre Überwachungsbedürftigkeit differenziert. Art der Abfälle sowie Maß und Umfang der Überwachung müssen durch Rechtsverordnung festgelegt werden. Vereinfachungen bei der Überwachung sind für Eigenentsorger und Entsorgungsfachbetriebe im Gesetz angelegt.

Die Überwachung der Beseitigung von Abfällen wird in den §§ 42-44 KrW-/AbfG geregelt.

Die Überwachung der Verwertung von Abfällen wird in den §§ 45-47 KrW-/AbfG geregelt.

Mit der geplanten Nachweisverordnung greift die Bundesregierung die Verordnungsermächtigung in § 48 KrW-/AbfG auf. Inhaltlich kann das Nachweisverfahren in zwei Abschnitte aufgeteilt werden:

- die Nachweisführung über die Zulässigkeit der vorgesehenen oder beabsichtigten Entsorgung, die sogenannte Vorabkontrolle, und
- die Nachweisführung über die Durchführung der Entsorgung, d.h. über den Verbleib der Abfälle, die sogenannte Verbleibskontrolle.

Vorbild für das neue Nachweisverfahren waren die Regelungen des § 11 Abs. e 2 und 3 AbfG zum fakultativen und obligatorischen Nachweisverfahren für Abfälle sowie die der Abfall- und Reststoffüberwachungs-Verordnung.

Der wesentliche Unterschied zwischen den Nachweisregelungen des KrW-/AbfG und des AbfG liegt darin, daß das obligatorische Nachweisverfahren auch auf Abfälle zur Verwertung Anwendung findet, die bisher nur als Reststoffe fakultativ nachweispflichtige Reststoffe waren.

Um die Ausweitung der obligatorischen Nachweisführung „auszugleichen", wird die Verordnung eine Reihe von Elementen enthalten, von denen eine Beschleunigung und Vereinfachung des Nachweisverfahrens zu erwarten ist. Zum einen wird eine 30-Tage-Frist eingeführt werden, binnen der die zuständige Behörde über die Zulässigkeit des Entsorgungsnachweises (Bestätigung) zu entscheiden hat, ansonsten gilt der Entsorgungsnachweis als bestätigt (Fiktion). Weiter wird ein privilegiertes Nachweisverfahren ohne Bestätigung des einzelnen Entsorgungsvorganges durch die Behörde eingeführt.

An die Nachweisführung über die Entsorgung von überwachungsbedürftigen und nichtüberwachungsbedürftigen Abfällen werden nähere Anforderungen gestellt, die den Verfahrensschritten des bekannten „vereinfachten Entsorgungsnachweises" weitgehend entsprechen.

Zur Erleichterung und Vereinfachung des Verfahrens bei der Entsorgung von Sammelchargen wird die Führung eines Sammelentsorgungsnachweises zugelassen. Er ist vom Sammler/Transporteur zu erstellen. Da der Einsammler die Stellung des Abfallerzeugers einnimmt, obliegen ihm bestimmte Erzeugerinformationspflichten.

Die Durchführung der Entsorgung erfolgt weiterhin mittels Begleitschein. Die Regelungen der Abfall- und Reststoffüberwachungs-Verordnung wurden beibehalten. Anstelle der einzelnen Begleitscheine kann der Abfallentsorger einen Listennachweis führen. Bei einer Sammelentsorgung wird die Verbleibskontrolle entsprechend den noch geltenden Bestimmungen der Abfall- und Reststoffüberwachungs-Verordnung mittels des Begleitscheins und sowie des Übernahmescheins durchgeführt.

Ferner enthält die Verordnung gemeinsame Vorschriften für die Einrichtung und Führung der Nachweisbücher, einschließlich von Aufbewahrungspflichten, Anforderungen an die Form der Nachweise, Ordnungswidrigkeiten sowie die notwendigen Übergangsregelungen.

Eine wie bei den Bestimmungsverordnungen auf den 1.1.1999 angelegte Übergangsregelung soll einen vollzugsfreundlichen Übergang von den alten auf die neuen, erweiterten Regelungen ermöglichen.

6 Transportgenehmigungsverordnung

In § 49 KrW-/AbfG werden die Anforderungen an die Erteilung einer Transportgenehmigung geregelt. Im Hinblick auf das hohe Gefährdungspotential der besonders überwachungsbedürftigen Abfälle wird die geplante Verordnung die Transportgenehmigungspflicht insgesamt für die besonders überwachungsbedürftigen Abfälle zur Verwertung *und* zur Beseitigung festlegen.

Im Unterschied zur alten Rechtslage nach § 12 AbfG ist die Transportgenehmigungspflicht nach § 49 KrW-/AbfG auf das gewerbsmäßige Einsammeln oder Befördern beschränkt. Die Genehmigungspflicht gilt also nicht mehr für Abfalltransporte im Rahmen wirtschaftlicher Unternehmen.

Die Transportgenehmigung wird zukünftig vom konkreten Transportvorgang gelöst und als reine Sach-, Fachkunde und Zuverlässigkeitsprüfung des Einsammlers- oder Beförderers ausgestaltet. Hierzu müssen die für die Leitung und Beaufsichtigung eines Betriebes zur Einsammlung und Beförderung von Abfällen verantwortlichen Personen die erforderliche Fachkunde für ihren Tätigkeitsbereich besitzen. Diese Fachkunde kann festgemacht werden an einer zweijährigen Einsammlungs- oder Beförderungstätigkeit, an der Teilnahme an einem oder mehreren von der zuständigen Behörde anerkannten Lehrgängen und an der Teilnahme an Schulungen, die nach anderen Rechtsvorschriften, insbesondere nach Güterkraftverkehrs- und Gefahrguttransportrecht, vorgeschrieben sind. Das sonstige Personal muß die für die jeweils wahrgenommene Einsammlungs- oder Beförderungstätigkeit erforderliche Sachkunde besitzen.

Wie nach der alten Rechtslage gibt es auch weiterhin unter bestimmten Voraussetzungen einen Rechtsanspruch auf Erteilung der Transportgenehmigung. Auch in der Transportgenehmigungsverordnung sind Übergangsregelungen in einer Zeitspanne bis zum 1.1.1999 vorgesehen.

7 Entsorgungsfachbetriebe/Entsorgergemeinschaften

Nach § 52 Abs. 1 (KrW-/AbfG) ist Entsorgungsfachbetrieb, wer berechtigt ist,

- das *Gütezeichen einer anerkannten Entsorgergemeinschaft* zu führen oder
- einen *Überwachungsvertrag mit einer technischen Überwachungsorganisation* abgeschlossen hat, der eine regelmäßige Überprüfung einschließt.

Nach § 52 Abs. 2 KrW-/AbfG wird die Bundesregierung ermächtigt, durch Rechtsverordnung Anforderungen an Entsorgungsfachbetriebe vorzuschreiben. Nach § 52 Abs. 3 KrW-/AbfG ist die Tätigkeit der Entsorgergemeinschaften, die das Gütezeichen an Entsorgungsfachbetriebe vergeben, nach einheitlichen Richtlinien, die vom Bundesumweltministerium erlassen werden, durchzuführen.

Überwachungsverträge sowie die Anerkennung der Entsorgergemeinschaften benötigen die Zustimmung der für die Abfallwirtschaft zuständigen obersten Landesbehörde oder der von ihr bestimmten Behörde.

Ein Entsorgungsfachbetrieb genießt eine Reihe von Privilegien. Er benötigt weder eine Transportgenehmigung noch eine Genehmigung für Vermittlungsgeschäfte. Auch im Entsorgungsnachweisverfahren sind verfahrensrechtliche Erleichterungen vorgesehen.

7.1 Konzeption der Verordnung über Entsorgungsfachbetriebe

Mit der Verordnung über Entsorgungsfachbetriebe (Entsorgungsfachbetriebeverordnung – EfbV) greift die Bundesregierung die Verordnungsermächtigung des § 52 Abs. 2 KrW-/AbfG auf. Mit der Verordnung sollen einerseits Anreize für ein hohes Qualifikationsniveau der Entsorgungswirtschaft gesetzt werden, andererseits die im Kreislaufwirtschafts- und Abfallgesetz und der Nachweisverordnung angelegten Verfahrenserleichterungen ausgeschöpft werden. Die Verordnung trifft Regelungen zu den Bereichen:

- Begriffsbestimmungen,
- Organisation, Ausstattung und Tätigkeit eines Entsorgungsfachbetriebes,
- Zuverlässigkeit, Fach- und Sachkunde des Betriebsinhabers und der im Entsorgungsfachbetrieb beschäftigten Personen,
- Überwachung und Zertifizierung durch technische Überwachungsorganisationen.

Die Mindestanforderungen an Organisation, Ausstattung und Tätigkeit von Entsorgungsfachbetrieben gelten für Betriebe, die

- einen Überwachungsvertrag mit einer technischen Überwachungsorganisation geschlossen haben bzw.
- sich als Mitglied in einer anerkannten Entsorgergemeinschaft zertifizieren lassen wollen.

Die Verleihung von Überwachungszertifikaten und Überwachungszeichen für Entsorgungsfachbetriebe durch anerkannte Entsorgergemeinschaften wird in der Entsorgergemeinschaftenrichtlinie geregelt.

Die von der Verordnung an den Entsorgungsfachbetrieb gestellten Anforderungen gehen über die in der DIN EN ISO 9000 ff und in der Öko-Audit-Verordnung der Europäischen Union (EWG) Nr. 1836/93 enthaltenen Regelungen hinaus. Dies bezieht sich insbesondere auf die spezifischen Anforderungen an die Ausstattung des Betriebes und die Qualifikation des Betriebsinhabers und des Personals.

Die Verordnung sieht die Möglichkeit vor, daß die unterschiedlichen Zertifizierungen nach der Entsorgungsfachbetriebeverordnung, nach DIN EN ISO 9000 ff und der Öko-Audit-Verordnung im Rahmen eines einheitlichen Vertrages geregelt werden können. Doppelprüfungen sollen vermieden werden.

7.2 Konzeption der Richtlinie für die Tätigkeit und Anerkennung von Entsorgergemeinschaften

Die Richtlinie legt Mindestanforderungen für die Organisation und Tätigkeit von Entsorgergemeinschaften fest. Darüber hinaus werden die Voraussetzungen für die staatliche Anerkennung der Entsorgergemeinschaft vorgegeben. Nach der Richtlinie darf eine staatliche Anerkennung nur dann erfolgen, wenn die Entsorgergemeinschaft ihrerseits die Mindestvorgaben der Richtlinie für Organisation und Tätigkeit durch Satzung oder sonstige Regelung verbindlich festgelegt hat. Die von der Richtline insoweit vorgegebenen Mindestanforderungen sind mit denen der Entsorgungsfachbetriebeverordnung in vielen Fällen wortgleich. Die Richtlinie stellt damit sicher, daß die durch Überwachungszeichen einer Entsorgergemeinschaft zertifizierten Entsorgungsfachbetriebe in jedem Fall das Qualifikationsprofil der aufgrund eines Überwachungsvertrages mit einer technischen Überwachungsorganisation anerkannten Entsorgungsfachbetriebes erreichen. Die Anforderungsprofile werden nachfolgend vorgestellt.

8 Abfallwirtschaftskonzepte/Abfallbilanzen

Konzepte und Bilanzen sind nur für besonders überwachungsbedürftige und überwachungsbedürftige Abfälle, nicht aber für die nichtüberwachungsbedürftgigen Abfälle aufzustellen (ergibt sich im Umkehrschluß aus § 19 Abs. 4 Nr. 3 KrW-/AbfG). Dabei gelten 2 Mengenschwellen:

- Anfall von > 2000 kg/Jahr besonders überwachungsbedürftige Abfälle insgesamt oder
- Anfall von > 2000 t/Jahr überwachungsbedürftige Abfälle je Abfallschlüssel.

Die Konzepte und Bilanzen können sowohl Planungs- als auch Überwachungsinstrumente sein.

- Konzepte sind zuvorderst ein Instrument der innerbetrieblichen Optimierung der Abfallbewirtschaftung. Anhand der jährlichen Abfallbilanzen soll der Abfallerzeuger seine abfallwirtschaftlichen Belange und Maßnahmen zusammenfassend darstellen; die Abfallwirtschaftskonzepte sollen verifiziert werden. Um bundeseinheitlich vergleichbare Informationen zu gestatten, sollen die Inhalte durch die geplanten Verordnungen über Abfallwirtschaftskonzepte und Abfallbilanzen bestimmt werden.

- Konzepte und Bilanzen sollen unter bestimmten in der Nachweisverordnung dargestellten Voraussetzungen gem. § 44 bzw. § 47 KrW-/AbfG als Instrumente der „Selbstüberwachung" die behördliche „Stoffstrommüberwachung" ersetzen. Sie treten damit an die Stelle des obligatorischen oder des fakultativen Nachweisverfahrens.

Mit der Konzept- und Bilanzverordnung werden die Einzelheiten von Form und Inhalt der Anfallwirtschaftskonzepte und Abfallbilanzen geregelt.

Es ist zu berücksichtigen, daß ein Abfallwirtschaftskonzept eine Prognose darstellt und zum Zeitpunkt der Konzepterstellung nicht exakt zu ermitteln ist, welche Abfälle und insbesondere welche Abfallmengen im Konzeptzeitraum (in der Regel 5 Jahre) anfallen werden.

Der Verbleib ist der Ausgangspunkt aller weiteren abfallwirtschaftlichen Überlegungen. In der Verordnung ist hierzu vorgesehen, daß – ausgehend von dem Verbleib in der Vergangenheit – Maßnahmen zur Vermeidung, zur Verwertung und zur Beseitigung der Abfälle zu ergreifen und die vorgesehenen Entsorgungswege für die nächsten 5 Jahre zu planen sind. Diese Planung und Darstellung von Entsorgungswegen sind der Kern des Abfallwirtschaftskonzeptes. Dazu wird die in der Vergangenheit erfolgte tatsächliche Entsorgung anfallender Abfälle mit der für die Zukunft beabsichtigten Entsorgung künftig anfallender Abfälle verknüpft. Es wird auf die geplante endgültige Verwertung oder Beseitigung abgestellt.

Ein weiterer wichtiger Aspekt ist, daß sich der Abfallerzeuger konkret Gedanken über mögliche Maßnahmen zur Vermeidung und zur Verwertung seiner Abfälle machen soll; er soll sie planen und zusammen mit den bereits getroffenen Maßnahmen dokumentieren. Soweit Abfälle trotz seiner getroffenen und geplanten Maßnahmen beseitigt werden sollen, hat er dies zu begründen. Das heißt, das sein interner Begründungszwang um so umfassender wird, je weiter er bei seinen Entsorgungsplanungen in Richtung Beseitigung geht.

Hinsichtlich der Formvorgaben sieht der Verordnungsentwurf keine feste Form vor. Die Verwendung von Formblättern wird nur verlangt, wenn Konzepte und Bilanzen als Ersatz des Nachweises nach den §§ 43 und 46 KrW-/AbfG oder eines vereinfachten Verfahrens nach § 42 Abs. 3 und § 45 Abs. 3 KrW-/AbfG vorgesehen sind.

Literatur

Wagner, K. (1995) Abfall und Kreislaufwirtschaft – Erläuterungen zu deutschen und europäischen Regelwerken, VDI-Verlag, Düsseldorf

Wagner, K. (1996) Das neue Regelwerk zum KrW-/AbfG, VDI-Verlag, Düsseldorf

Abfallüberwachung – eine Bilanz
Das Spannungsfeld zwischen Eigenverantwortung und staatlicher Kontrolle

Carl-Otto Zubiller

1 Situation

Der Titel des Beitrags läßt erkennen, daß wir uns an dieser Stelle nicht mit Hausmüll und solchen Abfällen befassen, die von den primär entsorgungspflichtigen Gebietskörperschaften (Andienungszwang) entsorgt werden. Die gesetzlich herausgestellte Abfallüberwachung erstreckt sich hauptsächlich auf die nachweispflichtigen Abfälle, und das sind in erster Linie die besonders überwachungsbedürftigen Abfälle. Nach dem geltendem Recht zählen hierzu auch die überwachungsbedürftigen Reststoffe. Ab 7. Oktober 1996, mit Inkrafttreten des Kreislaufwirtschaftsgesetzes, werden auch diese zu besonders überwachungsbedürftigen Abfällen zur Verwertung und insoweit von Gesetzes wegen nachweispflichtig. Gerade die Unterscheidung zwischen Abfall und Reststoff hat sich als ein Hauptproblem für die Abfallüberwachung nach bisherigem Recht herausgestellt. Für besonders überwachungsbedürftige Abfälle zur Beseitigung besteht eine gesetzlich vorgeschriebene Nachweispflicht, für Reststoffe („Wirtschaftsgut") auch, wenn es sich um die gleichen Abfallschlüssel mit der gleichen Gefährlichkeit handelt, war bisher eine solche Nachweispflicht nicht allgemein verbindlich vorgeschrieben. Die zuständigen Behörden der Länder konnten lediglich durch Einzelanordnungen einen Nachweis verlangen. Allein aus diesem Grund existieren keine zuverlässigen Abfallmengenstatistiken. Die Mengenentwicklung kann folglich nur für die exakt erfaßten besonders überwachungsbedürftigen Abfälle zur Beseitigung nachvollzogen werden. Hier allerdings zeichnet sich ein deutlicher Mengenrückgang ab, wenn man von kontaminierten Böden absieht. Der Mengenrückgang hat mehrere Ursachen:

- Die innerbetriebliche Vermeidung hat gegriffen.
- Die ordnungsgemäße Verwertung hat zugenommen.
- Der Kostendruck (einschl. von Abgaberegelungen) durch das hohe technische Niveau der Sonderabfallbehandlung und -beseitigung macht sich deutlich durch den Anstieg von Vermeidung und Verwertung bemerkbar.

- Nicht bezifferbare Sonderabfallmengen wandern in den rechtlichen Grauzonen zwischen Beseitigung und Verwertung, z.T. auch illegal, in die Abfallverbringung, ohne daß sie einer staatlichen Überwachung zugänglich waren (Billigentsorgung).

Hieraus wird deutlich, daß für Vermeidung und Verwertung keine bzw. nur wenig belastbare Mengenangaben vorliegen.

These 1: Trotz erheblichen Verwaltungsaufwandes im Vollzug der Abfallüberwachung und zahlreicher Einzelerfolge in allen Bundesländern fehlt es an verläßlichen Daten. Die Übernahme des europäischen Abfallbegriffs in das Kreislaufwirtschaftsgesetz und somit die gesetzlich vorgeschriebene Nachweispflicht, auch für Abfälle zur Verwertung, ist konsequent und notwendig, weil ohne Transparenz der Abfallströme jegliche Überwachung unvollständig und einzelfallbezogen bleibt.

2 Notwendigkeit einer stoffstrombezogenen Abfallüberwachung und die Entwicklung der Rechtsvorschriften

Zu einer Bilanz im Sinne unserer Themenstellung gehört es auch, einen kurzen Blick in die Historie der Abfallüberwachung und damit einen Überblick über die Aufgabenstellung sowie die Schwerpunkte der Abfallüberwachung im Verständnis von Bund und Ländern zu geben.

Die seit den 70er Jahren öffentlich gewordenen Müllskandale, Abfallschiebereien und die zunehmend zu Tage tretenden Altlasten führten zu einem eigenständigen Abfallrecht. Die klassischen Spezialgesetze, die dem Schutz der wichtigsten Umweltmedien Wasser, Boden und Luft dienten, konnten den Problemen, die mit der Abfallbeseitigung, insbesondere dem Umgang mit gefährlichen Abfällen, entstanden waren, nicht ausreichend entgegenwirken.

Das Wasserrecht, das den Bodenschutz partiell und indirekt mit erfassen will, setzt – bezogen auf den Gewässerschutz (Grundwasser und Oberflächengewässer) – in der lokalisierten Fläche an, und das aus dem Gewerberecht hervorgegangene Immissionsschutzrecht regelt die Schutzziele – Reinhaltung der Luft, Schutz vor Lärm – bezogen auf die einzelne Anlage (Errichtung und Betrieb) durch Festlegung von Emissionsbegrenzungen und Immissionszielen.

Stoffbezogen erfassen beide, Wasser- und Immissionsschutzrecht, den Stoffaustrag aus Anlagen und insoweit auch technische Schutzvorkehrungen und Sicherheitseinrichtungen, um Umwelteinwirkungen durch den Anlagenbetrieb zu vermeiden oder auf festgelegte Werte (Grenzwerte) zum Schutz der Umwelt zu begrenzen. Nach diesen Vorschriften erstreckt sich die staatliche Überwachung im deutschen Recht auf die Anlagenüberwachung. Der Weg von Stoffen, beweglichen Sachen, die die Anlage verlassen und keinen Wert mehr haben, von denen sich deshalb der Besitzer möglichst mit geringem Aufwand trennen will, kann nicht im Rahmen der Überwachung einer Anlage, in der dieser Stoff entstanden ist, kontrolliert werden.

Die Pflicht der ordnungsgemäßen Beseitigung – später kam das Gebot zur Vermeidung und der Vorrang der Verwertung hinzu – kann zwar bei genehmigungsbedürftigen Anlagen nach dem BImSchG generell abstrakt geregelt werden, und das geschieht auch durch Vollzug des § 5 Abs. 1 Nr. 3 dieses Gesetzes. Mit der Übergabe des Abfalls vom Abfallerzeuger an den Beförderer, der häufig als Entsorger oder für diesen auftritt, verliert das Anlagenrecht seine rechtliche Wirkung auf die Kontrolle des Weges, den der Abfall tatsächlich nimmt. Diese Lücke in der rechtlichen Pflichtenkette und in der Verantwortung für die Einhaltung des Wohls der Allgemeinheit, bezogen auf die Umweltschutzziele, war zu schließen. Dies geschah durch die ersten Abfallgesetze, 1971 Hessisches Abfallgesetz, 1972 Bundesabfallgesetz. Dieser Prozeß findet seine Fortsetzung im Kreislaufwirtschafts- und Abfallgesetz, das jetzt in Kraft gesetzt wird. Neben den Programmen, Zielsetzungen und Pflichten für die Förderung der Kreislaufwirtschaft enthält dieses Gesetz nicht zuletzt aufgrund europarechtlicher Regelungen immer noch die Überwachungsvorschriften, die der bisher geltenden Nachweisverpflichtung entsprechen. Wie bereits erwähnt, nun auch konsequent für besonders überwachungsbedürftige Abfälle zur Verwertung. Das hierzu gehörige untergesetzliche Regelwerk mit 6 Verordnungen und einer Richtlinie soll an dieser Stelle nicht weiter diskutiert werden. Bund und Länder sind sich in einem einig, daß jetzt und auch künftig die Transparenz der Abfallströme, dort wo dies noch nicht gegeben ist, hergestellt werden muß. Beide haben um den besten Weg in der Durchführung gerungen. Wie sich der im Bundesrat erreichte Kompromiß in der Praxis auswirken wird, ist noch zu bewerten.

In der historischen Abfolge des vergleichbar jungen Abfallrechts wurde die Pflicht zur Führung eines Abfallnachweises gesetzlich eingeführt, und zwar

- zunächst bis Oktober 1990 allein durch die Verbleibskontrolle mittels Begleitscheinverfahren; dann
- seit Oktober 1990 zusätzlich durch eine Vorabkontrolle mittels Entsorgungsnachweis mit
  - Verantwortlicher Erklärung des Erzeugers/Besitzers,
  - behördlicher Bestätigung durch die für die Abfallentsorgung zuständige Behörde.

Die bis zum Inkrafttreten des KrW-/AbfG gültige Abfall- und Reststoffüberwachungsverordnung sollte in Verbindung mit der TA (Sonder)Abfall die Stoffflußkontrolle intensivieren und eine Plausibilitätsprüfung zwischen Grunddaten zur

Charakterisierung des Abfalls, erwarteten Arten und Mengen mit den tatsächlich entsorgten Mengen (DV/ARSYS) ermöglichen.

3 Erfolgreiche und vereinfachte Überwachung durch Transparenz der Abfallströme

Bei der Diskussion über den Umfang der vorgeschriebenen Kontrollmaßnahmen ist jedoch danach zu fragen, wie die gesetzlich verlangten Schutzziele im Vollzug einfach und erfolgreich erreicht werden können, was sich durch Vorschriften erreichen läßt und wo die Grenzen zu ziehen sind, bei deren Erreichen es nur noch darauf ankommt, den bewußt gegen das Gesetz Verstoßenden in das formale Unrecht zu setzen und so die Voraussetzungen für eine Verfolgung und Aburteilung nach dem Umweltstrafrecht zu verbessern. Die Gesetzes- und Vollzugspraxis hat sich leider in anderer Richtung entwickelt. Der erwartete Erfolg wird an der Anzahl von Regelungen, der Regelungstiefe und dem Umfang an Nachweisdokumenten gemessen. Dabei wird vergessen, daß eine erfolgreiche Kontrolle nicht allein durch immer weiter verstärkten Personalaufwand und DV-technische Hilfsmittel geleistet werden kann. Die Politik ist nicht unschuldig daran, daß die Wirkung ordnungsrechtlicher Vorschriften dem Umfang nach überschätzt wurde und daß sich aufgrund eines solchen Verständnisses konsequenterweise ein unnötiger bürokratischer Aufwand entwickeln mußte, getreu den förderalistischen Grundsätzen von Bundesland zu Bundesland möglichst unterschiedlich. Stets wurde zuerst nach neuen Gesetzen, Gesetzesnovellierungen, Verordnungen, Verwaltungsvorschriften und Erlassen gerufen, statt durch Handeln zu prüfen, ob und wie vorhandene Vorschriften ausreichen und wie sie durch einen verbesserten Vollzug spürbarer zugreifen können. Nachdem die Ergebnisse aber keinen wirklich bemerkenwerten Erfolg aufweisen und die Anreize für illegale Abfallverschiebungen wegen der gesamtpolitischen Lage (z.B. Binnenmarkt und Öffnung nach Osten) noch gestiegen sind, die Personalkosten der Verwaltung inzwischen eine Größenordnung von 30-40% der Länderhaushalte erreicht haben und auch die Aufwendungen für Sachmittel erheblich gestiegen sind, kommt der Ruf nach „schlanker Verwaltung".

These 2: Es muß möglich sein, eine bessere Transparenz der Abfallströme herzustellen, indem die Eigenverantwortung der abfallerzeugenden Wirtschaft und der Abfallentsorger erhöht und der Überwachungsaufwand durch die Behörden reduziert wird. Mit „intelligenter Dokumentation" und intelligenten Stichproben muß sich die staatliche Kontrolle vereinfachen und auf das wesentliche konzentrieren lassen, d.h. festzustellen,

- welchen Weg die Abfälle nehmen,
- ob dabei die vorgeschriebenen Anforderungen eingehalten werden und
- wie „schwarze Schafe" schnell erkannt und zur Verantwortung gezogen werden können.

Die Chancen und Risiken, schnell und möglichst einheitlich einen solchen Weg zu gehen, sind nach dem neuen in Deutschland und Europa geltenden Abfallrecht gegeneinander abzuwägen. Vieles, wenn nicht alles, spricht dafür, die Weichen in Richtung einfache und transparente Abfallstromüberwachung zu stellen. Das jetzt im Bundesrat erzielte Ergebnis zum untergesetzlichen Regelwerk, insbesondere aber zur Abfallnachweisverordnung, ist hierfür zwar nicht gerade als zielführend einzustufen, gibt aber immerhin den Ländern und ihren Vollzugsbehörden die erforderlichen Spielräume.

Folgende Eckpunkte sind dabei zu beachten:

- Als ordnungsgemäß erkannte und bekannte Entsorgungswege müssen nicht immer wieder neu überprüft werden.
- Das gilt für Verwertung und Beseitigung.
- Die Maßstäbe, Kriterien und Anforderungen für die Abgrenzung von Verwertung und Beseitigung dem Hauptzweck nach sind einheitlich zu definieren und anzuwenden.

Die behördliche Bestätigung für die Benutzung einer Entsorgungsanlage erklärt verbindlich, daß der beantragte Abfall dort zulässig behandelt werden darf. Sie stellt aber nicht abschließend fest, daß der entsprechende Vorgang nach den Anforderungen der §§ 4 und 6 KrW-/AbfG als Verwertung im Hauptzweck eingestuft werden kann. In § 5 Abs. 6 NachwV (Kabinettbeschluß vom August 1996) heißt es:

Bei der Entscheidung über die Zulässigkeit der Entsorgung ist nicht zu prüfen, ob es sich bei der Entsorgungsmaßnahme um eine Verwertung oder Beseitigung von Abfällen handelt oder die im übrigen aus dem Kreislaufwirtschafts- und Abfallgesetz und sonstiger Rechtsvorschriften des Bundes und der Länder folgenden Erzeugerpflichten eingehalten sind.

Die Einhaltung der Erzeugerpflichten kontrolliert die Erzeugerbehörde. Sie bleibt also auch im Rahmen ihrer ordnungsrechtlichen Aufgaben für die Richtigkeit des tatsächlichen Entsorgungsweges (Ordnungsmäßigkeit) verantwortlich.

These 3: Abfallerzeuger, Abfallentsorger und Behörden benötigen dringend Kriterien, mit deren Hilfe sie länderübergreifend, schnell, sicher und einheitlich auf der Grundlage der Bestimmungen der §§ 4 und 6 KrW-/AbfG einen Entsorgungsvorgang dem Hauptzweck nach als Verwertung oder Beseitigung zuordnen können. Die Vorgaben der §§ 4 und 6 KrW-/AbfG sind für den Vollzug nicht konkret genug. Ob Verwertung nur vorgeschoben wird, um tatsächlich billig entsorgen zu können, läßt sich allein nach den gesetzlichen Anforderungen nicht eindeutig bestimmen. Vielmehr sind zu ihrer einheitlichen Umsetzung Ausführungsbestimmungen erforderlich. Die diesbezüglichen LAGA-Empfehlungen – Entwurf vom 07.03.1996 – sind geeignet und schnellstmöglich, allerdings gestrafft und in einigen Punkten noch verdeutlicht, zu verabschieden.

- Bund, Länder und Wirtschaft müssen in der Europäischen Union geschlossen dafür eintreten, daß die Maßstäbe für eine umweltverträgliche Verwertung, besser noch die technischen Standards für Anlagen, nicht nur dem Papier nach, sondern auch in der Praxis angeglichen werden.
- Abfallbilanzen nach einheitlichen Kriterien für Abfälle zur Beseitigung und zur Verwertung ermöglichen erst einen effektiven Vergleich der Abfallbewegungen.
  Diese Bilanzen dürfen nicht in „black boxes" wie Zwischenlagern enden, sondern an dem Ort, an dem endgültig verwertet und beseitigt wird. Anerkannte Aufbereitungsanlagen erfüllen diese Forderung.
- Nicht Preise, die aufgrund von Manipulation auch über weite Entfernungen eine billige Entsorgung ermöglichen, sollen den Markt bestimmen, sondern bestverfügbare Technik bei niedrigen Kosten.
  Dann können staatlich regelnde Eingriffe auf Abfallstrombewegungen entfallen und nur die Verwertungswege sich allein am Markt orientieren.
- Anerkannte Entsorgungsfachbetriebe und Freistellungserklärungen für die genutzten und für in Frage kommende Abfallarten zugelassenen Entsorgungsanlagen erleichtern es den Ländern, von der Möglichkeit des einfacheren privilegierten Verfahrens Gebrauch zu machen.
- Hierzu ist es notwendig, schnell unbürokratische Voraussetzungen zu schaffen, damit zügig Entsorgungsfachbetriebe anerkannt werden. Freistellungserklärungen können davon unabhängig erteilt werden, wenn die Behörde davon ausgehen kann, daß eine Anerkennung als Fachbetrieb erfolgen wird.
- Erkennbare Produktverantwortung und
- Umwelt-Audits stärken das Vertrauen und ermöglichen es, den Kontrollaufwand durch die Behörden zu reduzieren.
- Mehrfachstatistiken zu unterschiedlichen Zwecken lassen sich auf eine Grundstatistik zusammenführen. Das entlastet Wirtschaft und öffentliche Verwaltung.
- Die Verwaltung von Datenfriedhöfen hat sich als überflüssig erwiesen.
- Die Politik ist angesichts der Lage in den öffentlichen Kassen gezwungen, den Personal- und Sachaufwand zu kürzen. Die öffentliche Verwaltung soll deshalb ihr Handeln selbst nach straffen Abläufen regeln, so kann sie sich vor Straffungen, die sich nicht an sachlichen Kriterien und dem tatsächlich notwendigen Mitteleinsatz orientieren, schützen.
  Gemeinsam mit der Politik kann die Verwaltung konstruktiv die richtigen Wege suchen und beschreiten.

Der Bundesrat hat den materiellen Fortbestand von Nachweisen nach dem bisherigen Recht (AbfBestV, AbfRestÜberwV) bis 31.12.1998 erreicht. Für diesen Zeitraum ist der Bestand vorhandener Entsorgungsnachweise und Verwaltungsakte gesichert. Der dadurch eingesparte Verwaltungsaufwand sollte aktiv dafür genutzt werden, so weit wie möglich auf das priveligierte Verfahren umzustellen und sichere vergleichbare Daten über die Ströme der besonders überwachungsbedürftigen Abfälle zur Verwertung und Beseitigung zu bekommen. Abfallerzeuger, Entsorger und Vollzugsbehörden müssen sich unverzüglich auf einheitlich anzuwendende Kriterien stützen können, die eine zweifelsfreie Zuordnung für Verwertungsvorgänge ermöglichen. Dann werden auch die rechtlichen Grauzonen faktisch beseitigt, so daß allein die anerkannten Standards und der Markt den Verwertungsweg regeln.

Künftige Anforderungen an Entsorgungsfachbetriebe

Rainer Cosson

In § 52 Abs. 1 KrW-/AbfG sind die Wege, durch die ein Entsorgungsunternehmen zum Entsorgungsfachbetrieb gelangen kann, vorgezeichnet: „Entsorgungsfachbetrieb ist, wer berechtigt ist, das Gütezeichen einer ... anerkannten Entsorgergemeinschaft zu führen oder einen Überwachungsvertrag mit einer technischen Überwachungsorganisation abgeschlossen hat ...“. Die Verordnung über Entsorgungsfachbetriebe (Entsorgungsfachbetriebeverordnung – EfbV) regelt die Anforderungen an den Entsorgungsfachbetrieb und den Ablauf von Überwachung und Zertifizierung von Entsorgungsfachbetrieben (s. Abb. 1).

Der Weg über die technische Überwachungsorganisation setzt den Abschluß eines Überwachungsvertrages zwischen dem Entsorgungsbetrieb und der technischen Überwachungsorganisation voraus. Hiernach muß der Betrieb erstmalig und dann mindestens im jährlichen Abstand überprüft werden. Das Gesetz verlangt, daß der Überwachungsvertrag von der für die Abfallwirtschaft zuständigen obersten Landesbehörde oder von der von ihr bestimmten Behörde genehmigt wird. Eine allgemeine Zustimmung für Vertragstypen ist vorgesehen.

Die andere Möglichkeit zur Erlangung des Zertifikats als Entsorgungsfachbetrieb, die Mitgliedschaft in einer Entsorgergemeinschaft, steht gleichgewichtig neben dem Abschluß eines Überwachungsvertrages. Eine Entsorgergemeinschaft ist eine Vereinigung von abfallwirtschaftlich tätigen Betrieben. Die Tätigkeiten der Entsorgergemeinschaft richten sich nach der vom Bundesministerium für Umwelt, Naturschutz und Reaktorsicherheit erarbeiteten Richtlinie für die Tätigkeit und Anerkennung von Entsorgergemeinschaften (Entsorgergemeinschaftenrichtlinie). Die Entsorgergemeinschaft bedarf der Anerkennung der für die Abfallwirtschaft zuständigen obersten Landesbehörde oder der von ihr bestimmten Behörde. Die Entsorgergemeinschaft vergibt an ihre Mitgliedsbetriebe nach einer erstmaligen Überprüfung gemäß den Anforderungen aus der Entsorgungsfachbetriebeverordnung ein Überwachungszertifikat und ein Überwachungszeichen. Der Betrieb darf dann im geschäftlichen Verkehr das Prädikat „Entsorgungsfachbetrieb“ führen, allerdings nur solange, wie er die Anforderungen nach der Entsorgungsfachbetriebeverordnungen erfüllt. Die Einhaltung der Voraussetzungen wird jährlich überprüft.

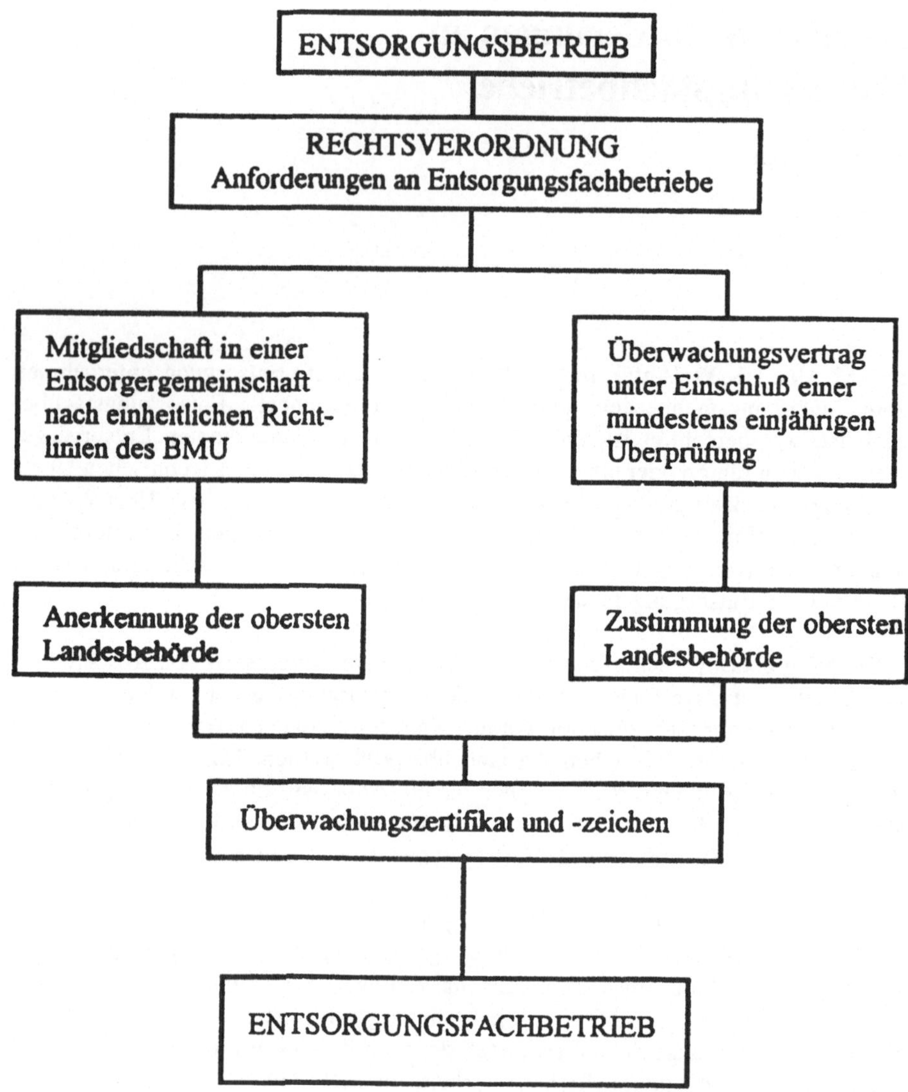

Abb. 1. § 52 KrW-/AbfG

Die Anforderungen an den Entsorgungsfachbetrieb sind im zweiten und dritten Abschnitt der Entsorgungsfachbetriebeverordnung beschrieben. Im ersten Abschnitt ist definiert, welches Unternehmen überhaupt Entsorgungsfachbetrieb werden kann. Ein solcher Betrieb muß drei Bedingungen erfüllten:

1. Er muß gewerbsmäßig oder im Rahmen wirtschaftlicher Unternehmen oder öffentlicher Einrichtungen Abfälle einsammeln oder befördern oder lagern

oder behandeln oder verwerten oder beseitigen. Für die bloße Vermittlung von Abfällen ist die Erlangung des Entsorgungsfachbetriebeprädikats nicht vorgesehen.

2. Er muß aufgrund seiner organisatorischen, personellen und technischen Ausstattung in der Lage sein, eine oder mehrere der in Nr. 1 genannten Tätigkeiten selbständig wahrzunehmen.

3. Er muß hinsichtlich seiner Tätigkeiten die im zweiten und im dritten Teil der Verordnung genannten Anforderungen an den Entsorgungsfachbetrieb erfüllen.

Entsorgungsfachbetrieb kann auch ein Teil eines Unternehmens werden, und die Tätigkeit des Entsorgungsfachbetriebs kann beschränkt sein auf bestimmte Abfallarten oder Abfälle aus bestimmten Herkunftsbereichen, bestimmte Verwertungs- oder Beseitigungsverfahren oder bestimmte Standorte.

Der Ablauf eines Begutachtungsverfahrens orientiert sich an den Forderungen der Entsorgungsfachbetriebeverordnung und an bereits vorhandenen Erfahrungen aus ähnlichen Begutachtungen. Im großen und ganzen läuft ein Begutachtungsverfahren immer ähnlich ab, wodurch sich auch die Möglichkeit ergibt, Begutachtungen aus unterschiedlichen Zertifizierungsverfahren kombiniert durchzuführen.

Die endgültige Entscheidung über die Zertifikatsvergabe obliegt im Fall der Entsorgergemeinschaft dem Überwachungsausschuß. Ist auf Vergabe des Zertifikates entschieden worden, wird eine Vereinbarung zur jährlichen Überwachung geschlossen und das Zertifikat ausgehändigt. Sowohl bei der Entsorgergemeinschaft als auch bei der technischen Überwachungsorganisation wird der Entsorgungsfachbetrieb dann durch jährliche Begutachtung vor Ort hinsichtlich einer zuverlässigen und dauerhaften Erfüllung der Anforderung der Entsorgungsfachbetriebeverordnung überwacht.

Wichtig für das Verständnis vom Entsorgungsfachbetrieb ist, daß es sich um eine freiwillige Angelegenheit handelt. Unmittelbare Rechtsvorteile erwachsen dem Entsorgungsfachbetrieb zum einen daraus, daß er – wenn er als Entsorgungsfachbetrieb für die Tätigkeiten Einsammeln und Befördern zertifiziert ist – keine Transportgenehmigung gemäß § 49 KrW-/AbfG benötigt. Zum anderen bedürfen Entsorgungsnachweise bei Betrieben, die sich für das Behandeln, Verwerten oder Beseitigen von Abfällen haben zertifizieren lassen, keiner behördlichen Genehmigung. Selbstverständlich können Entsorgungsbetriebe aber auch den Weg der Transportgenehmigung oder der Vorlage von Entsorgungsnachweisen zur Genehmigung wählen. Inwieweit sich Abfallerzeuger durch den Abschluß von Verträgen mit Entsorgungsfachbetrieben bei Unregelmäßigkeiten bei der Entsorgung exkulpieren können, bedarf vertiefender Behandlung.

StGB 1975 § 326 Abs. 1 Nr. 3, Abs. 4; AbfG §§ 1, 2 Abs. 2, 4 Abs. 3; AbfBestV § 1

Wer einen anderen mit der Beseitigung umweltgefährdenden Abfalls beauftragt, muß sich vergewissern, daß dieser zur ordnungsgemäßen Abfallbeseitigung tatsächlich imstande und rechtlich befugt ist; andernfalls verletzt er seine Sorgfaltspflicht und handelt fahrlässig.

BGH, Urteil vom 2. März 1994 – 2 StR 620/93 – LG Köln

Am 07.09.1996 haben rund 200 private und öffentliche Entsorgungsunternehmen aus BDE, VKS und VKU in Stuttgart die „Entsorgergemeinschaft der Deutschen Entsorgungswirtschaft" (EDE) gegründet. Die EDE hat ihren Sitz in Köln. Der Antrag auf Anerkennung ist beim Minister für Umwelt, Raumordnung und Landwirtschaft des Landes Nordrhein-Westfalen gestellt.

Fachkunde-Erfordernis nach § 9 EfbV

Grundsatz:
1. Studium/technnische Fachschulausbildung/Meisterprüfung (jeweils einschlägig) (gleichwertige anderweitige Ausbildung möglich)
2. zweijährige einschlägige praktische Tätigkeit (gleichwertige anderweitige Berufserfahrung möglich)
3. Teilnahme an Lehrgang mit Inhalten gemäß Anhang

1. Alternative:
1. abgeschlossene einschlägige Berufsausbildung (gleichwertige anderweitige Berufsausbildung möglich)
2. vierjährige einschlägige praktische Tätigkeit (gleichwertige anderweitige Berufserfahrung möglich)
3. Teilnahme an Lehrgang mit Inhalten gemäß Anhang

2. Alternative:
1. am 07.10.1996 seit mindestens 5 Jahren betriebliche Aufgabe
2. ordnungsgemäße Erfüllung dieser Aufgabe gewährleistet
3. Teilnahme an Lehrgang mit Inhalten gemäß Anhang

Beratungsprogramm zur Reststoff- bzw. Abfallvermeidung und -verwertung in Baden-Württemberg

Hans Ludwig Lipfert

Grundsätzliches

Die Finanzierung des Beratungsprogramms erfolgt aus Mitteln der Landesabfallabgabe. Diese Mittel sind zweckgebunden im Bereich der Sonderabfälle einzusetzen, z.B. zur Erforschung und Entwicklung von Maßnahmen zur Vermeidung und Verwertung („VV") von Sonderabfällen.

Das Beratungsprogramm ist auf Konsens ausgerichtet; die Teilnahme der Betriebe ist freiwillig. Dies ist ein wesentlicher Unterschied zu ordnungsrechtlichen Programmen zum Vollzug des Reststoff- bzw. Abfallvermeidungs- und verwertungsgebots nach § 5 Abs. 1 Nr. 3 BImSchG in anderen Bundesländern wie z.B. Hessen oder Berlin.

Anlaß bzw. Ausgangspunkt für das Beratungsprogramm war das „Forum zur Sonderabfallwirtschaft". Ergebnis waren 8 Umsetzungsprogramme zur Ausschöpfung der Vermeidungs- und Verwertungspotentiale bei Sonderabfällen; eines der wichtigsten davon war das Beratungsprogramm (Abb. 1). Ziel des Beratungsprogramms ist also die Ausschöpfung der technisch machbaren und wirtschaftlich zumutbaren Reduktionspotentiale im Bereich der Sonderabfälle.

Das Beratungsprogramm wurde im Herbst 1993 begonnen und kann voraussichtlich im Frühjahr 1997 abgeschlossen werden. In diesem Zeitraum sollen rund 150 sonderabfallrelevante (Menge und Reduktionspotential) Betriebe bzw. Anlagen durch Fachgutachter untersucht werden. Hierbei handelt es sich nicht nur um immissionsschutzrechtlich genehmigungsbedürftige Anlagen, auf die der § 5 Abs. 1 Nr. 3 BImSchG Anwendung findet. Dies ist wiederum ein wesentlicher Unterschied zu ordnungsrechtlichen Programmen anderer Bundesländer zum Vollzug des § 5 Abs. 1 Nr. 3 BImSchG. Im übrigen werden bei den Untersuchungen sonderabfallrelevanter Betriebe alle anfallenden Reststoff- bzw. Abfallarten von Bedeutung sowie betriebliche Abwässer gemäß § 5 Abs. 1 Nr. 3 BImSchG einbezogen.

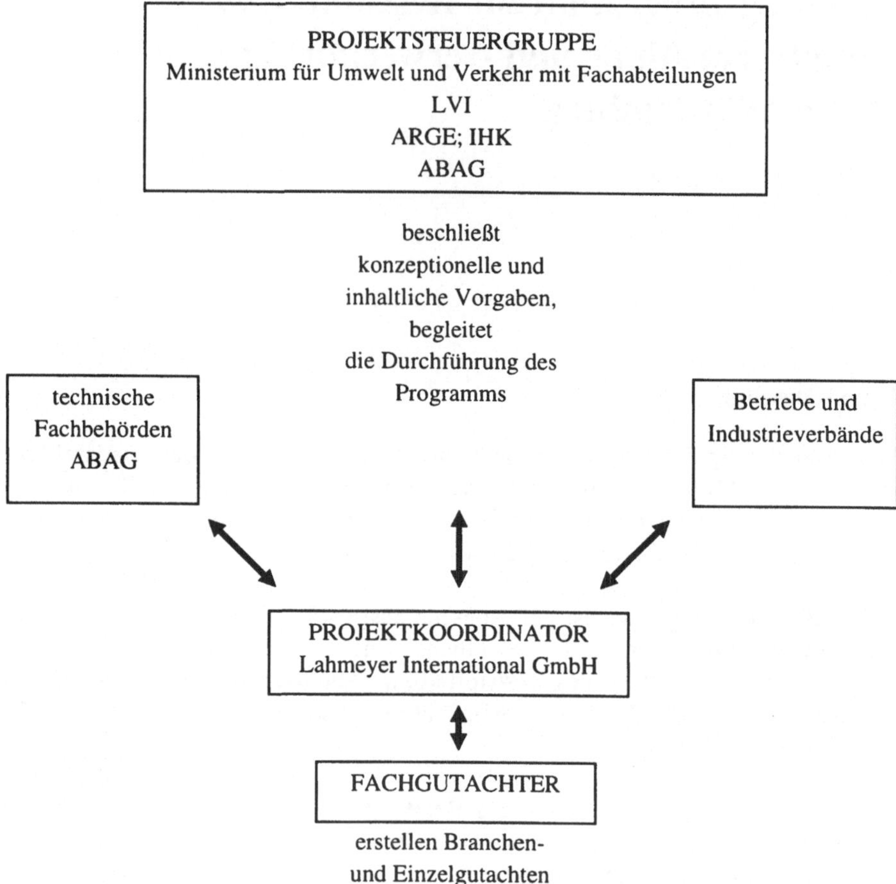

Abb. 1. Beratungsprogramm zur Reststoff- bzw. Abfallvermeidung und -verwertung in Baden-Württemberg

Die wesentlichen Aufgaben der Fachgutachter umfassen die:

- Erstellung von Teil A der Branchengutachten (Darstellung des Standes der Technik zur VV mit ökologischer und ökonomischer Bewertung),
- Erstellung von Einzelgutachten (Darstellung der Ergebnisse der betrieblichen Einzeluntersuchungen, insbesondere der Handlungsempfehlungen zur VV),
- Ergänzung der Branchengutachten um Teil B (Darstellung der anonymisierten Ergebnisse der betrieblichen Einzeluntersuchungen, ergänzt durch Praxisbeispiele).

Zur Umsetzung der VV-Empfehlungen in den Einzelgutachten werden öffentlich-rechtliche Verträge angestrebt.

Es folgt die Umsetzung von VV-Vorschriften auf der Grundlage der Branchengutachten durch Beratung und, soweit erforderlich, durch ordnungsrechtlichen Vollzug bei Betrieben, die nicht am Beratungsprogramm teilgenommen haben.

Auswahl der beteiligten Branchen und Fachgutachter
Die Auswahl der für das Beratungsprogramm in Frage kommenden Branchen (Tabelle 1) erfolgte aufgrund einer Auswertung verfügbarer Daten zum Sonderabfallaufkommen nach Mengenrelevanz und Vermeidungspotential.

Tabelle 1. Für die Teilnahme am Beratungsprogramm ausgewählte Branchen mit ihren typischen Sonderabfällen

Branche	typische Abfälle
1. Lackieranlagen	Farb- und Lackschlämme
2. Galvaniken	Galvanikschlämme
3. Chemieanlagen	diverse, z.B. Lösemittel
4. Gießereien	Altsande
5. Betriebe der spanenden Metallbearbeitung	verbrauchte Kühlschmierstoffe
6. Lack- und Farbherstellung	diverse, z.B. Lack- und Farbreste
7. Glasherstellung und -verarbeitung	diverse, z.B. Filterstäube
8. Druckereien	diverse, z.B. Lösemittel
9. Fotolabore und Röntgenabteilungen	Abfälle fotochemischer Prozesse

Die Auswahl besonders qualifizierter Fachgutachter wurde nach detaillierter Ausschreibung und Angebotspräsentation von der Projektsteuergruppe vorgenommen. Die Praxisnähe der Gutachter sowie deren Reputation bzw. deren Akzeptanz bei den Betrieben nahm hierbei einen besonders hohen Stellenwert ein.

Auswahl und Information der beteiligten Betriebe
Zunächst wurden auf der Grundlage von Begleitscheindaten und sonstigen Statistiken „Vorauswahllisten" mit den bedeutendsten Sonderabfallerzeugern erstellt. Die „Vorauswahllisten" wurden den Fachbehörden und der ABAG zur Stellungnahme vorgelegt. Die danach für eine Teilnahme am Beratungsprogramm empfohlenen Betriebe wurden mit einem Ministerschreiben über das Beratungsprogramm informiert und zur Teilnahme eingeladen (ein Antwortfax war beigelegt).

Für die teilnahmebereiten Betriebe erfolgte die weitere Informationen durch Informationsveranstaltungen der Unternehmensverbände unter Beteiligung der Fachgutachter. Für die formale Aufnahme in das Beratungsprogramm war von den Anlagenbetreibern vor Beginn der betrieblichen Untersuchungen noch eine Mustervereinbarung über Modalitäten und Verpflichtungen zu unterzeichnen.

Erstellung der Branchengutachten sowie Durchführung der betrieblichen Untersuchungen und Erstellung der Einzelgutachten
Vor Beginn der betrieblichen bzw. anlagenbezogenen Untersuchungen erstellen die Fachgutachter den Teil A der Branchengutachten zur Dokumentation des Standes der Technik der Abfallvermeidung und -verwertung mit folgenden wesentlichen Inhalten:

- branchentypische Produktionsverfahren;
- verfahrenstypische Abfälle mit Anfallbedingungen, Zusammensetzung; Entsorgunsmaßnahmen usw.;
- Maßnahmen zur Vermeidung und Verwertung;
- Angaben zur Wirtschaftlichkeit und zu den Umweltauswirkungen der VV-Maßnahmen;
- zur Vorbereitung der Vor-Ort-Untersuchungen nehmen die Fachgutachter Kontakt mit den beteiligten Betrieben auf und übermitteln einen Frage- bzw. Erhebungsbogen; die Fachgutachter haben die Fachbehörden und die ABAG in den Ablauf der Untersuchungen einzubeziehen und die Fachbehörden an mindestens einem Vor-Ort-Termin zu beteiligen; der ABAG sowie weiteren Behörden ist eine Teilnahme an diesem Termin auf Wunsch zu ermöglichen;
- im Ergebnis wird ein unter allen Beteiligten in einem Abstimmungsverfahren abgestimmtes Einzelgutachten mit Empfehlungen geeigneter VV-Maßnahmen erwartet, die für den Anlagenbetreiber klar formulierte Handlungsanleitungen darstellen und von den Verwaltungsbehörden ohne zusätzliche Erhebungen in öffentlich-rechtlichen Verträgen vereinbart werden können;
- die Branchengutachten werden um einen Teil B ergänzt, der die anonymisierten Ergebnisse der Einzelgutachten umfaßt.

Umsetzung der Untersuchungsergebnisse
Die Entwürfe der Einzelgutachten werden zwischen Anlagenbetreibern, zuständigen Behörden und Fachgutachtern in Abstimmungsgesprächen ausführlich diskutiert. Ziel ist ein Konsens über die technische und zeitliche Umsetzung der empfohlenen VV-Maßnahmen.

Die rechtsverbindliche bzw. förmliche Vereinbarung zur Durchführung der im Rahmen der Abstimmungsgespräche festgelegten VV-Maßnahmen ist durch öffentlich-rechtliche Verträge zwischen Anlagenbetreibern und Verwaltungsbehörden vorgesehen. Hierauf wurde bereits in dem Ministerschreiben zur Information der Betriebe hingewiesen.

Bei den öffentlich-rechtlichen Verträgen kann es sich je nach Vertragsgegenstand bzw. Regelungsbereich um subordinationsrechtliche oder koordinationsrechtliche Verträge handeln. Vom Umweltministerium wurden hierzu Mustervertragstexte ausgearbeitet und den zuständigen Behörden zusammen mit Anmerkungen und Anwendungshinweisen zur Verfügung gestellt.

Gleichzeitig wurden die zuständigen Verwaltungsbehörden um unverzügliche Umsetzung jeweils nach Eingang eines abschließenden Einzelgutachtens unter Beteiligung der jeweils zuständigen Fachbehörde gebeten.

Tabelle 2. Aktueller Stand des Beratungsprogramms

Untersuchte Branche	**Branchengutachten**	**Anzahl der Betriebe**	**Einzelgut-achten**	**Abschluß der Untersuchung**
Lackieranlagen	Endf. Teil A Entw. Teil B	24	13 Endf. 11 Entw.	9/1996
Galvaniken I Galvaniken II	Endf. Teil A Entw. Teil B, I	1716	17 Endf. 9 Endf.	11/1996
Chemieanlagen	entfällt (1 anonymisierte Kurzfassung)	8 (9 Anl.)	6 Endf. 3 Entw.	9/1996
Gießereien	Endf. Teil A Endf. Teil B	25	25 Endf.	8/1996
Betriebe der spez. Metallverarbeitung	Endf. Teil A Entw. Teil B	23	23 Endf.	9/1996
Lack-/ Farbherstellung	Endf. Teil A Endf. Teil B	7	7 Endf.	7/1996
Glasherstellung und -verarbeitung	entfällt (2 anonymisierte Kurzfassungen)	2	2 Endf.	8/1996
Druckereien	Entw. Teil A	15	1 Entw.	2/1997
Fotolabore und Röntgen-abteilungen	Entw. Teil (A)	14	1 Endf. 9 Entw.	10/1996

Produktverantwortung und Selbstkontrolle am Beispiel Mercedes-Benz

Bruno Stark

Einleitung

Steigender Wohlstand der Bevölkerung, Veränderung der Lebensgewohnheiten, weitere Komfortansprüche usw. tragen zum Reststoffaufkommen der Industrieländer bei. Die dabei anfallenden Mengen müssen durch ergänzende Recyclingtechnologien soweit wie möglich reduziert werden, bevor Verbrennungsanlagen oder Deponien die Restverwertung des Abfalls übernehmen können.

In diese Betrachtung ist auch die Entsorgung von Altfahrzeugen mit einzubeziehen. Bisher werden ca. 75 Gew.-% eines Altfahrzeuges zurückgewonnen. Dabei handelt es sich im wesentlichen um Stahl, Gußeisen und NE-Metalle. Die übrigen Fahrzeugbestandteile wie Glas, Gummi, Kunststoffe fallen als Shredderleichtmüllfraktion an, die nach heutigem Stand deponiert werden muß.

Die Automobilindustrie unterstützt das Ziel der Politik, Menge und schädliche Umweltauswirkungen der Reststoffe weitgehend zu minimieren.

Der Daimler-Benz-Konzern hat seit 1992 Umweltleitsätze in die Geschäftsordnung aufgenommen. Seitdem ist auch die Rolle der Umweltbevollmächtigten definiert, die in den einzelnen Konzernunternehmen in Umweltfragen direkt dem Vorstand berichten und verantwortlich sind. Um die Umweltleitlinien zu leben, ist bei der Mercedes-Benz AG innerhalb der Vorentwicklung das Center „Umwelt, Technik und Verkehr" eingerichtet, das sich u.a. um die Altfahrzeug- und Altteileverwertung kümmert.

Eine der Hauptaufgaben des Centers ist die Umsetzung des „Design for Environment (DFE)", wobei dafür aus den Arbeiten im Altauto- und Altteilesektor wertvolle Impulse zur Entwicklung von verwertungsgerechten Automobilen kommen. Hier erfolgt auch die technische Betreuung des Mercedes-Benz Recycling Systems MeRSy, mit dem Schwerpunkt der Festlegung und Auditierung von Verwertern und Materialkreisläufen, die vorzugsweise in das Automobil zurückführen sollen.

In unsere Bemühungen der Altteile- und Altfahrzeugverwertung beziehen wir unsere Zulieferer und Rohstoffhersteller mit ein, um eine dauerhafte Lösung aufzubauen. Dies soll durch folgende Maßnahmen erreicht werden:

- Entwicklung von wirtschaftlich und ökologisch vertretbaren Verfahren zur Demontage und Wiederaufarbeitung von Materialien und deren Verarbeitung zu neuen Produkten,
- Aufbau von Materialkreisläufen mit entsprechender Logistik,
- Ressourcenschonung durch Steigerung der stofflichen Wiederververwertung,
- wirtschaftliche und umweltverträgliche Reststoffentsorgung.

Altfahrzeugrücknahme

Mercedes-Benz nimmt seit Ende 1991 über das Servicenetz in Deutschland ausgediente Mercedes zu marktüblichen Konditionen zurück. Durch die Niederlassungen und Vertragspartner bestehen 1400 Annahmestellen. Für eine ordnungsgemäße Zerlegung sind derzeit 19 Altfahrzeugverwerter autorisiert; bis 1997 sollen es 100 sein.

Für die Demontage von Kunststoffteilen wurden Demontagekataloge erarbeitet, um eine zielgerichtete und effektive Demontage der wesentlichen Kunststoffteile zu ermöglichen.

Werkstattentsorgung

Bei den Werkstätten fallen im Rahmen der Wartung und Reparatur erhebliche Mengen an Wertstoffen an. Während sich das Altfahrzeugproblem durchschnittlich erst etwa 13 Jahre nach Vorstellung eines neuen Fahrzeugtyps stellt, zeigt sich bei der Verwertung von „Unfallteilen" bereits nach wenigen Monaten, ob der Konstrukteur in der Entwicklungsphase bereits an die Wiederverwertung gedacht hat.

Seit März 1993 werden aus dem Werkstättennetz bei Service und Reparatur anfallende Teile und Stoffe über das von einer zentralen Leitstelle gesteuerte Mercedes Recycling System (MeRSy) gesammelt und vorwiegend einer stofflichen Verwertung zugeführt.

Auf Anforderung der Werkstätten werden die in speziell entwickelten Behältern gesammelten MeRSy-Materialien innerhalb eines definierten Zeitraums durch 12 Vertragspartner abgeholt und dort zu logistisch vernünftigen Mengen zusammengefaßt. Komplexe Werkstoffverbunde (wie z.B. Stoßfänger) werden in Verarbeitungszentren in die einzelnen Materialien getrennt und der stofflichen Verwertung zugeführt.

Das Mercedes Recycling System (MeRSy)

Zusammen mit dem Partner Recycling-Systeme + Transporte hat Mercedes-Benz ein „Rückholsystem" aufgebaut, das den strengen Anforderungen des Kreislaufwirtschaftsgesetzes Rechnung tragen wird. Das System ist so konzipiert, daß Altautoverwerter zu jeder Zeit bei der Entsorgung der entnommenen Flüssigkeiten und der Abholung von demontierten Komponenten zur Aufarbeitung bzw. stofflichen Verwertung mit eingeschlossen werden können.

Teileumfang

Bekannt ist, daß seit mehr als 40 Jahren Motoren und Getriebe durch die Mercedes-Benz AG im Tauschverfahren aufgearbeitet werden. Hochwertige elektrische Komponenten wie Starter und Lichtmaschine werden ebenfalls gesammelt und durch die Lieferanten zu Tauschteilen aufgearbeitet.

Seit 1991 werden bei Mercedes-Benz die Katalysatoren aus dem Reparaturgeschäft gesammelt und einer stofflichen Verwertung zugeführt.

Im März 1993 hat Mercedes-Benz begonnen über diese üblichen Umfänge hinaus, gebrauchte Teile und Komponenten aus den Werkstätten koordiniert zu sammeln und einer geordneten Verwertung zuzuführen:

- Pkw-Stoßfänger komplett und Schutzschienen,
- Nkw-Stoßfänger komplett dreiteilig und Stoßfängerecken,
- Nkw-Aufbauteile wie Frontklappe, Bugschürze, Einstieg, Ansaughutze usw.,
- Pkw-Radzierblenden, Seitenverkleidungen,
- Reifen bis 17,5",
- Batterien Pkw und Nkw,
- Scheiben von Pkw und Nkw,
- Mischkunststoffe aus Unfall- und Verschleißreparaturen,
- Elektronikschrott,
- technische Elastomere (Schläuche usw.).

Ablauf

Die Abholung ist grundsätzlich bedarfsgesteuert, d.h. die Werkstatt meldet mittels Telefax-Formular, bzw. über das Daimler-Benz-Konzernverbundnetz abzuholende Behälter an die zentrale Leitstelle. Diese übermittelt die Aufträge an die zuständigen Sammler. Durch dieses Verfahren hat die Leitstelle den Überblick über alle offenen Abholaufträge. Entsprechend der Menge der abzuholenden Behälter werden Leerbehälter geladen.

In der Sammelstelle erfolgt eine ordnungsgemäße Wareneingangsprüfung. Dabei festgestellte Beimischungen von Fremdteilen werden der verursachenden Werkstatt in Rechnung gestellt, ebenso Teile und Komponenten, die außerhalb des vereinbarten Umfangs liegen (z.B. Reifen > 17,5"). Die beim Wareneingang festgestellten Mengen, Behältertypen und -arten bzw. Gewichte dienen der Abrechnung zwischen der Leitstelle und dem Sammler bzw. der Leitstelle und der Mercedes-Benz AG. Daneben sind sie Basis für die Aufstellung einer Stoffstrombilanz. Die Wareneingangsdaten werden einmal wöchentlich von den Sammlern an die Leitstelle gemeldet.

Stoßfänger, Seitenverkleidungen, Radzierblenden und Radlaufverkleidungen werden zum nächstgelegenen Vorverarbeitungszentrum transportiert, wo eine Fraktionierung in die Kunststoffarten erfolgt und evtl. vorhandene Fremdbestandteile (metallisches Befestigungsmaterial, Fremdstoffanhaftungen) entfernt werden. Diese Stoffe und die beim Sammler verbleibenden Materialien werden dann Verwertern zugeführt, mit denen die Leitstelle Verträge hat. Für einen Teil der Materialien werden durch die Verwerter 40 m^3 Wechselmulden gestellt.

Aufbereitung und Verwertung
Durch Recycling wird Abfall vermieden, und durch Mehrfachverwendung von Werkstoffen werden Ressourcen geschont. Nicht erst heute, als Reaktion auf die öffentliche Diskussion, sondern bereits seit mehr als 20 Jahren werden in Mercedes-Benz-Pkw Recyclingkunststoffe eingesetzt.

Vorrangiges Ziel von Mercedes-Benz ist es, mit dem MeRSy die Verwendung der gesammelten Materialien wieder im Produkt Auto oder zumindest in anderen gebrauchstüchtigen Produkten zu finden. Mit dem Verwerten können auch bei Kunststoffen ähnlich wie bei Metallen Stoffkreisläufe geschlossen werden. Dazu hat Mercedes-Benz inzwischen für die Fahrzeuge aktueller Produktion eine ganze Reihe von Komponenten definiert, die bei gleichbleibender Qualität aus Rezyklat gefertigt werden können. Vorwiegend sind dies die Kunststoffe PBT/PC-Blends, PA, PP, PP/EPDM, SMC, PUR.

Anhand eines aktuellen Beispiels, der E-Klasse von Mercedes-Benz, kann der aktuelle Stand des Rezyklateinsatzes dargestellt werden. Eine Vielzahl von Bauteilen, die zusammen ca. 12% des Kunststoffeinsatzes ausmachen, sind für den Rezyklateinsatz freigegeben.

Beim Glas trafen wir auf eine funktionierende Aufbereitungs- und Verwertungsinfrastruktur, für die allerdings Autoglas ein Problemfall war. Inzwischen werden Techniken zur Trennung von Kleberresten, Folien und Metalleinschlüssen eingesetzt, die eine so hohe Reinheit des gewonnenen Glasgranulates garantieren, so daß es problemlos in der Gebrauchs- und auch Hohlglasproduktion eingesetzt werden kann.

Batterien durchlaufen seit Jahren ein Verfahren, das eine 99%ige Verwertung sicherstellt (einschließlich energetischer Nutzung).

Mit der heute üblichen Reifenverwertung (Sortieren in runderneuerbar, exportfähig und zur Verbrennung bestimmt) gibt sich Mercedes-Benz nicht zufrieden. Inzwischen konnten einige vielversprechende Anlagen überprüft werden, mit deren Aufbereitungstechniken eine stoffliche Verwertung ökonomisch sinnvoll gestaltet werden kann.

Bei Elektronikschrott existiert ein dichtes Netz von mittelständischen Aufbereitungsbetrieben, die allerdings spezialisiert sind auf die Bearbeitung von Computer- und Peripheriegeräten, Telefonanlagen, Radios, Fernseher etc. Die Zusammensetzung des Elektronikabfalls aus den Mercedes-Benz-Werkstätten weicht stark davon ab, daher werden zur Zeit von einer Anzahl von Betrieben Angebotsanalysen durchgeführt. Über die Vergabe von Aufbereitungs- bzw. Entsorgungsaufträgen entscheiden nicht nur der Preis und die Logistikkosten, sondern auch die ökologische Qualität der Recyclingverfahren.

Bei der Aufbereitung anfallende Metalle werden den Metallhütten zugeführt.

Mengenstruktur und wirtschaftlicher Hintergrund

Im Jahre 1996 werden voraussichtlich folgende Mengen im MeRSy gesammelt:

Pkw-Kunststoff-Aufbauteile	700 t
Reifen	3200 t
Batterien	1300 t
Glas	4000 t
Nkw-SMC-Teile	500 t
Mischkunststoff	500 t
Technische Elastomere	50 t
Elektronikschrott	50 t
Bremsbeläge	100 t

Die Kosten für das System setzen sich zusammen aus:

- Logistikkosten (Sammeln und weitere Transportwege, Muldenmieten),
- Vorverarbeitungs- und Fraktionierungskosten,
- Verwertungskosten bzw. -erträge,
- Deponiekosten,
- Leitstellenkosten.

Insgesamt erwartet Mercedes-Benz 1996 Kosten von ca. 8 Mio. DM.

Ausblick Altauto- und Altteileverwertung

Das Altauto ist nicht Abfall, sondern Wirtschaftsgut. Es stellt eine wichtige Rohstoffquelle dar, insbesondere wenn Ressourcen künftig knapp und teuer werden. Wie heute bereits die Metalle, so werden künftig auch Kunststoffe (und andere Stoffe) mehr und mehr in den Stoffkreislauf zurückgeführt. Technische Lösungen sind vorhanden und werden weiterentwickelt. Bei allen technischen Erfolgen darf jedoch nicht vergessen werden, daß Recycling nicht zum Selbstzweck werden kann. Langfristig muß Recycling auch unter wirtschaftlichen Rahmenbedingungen funktionieren und zu einer global ausgerichteten „Ökologie-Strategie“ passen.

Obwohl die gesetzliche Situation in Europa nicht geklärt ist, hat die gesamte europäische Automobilindustrie einschließlich der Importeure in fast allen EU-Ländern die Initiative ergriffen und Arbeitsgruppen zusammen mit allen an der Altautoverwertung Beteiligten eingerichtet, um das Erreichen des selbst gesteckten Zieles „Im Jahre 2015 nur noch 5% Abfall aus der Altautoverwertung“ abzusichern.

Mit der „Freiwilligen Selbstverpflichtung zur umweltgerechten Altautoverwertung“ der beteiligten Wirtschaftszweige kommt die Zusage hinzu, ein flächendekkendes Netz zur Altteilerücknahme aus Reparaturbetrieben aufzubauen.

Ein bestimmender Faktor ist dabei „Design for Recovery (DFR)“, mit dem nicht nur ein verwertungsgerechtes Produkt entwickelt und konstruiert werden soll. Neben der Verwendung von Materialien, die stofflich einfach zu verwerten sind, ist auch die definierte Auslegung von Komponenten zur Aufarbeitung und Wiederverwendung Bestandteil des DFR.

Stoffliche Verwertung und Wiederverwendung von Teilen nach Aufarbeitung sind eine Voraussetzung für das Erreichen des 5% Zieles. Das MeRSy schafft die logistische Struktur für die entstehenden Materialströme der Kreislaufwirtschaft.

Erste Verordnungstexte zur Umsetzung des Kreislaufwirtschafts- und Abfallgesetzes

Heinz Keune

Die ersten Verordnungen, die der Umsetzung des Kreislaufwirtschafts-/Abfallgesetzes (KrW-/AbfG) dienen, auch „untergesetzliche Regelungen" genannt, sollen unter dem Gesichtspunkt betrachtet werden,

- ob sie einen höheren Personalaufwand erfordern und
- damit höhere Kosten verursachen

als die bisherigen untergesetzlichen Regelungen zum Abfallgesetz (AbfG).

Das „Gesetz über die Vermeidung und Entsorgung von Abfällen (Abfallgesetz – AbfG)" vom 27.8.1986 (BGBl. I, S. 1410, ber. S. 1501) mit Änderungen tritt außer Kraft, wenn das „Gesetz zur Förderung der Kreislaufwirtschaft und Sicherung der umweltverträglichen Beseitigung von Abfällen (Kreislaufwirtschafts- und Abfallgesetz – KrW-/AbfG)" vom 27.9.1994, verkündet als Art. 1 des „Gesetzes zur Vermeidung, Verwertung und Beseitigung von Abfällen" vom 27.9.1994 (BGBl. I, S. 2705) in Kraft tritt. Das ist der 7. Oktober 1996.

Zu diesem Zeitpunkt treten von den bisher verkündeten untergesetzlichen Regelungen (Rechtsverordnungen (VO) grundsätzlich folgende in Kraft:

- VO zur Einführung des Europäischen Abfallkatalogs (EAK-Verordnung – **EAKV**),
- VO zur Bestimmung von besonders überwachungsbedürftigen Abfällen (Bestimmungsverordnung besonders überwachungsbedürftiger Abfälle – **BestbüVAbfV**),
- VO über Bewertungs- und Beseitigungsnachweise (Nachweisverordnung – **NachwV**),
- VO über Abfallwirtschaftskonzepte und Bilanzen (Abfallwirtschaftskonzept- und -bilanzverordnung – **AbfKoBiV**),
- VO zur Transportgenehmigung (Transportgenehmigungsverordnung – **TgV**),
- VO über Entsorgungsfachbetriebe (Entsorgungsfachbetriebsverordnung – **EfbV**), mit Richtlinie für die Tätigkeit und Anerkennung von Entsorgergemeinschaften (Entsorgergemeinschaftsrichtlinie),

- Richtlinie für die Tätigkeit und Anerkennung von Entsorgergemeinschaften (Entsorgergemeinschaftsrichtlinie).

Erst zum 1. Januar 1999 tritt in Kraft:

- VO zur Bestimmung von überwachungsbedürftigen Abfällen zur Verwertung (Bestimmungsverordnung überwachungsbedürftiger Abfälle – **BestüVAbfV**).

Außer Kraft treten zum 7. Oktober 1996 aufgrund

- der BestbüVAbfV
  (Bestimmungsverordnung besonders überwachungsbedürftiger Abfälle)
  1. die Abfallbestimmungsverordnung und
  2. die Reststoffbestimmungsverordnung,

beide vom 3.4.1990 (BGBl. I, S. 614 und S. 631, 862), jeweils mit späteren Änderungen und

- NachwV (Nachweisverordnung)
- die Abfall- und Reststoffüberwachungsverordnung
  vom 3.4.1990 (BGBl. I, S. 648)

Abgestimmt auf die BestüVAbfV (Bestimmungsverordnung überwachungsbedürftiger Abfälle zur Verwertung), die, wie bereits ausgeführt, erst zum 1.1.1999 in Kraft tritt, tritt auch der § 1 Abs. 1 der TgV (Transportgenehmigungsverordnung) erst an diesem Tag in Kraft. Diese Bestimmung, die bis 1.1.1999 noch nicht anwendbar ist, besagt, daß

> über die in § 49 (1) KrW-/AbfG genannten Genehmigungspflichten hinaus, die in der VO zur Bestimmung besonders überwachungsbedürftiger Abfälle bestimmten „besonders überwachungsbedürftige Abfälle zur Verwertung“ gewerbsmäßig nur mit einer Transportgenehmigung der zuständigen Behörde eingesammelt und befördert werden dürfen, was jedoch nicht gilt für die in § 49 (1) Satz 2 KrW-/AbfG genannten Fälle.
>
> Der § 49 (1) Satz 1 KrW-/AbfG bestimmt, daß „Abfälle zur Beseitigung“ gewerbsmäßig nur mit Transportgenehmigung eingesammelt werden dürfen, was nach § 49 (1) Satz 2 KrW-/AbfG nicht gilt für

1. Entsorgungsträger im Sinne von § 15 (öffentlich-rechtliche Entsorgungsträger), § 17 (Verbände, die von Erzeugern und Besitzern von Abfällen mit der Erfüllung ihrer Verwertungs-/Beseitigungspflichten beauftragt sind) und § 18 (Selbstverwaltungskörperschaften der Wirtschaft (Industrie- und Handelskammern, Handwerks- und Landwirtschaftskammern), die vorstehend genannte Aufgaben übernehmen) sowie für die von diesen „Beauftragten Dritten“,
2. die Einsammlung oder Beförderung von Erdaushub, Straßenaufbruch oder Bauschutt, „soweit diese durch Schadstoffe verunreinigt sind“ (nichtverunreinigtes Material kann m.E. aufgrund § 3 (1) in Verbindung mit Anhang I KrW-/AbfG kein Abfall sein und unterfällt damit nicht dem Gesetz und seinen untergesetzlichen Regelungen),

3. die Einsammlung oder Beförderung geringfügiger Abfallmengen im Rahmen wirtschaftlicher Unternehmen, soweit die zuständige Behörde auf Antrag oder von Amts wegen diese von der Genehmigungspflicht freigestellt hat.

Ein verwaltungsmäßiger Mehraufwand in den Betrieben durch die Einbeziehung von „(nur) überwachungsbedürftigen Abfällen zur Verwertung" in die Regelungen des KrW-/AbfG (§ 45) und der genannten Verordnungen ist zunächst bis 1.1.1999 ausgesetzt.

Welcher Mehraufwand dann entsteht, wird bei den folgenden Verordnungen behandelt.

Aufgrund der

- **EAK-VO** (Verordnung zur Einführung des Europäischen Abfallkatalogs)

und der auf diese Verordnung abgestimmten

- **BestbüVAbfV**
  (Bestimmungsverordnung besonders überwachungsbedürftiger Abfälle)

und

- **BestüVAbfV**
  (Bestimmungsverordnung überwachungsbedürftiger Abfälle zur Verwertung)

entsteht bei der Umstellung der Abfallschlüssel und der Abfallbezeichnungen von den bisherigen Abfall- und Reststoff-Bestimmungsverordnungen vom 3.4.1990 auf die neuen Schlüssel und Bezeichnungen ein Mehraufwand, der durch einen Umsteigekatalog (vgl. Vorschlag der LAGA – Länderarbeitsgemeinschaft Abfall – zur Einordnung der LAGA-Abfallschlüssel in den Europäischen Abfallkatalog) gemildert werden kann, jedoch zu erheblichen Mehraufwendungen für technische Maßnahmen in bezug auf das Getrennthalten (vgl. § 5 (2) Satz 3 und § 7 (1) Nr. 2 KrW-/AbfG) führen könnte, da bisher vom Abfallanfall ausgegangen wurde und jetzt von der Abfallherkunft ausgegangen wird. Erfahrungsgemäß werden die Betriebe insoweit behördliche Einzelanordnungen abwarten, für die es Rechtsgrundlagen in den zu novellierenden Landes-Abfallgesetzen (LAbfG) geben wird (vgl. Art. 30 (neu) im Bayerischen Abfallwirtschafts- und Altlastengesetz in der Fassung des „Gesetzes zur Änderung abfallwirtschaftlicher und immissionsschutzrechtlicher Vorschriften" vom 24.7.1996, BayGVBl., S. 290).

Soweit während der Übergangsphase der Umstellung auf die EG-Nomenklatur bestehende Verwaltungsakte, insbesondere Zulassungen und Transportgenehmigungen, umgestellt werden müssen, entstehen Kosten; jedoch sind für die Nachweise die detaillierten Regelungen des § 34 NachwV zu beachten, der grundsätzlich bis 31.12.1998 eine „Zweispurigkeit", d.h. alte neben neuen Gestattungen, erlaubt.

Kostenerhöhungen mit Preiswirkungen wird es aber geben können durch die Einbeziehung von Abfällen in die Verwertung, wenn die Verwertung teuerer ist als die Beseitigung, denn hierzu bestimmt § 5 (4) Satz 3 KrW-/AbfG, daß die wirtschaftliche Zumutbarkeit auch gegeben ist, wenn die mit der Verwertung verbundenen Kosten nicht außer Verhältnis zu den Kosten stehen, die für eine Abfallbeseitigung zu tragen wären.

Zu den Preiswirkungen der NachwV ist in der Kabinettsvorlage des Bundes-Umweltministeriums (BMU) zu dieser Verordnung (unveröffentlicht) ausgeführt, daß wegen der vom Gesetz (KrW-/AbfG) und dessen untergesetzlichen Regelungen ausgehenden Deregulierungswirkungen Kostenneutralität zu erwarten sei.

Zur Überprüfung dieser Annahme des BMU ist davon auszugehen, daß nach der neuen NachwV, über die bereits im AbfG für die Beseitigung von besonders überwachungsbedürftigen Abfällen obligatorischen, für sonstige Abfälle und verwertbare Reststoffe fakultativ durchzuführenden Nachweisverfahren hinaus, die Überwachung nunmehr auch obligatorisch auf die Verwertung von „besonders überwachungsbedürftigen Abfällen" sogleich zu erstrecken ist und fakultativ auf die Verwertung von „sonstigen Abfällen zur Verwertung".

Dazu aber weist der BMU darauf hin, daß

- gegenüber § 2 (2) und (3) AbfG i.V.m. den alten Abfall- bzw. Reststoff-Bestimmungsverordnungen, die 322 Abfall- bzw. Reststoff-Arten als besonders überwachungsbedürftig bzw. überwachungsbedürftig einstuften und damit § 11 (2) und (3) AbfG i.V.m. der Abfall- und Reststoff-ÜberwachungsV dem obligatorischen Nachweisverfahren über die Beseitigung bzw. dem fakultativen Nachweisverfahren über die Verwertung unterworfen haben, jetzt die Verordnung über die Bestimmung besonders überwachungsbedürftiger Abfälle zur Beseitigung und zur Verwertung nur noch 255 Abfallarten erfaßt, wodurch aufgrund der neuen NachwV die Verfahren im Bereich der Beseitigung herabgesetzt und im Bereich der Verwertung begrenzt werden würden.
  Es kommt im Einzelfall darauf an, ob ein Betrieb hiervon Vorteile hat.

Ferner weist der BMU darauf hin, daß

- nach dem AbfG und seinen untergesetzlichen Regelungen die obligatorische Nachweispflicht über die Beseitigung von Abfällen und die fakultative Nachweispflicht über die Verwertung von Reststoffen bereits dann bestanden hat, wenn bei einem Erzeuger mehr als 500 kg/Jahr dieser Stoffe anfallen.
  Nach der neuen NachwV ist das obligatorische Nachweisverfahren erst dann durchzuführen, wenn bei einem Erzeuger mehr als 2000 kg/Jahr anfallen.
  Entsprechend werde sich die Zahl der obligatorischen Nachweisverfahren verringern und im Verwertungsbereich begrenzt werden.
  Auch hier kommt es auf den Einzelfall an.

Schließlich weist der BMU auf folgendes hin:

- Gegenüber dem alten Recht (§ 1 (2) und (3) AbfG i.V.m. der Abfall- und Reststoff-ÜberwachungsV) werde der Prüfungsumfang der Einzelbestätigung über die Entsorgungszulässigkeit auf die Prüfung der Sicherheit der vorgesehenen Entsorgungsanlage reduziert.
- Die Bestätigung gelte nun bereits als erteilt, wenn die zuständige Behörde nicht innerhalb 30 Tagen nach Eingang der Nachweiserklärung über die Bestätigung entschieden hat.
- Die Einzelbestätigung über die Zulässigkeit der vorgesehenen Beseitigung oder Verwertung entfalle, soweit die vorgesehene Entsorgungsanlage von der Behörde freigestellt ist.
- Diese Verfahrenserleichterungen gelten auch für die fakultativen Nachweisverfahren.
- Es sind vereinfachte Sammelnachweise und Listennachweise zugelassen.

Das BMU weist nicht zuletzt darauf hin, daß auch die Übergangsregelungen vorübergehende Entlastung bringen. Die NachwV sieht vor, daß die Pflichten im Rahmen der obligatorischen Nachweisführung im Grundverfahren über die Zulässigkeit der Verwertung „besonders überwachungsbedürftiger Abfälle zur Verwertung“ zeitlich gestaffelt greifen, insbesondere eine behördliche Einzelbestätigung erst ab 7.10.1999 erforderlich ist. Erleichterungen sind auch im Einzelfall möglich, insbesondere die Zulassung über Konzepte und Bilanzen anstelle von Einzelnachweisen nach § 44 (2) und § 47 (2) KrW-/AbfG.

Liegt der Behörde ein Öko-Audit des Nachweispflichtigen vor, so hat sie dieses nach § 5 (2) Satz 3 NachwV zu beachten, d.h. für alle in diesem enthaltenen Angaben darf sie keine weiteren Nachweise verlangen, was auch Kosten mindert. Entsprechendes gilt für § 13 (1) Satz 3 NachwV.

Kosten verursachende Verpflichtungen aufgrund der Abfallwirtschaftskonzept- und -bilanzverordnung bestanden bisher schon in Nordrhein-Westfalen und Berlin aufgrund der dortigen LAbfG und auch auf freiwilliger Basis. Das habe zu keinen Preissteigerungen geführt, trotzdem werden Auswirkungen auf Einzelpreise nicht ausgeschlossen.

Die Verpflichtung für die Konzepte und Bilanzen ergeben sich aus den §§ 19 und 20 KrW-/AbfG. Danach bestehen beide Pflichten für Erzeuger, bei denen

- jährlich mehr als insgesamt 2.00 kg „besonders überwachungsbedürftige Abfälle“ oder
- jährlich mehr als insgesamt 2000 t „überwachungsbedürftige Abfälle“

je Abfallschlüssel anfallen.

Eine entscheidende Erleichterung bringt – jedoch nach entsprechender freiwilliger Vorleistung – der § 8 (6) Abfallwirtschaftskonzept- und -bilanzverordnung (AbfKoBiV), wonach eine Umwelterklärung, die gemäß der EG-Öko-Audit-Verordnung „abgegeben und für gültig erklärt ist", als „Abfallwirtschaftskonzept oder dessen Fortschreibung" und als Abfallbilanz anerkannt wird, „wenn die der Umwelterklärung zugrundeliegende Umweltbetriebsprüfung" die Anforderungen der §§ 19 und 20 KrW-/AbfG und der AbfKoBiV erfüllt.

Die EG-Audit-Verordnung ist die

„Verordnung (EWG) Nr. 1836/93 des Rates vom 29. Juni 1993 über die freiwillige Beteiligung gewerblicher Unternehmen an einem Gemeinschaftssystem für das Umweltmanagement und die Umweltbetriebsprüfung (ABl. EG Nr. L 168, S. 1),

bei deren Anwendung in der Bundesrepublik Deutschland das

„Umweltauditgesetz – UAG" vom 7.12.1995, BGBl. I, S. 1591

zu beachten ist, auch die

UAG-Zulassungsverordnung (UAGZVV) vom 18.12.1995 (BGBl. I, S. 1841).

Bei der Transportgenehmigungs-Verordnung (TgV) ist es dem BMU nicht möglich, Auswirkungen auf Einzelpreise zu quantifizieren. Auswirkungen auf diese könnten entstehen, weil die TgV die Teilnahme an einem oder mehreren Lehrgängen als Sachkundevoraussetzung für das Leitungspersonal und Fortbildungsmaßnahme vorschreibt. Dies dürfte vor allem dann gelten, wenn nach § 2 (2) Entsorgungsfachbetriebs-Verordnung (EfbV) ein Teil eines Produktionsunternehmens als Entsorgungsfachbetrieb eingerichtet wird.

Andererseits ist gegenüber § 12 AbfG der Prüfungsumfang reduziert, da die neue Transportgenehmigung als auf die Sach-, Fachkunde- und Zuverlässigkeit des Einsammlers und Beförderers bezogene Genehmigung allgemein erteilt wird und nicht für jeden einzelnen Transportvorgang gesondert zu beantragen ist. Auch ist der Gestattungsumfang der Transportgenehmigung erweitert. Diese wird jetzt unbefristet erteilt und berechtigt zur Einsammlung und Beförderung im gesamten Bundesgebiet.

Offen ist, ob die Gebühren steigen.

Nach § 51 (1) KrW-/AbfG bedarf einer Transportgenehmigung (§ 49 (1)) und einer Genehmigung für Vermittlungsgeschäfte (§ 50 (1)) nicht, wer Entsorgungsfachbetrieb (§ 52 (1)) ist und die beabsichtigte Aufnahme der Tätigkeit unter Beifügung des Nachweises der Fachbetriebseigenschaft der zuständigen Behörde angezeigt hat. Im Hinblick auf die Preiswirkung dieser Vorteile verweist die Begründung (unveröffentlicht) zur Entsorgungsfachbetriebs-Verordnung (EfbV) darauf, daß die mit der Erlangung der Fachbetriebseigenschaft verbundenen „verfahrensrechtlichen Deregulierungen und möglichen Wettbewerbsvorteile“ nicht zu einer Preisanhebung führen würden. Das wird auch in bezug auf die Entsorgungsgemeinschaftsrichtlinie gesagt.

Zusammenfassung

Das BMU war bestrebt, für das gesamte neue Regelwerk Kostenneutralität zu erreichen. Die Betriebe werden für sich im Einzelfall rechnen und dann alle Vorteile ausnutzen müssen. Dann wird sich wiederum für den Einzelfall zeigen, ob sich Kostensteigerungen, Kostenneutralität oder Kostenerhöhungen ergeben.

Abschließender Hinweis

Kostensteigerungen sind eher zu befürchten aufgrund landesrechtlicher Regelungen aufgrund § 13 (1) KrW-/AbfG, der eine Überlassungspflicht in „überwiegendem öffentlichen Interesse“ vorsieht. Die Weichenstellung hierzu erfolgte bereits durch den Noch-Entwurf der LAGA betreffend „Definition und Abgrenzung von Abfallverwertung und Abfallbeseitigung nach Kreislaufwirtschafts-/Abfallgesetz“.

Hierzu darf § 1 (5) NachwV nicht übersehen werden, der bestimmt, daß landesrechtliche Andienungs- und Überlassungspflichten unberührt bleiben.

Weitere Dualisierung der Abfallwirtschaft durch das Kreislaufwirtschafts- und Abfallgesetz

Jochen Hofmann-Hoeppel

1 Einleitung

Das am 07.10.96 in Kraft tretende Kreislaufwirtschafts- und Abfallgesetz verdankt seine Entstehung nicht nur der Notwendigkeit einer Anpassung des deutschen Abfallwirtschaftsrechts an die EG-rechtlichen Vorgaben, vornehmlich im Hinblick auf den Abfallbegriff[1], sondern vor allem den seit Ende der 80er Jahre an Bedeutung gewinnenden Diskussionen über die Deregulierung staatlicher Aufgaben[2] zur Herbeiführung des „Schlanken Staates" und zur Erhaltung des „Wirtschaftsstandorts Deutschland"[3].

Zwar behält das Kreislaufwirtschafts- und Abfallgesetz im Vergleich zum Abfallgesetz 1986 die kompetentiellen Rahmenbedingungen dadurch bei, daß die Entsorgungs- bzw. Verwertungspflicht für Rückstände aus privaten Haushaltungen sowie für Abfälle aus anderen Herkunftsbereichen gem. § 13 Abs. 1 des Gesetzes dann den nach Landesrecht zuständigen Körperschaften zugewiesen ist, wenn Verwertung oder Beseitigung nicht möglich oder nicht beabsichtigt sind, und damit der in § 3 Abs. 2 S. 1 AbfG 1986 getroffenen Regelung entspricht, sieht man davon ab, daß entsprechend der Zielsetzung des Gesetzes, Wertstoffkreisläufe nach Möglichkeit herzustellen[4], stärkeres Gewicht auf die Prüfungspflicht der entsorgungspflichtigen Körperschaften in bezug auf bestehende Verwertungsmöglichkeiten dadurch gelegt wird, daß die Verwertung nach Maßgabe der §§ 4-7 des Gesetzes, die Beseitigung nach Maßgabe der §§ 10-12 des Gesetzes zu erfolgen hat. Werden Abfälle aus den in § 5 Abs. 4 des Gesetzes genannten Gründen zur Beseitigung überlassen – d.h. die Erzeuger oder Besitzer von Abfällen können ihrer Verwertungspflicht deshalb nicht nachkommen, weil die Verwertung technisch nicht möglich bzw. wirtschaftlich nicht zumutbar ist – sind die öffentlich-rechtlichen Entsorgungsträger zur Verwertung verpflichtet, soweit bei ihnen diese Gründe nicht vorliegen (§ 15 Abs. 1 S. 2). Daraus ergibt sich, daß die Verwertung als Sekundärrohstoff für die entsorgungspflichtigen Körperschaften wie auch für private Besitzer bzw. Erzeuger von Rückständen Vorrang vor deren Entsorgung als Abfall hat.

Inhaltsgleich mit § 3 Abs. 2 S. 2 AbfG 1986 eröffnet § 16 Abs. 1 S. 1 den entsorgungspflichtigen Körperschaften die Möglichkeit, sich zur Erfüllung ihrer Pflichten Dritter zu bedienen, wobei durch § 16 Abs. 1 S. 2 klargestellt wird, daß die Verantwortlichkeit für die Erfüllung dieser Pflichten hiervon unberührt bleibt, es sich also weiterhin – ebenso wie auf der Grundlage des § 3 Abs. 2 S. 2 AbfG 1986 – um einen Anwendungsfall der technisch-instrumentellen Verwaltungshilfe handelt[5]. Auch die bisherigen indirekten Formen formell-rechtlicher Privatisierung durch die Gestattungspflicht des Inhabers einer Abfallentsorgungsanlage hinsichtlich der Mitbenutzung gegen angemessenes Entgelt (§ 3 Abs. 5 AbfG 1986), der Übertragung der Entsorgung auf Antrag des Inhabers einer Abfallentsorgungsanlage (§ 3 Abs. 6 AbfG 1986) sowie der Gestattungspflicht des Abbauberechtigten oder Unternehmers eines Mineralgewinnungsbetriebes (§ 3 Abs. 7 AbfG 1986) wurden durch die in § 28 Abs. 1 bis Abs. 3 Kreislaufwirtschaftsgesetz getroffenen Regelungen dem Grunde nach beibehalten.

Von wesentlicher Bedeutung für die Ausgestaltung der organisatorischen Rahmenbedingungen der künftigen Abfallwirtschaft ist die aus Gründen einer Entlastung der entsorgungspflichtigen Körperschaften erfolgte Schaffung zusätzlicher Beleihungstatbestände in Form der Aufgabenwahrnehmung durch Verbände bzw. Selbstverwaltungskörperschaften der Wirtschaft. Die in den §§ 17 und 18 des Kreislaufwirtschaftsgesetzes getroffenen Maßgaben bedeuten nichts anderes als eine weitere Dualisierung der Abfallwirtschaft, nach dem die erste Stufe der Dualisierung durch die im Vollzug der „Verordnung über die Vermeidung von Verpackungsabfällen" (Verpackungsverordnung – VerpackV)[6] gegründeten privatwirtschaftlichen Organisationen eingetreten war.

Vor dem Hintergrund der Tatsache, daß es sich bei den §§ 16-18 Kreislaufwirtschaftsgesetz um eine „echte", d.h. materiell-rechtliche Privatisierung eines Teilbereichs der Abfallwirtschaft handelt, sollen im folgenden Gegenstand und Reichweite dieser Teil-Privatisierung ebenso untersucht werden wie die dogmatische Kohärenz der Regelungen mit dem Gesamtgefüge der Abfallwirtschaft.

2 Regelungsgegenstand und -reichweite der §§ 16-18 Kreislaufwirtschaftsgesetz als Teil-Privatisierung im materiell-rechtlichen Sinne

2.1 Regelungsgegenstand

2.1.1 Verbandsbildung nach § 17 Abs. 1 KrW-AbfG, „Übertragung" und „Verpflichtung" nach § 17 Abs. 3, Abs. 4 KrW-AbfG

Gemäß § 17 Abs. 1 S. 1 Kreislaufwirtschaftsgesetz können Erzeuger und Besitzer von Abfällen aus gewerblichen sowie sonstigen wirtschaftlichen Unternehmen oder öffentlichen Einrichtungen Verbände bilden, die von den Erzeugern oder Besitzern von Abfällen mit der Erfüllung ihrer Verwertungs- und Beseitigungspflichten beauftragt werden können. Kommt es zu einer solchen „Beauftragung" i.S.d. § 17 Abs. 1 S. 1 Kreislaufwirtschaftsgesetz, so können den gebildeten Verbänden auf deren Antrag hin durch die zuständige Behörde mit Zustimmung der öffentlich-rechtlichen Entsorgungsträger die Erzeuger- und Besitzerpflichten ganz oder teilweise übertragen werden, wenn

- auf andere Weise der Verbandszweck nicht erfüllt werden kann,
- die Erfüllung der übertragenen Pflichten sichergestellt ist, insbesondere die Sicherheit der Abfallbeseitigung für den übertragenen Aufgabenbereich im Einklang mit den Abfallwirtschaftsplänen der Länder gewährleistet ist, und
- keine überwiegenden öffentlichen Interessen entgegenstehen (§ 17 Abs. 2 S. 1 Ziff. 1-3 Kreislaufwirtschaftsgesetz).

Jenseits der „Übertragung" i.S.d. § 17 Abs. 3 S. 1 Ziff. 1-3 Kreislaufwirtschaftsgesetz von Abfällen aus gewerblichen sowie sonstigen wirtschaftlichen Unternehmen oder öffentlichen Einrichtungen i.S.d. § 7 Abs. 1 S. 1 Kreislaufwirtschaftsgesetz kann der Verband durch die zuständige Behörde im Rahmen des übertragenen Aufgabenbereichs und Verbandszwecks „in einem ausgewiesenen Gebiet" zur Beseitigung aller Abfälle, insbesondere von Abfällen zur Beseitigung weiterer Erzeuger und Besitzer, verpflichtet werden, soweit

- dies zur Wahrung der Belange des Wohles der Allgemeinheit geboten ist und
- die Erzeuger und Besitzer ihre Pflichten nicht selbst wahrnehmen (§ 17 Abs. 4 Ziff. 1 und 2 Kreislaufwirtschaftsgesetz).

Für die übertragenen Verwertungs- und Beseitigungspflichten gelten § 15 Abs. 1 und § 15 Abs. 3 entsprechend (§ 17 Abs. 6 S. 1 Kreislaufwirtschaftsgesetz), d.h. für die nach § 17 Abs. 1 Kreislaufwirtschaftsgesetz gebildeten Verbände gilt

- die Priorität der Verwertungspflichten nach Maßgabe der §§ 4-7 vor den Beseitigungspflichten nach Maßgaben der §§ 10-12 (§ 15 Abs. 1 S. 1 Kreislaufwirtschaftsgesetz);
- die Befugnis, mit Zustimmung der zuständigen Behörde Abfälle von der Entsorgung auszuschließen, soweit diese der Rücknahmepflicht aufgrund einer nach § 24 Kreislaufwirtschaftsgesetz erlassenen Rechtsverordnung unterliegen und entsprechende Rücknahmeeinrichtungen tatsächlich zur Verfügung stehen (§ 15 Abs. 3 S. 1 Kreislaufwirtschaftsgesetz).

Sowohl im Falle der „Übertragung" nach § 17 Abs. 3 als auch im Falle der „Verpflichtung" i.S.d. § 17 Abs. 4 Kreislaufwirtschaftsgesetz bestehen die Überlassungs- und Duldungspflichten der Erzeuger und Besitzer von Abfällen gegenüber den Verbänden (§ 17 Abs. 6 S. 2 1. Hs. Kreislaufwirtschaftsgesetz); die Verbände können insbesondere von den Erzeugern und Besitzern verlangen, die Abfälle getrennt zu halten und zu bestimmten Sammelstellen oder Behandlungsanlagen zu bringen (§ 17 Abs. 6 S. 3 Kreislaufwirtschaftsgesetz).

Das in § 17 Abs. 5 S. 1 Kreislaufwirtschaftsgesetz normierte Gebührenerhebungsrecht der Verbände gilt ebenfalls für die beiden denkbaren Grundkonstellationen einer „Übertragung" nach § 17 Abs. 3 S. 1 Kreislaufwirtschaftsgesetz wie der „Verpflichtung" i.S.d. § 17 Abs. 4 Kreislaufwirtschaftsgesetz.

2.1.2 „Hinwirkung" und Zwangskooperation

Gemäß § 17 Abs. 2 können die öffentlich-rechtlichen Entsorgungsträger sowie die Selbstverwaltungskörperschaften der Wirtschaft auf die Bildung der Verbände i.S.d. § 7 Abs. 1 „hinwirken" sowie sich an ihnen beteiligen. Streitig ist in diesem Zusammenhang, ob durch § 17 Abs. 2 die Möglichkeit einer Zwangskorporation eröffnet wird; einerseits wird durch die in § 17 Abs. 1 zum Ausdruck kommende Formulierung, wonach Verbände gebildet werden „können", zu schließen sein, daß *de lege lata* eine Verbandsbildung auf freiwilliger Basis zum Ausdruck gebracht werden soll; andererseits stellt sich die Frage, wie der Terminus „Hinwirken" in § 17 Abs. 2 rechtlich zu qualifizieren ist.

Eine öffentlich-rechtliche Befugnis zur Zwangsbildung der in § 17 Abs. 1 genannten Verbände wird durch § 17 Abs. 2 Kreislaufwirtschaftsgesetz jedoch nicht zum Ausdruck gebracht werden, so daß davon auszugehen ist, daß die Verbände nach § 17 Abs. 1 Kreislaufwirtschaftsgesetz nicht durch zwangsweisen Akt der öffentlich-rechtlichen Entsorgungsträger bzw. der Selbstverwaltungskörperschaften der Wirtschaft, d.h. als Pflichtverbände, konstituiert werden können, so wie dies etwa in den Gesetzen der Länder über die kommunale Zusammenarbeit für den Fall vorgesehen ist, daß eine Pflichtaufgabe in Folge Übersteigens der Wirtschafts- oder Verwaltungskraft nicht erfüllt werden kann und die Bildung eines Zweckverbands aus dringenden Gründen des öffentlichen Wohls geboten ist[7].

Auch die gesetzlichen Grundlagen von Aufgaben und Befugnissen der Selbstverwaltungskörperschaften der Wirtschaft

- § 1 Abs. 2 des „Gesetzes zur vorläufigen Regelung des Rechts der Industrie- und Handelskammern" vom 18.12.56 i.d.F. des Gesetzes vom 21.12.92[8],
- § 91 Abs. 1 Ziff. 1-13 Handwerksordnung[9]

geben für eine Zwangsbildungsbefugnis nichts her.

- Gemäß § 1 Abs. 2 IHK-G können die Industrie- und Handelskammern Anlagen und Einrichtungen, die der Förderung der gewerblichen Wirtschaft oder einzelner Gewerbezweige dienen, begründen, unterhalten und unterstützen; eine Zwangsbildungsbefugnis im Hinblick auf die in § 17 Abs. 1 Kreislaufwirtschaftsgesetz genannten Verbände kommt den Industrie- und Handelskammern dadurch gegenüber den Kammerzugehörigen i.S.d. § 2 Abs. 1 IHK-G jedoch nicht zu. § 17 Abs. 2 Kreislaufwirtschaftsgesetz ist auch nicht i.S.v. § 1 Abs. 4 IHK-G auszulegen, wonach den Industrie- und Handelskammern weitere Aufgaben durch Gesetz oder Rechtsverordnung übertragen werden können.

- Hinsichtlich der Handwerkskammern gibt der in § 91 Abs. 1 Ziff. 1-13 Handwerksordnung enthaltene, nicht abschließende Beschrieb der Aufgaben der Handwerkskammern für die Begründung einer Zwangsbildungsbefugnis i.S.v. § 17 Abs. 2 Kreislaufwirtschaftsgesetz ebenfalls nichts her; dies gilt insbesondere für § 91 Abs. 1 Ziff. 1 Handwerksordnung, wonach die Interessen des Handwerks zu fördern und für einen gerechten Ausgleich der Interessen der einzelnen Handwerke und ihrer Organisationen zu sorgen ist, desgleichen für § 91 Abs. 1 Ziff. 9 Handwerksordnung, wonach die wirtschaftlichen Interessen des Handwerks und die ihnen dienenden Einrichtungen, insbesondere das Genossenschaftswesen, zu fördern sind.

Ungeachtet der Tatsache, daß somit über § 17 Abs. 2 Kreislaufwirtschaftsgesetz die Möglichkeit einer Zwangskorporation ausscheidet, ist auf die durch kommunale Interessenvertreter im Laufe des Gesetzgebungsverfahrens vorgebrachten Bedenken zu verweisen, daß im Rahmen einer freiwilligen Verbandsbildung gewerbliche Unternehmen nur solche Rückstände annehmen, deren Verwertung oder Beseitigung von einigem finanziellen Interesse ist, so daß insoweit dafür plädiert wurde, zumindest im Bereich der Sonderabfallentsorgung öffentlich-rechtlich strukturierte Zwangsverbände zu bilden, an denen neben der Industrie auch die entsorgungspflichtigen Körperschaften beteiligt werden sollten[10]. Demgegenüber wurde im Rahmen des gesetzlichen Anhörungsverfahrens seitens des Bundesverbandes der Deutschen Entsorgungswirtschaft (BDE) die Befürchtung geäußert, die Möglichkeit der Bildung neuer Zwangsverbände mit der beabsichtigten Interessenverschränkung von Verbänden, Selbstverwaltungskörperschaften und entsorgungspflichtigen Körperschaften führe zu einer innovations- und investitionshemmenden „Überbürokratisierung“[11].

2.1.3 Bildung von „Einrichtungen“ durch die Selbstverwaltungskörperschaften der Wirtschaft gem. § 18 Abs. 1 KrW-AbfG/„Übertragung“ gem. § 18 Abs. 2 S. 1 KrW-AbfG

Hat der Gesetzgeber somit durch die in § 17 Kreislaufwirtschaftsgesetz getroffenen Regelungen auf die Möglichkeit einer Zwangskorporation verzichtet, so wird in § 18 Kreislaufwirtschaftsgesetz für den Fall, daß die „Hinwirkung“ auf die Bildung von Verbänden i.S.d. § 17 Abs. 1 Kreislaufwirtschaftsgesetz nicht stattfindet oder keinen Erfolg zeitigt, die Möglichkeit der Bildung von „Einrichtungen“ durch die Industrie- und Handelskammern, Handwerkskammern und Landwirtschaftskammern vorgesehen, wobei diese „Einrichtungen“ von den Erzeugern und Besitzern von Abfällen mit der Erfüllung ihrer Verwertungs- und Beseitigungspflichten beauftragt werden können (§ 18 Abs. 1 S. 1). Auf Antrag der Selbstverwaltungskörperschaften der Wirtschaft kann die zuständige Behörde den „Einrichtungen“ i.S.d. § 18 Abs. 1 S. 1 Kreislaufwirtschaftsgesetz in einem ausgewiesenen Gebiet die Pflichten der Erzeuger und Besitzer von Abfällen ganz oder teilweise übertragen (§ 18 Abs. 2 S. 1 Kreislaufwirtschaftsgesetz).

Damit ist der Gesetzgeber der in der ersten Entwurfsfassung des Kreislaufwirtschaftsgesetzes vom 22.06.92[12] vorgesehenen Möglichkeit einer hoheitlichen Inpflichtnahme der Selbstverwaltungskörperschaften der Wirtschaft nicht gefolgt: Gemäß § 11 Abs. 1 des Gesetzesentwurfs nach dem Stande 22.06.92 war die Befugnis der obersten Landesbehörde vorgesehen zu verlangen, daß die Industrie- und Handelskammern, die Handwerkskammern, die Landwirtschaftskammern und die Berufsgenossenschaften Pflichten der Besitzer von Rückständen in einem von der zuständigen obersten Landesbehörde ausgewiesenen Gebiet übernehmen, soweit nicht gewährleistet sei, daß die Besitzer von Rückständen aus gewerblichen oder sonstigen wirtschaftlichen Unternehmen oder öffentlichen Einrichtungen oder Verbände gem. § 10 des Gesetzesentwurfs die Rückstände verwerten oder entsorgen. Die Begründung des Gesetzentwurfs nach dem Stande 06.07.92 führte hierzu lapidar aus:

> „Die Vorschrift trägt dem Gedanken Rechnung, daß die Kammern und Berufsgenossenschaften aufgrund ihrer Stellung, ihrer Aufgaben, ihres räumlichen Einzugsbereiches und ihrer finanziellen Ausstattung häufig eher in der Lage sein werden, die Erfüllung der Pflichten gem. § 5 sicherzustellen, als der einzelne Besitzer von Rückständen. Auch die Kammern und Berufsgenossenschaften können insoweit Dritte beauftragen. Insoweit wird am Verursacherprinzip festgehalten, indem eine Übernahme der Pflichten auf die genannten Organisationen verfügt werden kann."[13]

- Der „Fragenkatalog für die Anhörung zum Thema Novellierung des Abfallgesetzes" vom 10.05.93 enthielt unter Ziff. 6 „Organisation" u.a. die Fragestellung: „Ist es sinnvoll, den Selbstverwaltungskörperschaften, Kammern, Innungen oder Verbänden bestimmte Organisationspflichten für die Abfallentsorgung zu übertragen?"[14]
- Die bereits vor der Anhörung vom 10.05.93 im Ausschuß für Umwelt, Naturschutz und Reaktorsicherheit des Deutschen Bundestages durch die Industrie- und Handelskammern zum Ausdruck gebrachte Ablehnung der in § 11 Abs. 1 des Gesetzentwurfs vorgesehenen hoheitlichen Inpflichtnahme wurde ausweislich des stenographischen Protokolls der 53. Sitzung des Ausschusses für Umwelt, Naturschutz und Reaktorsicherheit grundsätzlich nicht weiter pro blematisiert, sondern allenfalls mit einigem Befremden zur Kenntnis genommen.[15]

Nach der gegenwärtigen Rechtslage scheidet damit eine hoheitliche Inpflichtnahme der Selbstverwaltungskörperschaften der Wirtschaft hinsichtlich der Übernahme der Besitzer- und Erzeugerpflichten von Abfällen zur Verwertung bzw. Beseitigung aus; die Übernahme der Erzeuger- bzw. Besitzerpflichten erfolgt daher nur noch auf Antrag der Selbstverwaltungskörperschaften der Wirtschaft, wobei in diesem Falle die §§ 17 Abs. 3-6 Kreislaufwirtschaftsgesetz entsprechend gelten, den Selbstverwaltungskörperschaften der Wirtschaft also insbesondere das Gebührenerhebungsrecht gem. § 17 Abs. 5 S. 1 Kreislaufwirtschaftsgesetz zukommt. Die Überlassungs- und Duldungspflichten gem. §§ 13, 14 Kreislaufwirtschaftsgesetz gelten im Verhältnis zu den Selbstverwaltungskörperschaften der Wirtschaft entsprechend (§ 17 Abs. 6 S. 2 2. Hs. Kreislaufwirtschaftsgesetz).

Die in den §§ 11 Abs. 4 bzw. 12 Abs. 4 des Regierungsentwurfs vom 31.03.93 ausgesprochene Befugnis, wonach die Länder die Einzelheiten des Übertragungsverfahrens regeln konnten, ist in der Gesetz gewordenen Fassung entfallen.

2.1.4 Übertragung auf Dritte gem. § 16 Abs. 2 S. 1 KrW-AbfG

Die nach Verbandsbildung i.S.d. § 17 Abs. 1 bzw. der Bildung von „Einrichtungen" durch die Selbstverwaltungskörperschaften der Wirtschaft nach § 18 Abs. 1 Kreislaufwirtschaftsgesetz übernommenen Verwertungs- und Beseitigungspflichten können gem. § 16 Abs. 2 S. 1 Kreislaufwirtschaftsgesetz auf Antrag mit Zustimmung der Entsorgungsträger i.S.d. §§ 17 und 18 Kreislaufwirtschaftsgesetz auf einen Dritten ganz oder teilweise übertragen werden, wenn dieser sach- und fachkundig sowie zuverlässig, die Erfüllung der übertragenen Pflichten sichergestellt ist und keine überwiegenden öffentlichen Interessen entgegenstehen (§ 16 Abs. 2 S. 1 Ziff. 1-3 Kreislaufwirtschaftsgesetz). Die Pflichtenübertragung der privaten Entsorgungsträger auf Dritte bedarf dabei der Zustimmung der öffentlich-rechtlichen Entsorgungsträger i.S.v. § 15 (§ 16 Abs. 2 S. 2 Kreislaufwirtschaftsgesetz). Durch § 16 Abs. 2 Kreislaufwirtschaftsgesetz ist damit im Rahmen der Beauftragung privater Dritter ein vollständiger oder teilweiser Pflichtenübergang möglich; sofern und soweit eine Pflichtenübertragung nach § 16 Abs. 2 S. 1 Ziff. 1-3 Kreislaufwirtschaftsgesetz stattgefunden hat, handelt das beauftragte Entsorgungsunternehmen somit nicht mehr – wie nach alter Rechtslage gem. § 3 Abs. 2 S. 2 AbfG 1986 – als bloßer „Erfüllungsgehilfe" des Entsorgungspflichtigen, sondern rückt in dessen Rechtsstellung so ein, wie dies bereits nach § 4 Abs. 2 Tierkörperbeseitigungsgesetz möglich war.

2.2 Öffentlich-rechtliche und privatrechtliche Verwertung und Entsorgung

2.2.1 Umkehrung des Regel-Ausnahme-Verhältnisses von öffentlich-rechtlicher und privatrechtlicher Verwertung und Entsorgung für gewerbliche Rückstände

Entsprechend der Zielsetzung des Kreislaufwirtschaftsgesetzes, Pflichten der vorrangigen Vermeidung von „Rückständen" bzw. der stofflichen Verwertung von „Sekundärrohstoffen" vorrangig Erzeugern oder Besitzern im Sinne des Verursacherprinzips zuzuordnen[16], ist das Kreislaufwirtschaftsgesetz durch eine deutliche Aufgaben- und Zuständigkeitsverlagerung in den privaten Sektor gekennzeichnet. Soweit gewerbliche Rückstände betroffen sind, kehrt sich das bisherige Regel-

Ausnahme-Verhältnis zwischen öffentlich-rechtlicher und privat organisierter Verwertung und Entsorgung um: Bestand nach alter Rechtslage unter den eng auszulegenden Voraussetzungen des § 3 Abs. 3 AbfG 1986 für die entsorgungspflichtigen Körperschaften die Möglichkeit, sich ihrer Entsorgungspflicht zu entledigen und statt dessen gem. § 3 Abs. 4 AbfG den Abfallbesitzer in Pflicht zu nehmen, obliegt die Entsorgungspflicht für nicht in privaten Haushaltungen anfallende Rückstände künftig primär dem Erzeuger oder Besitzer; dieser ist gem. § 5 Abs. 2 S. 1 Kreislaufwirtschaftsgesetz verpflichtet, Abfälle nach Maßgabe von § 6 zu verwerten, wobei die Verwertung Vorrang vor der Beseitigung hat (§ 6 Abs. 1 S. 2 Kreislaufwirtschaftsgesetz). Werden Abfälle nicht verwertet, so trifft den Erzeuger oder Besitzer von Abfällen gem. § 11 Abs. 1 Kreislaufwirtschaftsgesetz die Verpflichtung, die Abfälle nach den Grundsätzen der gemeinwohlverträglichen Abfallbeseitigung gem. § 10 Kreislaufwirtschaftsgesetz zu beseitigen, soweit in den §§ 13-18 Kreislaufwirtschaftsgesetz nichts anderes bestimmt ist. Den Erzeugern oder Besitzern von nicht in privaten Haushaltungen anfallenden Rückständen stehen daher nach der Gesetzeslage des Kreislaufwirtschaftsgesetzes folgende Alternativen zur Seite:

- Soweit und solange der Erzeuger bzw. Besitzer von Abfällen zur Beseitigung aus anderen Herkunftsbereichen zur Verwertung nach § 5 Abs. 2 S. 1 Kreislaufwirtschaftsgesetz bzw. zur Beseitigung gem. § 11 Abs. 1 Kreislaufwirtschaftsgesetz bereit und in der Lage, also eine sog. Eigenentsorgung möglich ist, sind Erzeuger und Besitzer von der Überlassungspflicht an die entsorgungspflichtigen Körperschaften mit der Folge befreit, daß sie selbst zur Verwertung bzw. Entsorgung verpflichtet sind (§ 13 Abs. 1 S. 2 Kreislaufwirtschaftsgesetz).
- Schließen sich Erzeuger und Besitzer von Abfällen zur Beseitigung einem gem. § 17 Abs. 1 gebildeten Verband an, der mit der Erfüllung der Verwertungs- und Beseitigungspflichten beauftragt wird (§ 17 Abs. 1 S. 1 Kreislaufwirtschaftsgesetz), werden diesen Verbänden auf deren Antrag hin mit Zustimmung der öffentlich-rechtlichen Entsorgungsträger Erzeuger- und Besitzerpflichten ganz oder teilweise i.S.d. § 17 Abs. 3 S. 1 Ziffer 1-3 Kreislaufwirtschaftsgesetz übertragen oder werden durch die Selbstverwaltungskörperschaften der Wirtschaft „Einrichtungen" i.S.d. § 18 Abs. 1 S. 1 Kreislaufwirtschaftsgesetz gebildet bzw. auf Antrag dieser Selbstverwaltungskörperschaften der Wirtschaft den von ihnen gebildeten Einrichtungen Pflichten der Erzeuger und Besitzer von Abfällen ganz oder teilweise übertragen (§ 18 Abs. 2 S. 1 Kreislaufwirtschaftsgesetz), so besteht ebenfalls gegenüber den öffentlich-rechtlichen Körperschaften keine Überlassungspflicht (§ 13 Abs. 2 Kreislaufwirtschaftsgesetz).
- Selbst wenn Erzeuger und Besitzer von Abfällen zur Beseitigung weder zur Eigenentsorgung in der Lage sind noch von den Möglichkeiten der §§ 17 und 18 Kreislaufwirtschaftsgesetz Gebrauch gemacht haben mit der Folge, daß die Entsorgungspflicht der öffentlich-rechtlichen Körperschaften kraft Überlas-

sungspflicht nach § 13 Abs. 1 S. 2 Kreislaufwirtschaftsgesetz eintritt, kann sich die entsorgungspflichtige Körperschaft der Entsorgungspflicht gem. § 15 Abs. 3 S. 2 Kreislaufwirtschaftsgesetz durch eine Ausschlußentscheidung entledigen. Die Entsorgungspflicht fällt dann auf die Erzeuger und Besitzer zurück.

Diese Systematik des Kreislaufwirtschaftsgesetzes führt im Ergebnis dazu, daß sich die Zuständigkeit der entsorgungspflichtigen öffentlich-rechtlichen Körperschaften im wesentlichen auf die Verwertung und Entsorgung von Rückständen aus Haushaltungen beschränkt.

2.2.2 Erweiterung der Beleihungstatbestände um materiell-rechtliche Privatisierungsmöglichkeiten

Durch die in §§ 16-18 Kreislaufwirtschaftsgesetz getroffenen Regelungen haben die nach dem bisherigen Rechtszustande des AbfG 1986 bestehenden „Privatisieungsmöglichkeiten“

- Einschaltung „Dritter“ zur Erfüllung der Entsorgungspflichten durch die nach § 3 Abs. 2 S. 1 hierfür zuständigen Körperschaften gem. § 3 Abs. 2 S. 2 AbfG 1986,
- Einschaltung Dritter in die nach Maßgabe der §§ 1a Abs. 2, 3 Abs. 2 S. 3 AbfG 1986 bestehenden Verwertungspflichten,
- Eröffnung der Eigenentsorgung durch den Besitzer von Abfällen gem. § 3 Abs. 4 S. 1 AbfG 1986 bzw. durch Beauftragung Dritter nach § 3 Abs. 4 S. 2 i.V.m. § 3 Abs. 2 S. 2 AbfG 1986 durch Gebrauchmachen von der Ausschlußmöglichkeit nach § 3 Abs. 3 AbfG 1986,
- Übertragung der Entsorgung auf Antrag des Inhabers einer Abfallentsorgungsanlage gem. § 3 Abs. 6 AbfG 1986,
- Entsorgung außerhalb zugelassener Anlagen nach § 4 AbfG 1986 durch konkret-individuelle Regelung nach § 4 Abs. 2 AbfG 1986 (Verwaltungsakt) bzw. abstrakt-generelle Regelung gem. § 4 Abs. 4 AbfG 1986 (Rechtsverordnung),
- Zulassung der Entsorgung in betriebseigenen Abfallbehandlungsanlagen sowie Anlagen, die überwiegend einem anderen Zweck als der Abfallentsorgung dienen und einer Genehmigung nach § 10 BImSchG bedürfen (§ 4 Abs. 1 S. 2 AbfG 1986 i.d.F. von Art 2 des 3. BImSchG-ÄndG)[17],
- Lagerung und Behandlung von Autowracks in Anlagen nach § 5 AbfG 1986,
- Einsammlung und Beförderung von Abfällen durch Dritte gem. § 12 Abs. 1 Ziff. 1 AbfG 1986

eine wesentliche Erweiterung erfahren, die im übrigen über die europarechtlichen Vorgaben hinsichtlich eines „Nebeneinanders“ von privatwirtschaftlich und öffentlich-rechtlicher Entsorgung bzw. Verwertung hinausgehen:

- Beteiligung von Privatunternehmen gem. Art. 5 Abs. 2 der „Richtlinie des Rates über die Altölbeseitigung“ vom 16.06.75[18] im Rahmen der Registrierungspflicht (Art. 5 Abs. 4) und des Genehmigungszwangs (Art. 6),
- Zulassung der Eigenbeseitigung gem. Art. 6 der „Richtlinie des Rates über die Beseitigung von PCB und PCT“ vom 06.04.76[19],
- Beteiligung privater Unternehmen in ihrer Eigenschaft als Eigen- wie Fremdentsorger gem. Art. 2 Abs. 1 der „Richtlinie des Rates über die Überwachung und Kontrolle der grenzüberschreitenden Verbringung gefährlicher Abfälle“ vom 06.12.84[20].

Die durch die §§ 17 und 18 Kreislaufwirtschaftsgesetz geschaffenen Beleihungstatbestände stellen ebenso wie die Pflichtenübertragung nach § 16 Abs. 2 Kreislaufwirtschaftsgesetz mehr als eine „Einschaltung Dritter“ i.S.d. § 3 Abs. 2 S. 2 AbfG 1986 dar, da die beauftragten Dritten i.S.v. § 16 Abs. 2 ebenso wie die Verbände nach § 17 Abs. 1, Abs. 3, Abs. 4 bzw. die Selbstverwaltungkörperschaften der Wirtschaft gem. § 18 Abs. , Abs. Kreislaufwirtschaftsgesetz in die Pflichtenstellung der verwertungs- bzw. beseitigungspflichtigen Erzeuger oder Besitzer von Abfällen einrücken. Damit hat der Gesetzgeber des Kreislaufwirtschaftsgesetzes eine weitere Dualisierung der Abfallwirtschaft in die Wege geleitet, so daß zunächst nach dem rechtlichen Verhältnis zwischen öffentlich-rechtlichen Körperschaften und den Pflichtigen nach §§ 16-18 Kreislaufwirtschaftsgesetz, zum anderen nach den faktischen Auswirkungen für die abfallwirtschaftliche Tätigkeit der öffentlich-rechtlichen Körperschaften zu fragen ist.

3 Zum rechtlichen Verhältnis öffentlich-rechtlicher Körperschaften und Pflichtigen nach §§ 6-18 Kreislaufwirtschaftsgesetz

3.1 Friktionen im Zusammenhang mit der Errichtung „flächendeckender“ Systeme i.S.v. § 6 Abs. 3 S. 1 VerpackV

3.1.1 Zur Auslegung der Rechtsbegriffe „Abstimmung“ und „flächendeckend“ i.S.v. § 6 Abs. 3 VerpackV

„Herzstück“ der am 08.05.91 verabschiedeten, am 12.06.91 verkündeten „Verordnung über die Vermeidung von Verpackungsabfällen“ (Verpackungsverordnung – VerpackV)[21] – erlassen auf der Grundlage der §§ 14 Abs. 1 S. 1 Nr. 1, 4 sowie § 14 Abs. 2 S. 3 Nr. 1-3 AbfG 1986 – war bekanntlich die in § 6 Abs. 3 VerpackV getroffene Regelung, wonach die Verpflichtungen

- zur kostenlosen Rücknahme gebrauchter Verkaufsverpackungen durch den Vertreiber gem. § 6 Abs. 1 VerpackV,
- des Versandhandels zur kostenlosen Rücknahme gebrauchter Verkaufsverpackungen gem. § 6 Abs. 1a VerpackV,
- von Herstellern, die von Vertreibern nach § 6 Abs. 1 zurückgenommenen Verpackungen zurückzunehmen und gem. § 6 Abs. 2 S. 1 VerpackV einer erneuten Verwendung oder stofflichen Verwertung außerhalb der öffentlichen Abfallentsorgung zuzuführen,

entfielen, wenn sich Hersteller und Vertreiber an einem System beteiligten, das „flächendeckend" im Einzugsgebiet des nach § 6 Abs. 1 VerpackV verpflichteten Vertreibers eine regelmäßige Abholung gebrauchter Verkaufsverpackungen beim Endverbraucher oder in der Nähe des Endverbrauchers in ausreichender Weise gewährleistet und die im Anhang zur VerpackV genannten Anforderungen erfüllt. Dieses „flächendeckende System" i.S.v. § 6 Abs. 3 S. 1 VerpackV war gem. § 6 Abs. 3 S. 2 VerpackV auf vorhandene Sammel- und Verwertungssysteme der entsorgungspflichtigen Körperschaften, in deren Bereich es eingerichtet werde, abzustimmen, wobei diese „Abstimmung" gleichzeitig Voraussetzung für die Feststellung der für die Abfallwirtschaft zuständigen obersten Landesbehörde war.

Im Zusammenhang mit den in Vollzug der Verpackungsverordnung gegründeten privatwirtschaftlichen Wertstofferfassungs- und Verwertungsorganisationen

- Duales System Deutschland GmbH,
- Interseroh AG,
- Verwertungsgesellschaft für gebrauchte Kunststoffverpackungen (VGK)[22]

kam es ungeachtet der durch die kommunalen Spitzenverbände auf Bundes- wie auf Landesebene vorgelegten „Mustervereinbarungen" zur „Abstimmung" zwischen entsorgungspflichtigen Körperschaften und Dualem System Deutschland GmbH[23] zu schwerwiegenden Auseinandersetzungen über die Auslegung der unbestimmten Rechtsbegriffe „Abstimmung" bzw. „flächendeckend", vor allem im Hinblick auf die kommunalverfassungsrechtliche Stellung entsorgungspflichtiger Körperschaften und der in den Vollzug eingeschalteten kreisangehörigen Gemeinden vor dem Hintergrund der in Sachen „Rastede" ergangenen Rechtsprechung des Bundesverwaltungsgericht bzw. des Bundesverfassungsgerichts[24].

Da es sich bei der stofflichen Wiederverwertung zwar um ein Teilsegment der (pflichtigen) Selbstverwaltungsaufgabe „Abfallentsorgung" handelt, Adressaten der VerpackV aber nicht die Gebietskörperschaften, sondern „Hersteller" und „Vertreiber" bzw. der Versandhandel waren, ergab sich aus dem Wortlaut von § 6 Abs. 3 VerpackV zunächst, daß die entsorgungspflichtigen Körperschaften zur Abgabe der in § 6 Abs. 3 S. 1 VerpackV normierten „Abstimmungserklärung" rechtlich nicht verpflichtet waren[25]. Auch folgte aus dem Beschluß des Bundesverfassungsgerichts vom 23.11.88[26] – ergangen zur Rückübertragungsmöglichkeit nach § 1 Abs. 2 NdsAG-AbfG vom 09.04.73 im Verhältnis von Landkreisen zu kreisangehörigen Gemeinden[27] –, daß die Aufgabe der „Abfallbeseitigung im engeren Sinne“ hinsichtlich der kreisfreien Städte als unverändert „örtlich“, hinsichtlich der kreisangehörigen Gemeinden jedoch im Regelfall als „überörtlich“ anzusehen sei, während die Phasen des Einsammelns und Beförderns von Abfällen in bezug auf kreisangehörige Gemeinden nach wie vor nicht als überörtlich bezogene Aufgaben erachtet wurden. Das Bundesverfassungsgericht hat daher die Tatsache, daß die Landesabfallgesetze die Abfallentsorgung als Aufgaben der Landkreise und kreisfreien Städte normierten, nur dann mit Art. 28 Abs. 2 S. 2 GG für vereinbar gehalten, wenn und soweit die Landesabfallgesetze Rückübertragungsmöglichkeiten hinsichtlich der Begleithandlungen „Einsammeln“ und „Befördern“ von Abfällen vorsehen[28]. Waren daher kreisangehörige Gemeinden durch Abschluß einer entsprechenden Delegationsvereinbarung in den Vollzug der Abfallentsorgung eingeschaltet und erfolgte der Abschluß einer nach § 6 Abs. 3 S. 3 VerpackV erforderlichen Abstimmungsvereinbarung zwischen entsorgungspflichtiger Körperschaft (Landkreis) und DSD-GmbH ohne formelle Beteiligung kreisangehöriger Gemeinden und/oder ohne daß die – vertraglichen – Rechtspositionen kreisangehöriger Gemeinden im Rahmen der Abstimmungsvereinbarung berücksichtigt wurden, so handelte es sich bei einer solchen Abstimmungsvereinbarung auf Seiten der entsorgungspflichtigen Körperschaft um einen rechtswidrigen Eingriff in die den kreisangehörigen Gemeinden beim Vollzug der Begleithandlungen „Einameln“ und „Befördern“ zustehende kommunale Organisationshoheit, bzgl. der DSD-GmbH um den Abschluß eines nach der Rechtsordnung ganz allgemein als unzulässig klassifizierten Vertrages zu Lasten Dritter[29].

Noch größere Schwierigkeiten hinsichtlich der Handhabung des § 6 Abs. 3 VerpackV ergaben sich aus der Tatsache, daß – zunächst – eine ganze Reihe entsorgungspflichtiger Körperschaften in einzelnen Bundesländern nicht gewillt waren, eine Abstimmungsvereinbarung mit der DSD-GmbH abzuschließen, so daß sich im Hinblick auf die erforderliche Freistellungserklärung der obersten Landesabfallbehörde die Frage ergab, ob angesichts dieses Sachverhalts das Kriterium „flächendeckend“ als erfüllt und damit die Voraussetzungen für das Ergehen der Freistellungserklärung als gegeben anzusehen waren.

Die in diesem Zusammenhang entwickelten Lösungsansätze, wonach die in § 6 Abs. 3 S. 3 VerpackV normierte Abstimmungserklärung als nicht „zwingend erforderlich“, geschweige denn für die nach § 6 Abs. 3 S. 6 VerpackV zuständige Behörde bindend erachtet wurde, da andernfalls das in § 6 Abs. 3 VerpackV angelegte Duale System „zur Disposition jeder einzelnen entsorgungspflichtigen Körperschaft“ stünde und auf diese Weise „die Berufsausübungsfreiheit von Herstellern, Vertreibern und des Trägers des anderen Systems unter einen kommunalen Dispositionsvorbehalt geriete“[30], überzeugten ebensowenig wie die gleichfalls verreene Auffassung, die Hoheitsgebiete abstimmungsunwilliger entsorgungspflichtiger Körperschaften seien im Hinblick auf die Auslegung des Kriteriums „flächendeckend“ als „neutrale Gebiete“ zu klassifizieren[31].

Eine solche Auslegung verbot sich angesichts der Tatsache, daß eine Durchsicht des normativen Bestandes des Bundes- wie des Landesrechts ebenso wie eine Analyse der Rechtsprechung zu den unterschiedlichsten Normen des Staats- wie Verwaltungsrechts[32] zeigte, daß es sich beim Kriterium „flächendeckend“ um einen unbestimmten Rechtsbegriff handelt, so daß davon auszugehen war, daß der Verordnungsgeber in § 6 Abs. 3 VerpackV von der bereits bestehenden Norm- bzw. Interpretationstradition nicht abzuweichen gedachte, m.a.W., daß es sich beim Merkmal „flächendeckend“ in § 6 Abs. 3 VerpackV ebenfalls um einen unbestimmten Rechtsbegriff handelt. Dies hatte zur Folge, daß bereits die Tatsache einer abschlußunwilligen entsorgungspflichtigen Körperschaft im Entsorgungsgebiet das Ergehen der Feststellung nach § 6 Abs. 3 S. 6 VerpackV bzw. der Vorabfeststellung nach § 6 Abs. 3 S. 8 VerpackV hinderte[33].

3.1.2 Vereinbarkeit von Zustimmungserfordernis bzw. Beteiligungsrecht nach §§ 16 Abs. 2 S. 2, 17 Abs. 3 S. 1 bzw. 17 Abs. 2 KrW-AbfG mit kommunaler Organisationshoheit

Der Gesetzgeber des Kreislaufwirtschaftsgesetzes hat durch das

- in §§ 16 Abs. 2 S. 2 bzw. 17 Abs. 3 S. 1 Kreislaufwirtschaftsgesetz normierte Zustimmungserfordernis bzw.
- in § 17 Abs. 2 Kreislaufwirtschaftsgesetz vorgesehene Beteiligungsrecht

der entsorgungspflichtigen Körperschaften den verfassungsrechtlichen Anforderungen einer Wahrung der kommunalen Organisationshoheit im Zusammenhang mit dem Vollzug der Abfallentsorgung in zutreffender Weise Rechnung getragen.

Dies bedeutet, daß Pflichtenübertragung des privaten Entsorgungsträgers auf Dritte i.S.d. § 16 Abs. 2 S. 1 Ziff. 1-3 Kreislaufwirtschaftsgesetz gem. § 16 Abs. 2 S. 2 bzw. Übertragung der Erzeuger- und Besitzerpflichten auf Antrag der nach § 17 Abs. 1 Kreislaufwirtschaftsgesetz gebildeten Verbände gem. § 17 Abs. 3 S. 1 Ziff. 1-3 Kreislaufwirtschaftsgesetz nur mit Zustimmung der öffentlich-rechtlichen Entsorgungsträger erfolgen können. Mit anderen Worten: Die Versagung der Zustimmung der öffentlich-rechtlichen Entsorgungsträger hindert demzufolge die Pflichtenübertragung der privaten Entsorgungsträger auf Dritte i.S.v. § 16 Abs. 2 S. 2 Kreislaufwirtschaftsgesetz ebenso wie die Übertragung der Erzeuger- und Besitzerpflichten auf Verbände gem. § 17 Abs. 3 S. 1 Kreislaufwirtschaftsgesetz. Damit bleibt zu konstatieren, daß hinsichtlich der Realisierung der Übertragung nach §§ 16 Abs. 2 S. 2, 17 Abs. 3 S. 1 Ziff. 1-3, 18 Abs. 2 S. 1 Kreislaufwirtschaftsgesetz das von Verfassungs wegen gebotene Zustimmungserfordernis der öffentlich-rechtlichen Entsorgungsträger die „offene Flanke“ hinsichtlich der weiteren Dualisierung der Abfallwirtschaft darstellt. Da der Bundesgesetzgeber mangels eigener Gesetzgebungszuständigkeit gehindert war und ist, Vorsorge für jene Konstellationen zu treffen, in denen die erforderliche „Zustimmung“ der entsorgungspflichtigen Körperschaften versagt wird, hängt die Realisierung der Übertragungsmöglichkeiten nach §§ 16 Abs. 2 S. 2, 17 Abs. 3 S. 1 Ziff. 1-3, 18 Abs. 2 S. 1 Kreislaufwirtschaftsgesetz im Zweifel davon ab, daß der Landesgesetzgeber entsprechende gesetzliche Vorkehrungen für den Fall trifft, daß die Zustimmung der öffentlich-rechtlichen Entsorgungsträger ausbleibt. Soweit ersichtlich, treffen die – bislang nur in geringer Zahl – vorhandenen Landesausführungsgesetze zum Kreislaufwirtschafts- und Abfallgesetz für solche Konstellationen keine Aussagen:

Der Entwurf eines „Hessischen Ausführungsgesetzes zum Kreislaufwirtschafts- und Abfallgesetz“[34] bestimmt in § 7 Abs. 1 lediglich, daß Beauftragte i.S.d. § 16 Abs. 1 Kreislaufwirtschaftsgesetz bzw. Dritte i.S.v. § 16 Abs. 2 Kreislaufwirtschaftsgesetz auch Gemeinden oder Verbandsmitglieder des Umlandverbandes Frankfurt sein und die öffentlich-rechtlichen Entsorgungsträger sowie Gemeinden, denen Pflichten nach § 16 Kreislaufwirtschaftsgesetz übertragen wurden, sich zur Erfüllung ihrer Aufgaben der Formen kommunaler Gemeinschaftsarbeit nach Maßgabe des Gesetzes über kommunale Gemeinschaftsarbeit bedienen können (§ 7 Abs. 2 HessAG Kreislaufwirtschafts- und Abfallgesetz). Eine „Festtellung“ einer Pflichtverletzung ist in § 10 Abs. 1 lediglich für den Fall vorgesehen, daß kreisfreie Städte, Landkreise, der Umlandverband Frankfurt oder Gemeinden bzw. Verbandsmitglieder des Umlandverbandes Frankfurt, denen Pflichten nach § 16 Abs. 2 Kreislaufwirtschaftsgesetz übertragen wurden, ihren Aufgaben und Pflichten als öffentlich-rechtliche Entsorgungsträger mit Ausnahme der Gebührenerhebung nicht nachkommen.

Nicht recht verständlich ist hingegen, daß sowohl die Bildung von Verbänden i.S.d. § 17 Abs. 1 S. 1 als auch die Bildung von „Einrichtungen“ durch die Selbstverwaltungskörperschaften der Wirtschaft i.S.v. § 18 Abs. 1 S. 1 Kreislaufwirtschaftsgesetz der „Zustimmung“ der öffentlich-rechtlichen Entsorgungsträger nicht bedürfen, da lediglich § 16 Abs. 1 S. 2 und 3 Kreislaufwirtschaftsgesetz, nicht jedoch § 16 Abs. 2 S. 2 Kreislaufwirtschaftsgesetz für entsprechend anwendbar erklärt werden (§§ 17 Abs. 1 S. 2, 18 Abs. 1 S. 2 Kreislaufwirtschaftsgesetz). Die Tatsache, daß demzufolge die Bildung von Verbänden i.S.d. § 17 Abs. 1 S. 1 bzw. von „Einrichtungen“ durch die Selbstverwaltungskörperschaften der Wirtschaft i.S.v. § 18 Abs. 1 S. 1 Kreislaufwirtschaftsgesetz der Zustimmung der öffentlich-rechtlichen Entsorgungsträger nicht unterliegen, ist nicht frei von verfassungsrechtlichen Bedenken, die freilich dadurch „abgefedert“ werden, daß der der Bildung von Verbänden bzw. „Einrichtungen“ sinnvollerweise nachfolgende zweite Schritt der Übertragung von Erzeuger- und Besitzerpflichten die Zustimmung der öffentlich-rechtlichen Entsorgungsträger voraussetzt.

3.1.3 Verfassungsrechtliche Bedenken hinsichtlich der „Verpflichtung" nach §§ 17 Abs. 4, 18 Abs. 2 S. 2 KrW-AbfG

Nicht ausräumbare verfassungsrechtliche Bedenken ergeben sich demgegenüber im Hinblick auf die nach § 17 Abs. 4 mögliche Verpflichtung des nach § 17 Abs. 1 S. 1 Kreislaufwirtschaftsgesetz gebildeten Verbandes bzw. der durch die Selbstverwaltungskörperschaften der Wirtschaft gebildeten „Einrichtungen" (§ 18 Abs. 2 S. 2 Kreislaufwirtschaftsgesetz) zur Beseitigung aller Abfälle „in einem ausgewiesenen Gebiet". *De facto* würde eine solche Verpflichtung (§ 17 Abs. 4 Kreislaufwirtschaftsgesetz) bzw. „Übertragung" (§ 18 Abs. 2 S. 1 Kreislaufwirtschaftsgesetz) bedeutsame Auswirkungen auf den in errichteten und betriebenen Behandlungsanlagen anfallenden Abfall und damit eine Reduzierung des Auslastungsgrades betriebener Abfallbehandlungsanlagen bedeuten.

3.2 Auswirkungen einer weiteren Dualisierung der Abfallwirtschaft auf die Entsorgungstätigkeit der öffentlich-rechtlichen Körperschaften

Zielsetzung

> „Dem Abfallaufkommen steht eine weder quantitativ noch qualitativ ausreichende Entsorgungskapazität gegenüber. Um einen Entsorgungsnotstand in naher Zukunft zu verhindern, müssen schon Rückstände möglichst weitgehend im Wirtschaftskreislauf gehalten und damit Abfälle mehr als bisher vermieden werden; denn Wirtschaftskreislauf bedeutet Abfallvermeidung. Ökonomische und ökologische Gründe gebieten, den Anfall von Abfall drastisch zu verringern."[35]

wie Begründung des Kreislaufwirtschaftsgesetzes

> „Doch trotz aller Anstrengungen und unbestreitbaren Erfolge der Deutschen Abfallwirtschaft in den letzten Jahren ist die Entsorgungssituation nach wie vor angespannt. ... Vor dem Hintergrund, daß weitere Erfolge im Hinblick auf die Vermeidung von Abfällen nicht kurzfristig zu erzielen sind, solche Erfolge nur auf der Basis einer gesicherten Entsorgung erreicht werden können und in diesem Rahmen die Entsorgung für einen wirksamen Schutz der Umwelt unverzichtbar ist, können die unangemessen langen Planungs- und Zulassungszeiten für neue Abfallentsorgungsanlagen nach dem Stand der Technik nicht länger hingenommen werden. Dies gilt insbesondere in Anbetracht der Tatsache, daß bedingt durch Entsorgungsengpässe immer mehr Abfälle ausgeführt müssen, ein effektiver Umweltschutz insoweit in Deutschland selbst nicht mehr gewährleistet werden kann und hierdurch letztlich auch die Existenz von Wirtschaftsunternehmen und Arbeitsplätzen gefährdet wird."[36]

zeigen, daß sich die Entstehung des Kreislaufwirtschafts- und Abfallgesetzes wesentlich der Auffassung bestehender „Entsorgungsengpässe" verdankt.

Kann man dem Gesetzgeber des Kreislaufwirtschaftsgesetzes zugute halten, zum Zeitpunkt der Entwurfserstellung noch keine präzise Kenntnis von den mittel- und langfristigen Auswirkungen stetig greifender Abfallvermeidungs- wie stofflicher Verwertungsstrategien gehabt zu haben, so ist angesichts der in den letzten Jahren in allen Bundesländern feststellbaren Nichtauslastung bestehender thermischer Abfallbehandlungs- bzw. -verwertungsanlagen unverkennbar, daß eine Realisierung der in den §§ 16-18 Kreislaufwirtschaftsgesetz normativ verankerten Möglichkeiten auf Seiten der öffentlich-rechtlichen Entsorgungsträger zu einem Ausfall von ca. 30% des bisherigen Abfallanfalls durch den Ausschluß der sog. haushaltsähnlichen Gewerbeabfälle führen würde. Damit ist der Interessengegensatz zwischen öffentlich-rechtlichen Entsorgungsträgern und der gewerblichen Wirtschaft hinsichtlich der Erteilung der geforderten Zustimmung nach §§ 16 Abs. 2 S. 2, 17 Abs. 3 S. 1, 18 Abs. 2 S. 1 i.V.m. 17 Abs. 3 S. 2 Kreislaufwirtschaftsgesetz vorprogrammiert, so daß man auf die wohl in Bälde vorgelegten „Mustervereinbarungen" der kommunalen Spitzenverbände auf Bundes- wie auf Landesebene gespannt sein darf.

Ungeachtet dessen steht zu befürchten, daß kommunale Entscheidungsträger sich ungeachtet der bei Vollzug der in den §§ 16-18 Kreislaufwirtschaftsgesetz normierten Regelungen ergebenden Reduzierung des Abfallanfalls insgesamt nicht davon abhalten lassen werden, bestehende Planungen hinsichtlich der Errichtung und des Betriebs thermischer Abfallbehandlungs- bzw. -verwertungsanlagen weiterzuverfolgen. Diese Vermutung gründet u.a. in der Tatsache, daß seit dem 01.05.93 – dem Inkrafttreten des „Investitionserleichterungs- und Wohnbaulandgesetzes"[37] – thermische Abfallbehandlungs- bzw. -verwertungsanlagen in das immissionsschutzrechtliche Genehmigungsregime überführt wurden mit der Folge, daß bei der Prüfung der immissionsschutzrechtlichen Genehmigungsvoraussetzungen nach §§ 6 Ziff. 1, 5 Abs. 1 BImSchG im Gegensatz zur abfallrechtlichen Planfeststellung die Rechtsfigur der sog. „Planrechtfertigung", d.h. Fragen der zutreffenden Dimensionierung der Anlage unter Zugrundelegung von Abfallanfallprognosen, keine Rolle mehr spielt[38]. Damit besteht die Gefahr, daß im Zuge der Realisierung der normativen Vorgaben der §§ 16-18 Kreislaufwirtschaftsgesetz eine weitere „Ökonomisierung" der Abfallwirtschaft mit der Folge eintritt, daß die durch die öffentlich-rechtlichen Entsorgungsträger in den letzten Jahren getätigten erheblichen Investitionen z.T. obsolet werden, gleichwohl aber durch die Gebührenzahler im Wege der – zulässigen – Überwälzung der fixen Zinsungs- und Tilgungslasten auf lange Sicht aufgebracht werden müssen[39].

[1] Zu Recht wird in der Begründung des BMU vom 06.07.92 für den Entwurf des Kreislaufwirtschaftsgesetzes i.d.F. vom 22.06.92 (WA II 2-30101-1/1) darauf hingewiesen, daß durch die Erweiterung des stoffbezogenen Anwendungsbereichs des Gesetzes „die notwendige formale Harmonisierung mit dem EG-rechtlichen Abfallbegriff vollzogen" werde (S. 9 der Begründung). Angesichts der grundsätzlichen Differenzierung nach objektivem und subjektivem Abfallbegriff in § 1 Abs. 1 S. 1 AbfG 1986 und den Schwierigkeiten einer Abgrenzung zum Reststoffbegriff i.S.d. § 5 Abs. 1 Ziff. 3 BImSchG (Wirtschaftsgut) ergab sich seit den Urteilen des EuGH vom 28.03.90 (NVwZ 1991, 660 ff = Hofmann-Hoeppel, Entscheidungssammlung zum Abfallrecht, § 1 Abs. 1 S. 1, 2. Alt. AbfG, Nr. 17 und 18) die Notwendigkeit einer „Harmonisierung", da der EuGH einen nationalen Abfallbegriff, der wiederverwendbare Stoffe und Gegenstände nicht erfasse, als mit den Richtlinien 75/442/EWG und 78/319/EWG des Rates nicht vereinbar erklärte. In Konsequenz der o.g. Urteile des EuGH bejahte die Verwaltungsrechtsprechung in der Folgezeit für bestimmte, nach älterer h.M. ohne weiteres als „Wirtschaftsgüter" bzw. „Reststoffe" zu klassifizierende Stoffe die Abfalleigenschaft i.S.v. § 1 Abs. 1 S. 1, 2. Alt. AbfG 1986 auch dann, wenn im Einzelfall wirtschaftliche Verwertbarkeit i.S.d. § 5 Abs. 1 Ziff. 3 BImSchG gegeben war; dies galt insbesondere für Altreifen (vgl. HessVGH, Beschl. v. 11.04.91, DÖV 1992, 272 = Hofmann-Hoeppel, EzAbfR, § 1 Abs. 1 S. 1, 2. Alt. AbfG, Nr. 20; HessVGH, Beschl. v. 30.01.92, NVwZ-RR 1994, 320 = Hofmann-Hoeppel, EzAbfR, § 1 Abs. 1 S. 1, 2. Alt. AbfG, Nr. 28; BVerwG, Urt. v. 24.06.93, BVerwGE 92, 359 = Hofmann-Hoeppel, EzAbfR, § 1 Abs. 1 S. 1, 2. Alt. AbfG, Nr. 29), Absiebrückstände aus Shredder-Recycling-Betrieb (BayVGH, Beschl. v. 02.04.93, BayVBl. 1994, 22 = NVwZ-RR 1994, 319 = Hofmann-Hoeppel, EzAbfR, § 1 Abs. 1 S. 1, 2. Alt. AbfG, Nr. 24), Gips aus Rauchgasentschwefelungsanlagen (OVG Koblenz, Urt. v. 02.03.93, Hofmann-Hoeppel, EzAbfR, § 1 Abs. 1 S. 1, 2. Alt. AbfG, Nr. 23; BVerwG, Urt. vom 26.05.94, DVBl. 1994, 1013 = NVwZ 1994, 897 = Hofmann-Hoeppel, EzAbfR, § 1 Abs. 1 S. 1, 2. Alt. AbfG, Nr. 31), Bauschutt (OVG Koblenz, Urt. v. 03.09.91, DVBl. 1992, 315 = Hofmann-Hoeppel, EzAbfR, § 1 Abs. 1 S. 1, 2. Alt. AbfG, Nr. 21; BVerwG, Urt. v. 24.06.93, BVerwGE 92, 353 = Hofmann-Hoeppel, EzAbfR, § 1 Abs. 1 S. 1, 2. Alt. AbfG, Nr. 30) sowie Klärschlamm aus kommunalen Kläranlagen (OVG Koblenz, Beschl. v. 12.04.91, DVBl. 1991, 886 = NVwZ-RR 1991, 532 = Hofmann-Hoeppel, EzAbfR, § 1 Abs. 1 S. 1, 2. Alt. AbfG, Nr. 2; vgl. vorher VG Aachen, Urt. v. 11.11.81, ZfW 1983, 54 = Hofmann-Hoeppel, EzAbfR, § 1 Abs. 1 S. 1, 2. Alt. AbfG, Nr. 3; OVG Lüneburg, Urt. v. 09.10.79, DÖV 1981, 271 = N + R 1981, S. 139 = Hofmann-Hoeppel, EzAbfR, § 1 Abs. 1 S. 1, 2. Alt. AbfG, Nr. 2). Zur strafrechtlichen Relevanz des Abfallbegriffs nach § 326 Abs. 1 StGB vgl. das Urt. des AG Dachau vom 13.07.94, Hofmann-Hoeppel, EzAbfR, § 1 Abs. 1 S. 1, 2. Alt. AbfG, Nr. 32 mit Anmerkung Hofmann-Hoeppel; zur Relevanz des EG-Rechts umfassend Schreier, Die Auswirkungen des EG-Rechts auf die deutsche Abfallwirtschaft (= Schriften zum Umweltrecht, Bd. 51), 1994.

[2] Zur Deregulierungsdiskussion vgl. insbesondere Schmidt-Kötters, Verfahrensprivatisierung als Element innovativer Gesetzgebungspolitik – Vorstellungen der von Bundesregierung eingesetzten Beschleunigungskommission am Beispiel des Immissionsschutzrechts, in: Hoffmann-Riem/Schneider (Hrsg.), Verfahrensprivatisierung im Umweltrecht (= Forum Umweltrecht, Bd. 17), 1996, S. 31 ff woeie Hofmann-Hoeppel, Verfahrens-Privatisierung bei Standortsuche und Zulassungsverfahren für Abfallentsorgungsanlagen, in: Hoffmann-Riem/Schneider (Hrsg.), a.a.O., S. 216 ff.

[3] „Deregulierung“, Verfahrens-Beschleunigung, Privatisierung, „Schlanker Staat“ und „Wirtschaftsstandort Deutschland“ erweisen sich seit einiger Zeit als zentrale Paradigmata des Umwelt(Verfahrens)Rechts; vgl. hierzu allgemein die im 1992 vorgelegten Entwurf eines Allgemeinen Teils des "Umweltgesetzbuches" vorgeschlagenen, u.a. im Verkehrswegeplanungsbeschleunigungsgesetz vom 16.12.91 (BGBl. I, S. 2174), Investitionserleichterungs- und Wohnbaulandgesetz vom 25.03.93 (BGBl. I, S. 466), „Gesetz zur Vereinfachung der Planungsverfahren für Verkehrswege“ vom 17.12.93 (BGBl. I, S. 2123) sowie im "6. Gesetz zur Änderung der Verwaltungsgerichtsordnung u.a. Gesetze" (abgedruckt im Rundschreiben Nr. 4/96 des Bundes Deutscher Verwaltungsrichter und Verwaltungsrichterinnen (BDVR), S. 131 ff) in Kraft getretenen bzw. im „Entwurf eines Gesetzes zur Beschleunigung und Vereinfachung immissionsschutzrechtlicher Genehmigungsverfahren“ vom 06.03.96 (BT-DRs. 13/3996) vorgeschlagenen verfahrens- wie materiell-rechtlichen Regelungen.

[4] Vgl. hierzu Töpfer, Zur Novellierung des Abfallgesetzes, ZAU 1992, S. 441 ff, 442 sowie BMU, Pressemitteilung vom 31.03.93, S. 1 ff; BR-DRs. 245/93 (Stellungnahme des Bundesrates) bzw. BT-Drs. 12/5672 (Begründung der Bundesregierung, Stellungnahme des Bundesrates und Gegenäußerung der Bundesregierung), 12/7240 (Beschlußfassung Bundestag), 12/7672 (Begründung des Bundesrates) bzw. 12/7284 (Bericht des Ausschusses des Bundestages für Umwelt, Naturschutz und Reaktorsicherheit).

[5] Vgl. Zur Differenzierung nach Heranziehung Dritter gem. § 3 Abs. 2 S. 2 AbfG 1986, Beauftragung Dritter nach § 3 Abs. 2 S. 3 AbfG 1986, Übertragung der Entsorgung durch Zulassung von Anlagen nach § 3 Abs. 6 AbfG 1986 als Formen direkter (formell-rechtlicher) Privatisierung Klowait, Die Beteiligung Privater an der Abfallentsorgung (= Nomos Universitätsschriften, Bd. 161), 1995, S. 28 ff bzw. 67 ff, zu den Formen indirekter (formell-rechtlicher) Privatisierung durch die Mitbenutzungspflicht nach § 3 Abs. 5 AbfG 1986, die Duldungspflichten des Bergbauberechtigten nach § 3 Abs. 7 AbfG 1986, die Informations- und Rücknahmepflichten nach § 5a, 5b AbfG 1986 bzw. zu den Pflichten gem. § 14 AbfG 1986, Klowait a.a.O., S. 33 ff bzw. 72 ff.

[6] BGBl. I, S. 1234 ff.

[7] Vgl. etwa Art. 29 Abs. 1 BayKommZG, der für diesen Fall die Befugnis der Aufsichtsbehörde vorsieht, eine Frist von 6 Monaten zur Zwecksverbandsbildung zu setzen bzw. Art. 29 Abs. 2 BayKommZG, nach dem bei Nichtzustandekommen der Zweckverbandsbildung die zwangsweise Bildung durch Erlaß der Verbandssatzung durch die Aufsichtsbehörde normiert ist, also die klassische Ersatzvornahme.

[8] BGBl. 1956, I, S. 920 bzw. BGBl. 1992, I, S. 2133.

[9] Vom 28.12.65, BGBl. I, S. 2.

[10] Vgl. Schink/Schwade, Von der Abfallentsorgung zur Kreislaufwirtschaft, StuG 1993, S. 18 ff, 23 unter Hinweis auf das organisationsrechtliche Modell des Abfallentsorgungs- und Altlastensanierungsverbandes nach NWLAbfG.

[11] Vgl. die Stellungnahme des BDE zum Entwurf des Kreislaufwirtschaftsgesetzes nach dem Stande vom 22.06.92 vom 22.07.92, S. 16 f.

[12] WA II 2-30101-1/1 (BMU).

[13] Begründung vom 06.07.92, S. 33.

[14] Stenographisches Protokoll der 53. Sitzung des Ausschusses für Umwelt, Naturschutz und Reaktorsicherheit vom 10.05.93, S. 8 (BT-Drs. 12/374 bzw.. 148308.93).

[15] Vgl. die Ausführungen von MdB Kampeter (CDU/CSU), S. 53-180 f des stenographischen Protokolls (vgl. Fn 14), der „mit Interesse zur Kenntnis" nahm, „daß sich die Industrie- und Handelskammern gegen die ursprünglich vorgesehene Zwangsverpflichtung gewehrt haben ...; überall dort, wo an sich die Eigenverantwortung im Hinblick auf die Abfälle gefordert ist, gibt es einen Aufschrei der Industrie."

[16] Vgl. Ziff. B, S. 3 der Begründung vom 06.07.92 (Fn 13).

[17] Vom 11.05.90, BGBl. I, 870.

[18] Vom 16.06.75 (79/439/EWG), ABl. L 194/1975, S. 31, geändert durch Richtlinie vom 22.12.86 (87/101/EWG), ABl. L 42/1987, S. 43.

[19] Vom 06.04.76 (76/403/EWG), ABl. L 108/1976, S. 41.

[20] Vom 06.12.84 (84/631/EWG), ABl. L 326/1984, S. 31, geändert durch Richtlinie vom 12.06.86 (86/279/EWG), ABl. L 181/1986, S. 13 bzw. (Kommissions-)Richtlinien vom 22.07.85 (85/469/EWG, ABl. L 272/1985, S. 1) und vom 23.12.86 (87/112/EWG, ABl. L 48/1987, S. 31).

[21] BGBl. I, S. 1234 ff.

[22] Vgl. hierzu Hofmann-Hoeppel, Die Bedeutung der Verpackungsverordnung für die Kommunen (= Kommunalforschung für die Praxis, Heft 30), 1993, S. 25 ff.

[23] Vgl. hierzu Hofmann-Hoeppel, Verpackungsverordnung (Fn 22), S. 28 ff.

[24] Vgl. hierzu OVG Lüneburg, Urt. v. 08.03.79, DÖV 1980, 417 ff mit Anm. Richter = Knemeyer/Hofmann-Hoeppel, EzKommR, Nr. 2130.18; BVerwG, Urt. v. 04.08.83, DVBl. 1983, 1152 = DÖV 1984, 164 = NVwZ 1984, 176 = JZ 1984, 196 = Knemeyer/Hofmann-Hoeppel, EzKommR, Nr. 2130.31; BVerfG, Beschl. v. 23.11.88, Knemeyer/Hofmann-Hoeppel, EzKommR, Nr. 2130.58 mit Anm. Knemeyer.

[25] Vgl. hierzu Hofmann-Hoeppel, Verpackungsverordnung (Fn 22), S. 43 ff.

[26] BVerfGE 79, 127 ff = Knemeyer/Hofmann-Hoeppel, EzKommR, Nr. 2130.58.

[27] NdsGVBl. S. 109.

[28] Vgl. § 6 Abs. 2 S. 1 Ziff. 1-5 BWAbfG, Art. 5 Abs. 1 BayAbfAlG, § 1 Abs. 5 HAbfAG, § 5 Abs. 2 NWAbfG, § 3 Abs. 2 S. 2 RhPfAbfWAG, § 3 Abs. 3 EGAB, § 1 Abs. 2 SchlH AGAbfG, § 2 Abs. 3 ThAbfAG.

[29] Vgl. Hofmann-Hoeppel, „Flächendeckung" i.S.v. § 6 Abs. 3 S. 1 VerpackV – Zur Auslegung eines unbestimmten Rechtsbegriffs, DVBl. 1993, S. 873 ff, 874.

[30] So insbesondere Gallwas, Die Systemabstimmung nach § 6 Abs. 3 S. 2 VerpackV. Gutachtliche Stellungnahme zu abfallrechtlichen Fragen des Kommunalreferats der Landeshauptstadt Münden und des Landkreises Fürstenfeldbruck (Masch.), 1992, S. 14 ff).

[31] So Rummler/Schutt, Verpackungsverordnung, § 6 Anm. 10 c, S. 120.

[32] Vgl. Hofmann-Hoeppel, "Flächendeckung", DVBl. 1993, S. 873 ff, 876 ff.

[33] Vgl. Hofmann-Hoeppel, „Flächendeckung", DVBl. 1993, S. 873 ff, 879.

34 Stand: 26.03.96.

35 Ziff. A des Entwurfs Kreislaufwirtschaftsgesetz vom 17.06.92.

36 Ziff. A der Begründung vom 06.07.92.

37 BGBl. I, S. 466.

38 Zu den Auswirkungen der Überführung der Zulassung von Müllverbrennungsanlagen in das immissionsschutzrechtliche Genehmigungsregime vgl. Rebentisch, Die Neuerungen im Genehmigungsverfahren nach dem BImSchG, NVwZ 1992, S. 926 ff; Schink, Kontrollerlaubnis im Abfallrecht. Anforderungen an die Zulassung von Abfallentsorgungsanlagen nach Immissionsschutzrecht, DÖV 1993, S. 725; Versteyl/Weisenborn, Die Änderungen des Abfallrechts durch Investitionserleichterungs- und Wohnbaulandgesetz, Nachrichten des Niedersächsischen Städtetages Nr. 10/1993, S. 25 ff; Klett/Gehrhold, Das Investitionserleichterungs- und Wohnbaulandgesetz aus abfall- und immissionsschutzrechtlicher Sicht, N + R 1993, S. 421 ff; die durch das Investitionserleichterungsgesetz eingetretenen Änderungen hinsichtlich der Zulassung von Deponien als ortsfesten Abfallentsorgungsanlagen einerseits, Müllverbrennungsanlagen als Abfallbehandlungs- bzw. -verwertungsanlagen andererseits werden durch die §§ 30 - 36 Kreislaufwirtschaftsgesetz beibehalten. Zur rechtlichen Problematik der Berücksichtigung planerischer Belange der Belegenheitsgemeinde im immissionsschutzrechtlichen Genehmigungsverfahren und zum Zusammenspiel von § 6 Ziff. 2 BImSchG und § 2 Abs. 1 S. 2 Ziff. 5 AbfG vgl. OVG Koblenz, Beschl. v. 13.09.94, DVBl. 1995, 251 mit Anm. Weidemann, S. 253 ff sowie Hofmann-Hoeppel, Zur Berücksichtigung städtebaulicher Belange im Rahmen der immissionsschutzrechtlichen Genehmigungserteilung. Zugleich eine Anmerkung zum Beschluß des OVG Koblenz vom 13.09.94, BauR 1995, S. 479 ff; zur deregulierenden Wirkung des Kreislaufwirtschaftsgesetzes vgl. Hofmann-Hoeppel, Deregulierung und Beschleunigung durch das Kreislaufwirtschaft- und Abfallgesetz?, in: Korrespondenz Abwasser, Heft 10 1996 (i. E.); zur Frage, ob die beklagten „überlangen Verfahrensdauern" nicht auf Ignoranz und „außerrechtliche" Motive der im Planfeststellungsverfahren tätigen Akteure zurückzuführen sind, vgl. Hofmann-Hoeppel, Beschleunigung des Fachplanungsrechts. Erfahrungen aus der abfallrechtlichen Zulassungspraxis, Die Verwaltung 27 (1994), S. 391 ff.

39 Die Bandbreite hinsichtlich eines „Nebeneinanders" privatwirtschaftlicher bzw. öffentlich-rechtlich organisierter Abfallentsorgung wird durch die Äußerungen anläßlich der Sachverständigenanhörung in der 53. Sitzung des Ausschusses für Umwelt, Naturschutz und Reaktorsicherheit vom 10.05.93 wiedergegeben; während Billigmann die Auffassung vertrat, „das Gesetz sollte endlich den Schritt zur Privatisierung der Abfallwirtschaft gehen. Der althergebrachte Dualismus von öffentlich-rechtlicher und privatrechtlicher Zuständigkeit sollte mit diesem Gesetz überwunden werden, daß die öffentlich-rechtlichen Körperschaften letztenendes nur noch die Verantwortungsholding darstellen und das operative Geschäft in privater Hand liegt. Ich sehe keine Gefahr, daß die Entsorgungssicherheit dadurch prinzipiell in Gefahr kommt" (S. 53/5), gab Prof. Dr. Vogl, Ministerialdirektor a.D. im BayStMLU, zu bedenken, "daß hier ein Gesetzentwurf droht, der im Grunde ähnlich wie der Tierkörperentsorgung alle ökonomisch interessanten Bereiche der Wirtschaft zuordnet und die Reststoffe letztgültig der öffentlichen Hand. Hier sollte noch einmal nachgedacht werden: Ist dieses Duale System von Privatwirtschaft und öffentlicher Hand wirklich richtig strukturiert?" (S. 53/14 f). Noch drastischer formulierte es Dr. Landsberg seitens der Bundesvereinigung der kommunalen Spitzenverbände: „Schließlich meinen wir, daß man nicht uneingeschränkter Privatisierung des öffentlichen Abfallrechts Vorschub leisten sollte. Wir befürchten – das sage ich ganz offen –, die Kommunen bleiben am Ende auf

dem letzten Dreck hängen, und der letzte Dreck ist natürlich ungleich problematischer als bestimmte Wertstoffe." (S. 53/24). Tegethoff (Arbeitsgemeinschaft der Verbraucherverbände) sprach in diesem Zusammenhang von der Entstehung von Oligopolen (S. 53/16), Dr. Bleicher von einer „Rosinenpicker-Lösung" (S. 53/213), während MdB Müller (SPD) das Kernproblem mit folgender Formulierung auf den Punkt brachte: „Das Grundproblem, das wir haben, ist: Die Abfallberge sollen drastisch reduziert, drastisch minimiert werden. Wir bauen aber zunächst einen Wirtschaftszweig auf, der natürlich erst einmal wachsen soll. Ich habe da auch in ökonomischer Hinsicht Schwierigkeiten. Ich glaube, daß Sie da modelltheoretisch rechnen und sich bei einem solchen Ansatz nicht an der Realität orientieren können. So etwas haben wir nämlich noch nicht gehabt: Bewußt zu investieren, um etwas schrumpfen zu lassen." (S. 53/215).

Abfallwirtschaftskonzept und Abfallbilanzen als Instrumente der Kreislaufwirtschaft

Uwe Stoltenberg

Einleitung

Das neue Kreislaufwirtschafts- und Abfallgesetz – KrW-/AbfG – tritt insgesamt am 7. Oktober 1996 in Kraft. Das zum Vollzug des Gesetzes notwendige untergesetzliche Regelwerk (Verordnungen) wurde am 16. August 1996 im Bundesrat verabschiedet. Die wesentlichen Verordnungen sind:

- Verordnung zur Einführung des europäischen Abfallkatalogs,
- Verordnung über Entsorgungsfachbetriebe,
- Verordnung zur Transportgenehmigung,
- Verordnung über Verwertungs- sowie Beseitigungsnachweise,
- Verordnung zur Bestimmung von überwachungsbedürftigen Abfällen zur Verwertung,
- Verordnung zur Bestimmung von besonders überwachungsbedürftigen Abfällen,
- Verordnung über Abfallwirtschaftskonzepte und Abfallbilanzen.

Der folgende Beitrag wird Bedeutung und Inhalte der Verordnung zu Abfallwirtschaftskonzepten und Abfallbilanzen erläutern. Dabei werden die betrieblichen Abfallwirtschaftskonzepte (BAWK) aus der Sicht des Gesetzgebers, der Unternehmen und aus der Perspektive des Vollzuges beleuchtet.

Gesetzliche Grundlagen

Betriebliche Abfallwirtschaftskonzepte und Abfallbilanzen sind bereits seit mehreren Jahren in einigen Landesabfallgesetzen geregelt. Sie sind z.B. in NRW, Brandenburg, Hamburg, Niedersachsen und Berlin vorgeschrieben oder können behördlicherseits angeordnet werden. Abbildung 1 zeigt, wie die betrieblichen Abfallwirtschaftskonzepte in den abfallrechtlichen Rahmen integriert sind. Die gesetzliche Hierarchie nimmt von unten nach oben zu, d.h. europäisches Recht bricht Bundesrecht, und Bundesrecht bricht Länderrecht usw. Dieser Umstand ist deshalb bedeutsam, weil die Bestimmungen zu BAWK in den einzelnen Hierarchieebenen unterschiedlich sind.

BAWK aus Sicht des Bundesgesetzgebers

Das alte Abfallgesetz kannte ein Recht der betrieblichen Abfallwirtschaftskonzepte und Abfallbilanzen nicht. Jedoch sind diese im neuen Kreislaufwirtschafts- und Abfallgesetz (KrW-/AbfG) in den §§ 19 und 20 fest verankert. Demnach haben Erzeuger, bei denen jährlich mehr als insgesamt 2000 kg besonders überwachungsbedürftige Abfälle oder jährlich mehr als 2000 t überwachungsbedürftige Abfälle je Abfallschlüssel anfallen, ein Abfallwirtschaftskonzept bzw. eine Abfallbilanz zu erstellen (Abb. 2).

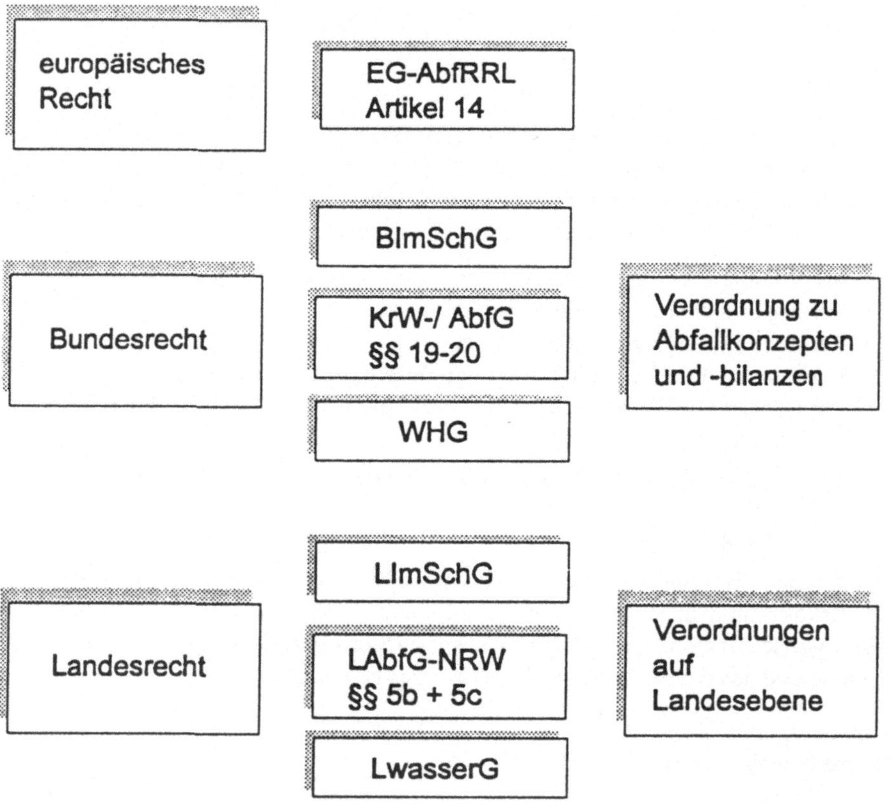

Abb. 1. Abfallrechtlicher Rahmen für BAWK

Betriebliche Abfallwirtschaftskonzepte haben nach dem KrW-/AbfG folgende Angaben zu enthalten:

1. Angaben über Art, Menge und Verbleib der besonders überwachungsbedürftigen Abfälle, überwachungsbedürftigen Abfälle zur Verwertung sowie der Abfälle zur Beseitigung,

2. Darstellung der getroffen und geplanten Maßnahmen zur Vermeidung, zur Verwertung und zur Beseitigung von Abfällen,
3. Begründung der Notwendigkeit der Abfallbeseitigung, insbesondere Angaben zur mangelnden Verwertbarkeit,
4. Darlegung der vorgesehenen Entsorgungswege für die nächsten fünf Jahre; bei Eigenentsorgern Angaben zur notwendigen Standort- und Anlagenplanung sowie ihrer zeitlichen Abfolge,
5. gesonderte Darstellung des Verbleibs der Abfälle bei der Verwertung oder Beseitigung außerhalb der Bundesrepublik Deutschland

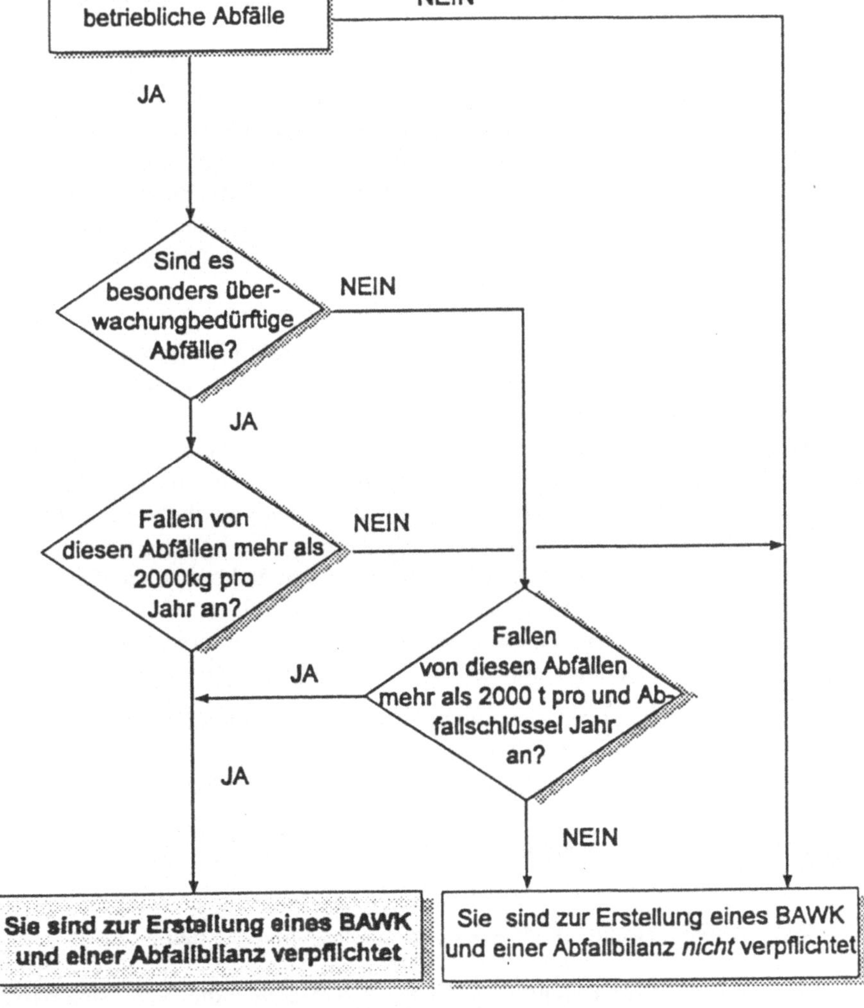

Abb. 2. Welcher Betrieb muß nach dem KrW-/AbfG ein BAWK und eine Abfallbilanz erstellen?

Abfallwirtschaftskonzepte sind erstmalig zum 31. Dezember 1999 für die nächsten fünf Jahre anzufertigen und dann alle 5 Jahre fortzuschreiben, soweit die Länder vor Inkrafttreten des KrW-/AbfG nichts anderes bestimmt haben. Unternehmen, die Betriebliche Abfallwirtschaftskonzepte erstellen müssen, sind in der Regel auch verpflichtet, Abfallbilanzen anzufertigen. Abfallbilanzen müssen jährlich erstellt werden und sind erstmalig zum 1. April 1998 bereitzuhalten. Die Bilanz hat Aufschluß über Art, Menge und Verbleib der verwerteten oder beseitigten besonders überwachungsbedürftigen und überwachungsbedürftigen Abfälle zu geben. Sie ist auf Verlangen der zuständigen Behörde vorzulegen.

In den §§ 44 Abs. 2 und 47 Abs. 2 ist außerdem vorgesehen, daß die Konzepte und Bilanzen Ausnahmen vom obligatorischen Nachweisverfahren – für besonders überwachungsbedürftige Abfälle zur Verwertung wie auch zur Beseitigung – zulassen. Dabei sollen Abfallerzeuger oder -besitzer die Abfälle in eigenen, in einem engen räumlichen und betrieblichen Zusammenhang stehenden Anlagen beseitigen bzw. verwerten, die Nachweise durch Abfallwirtschaftskonzepte und Abfallbilanzen ersetzen dürfen. Aber auch in anderen Fällen, soll das „Regelnachweisverfahren" ersetzt werden können. Diese Bedingungen sind in der Verordnung zu Abfallwirtschaftskonzepten und Abfallbilanzen berücksichtigt und sollen zu einer Deregulierung des Abfallrechts beitragen.

Die Verordnung zu Abfallwirtschaftskonzepten und Abfallbilanzen gewährleistet bundeseinheitliche Anforderungen für die Konzept- bzw. Bilanzpflichtigen, das gilt insbesondere für die Form und den Inhalt von BAWK. Der Aufbau, sowie die im BAWK anzugebenden Daten sind im Anhang zur Verordnung genau definiert. Das BAWK ist in erster Linie als internes Planungsinstrument für das Unternehmen gedacht und soll ihm helfen, die gegenwärtigen und zukünftigen abfallwirtschaftlichen Maßnahmen zur Vermeidung, Verwertung und Beseitigung zu planen und umzusetzen. Die Abfallbilanz wird wiederum den Behörden als Kontrollinstrument dienen. Die Verordnung sieht vor, daß sich mehrere Konzeptpflichtige zusammenschließen können, um ein gemeinsames BAWK zu erstellen bzw. durch Dritte erstellen zu lassen. Dies ist unter folgenden Bedingungen möglich:

- Es werden im wesentlichen Abfälle mit denselben Abfallschlüsseln erzeugt.
- Die Abfallerzeuger sind im selben Bundesland tätig.
- Die Abfälle stammen aus vergleichbaren Herkunftsbereichen und wirtschaftlichen Tätigkeiten.
- Die zuständige Behörde hat einem entsprechenden Antrag stattgegeben.

Betriebliche Abfallwirtschaftskonzepte aus Sicht der Unternehmen

Unternehmen, die konzeptpflichtig sind, haben grundsätzlich die Wahl, sich passiv oder aktiv zu verhalten. *Passiv* handelt ein Betrieb, der sich das betriebliche Abfallwirtschaftskonzept unter der Prämisse erstellt, lediglich den gesetzlichen Auflagen zu genügen. *Aktiv* handelt er, wenn er das BAWK von einem unabhängigen Berater oder einem innerbetrieblichen Umweltexperten konzipieren läßt. Im Unterschied zur ersten Variante werden der unabhängige Berater wie der angestellte Experte konsequent darauf achten, daß die Entsorgungskosten in der Zukunft sinken. Um dies zu erreichen, ist es notwendig, die in den BAWK geplanten Abfallvermeidungs- und Verwertungsmaßnahmen konsequent umzusetzen.

Ein Abfallwirtschaftskonzept, das zu einer kostenoptimierten innerbetrieblichen Abfallwirtschaft führt, ist natürlich wesentlich umfangreicher als das vom Gesetzgeber geforderte. Es sollte zusätzlich zu den gesetzlich vorgeschriebenen Angaben auch noch Aussagen zu

- den Möglichkeiten der Verringerung des Verwaltungsaufwandes,
- den Kosten,
- den Anfallorten der Abfälle,
- der Wirtschaftlichkeit von Maßnahmen,
- alternativen Entsorgern,
- Verantwortlichkeiten und zu
- Planungs- und Durchführungszeiträumen

machen können (→ integriertes Abfallwirtschaftskonzept; die grau unterlegten Kästchen in Abb. 3 entsprechen den Anforderungen aus BAWK).

Bei größeren Unternehmen ist auch eine Verteilung der Abfallmengen und -kosten auf einzelne Kostenstellen interessant; denn die genaue Zuordnung der Abfallfraktionen auf die Verursacher ermöglicht die Planung an den Anfallorten und letztendlich auch eine Steuerung der abfallverursachenden Verfahren bzw. Prozesse. Um die Verteilung der Abfallmengen ermitteln zu können, muß jede einzelne Abfallfraktion gewogen werden. Das erscheint zwar anfänglich sehr aufwendig, ist aber durchaus lohnenswert, da sich auf diese Weise bis zu 50% der Entsorgungskosten einsparen lassen. Die Amortisationsdauer eines solchen integrierten Entsorgungs- bzw. Abfallwirtschaftskonzepts beträgt meist weniger als 1,5 Jahre – Beraterkosten eingeschlossen.

Neben der Planung der Inhalte eines integrierten Konzeptes ist auch die Vorgehensweise bei der Erstellung und Umsetzung besonders wichtig. Dabei haben sich folgende Schritte in der Praxis bewährt:

1. Planung des Konzeptumfangs und der Vorgehensweise bei der Datenaufnahme, der Konzeptentwicklung und der Umsetzung,
2. Durchführung einer Ist-Analyse in organisatorischer, technischer und rechtlicher Hinsicht,
3. Konzepterstellung; Planung der technischen und organisatorischen Maßnahmen,
4. Durchführung der technischen und organisatorischen Maßnahmen,

5. Überwachung der Anlaufphase,
6. Überwachung des „Konzeptalltags“, z.B. durch ein Systemauditing und/oder durch Soll-Ist Vergleiche (Abb. 3).

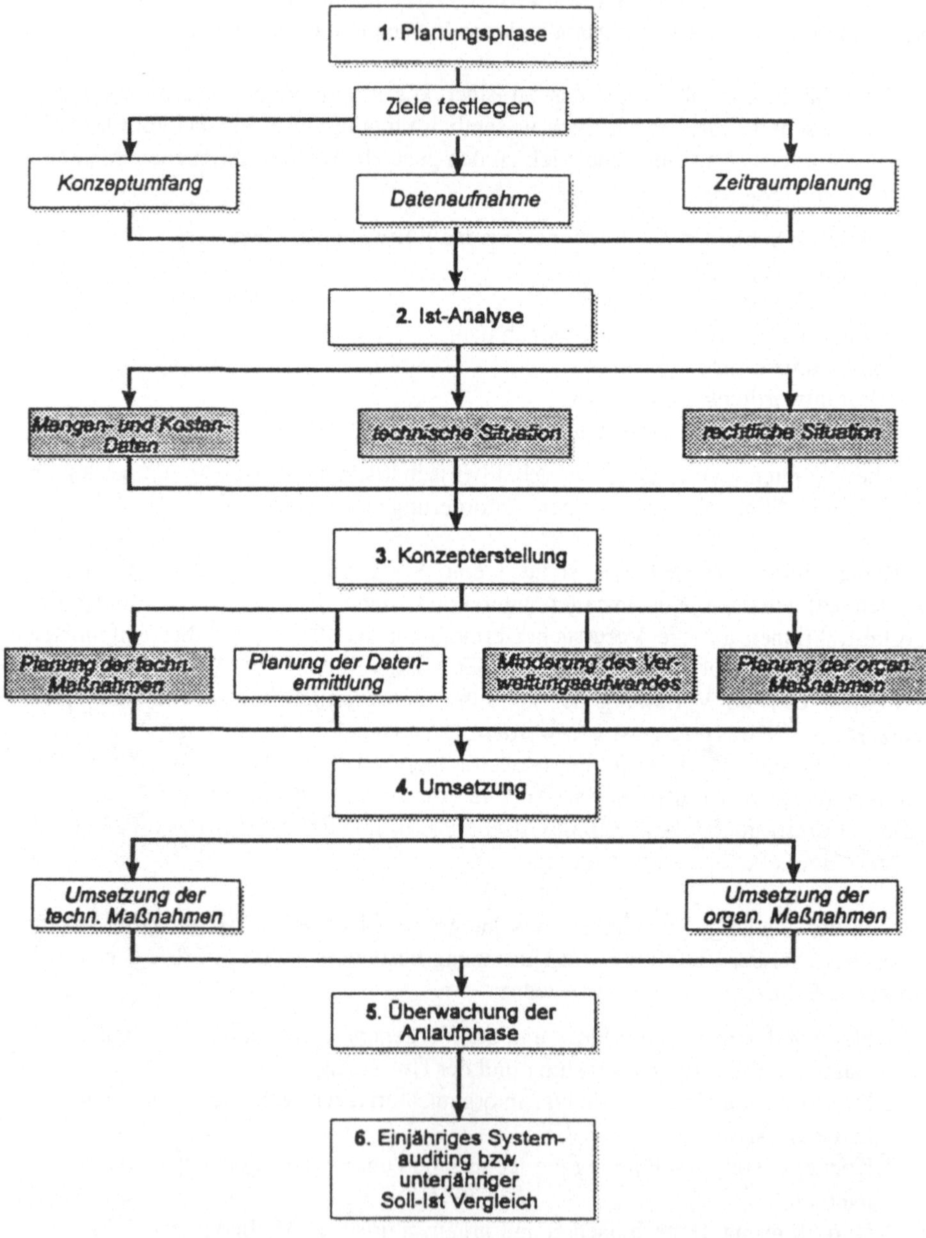

Abb. 3. Planung, Erstellung und Durchführung eines integrierten Entsorgungskonzeptes

Um aus dem Abfallwirtschaftskonzept einen langfristigen Erfolg zu machen, muß die Abfallvermeidung oberstes Systemziel sein. Denn nur durch konsequente Abfallvermeidung können die Entsorgungskosten eines Unternehmens langfristig niedrig gehalten werden. Als weitere wichtige Systemziele sollten natürlich auch das Erkennen und die Einhaltung der gesetzlichen Vorgaben in das Konzept integriert werden.

Ein Unterschied der neuen bundeseinheitlichen BAWK-Regelung zu den bereits bestehenden Länderregelungen ist die Möglichkeit zur Verringerung des abfallrechtlich bedingten Verwaltungsaufwandes. Diese Chance sollte von allen Unternehmen genutzt werden, denen die Möglichkeit dazu gegeben wird. Die Verordnung über Abfallwirtschaftskonzepte und Abfallbilanzen sieht die Möglichkeit vor, sog. „Gemeinsame Abfallwirtschaftskonzepte" zu konzipieren; dafür wird die Genehmigung der zuständigen Behörden notwendig sein.

Die Möglichkeit, sich für die Konzepterstellung zusammenzuschließen, gab es bisher nur in Hamburg, wo man diese Art der Zusammenarbeit Branchenkonzept nennt. Branchenkonzepte bieten vor allem für kleine Unternehmen die Möglichkeit, sich eine effektive und kostenvermeidende Abfallwirtschaft aufzubauen, da der notwendige Beratungsbedarf nur einmal anfällt.

Wie gezeigt werden konnte, handelt es sich bei dem Instrument Betriebliches Abfallwirtschaftskonzept um eine behördliche Anordnung, mit deren Hilfe sich Unternehmen einen Überblick über die unternehmensinterne Entsorgungssituation verschaffen können. Innovative Unternehmen werden sich nicht mit der bloßen formalen Erfüllung dieser Pflicht zufriedenstellen, sondern die Verpflichtung als Chance begreifen, die Situation ihrer betrieblichen Abfallwirtschaft entscheidend zu verbessern und die Entsorgungskosten deutlich zu senken. Im Hinblick auf die Öko-Audit-Verordnung ist anzumerken, daß ein gut ausgearbeitetes BAWK die Vorbereitung zur Umweltbetriebsprüfung unterstützt und hilft, die Kosten für das Öko-Audit zu senken.

BAWK aus der Sicht des Vollzuges

Als erstes Bundesland verpflichtete Nordrhein-Westfalen (NRW) mit der Novellierung des Landesabfallgesetzes vom 14. Januar 1992 die nordrhein-westfälischen Unternehmen zur Erstellung von betrieblichen Abfallwirtschaftskonzepten und Abfallbilanzen (LAbfG-NRW § 5b und 5c).

Diesen Gesetzesauftrag haben in NRW die Kreise und kreisfreien Städte sicherzustellen. In der Regel obliegt den unteren Abfallwirtschaftsbehörden, die den Umweltämtern angehören, die Überwachung. In einigen Umweltämtern wurde zur Überwachung der Konzeptpflicht Personal bereitgestellt (z.B. Stadt Köln). Die Betriebe werden zur Abgabe eines BAWK schriftlich aufgefordert.

Bei den Einforderung von BAWK und Abfallbilanzen kommt es gerade in der Startphase zu Schwierigkeiten mit der Verweigerungshaltung einiger aufgeforderter Unternehmen und mit der Qualität der abgegebenen Konzepte. Lösungsansätze dazu bietet der folgende Beitrag von Frau Renate Schulze-Matthée vom Umweltamt der Stadt Dortmund.

Aus den nach Landesabfallgesetzen und dem KrW-/AbfG erstellten Abfallbilanzen und BAWK lassen sich eine Reihe von Verbesserungen der kommunalen Abfallwirtschaft planen.

Im folgenden werden nur die drei wichtigsten Zielsetzungen von BAWK genannt.

- Das Kreislaufwirtschafts- und Abfallgesetz sieht als behördliche Zielsetzung die Auswertung der Abfallbilanzen und der BAWK für die Abfallwirtschaftsplanung (s. § 29 KrW-/AbfG) vor. Dabei soll der Bedarf an der „zur Sicherung der Inlandsbeseitigung erforderlichen Abfallbeseitigungsanlagen" dargestellt werden. Bei dieser Darstellung sollen zukünftige, innerhalb eines Zeitraumes von mindestens zehn Jahren zu erwartende Entwicklungen berücksichtigt werden. Zu diesem Zweck sind die Abfallwirtschaftskonzepte und Abfallbilanzen auszuwerten.
- Ein weiteres Ziel, das mit dem Vollzug und der Auswertung erreicht werden kann ist, Produktionsabfälle zu vermeiden und die Verwertungsrate für Abfälle zu steigern. Dieses Ziel war ausschlaggebend, BAWK im Jahr 1992 in NRW einzuführen.
- Drittes Ziel aus behördlicher Sicht ist die Überprüfung und Vervollständigung der durch die Begleitscheine gewonnenen Abfalldaten. Das Land Brandenburg in dem BAWK ebenfalls seit 1992 Pflicht sind, hat diese Zielsetzung konsequent verfolgt.

Einsatz von EDV

Um den Vollzug der BAWK und Abfallbilanzen für die Abfallwirtschaftsplanung nutzbar machen zu können, ist der Einsatz einer edv-technischen Erfassung der Konzepte dringend geboten.

Bei der Auswahl der richtigen Lösung muß genau überlegt werden, welche Ziele verfolgt werden. Aus Sicht der einzelnen Abfallwirtschaftsbehörde kann es u.U. ausreichend sein, die Konzeptdaten über Excel-Tabellen oder andere Standardsoftware zu erfassen. Dabei sollte allerdings bedacht werden, daß dann ein digitaler Datenaustausch mit anderen Abfallwirtschaftsbehörden nicht mehr möglich ist. Die Investitionen in eine solche Insellösung kann schnell verfehlt sein.

Aus Sicht der Länder, aber auch der Bezirksregierungen und der Kreise, sollte deshalb ein System mit einer definierten Schnittstelle eingesetzt werden. Hiermit lassen sich landesweite Statistiken über alle in den Konzepten abgefragten Angaben machen. Zu diesem Zweck können die erneuerten LAGA-, die ASYS- als auch die ABUEV-Schnittstellen genutzt werden.

Bei der Auswahl eines Systems sollte auch beachtet werden, daß die Eingabe der Daten über Masken erfolgt, die den Aufbau der Formulare aus der Konzepteverordnung widerspiegeln. Zusätzlich sollten edv-technisch erstellte Konzepte importiert werden können (diese Konzepte müssen dann natürlich auch eine der o.g. Schnittstellen verwenden). Um eine Plausibilitätsprüfung am Bildschirm zu ermöglichen, müssen auch bei importierten Daten die Bildschirmmasken dem Aufbau der Formulare entsprechen.

In Abb. 4 ist eine solche auf das neue KrW-/AbfG abgestimmte Software zu sehen. AWK Kommunal erfüllt dabei alle o.g. Forderungen.

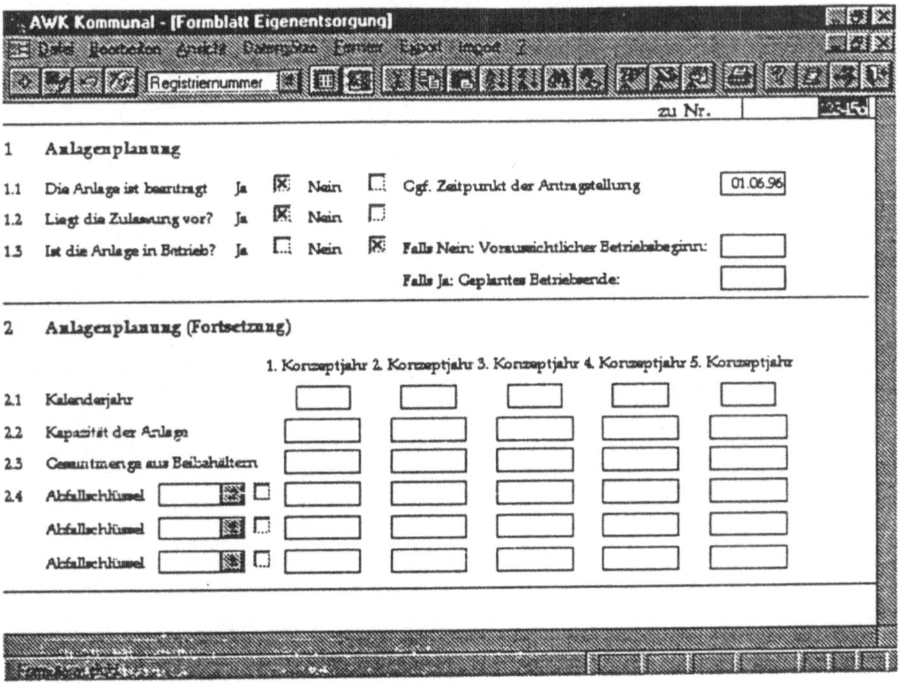

Abb. 4. Formblatt Eigenentsorgung

Literatur

Holzbeck, L. (1995) in: Kreislaufwirtschaft zwischen Realität und Utopie, Büro für Umweltpädagogik, Sehnde

Kreislaufwirtschafts- und Abfallgesetz* vom 27. Sep. 1994 (BGBl. I, S. 2705) (*Gesetz zur Vermeidung, Verwertung und Beseitigung von Abfällen)

Stadt Köln (1993) Leitfaden zur Erstellung von Betrieblichen Abfallwirtschaftskonzepten und Abfallbilanzen

Stoltenberg, U. Betriebliche Abfallwirtschaftskonzepte: Pflicht und Chance

Stoltenberg, U. (1995) Betriebliche Abfallwirtschaftskonzepte und Abfallbilanzen, Anleitung zur Erstellung mit Mustern und Erläuterungen für die Praxis, Erich Schmidt Verlag, Berlin

Stoltenberg, U. (1995) Betriebliche Abfallwirtschaftskonzepte: Pflicht und Chance, Entsorgungspraxis 3/95

Stoltenberg, U., Luckner, C. (1996) Die Pflicht als Chance, Umweltmagazin 1/2

Verordnung über Abfallwirtschaftskonzepte und Abfallbilanzen – AbfKoBiV BR-Drs. 352/96

Abfallwirtschaftskonzepte und Abfallbilanzen – ein Erfahrungsbericht aus Nordrhein-Westfalen

Renate Schulze-Matthée

In der Stadt Dortmund werden seit 1993 betriebliche Abfallwirtschaftskonzepte angefordert. Der Beitrag gibt einen Überblick über die bisherigen Erfahrungen, die insgesamt als positiv zu beurteilen sind.

Wie bekannt, ist das Landesabfabfallgesetz (LAbfG) in Nordrhein-Westfalen durch das Änderungsgesetz vom 14.01.1992 novelliert worden. Neu eingeführt wurden u.a. die §§ 5b/5c. Dies bedeutet, daß von bestimmten Betrieben ein betriebliches Abfallwirtschaftskonzept (im weiteren bAWK genannt) für alle im Betrieb anfallenden Abfallstoffe zu erarbeiten und fortzuschreiben ist. Jeweils für das abgelaufene Jahr ist eine Abfallbilanz über die entsorgten Abfälle einschließlich deren Verwertung zu erstellen.

Die gesetzlichen Bestimmungen gelten für Betriebe, in denen jährlich mehr als 500 kg an besonders überwachungsbedürftigen Abfällen anfallen oder 2000 t an sogenannten Massenabfällen pro Abfallart, die im Anhang zum LAbfG speziell genannt sind.

In Zusammenarbeit mit der Industrie- und Handelskammer zu Dortmund, der Handwerkskammer, der Stadt Hamm und dem Kreis Unna ist auf Anregung des Kreises Unna als Hilfestellung für die Betriebe ein Leitfaden: „Betriebliches Abfallwirtschaftskonzept und Abfallbilanz gemäß Nordrhein-Westfälischem Landesabfallgesetz" erstellt worden. Der Leitfaden wird seit Juni 1993 an Dortmunder Betriebe kostenlos verschickt.

1993 wurden erstmals 47 größere Betriebe sowie Krankenhäuser zur Vorlage ihres bAWKs verpflichtet. 1994 wurden Kfz-Betriebe lediglich zur Vorlage der jeweiligen Abfallbilanzen verpflichtet. Die Vorgehensweise, von ausgewählten Branchen bAWKs/Abfallbilanzen anzufordern, hat sich bewährt. Die Abarbeitung ist einfacher, da vergleichbare Daten vorliegen. Darüber hinaus werden Schwachstellen bezüglich der Abfallentsorgung deutlich. Die Auswahl der Branchen erfolgte aufgrund der Abfallrelevanz, insbesondere des Anfalls an besonders überwachungsbedürftigen Abfällen (Sonderabfällen). In der Tabelle 1 sind die Branchen aufgelistet, die bis jetzt angeschrieben wurden.

Tabelle 1. Bis jetzt angeschriebene Branchen

Jahr	Branche	Anzahl Betriebe	Rücklauf	Rücklaufquote %	Bemerkung
1993	sonstige	47	47	100	
1994	KFZ	287	193	67	nur Bilanz angefordert
1994	sonstige	52	52	100	
1994	freiwillig	4			
1995	Baugewerbe	77	56	73	
1995	Druckereien	97	75	77	
1995	Kfz	204	148	73	
1995	Krankenhäuser	13	13	100	
1995	Metallgewerbe	130	101	78	
1995	sonstige	10	10	100	
1995	Tankstellen/ Speditionen	234	141	60	
1995	freiwillig	14			
1996	Elektotechnik	294	220	75	
1996	chemische Reinigungen	43	26	60	noch nicht abgeschlossen
1996	freiwillig	27			

Erfreulich ist es festzustellen, daß der Leitfaden und die darin enthaltenen Vordrucke (s. S. 118-121, Vordrucke Nr. 3, 4, 5 und 8) von den Betrieben bei der Erarbeitung und Verschriftung der bAWKs häufig genutzt werden.

Zur Plausibilitätsprüfung der Angaben der bAWKs werden die Daten aus der Begleitscheindatei herangezogen. Es ist allerdings zu berücksichtigen, daß bei vielen Abfallstoffen die Entsorgung mittels Übernahmescheinen erfolgt.

Die Auswertung der bAWKs zeigt, daß ein erheblicher Informations- und Beratungsbedarf besteht. Dies war auch zu erwarten, da die Umsetzung des Gesetzes für die Betriebe, aber auch für die Behörden Neuland ist bzw. war. Vor allem kleine Betriebe haben mit der Erstellung und der Erfassung der geforderten Daten große Probleme. Verantwortliche Mitarbeiter für die Abfallentsorgung sind nur in großen Betrieben vorhanden.

Zu den häufigsten Defiziten bei den bAWKs gehören:

- Die Auflistungen der im Betrieb anfallenden Abfall-/Reststoffe sind unvollständig.
- Die Ausführungen zur Abfallvermeidung und -verwertung sind unzureichend.
- Oft werden bereits Abfallvermeidungs- bzw. -verwertungsmaßnahmen aufgeführt, wenn die Abfälle lediglich in einer CPB-Anlage entsorgt werden.
- Angaben zur Entsorgung sind falsch. Die Entsorgungsanlage ist nicht bekannt.
- Beförderer werden mit Entsorgern verwechselt oder gleichgesetzt.
- Die Abfallschlüsselnummern sind nicht bekannt.
- Die Abfallschlüsselnummern stimmen nicht mit der entsprechenden Abfallart überein.
- Es ist nicht bekannt, welche Abfälle als besonders überwachungsbedürftig gelten.
- Es ist nicht bekannt, welche Abfälle laut Satzung unter den Anschluß- und Benutzungszwang fallen.
- Die fünfjährige Entsorgungssicherheit fehlt, insbesondere dann, wenn die Abfälle mittels Übernahmescheinen/Sammelentsorgungsnachweisen erfolgt.
- Entsorgungsnachweise werden mit Begleitscheinen verwechselt.
- Die im LAbfG geforderten Angaben zur Darstellung der umweltverträglichen Entsorgbarkeit der Produkte nach Wegfall der Nutzung können z.Z. vom produzierenden Gewerbe nicht befriedigend dargestellt werden.

Nach der Aufforderung zur Vorlage des bAWK erfolgen viele telefonische Rückfragen von den Betrieben. Einige Mitarbeiter von Betrieben, die mit der Erstellung des bAWKs beauftragt worden sind, kommen persönlich vorbei, um sich zu erkundigen, welche Anforderungen seitens der Behörde gestellt werden.

Nach der Durcharbeitung der vorgelegten bAWKs zeigt sich, daß die aufgetretenen Fehler bzw. Unklarheiten oft telefonisch geklärt werden können, z.B. wenn bestimmte Unterlagen fehlen oder nicht vollständig vorliegen. Die übliche Vorgehensweise ist jedoch, die Betriebe anzuschreiben und die fehlenden Unterlagen oder Nachbesserungen anzufordern.

Eine Beratung vor Ort erfolgt, wenn es sich um große Betriebe handelt, oder wenn aufgrund des bAWKs erkennbar wird, daß größere Probleme bezüglich der Entsorgung bestehen. Wichtig für uns sind auch solche Betriebe, in denen schon Vermeidungs- und Verwertungsverfahren umgesetzt werden.

Ein Problem ist immer noch eine wirkungsvolle Getrenntsammlung der verschiedenen Abfallfraktionen, obwohl gerade hier ein großes Einsparpotential an Abfallgebühren gegeben ist. Dies betrifft vor allem die Fraktionen des dualen Systems. Zum einen sind die Mitarbeiter nicht hinreichend sensibilisiert, die unterschiedlichen Abfälle in die entsprechenden Behälter zu werfen, zum anderen sind die Behälter oft nicht ausreichend beschriftet oder stehen an ungeeigneten Stellen.

Ein anderer Schwerpunkt der Arbeit vor Ort ist die Erläuterung der gesetzlichen Vorschriften.

Im Hinblick auf zur Verfügung stehende alternative Verfahren, die uns bekannt sind, werden die Betriebe ausführlich beraten. Als Beispiel seien hier die Druckereien genannt. In diesem Gewerbe besteht die Möglichkeit, eine Umstellung von lösemittelhaltigen Reinigungsmitteln auf pflanzliche Mittel einzuführen, wenn die technischen Voraussetzungen gegeben sind.

Betriebe, die auf die Aufforderung zur Vorlage des bAWKs trotz zweimaliger Mahnung nicht reagiert haben, werden ebenfalls aufgesucht. Da generelle Probleme mit der ordnungsgemäßen Abfallnachweisführung bestanden, hat die Arbeitsgruppe, die auch den Leitfaden erstellt hat, entsprechende „Merkblätter zur betrieblichen Abfallwirtschaft" erarbeitet.

Ein deutliches Manko zeigte sich auch bei der Entsorgung von Kleinmengen an besonders überwachungsbedürftigen Abfällen. Dieses Problem ist erkannt worden. Die Satzungsänderung der Stadt Dortmund für das Jahr 1997 regelt, daß Kleinmengenerzeuger in der Stadt Dortmund ihre Abfälle zur Schadstoffsammelstelle bringen können. Sie müssen dafür ein geringes Entgelt zahlen und den Abfall selbst anliefern.

Um genaue Daten zu erhalten, was die Erstellung von bAWKs bringt – d.h. ob, welche und wieviele Abfälle vermieden bzw. welche Hilfs- und Betriebsstoffe durch ungefährlichere substituiert werden –, wird 1997 nochmals das Druckereigewerbe zur Vorlage der bAWKs verpflichtet. Dann liegen für eine Branche Vergleichsdaten für die Jahre 1994 und 1996 vor.

Fazit

Es zeigt sich, daß sich durch die Kontaktaufnahme zu den Betrieben das Vertrauensverhältnis zwischen Behörde und Unternehmen sehr positiv entwickelt. Die Betriebe stehen der Behörde offen gegenüber und sind i.d.R. gern zur Zusammenarbeit bereit. Es ist wichtig, daß die Beriebe nicht das Gefühl haben, mit neuen gesetzlichen Vorschriften alleingelassen zu werden.

Es hat sich als sinnvolle Maßnahme herausgestellt, den Betrieben vorab einen Leitfaden zur Verfügung zu stellen. Die Vordrucke sind dabei das meistgenutzte Hilfsmittel.

Die Erstellung von bAWKs hat sich für die meisten Betriebe als vorteilhaft erwiesen, da viele Betriebe sich erst aufgrund dieser gesetzlichen Vorschrift mit der Abfallproblematik beschäftigen. Vielen Betrieben wird erst jetzt deutlich, wieviel sie für die Abfallentsorgung ausgeben müssen. Dies ist dann häufig der Grund, nach Einsparmöglichkeiten zu suchen. Durch eine konsequente Abfallogistik, Getrenntsammlung, Aufstellung von Behältern an den richtigen Stellen, Abstellung einer Person, die für die Entsorgung im Betrieb zuständig ist, und Einbeziehung bzw. Schulung der Mitarbeiter konnten schon Kosten in z.T. beachtlicher Höhe eingespart werden. Nebenbei trägt eine gute Abfallpolitik zur Steigerung der Arbeitssicherheit bei.

Vor allem große Betriebe erkennen die Chance, durch eine gute Abfallpolitik den Umweltschutz zu fördern und dies für die Darstellung ihres Unternehmens nach außen zu nutzen. Der Nachteil, den die Betriebe befürchten, ist dagegen als gering anzusehen. Er wurde vor allem in dem großen Zeitaufwand gesehen, der für die Ersterstellung unabdingbar ist. Die Befürchtung, daß die Behörde damit nur ein neues Kontrollinstrument an die Hand bekommen will, konnte jedoch schnell zerstreut werden. Die Betriebe werden von den Behörden beraten, wobei zunächst die gesetzlichen Grundlagen im Vordergrund stehen. Für Abfallvermeidungs- und -verwertungsmaßnahmen übernimmt die Behörde jedoch auch eine bedeutende Multiplikatorfunktion.

Für die Behörde bieten die bAWKs ein sehr gutes Planungsinstrument, z.B. für die Planung von Abfallentsorgungsanlagen und für die Durchführung von Beratungskonzepten hinsichtlich der Abfallvermeidung und -verwertung.

Allgemeine Angaben zum Betrieb*

Vordruck 3
Für die Behörde

Name und Anschrift des Betriebes*

Abfall-Erzeuger-Nr.

Anzahl der Beschäftigten

Datum der Erstellung

betrieblicher Ansprechpartner/Betriebsbeauftragter für Abfall (Name undTel.Nr.)

Gegenstand des Unternehmens (Branche/n)

Bei Eigenentsorgern: Art der eigenen Entsorgungsanlagen

Entsorgungs-Anlagen-Nr.

* Bei mehreren Betriebsstätten bitte jeweils ein gesondertes Blatt ausfüllen

Betrieb:

Vordruck 4
Für die Behörde

Abfallrelevante Betriebsbereiche 19__

lfd. Nr.	Abfallbezeichnung	Abfall-Schlüssel-Nummer	Abfallrelevante Betriebsbereiche											
			1	2	3	4	5	6	7	8	9	10	11	12

Abfallrelevante Betriebsbereiche (Bezeichnung)

1		**5**		**9**	
2		**6**		**10**	
3		**7**		**11**	
4		**8**		**12**	

Betrieb:

Vordruck 5
für die Behörde

Erfassungsliste Abfälle 19__

Art			Menge	Verbleib								
lfd. Nr. (wie Vordr.4)	Abfallbezeichnung	Abfall-Schlüssel-Nummer	Menge* pro Jahr (gewählte Maßeinheit angeben)	SOR - Sortierung CPB - Chemisch-physikalische Behandlung HMV - Hausmüll-Verbrennung SAV - Sonderabfall-Verbrennung HMD - Hausmüll-Deponie SAD - Sonderabfall-Deponie UTD - Untertage-Deponie							Transporteur (Name und Anschrift)	Entsorgungsanlage (Name und Anschrift)
				SOR	CPB	HMV	SAV	HMD	SAD	UTD		

*Wird eine Abfallart mehreren Entsorgungswegen zugeführt, bitte Teilmengen einzeln auflisten

Betrieb:

Vordruck 8
Für die Behörde

Getroffene und geplante Vermeidungs- und Verwertungsmaßnahmen 19__

lfd.Nr. nach Vordruck 5	Abfallbezeichnung	Abfallschlüssel-Nr.

Herkunft (Abfallrelevante(r) Betriebsbereich(e))

bereits getroffene Maßnahme(n)

geplante Maßnahme(n)

Voraussichtlicher Beginn der geplanten Maßnahme

Hemmnisse, die einer Einführung von Maßnahmen entgegenstehen

Energetische Verwertung von Abfall

Günter Scheuß

Die energetische Verwertung von Abfall wird im Heizkraftwerk Nord der Mannheimer Versorgungs- und Verkehrsgesellschaft mbH (MVV) auf der Friesenheimer Insel in Mannheim praktiziert. In einem Punkt ist diese Aussage allerdings zu relativieren: Durch die energetische Verwertung der Stoffe vermeiden wir, daß aus ihnen Abfall überhaupt erst entsteht.

Voraussetzungen zur thermischen Verwertung

1. Die Abfälle müssen einen Heizwert von mindestens 11 000 kJ/kg haben. Diese Einschränkung gilt nicht für Abfälle aus nachwachsenden Rohstoffen, die damit privilegiert werden.
2. Die Verwertungsanlage muß einen Feuerungswirkungsgrad von mindestens 75% erzielen.
3. Die gewonnene Wärme muß genutzt werden.
4. Die bei der Verwertung anfallenden Abfälle, insbesondere Aschen und Filterstäube, sollen möglichst ohne Vorbehandlung deponiert werden können.

Die Voraussetzung zur Abfallvermeidung entsprechend der Position 1 ist vom Anlieferer in der Deklarationsanalyse nachzuweisen.

Die gewonnene Wärme muß genutzt werden (Position 3)

Die MVV betreibt seit nunmehr 30 Jahren das Heizkraftwerk Nord (HKW Nord) mit Müllverbrennungsanlage auf der Friesenheimer Insel im Norden Mannheims (Abb. 1). Dieser Standort wurde mit Bedacht gewählt, denn auf der Friesenheimer Insel und in den benachbarten Stadtteilen jenseits des Altrheins befinden sich ca. 60 Industriebetriebe. Dazu gehören auch die Firmen BASF und Boehringer. Diese haben einen erheblichen Bedarf an Prozeß- und Raumwärme, die ein nahegelegenes Heizkraftwerk besonders günstig erzeugen kann. Die Integration einer Müllverbrennungsanlage war nur konsequent, denn die auf der Friesenheimer Insel angesiedelten Industriebetriebe verwehrten seinerzeit der ebenfalls dort befindlichen städtischen Deponie die weitere Ausdehnung.

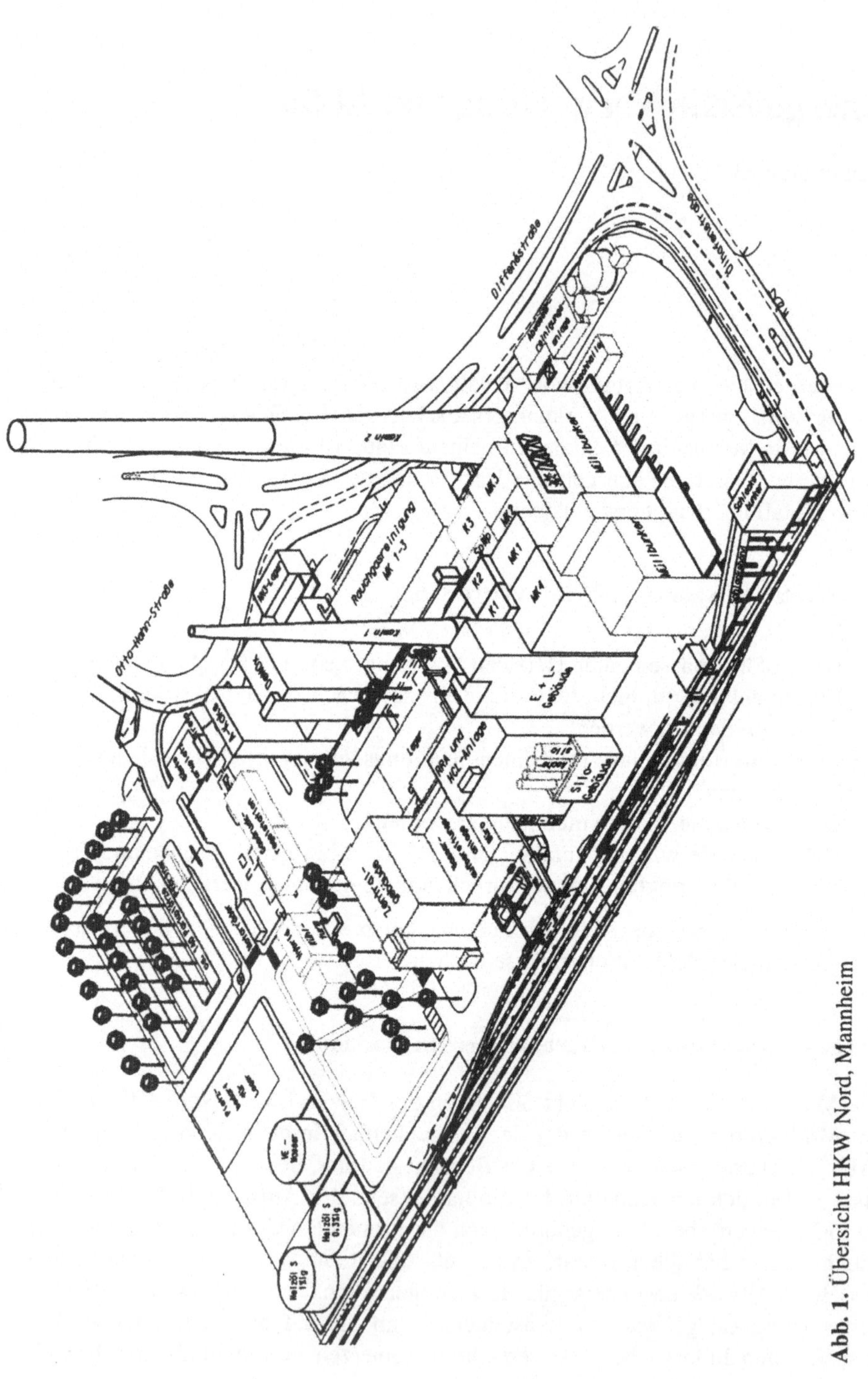

Abb. 1. Übersicht HKW Nord, Mannheim

Das HKW-Nord produziert jährlich 1,2 Mio. t Dampf und 150 Mio. KWh elektrische Energie, die zu 50% aus der thermischen Verwertung bzw. der Restmüllentsorgung entstehen. Die andere Hälfte wird mit Erdgas bzw. Heizöl erzeugt. Gegenwärtig wird das HKW um einen vierten Müllkessel erweitert. Hiermit werden wir in der Lage sein, nur noch 20% unseres gesamten Primärenergiebedarfs mit Erdgas oder Öl decken zu müssen.

Die Verwertungsanlage muß einen Feuerungswirkungsgrad von mindestens 75% erzielen. Zur Position 2 der vorgenannten Voraussetzungen sprechen die Fakten im HKW für sich (Abb. 2).

Erdgasbeheizte Kessel geben das Abgas mit etwa 130-140 °C über den Kamin nach außen ab und arbeiten mit einem Luftüberschuß von $\lambda = 1{,}1$ oder kleiner. Allein hierdurch entsteht ein Wärmeverlust von etwa 5%. Hinzu kommen Abstrahlungsverluste von ca. 1%, so daß z.B. bei gasgefeuerten Anlagen ein Feuerungswirkungsgrad, auch unter dem Begriff Kesselwirkungsgrad bekannt, von 94% erreicht wird, bei öl- bzw. kohlegefeuerten Anlagen erreicht man nur um die 90%.

Bei Müllverbrennungsanlagen ist ein beträchtlich höherer Luftüberschuß gesetzlich vorgeschrieben. Außerdem arbeiten sie mit höheren Abgastemperaturen, so daß deren Wirkungsgrad wegen der höheren Abgasverluste geringer ausfällt.

Entsprechend der ursprünglichen Auslegung der Mannheimer Müllverbrennungsanlage lag der Kesselwirkungsgrad bei etwa 73%. 1990 haben wurde der Feuerraum einschließlich Rost neu gestaltet bzw. ersetzt, u.a., um den Forderungen der 17. BImSchV zu genügen. Die Wanderroste wurden durch Vorschubroste ersetzt, die Luftzuführung durch ein ausgeklügeltes System besser regelbar gemacht. Die Feuerungsleistungsregelung wurde in eigener Regie mit Fuzzy Control ausgerüstet. Durch diese Maßnahmen steigerte sich der Kesselwirkungsgrad auf ca. 81%:

1. **Verminderung des Glühverlustes**
   Mit dem Einbau von Vorschubrosten konnte der Glühverlust der Schlacke von 4% auf 1% vermindert werden. Der höhere Ausbrand verbessert den Wirkungsgrad um etwa 2 Prozentpunkte.
2. **Verminderung des Luftüberschusses**
   Die geregelte Verteilung der Verbrennungsluft über $3 \cdot 4 = 12$ Verbrennungszonen des Vorschubrostes ermöglichte die Verminderung des Luftüberschusses von $\lambda = 2{,}3$ auf $\lambda = 1{,}7$ (Sauerstoffgehalt des Rohgases von 12% auf ca. 8%). Bei Abgastemperaturen von 220 °C verbesserte sich der Verbrennungswirkungsgrad um weitere 5 bis 6 Prozentpunkte.
3. **Wirkungsgrade der Müllkessel MK 1-3 Mannheim**
   Wanderrost (bis 1990) $\eta_K = 73\%$
   Vorschubrost (seit 1990) $\eta_K = 81\%$

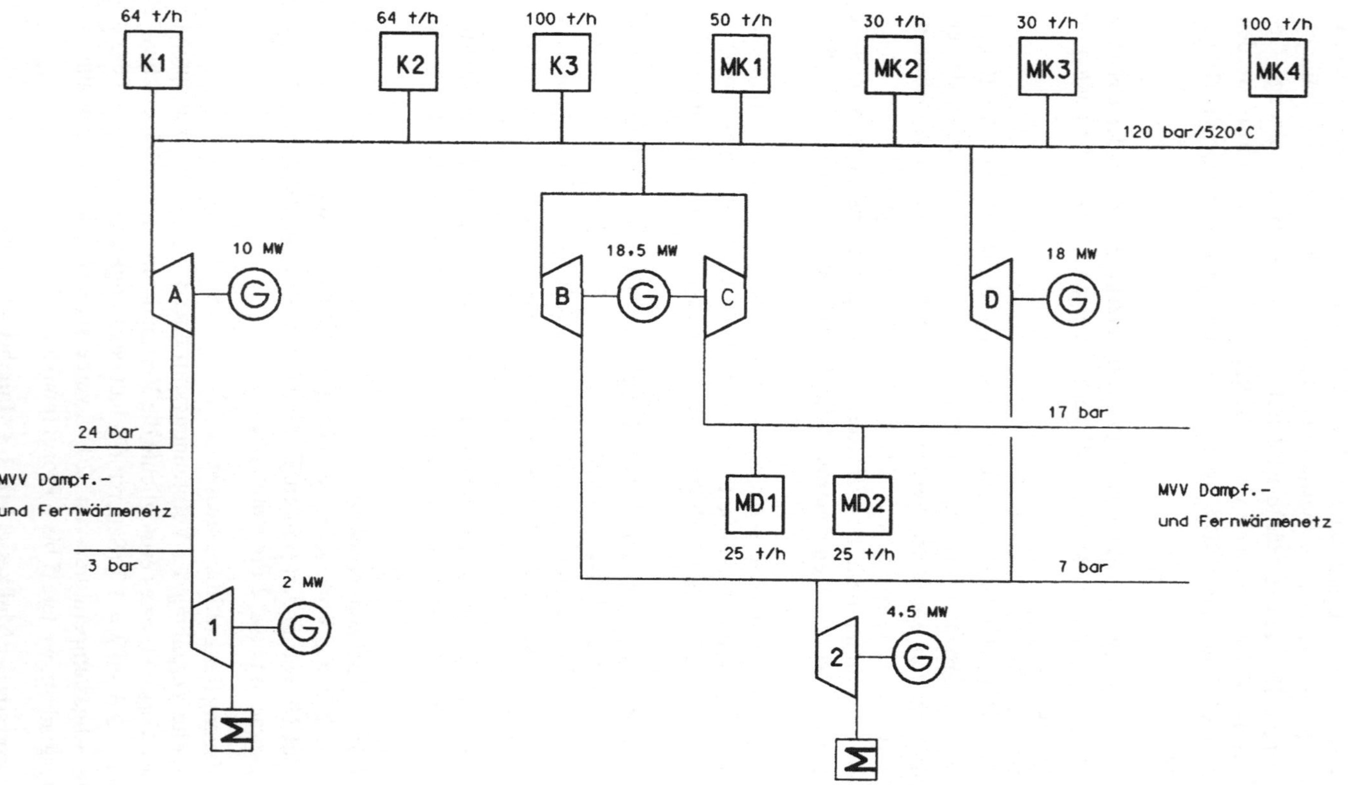

Abb. 2. Heizkraftwerk Nord, Mannheim

6 Punkte der Verbesserung resultieren aus der Verminderung des Luftüberschusses, und 2 Punkte sind der Verbesserung des Ausbrandes zuzurechnen. Der Primärenergieeinsatz hat sich dadurch entsprechend reduziert, da die Dampfleistung ja unverändert blieb. Dies bedeutet, daß auch Position 2 der Voraussetzungen zur thermischen Verwertung erfüllt ist.

Zur Vervollständigung der energetischen Betrachtungsweise müssen allerdings der Eigenbedarf der Anlage und die Stromproduktion mit berücksichtigt werden. Der Eigenbedarf an Strom und Dampf für Kessel und Rauchgasreinigungsanlage, die zum Erfüllen der 17. BImSchV nötig sind, beträgt bei unserer Anlage 112 KWh Strom/t Müll und 150 KWh Dampf/t Müll. Um die echten Netto-Energiegewinne bzw. den Gesamtenergiewirkungsgrad bei der Müllverbrennung richtig darzustellen, muß dieser Strom- und Dampfeigenbedarf mit dem Primärenergiebedarf bewertet werden, der für dessen Produktion nötig ist (Tabelle 1).

Tabelle 1. Müllverbrennungsanlage im HWK Nord, Mannheim

Eigenbedarf der Anlage bezogen auf 1 t Müll	**kWh**
Elektrische Energie	
Müllkessel	49
Rauchgasreinigungsanlage	63
Summe:	112
Dampf	
Wiederaufheizung der Rauchgase nach Wäsche	42
Wiederaufheizung der Rauchgase dür Denox-Anlage	86
Sonstiges (z.B. Sperrluft, NH_3-Verdampfung)	22
Summe:	150

Es ergibt sich bei einem Heizwert für den Ersatzbrennstoff von - um eine runde Zahl zu nennen – 10 000 kJ/kg ein Nettowirkungsgrad der Müllverbrennung (inkl. Rauchgasreinigung) von 63%. Mit diesem Wirkungsgrad wird in unserer Müllverbrennungsanlage in Mannheim Hochdruckdampf von 120 bar und mindestens 480 °C erzeugt (Tabelle 2).

Um die Frage zu klären, wieviel Primärenergie substituiert wird, setzen wir den obengenannten Nettowirkungsgrad von 63% zu demjenigen einer Schwerölkesselanlage ins Verhältnis. Ölbeheizte Kessel mit Rauchgasreinigungsanlage haben einen Nettowirkungsgrad von rund 85%.

Beim Einsatz von 380 000 t/a Restmüll bzw. Ersatzbrennstoff, welcher in der Mannheimer Müllverbrennungsanlage nach Inbetriebnahme des 4. Müllkessels ab 1997 verbrannt werden kann, entspricht dies bei einem Heizwert von 10 000 kJ/kg einem Wärmeinhalt von ca. 94 000 t Heizöl. Dies bedeutet, daß die Verbrennung von 380 000 t/a unter Berücksichtigung der Nettowirkungsgrade ca. 70 000 t

Heizöl pro Jahr ersetzt (Tabelle 3). Um diese Menge Primärenergie werden die fossilen Ressourcen geschont. Damit wird ein Ausstoß von CO_2 in Höhe von mindestens 220 000 t pro Jahr vermieden.

Tabelle 2. Energetische Verwertung im HKW Nord (am Beispiel Heizwert 10 000 kJ/kg)

	kJ/kg	kWh/t
1. Energieeintrag	10 000	22778
2. Energiegewinn		
2.1 Brutto bei $\eta = 81\%$	8100	2250
2.2 Abzüglich Eigenbedarf		
elektrische Energie [a]	./. 1152	./. 320
Dampf [b]	./. 635	./. 176
Netto-Energiegewinn	6313	1754
3. Gesamtwirkungsgrad		
(2.) : (1.)	= 63,1%	= 63,1%

[a] entspricht 112 kWh/t bei $\eta = 35\%$
[b] entspricht 150 kWh/t bei $\eta = 85\%$

Tabelle 3. Wärmeinhalt des Restmülls/Ersatzbrennstoffe im HKW Mannheim

Menge	380 000 t/a
Heizwert (Beispiel)	10 000 kJ/kg = 2,778 MWh/t
Heizwert HS	40 350 kJ/kg = 11,21 MWh/t
Wärmeinhalt	380 000 t · 2,778 MWh/t = 1 055 640 MWh

$$\frac{1055\,640\,\text{MWh}\cdot\text{t}}{11{,}21\,\text{MWh}} = 94170\,\text{t HS}$$

$$94170 + \text{HS}\,\text{x}\frac{63\%}{85\%} \cong 70\,000\,\text{t HS}$$

Bei diesem energetischen Wirkungsgrad ist die Müllverbrennung den rohstofflichen Verwertungsverfahren, wie sie vom DSD-System propagiert werden, ebenbürtig. Die teure Getrenntsammlung und Sortierung ist dann für bestimmte Stoffe überflüssig.

Hierfür entstehen bei den Leichtfraktionen z.B. Kosten von ca. 3000 DM/t. Der wirtschaftliche Aspekt spricht bei Verbrennungskosten von 350.– bis 600.– DM/t eindeutig für eine thermische Verwertung.

Hohe Dampfdrücke und Temperaturen sind bekanntlich die Voraussetzung für eine thermodynamisch hochwertige Nutzung des Dampfes, d.h. für hohe Wirkungsgrade bei der Nutzung zur Stromerzeugung oder – bei Heizkraftwerken – für eine hohe Stromkennziffer, wie der Fachmann den Effekt nennt, wenn bei der

Erzeugung von Dampf für die Abgabe an Industriekunden viel elektrische Energie erzeugt wird. Wir erreichen im HKW Nord einen elektrischen Nettowirkungsgrad von 22,4% (Tabelle 4).

Tabelle 4. Wirkungsgrad der Müllverbrennung bei Stromerzeugung (Kondensation)

1. Nettodampferzeugung aus 1 t Müll/Ersatzbrennstoff		
bei einem		
Beispiel Heizwert von 10 000 kJ/kg	2778	kWh
Kesselverlust (η = 81%)	–528	kWh
Bruttoerzeugung Dampf	2250	kWh
Eigenverbrauch RRA (Kat.) Dampf	–150	kWh
Nettoerzeugung Dampf	2100	kWh
2. Stromerzeugung bei Kondensation		
HD-Dampfdaten	120	bar
	500	°C
Wirkungsgrad Dampfprozeß	35	%
Bruttoerzeugung Strom	735	kWh
Eigenbedarf Strom	–112	kWh
Nettoerzeugung Strom	623	kWh
Nettowirkungsgrad	22,4	%

Betrachtet man nun den Restmüll als Brennstoff, aus dem man elektrische Energie erzeugt, so läßt sich ein objektiver Vergleich mit den Emissionen von Kraftwerken ziehen. Die vergleichende Rechnung ist für Mannheim insofern interessant, als die MVV einerseits eine hohe energetische Effizienz hat und andererseits die Schadstoffemissionen der Müllverbrennung, wie in (Tabelle 5) dargestellt, extrem gemindert sind.

In Tabelle 6 werden als Emissionen die Werte übernommen, die wir nach Inbetriebnahme der Nachrüstung der Rauchgasreinigungsanlage Müllkessel 1-3 bzw. von Müllkessel 4 erwarten. Aus 1 t Müll entstehen bei einem Wirkungsgrad von 22,4% einerseits 623 kWh elektrische Energie, aber auch 5100 m^3 Rauchgas, d.h. 8,2 m^3 Rauchgas pro erzeugter kWh Strom. In Abb. 10 sind die Emissions-Erwartungswerte (mg/m^3) auf 1 kWh erzeugte elektrische Energie bezogen (mg/kWh). Die Emissionen des Durchschnitts der westdeutschen Kraftwerke läßt sich aus der VDEW-Statistik errechnen. Die Werte sind in Abb. 10 für das Jahr 1994 aufgezeigt. Der Vergleich kommt zu einem für die Öffentlichkeit sicherlich verblüffenden Ergebnis: Die Mannheimer Müllverbrennungsanlage emittiert, bezogen auf die kWh erzeugten Strom, weniger als der Mix der westdeutschen Kraftwerke, gemessen an deren Zahlen von 1994.

Tabelle 5. HKW Nord: Genehmigungs- und Emissionswerte

	Rohgas nach Kessel	mit REA seit 1986	17. BImSchV	Genehmigung		Erwartung mit De-NOx und A-Koks
				MK 1-3	MK 4	
Staub	2000	2	10	10	5	3
Kohlenwasserstoff (C_{ges}) (mg/m^3)	10	3	10	10	5	3
Chlorwasserstoff (HCl) (mg/m^3)	900	4	10	5	5	1
Schwefeldioxid (SO) (mg/m^3)	300	25	50	30	5	10 bzw. 5
Stickstoffdioxid (NO_2) (mg/m^3)	350	350	200	100	70	50
Kohlenmomoxid (CO) (mg/m^3)	20	25	50	50	50	30
Quecksilber (Hg) (µg/m^3)	600	30	50	50	10	5
Cadmium und Thallium (Cd/Th) (µg/m^3)	250	< 5	50	50	10	1
Sonstige Schwermetalle (µg/m^3)	20 000	80	500	500	100	50
Dioxin und Furane (ng/m^3)	3,5	3,5	0,1	0,1	0,05	0,02

Deponie von Aschen und Filterstäuben ohne Vorbehandlung (Position 4)

Nach der thermischen Verwertung ist die Abfallmenge drastisch reduziert, sie hat nur noch 10% ihres Volumens und 25% ihres Gewichtes (Schlacke inkl. Filterstaub).

Die Kesselschlacke (Asche) wird in einem Nassentschlacker abgekühlt und gereinigt sowie anschließend in einer entsprechenden Anlage aufbereitet.

Nach der Entfernung der Metalle und der Vergleichmäßigung der Korngröße wird die Schlacke im Straßenbau eingesetzt. Wie zu Anfang schon genannt erreicht allein der Glührückstand nur noch den Wert von weniger als 1%. Der Flugstaub wird im Untertagebau endgelagert.

Tabelle 6. MVA als Stromerzeugungsanlage – Emissionsvergleich

Annahmen :

Heizwert	10.000 kJ/kg Müll entspr. 2.778 kWh/t
Wirkungsgrad	22,4 % entspr. 623 kWh/t Müll
Rauchgas	5.100 m^3/t Müll

Berechnung :

$$E_2 \left(\frac{mg}{kWh}\right) = E_1 \left(\frac{mg}{m^3}\right) * 5100 \left(\frac{m^3}{t}\right) * \left(\frac{t}{623\ kWh}\right)$$

Schadstoff	Emissionserwartung MVA Mannheim		Emissionen des Mix deutscher Kraftwerke
	E_1 mg/ m^3 Rauchgas	E_2 mg/ kWh Strom	mg/ kWh Strom
Staub	3	25	52
Organ. C	3	25	17
HCl	1	8	130
SO x	10	82	353
NO x	50	410	452
CO	30	246	176
Cd/Th	0,01	0,008	0,012
Hg	0,005	0,041	0,097
Sonstige Schwermetalle	0,05	0,410	0,875
Dioxin	0,02 ng/m^3	0,16 ng/kWh	—

Erst kürzlich erhielten wir wieder die Nachricht über die Medien von Bergschäden, verursacht durch den Untertageabbau von Salz bzw. Kohle. Aktuell war es diesmal die Grube Teutschental. Durch die Verfüllung dieser Untertagebaue mit unseren Filterstäuben erhält diese Entsorgung sogar noch einen Wert.

Fazit

Mit der thermischen Nutzung von Reststoffen im HKW Nord auf der Friesenheimer Insel im Mannheimer Norden

- werden 60 Industriebetriebe auf der Friesenheimer Insel versorgt,
- wird dabei das zu deponierende Schadstoffpotential erheblich reduziert,
- wird traditionelle Primärenergie ersetzt und damit auch die CO_2-Emissionen reduziert,
- produziert das HKW Nord mit seinen Müllkesseln pro kWh erzeugter Strom weniger Emissionen als der Energiemix westdeutscher Kraftwerke.

Literatur

Albert, F.: Inbetriebnahmeergebnisse bei der Einführung der Fuzzy Control zur Leistungsregelung der Müllkessel der Müllverbrennung Friesenheimer Insel

Barin, I.: Thermodynamische Analyse der Verfahren zur thermischen Müllentsorgung, Studie im Auftrag des Landesumweltamtes Nordrhein-Westfalen

Behrendt, T.: Preparing modern concepts for waste management, International Conference on Energy and Environment, Shanghai/China, Mai 95

Bundesimmissionsschutzgesetz

Calvis, H.: Kreislaufwirtschafts- und Abfallgesetz im Widerspruch zur Realität, VGB-Konferenz, Wien 03.04.96

Calvis, H.: Energetische und ökologische Bewertung der thermischen Nutzung von gebrauchten Kunststoffen durch Mischmüll-Verbrennung, Mitgliederversammlung der ARGE Entsorgung im VKU, München, 08.05.96

Hartung, R.: Ökologische Bewertung der Müllverbrennung auf der Friesenheimer Insel, UTA Sonderheft Hannover Messe '96

Kreislaufwirtschafts- und Abfallgesetz

MVV: Technische, ökonomische und ökologische Rahmenbedingungen der Müllverbrennung in Mannheim. Informationsschrift zur Pressekonferenz der Mannheimer Versorgungs- und Verkehrsgesellschaft mbH am 12.07.96

TA-Siedlungsabfall

Ullrich, P.: Energiegewinnung durch Restmüllverbrennung, heute noch zeitgemäß? MVV-Symposium 19.09.95 in Mannheim

Stoffliche Verwertung von Abfall

Egbert Schmidt

Zweck des Kreislaufwirtschafts- und Abfallgesetzes vom 27. September 1994 ist gem. § 1 „die Förderung der Kreislaufwirtschaft zur Schonung der natürlichen Ressourcen und die Sicherung der umweltverträglichen Beseitigung von Abfällen". Gerade zur Ressourcenschonung kommt also der Verwertung eine zentrale Bedeutung innerhalb des Kreislaufgedankens zu.

In den Grundsätzen der Kreislaufwirtschaft (§ 4) werden zwei Bereiche genannt, die lt. KrW-/AbfG zur stofflichen Verwertung zählen:

1. Die Substitution von Rohstoffen, indem man Sekundärrohstoffe aus Abfällen gewinnt.
   Allgemein bekannte Beispiele sind u.a. die Nutzung von Altpapier zur Gewinnung von Faserstoffen zur Neuproduktion oder die Behandlung von Metallemballagen mit schädlichen Restinhalten zur Metallgewinnung.
2. Die Nutzung der stofflichen Eigenschaften der Abfälle.
   Ziel kann sowohl die Nutzung im ursprünglichen Zweck als auch für andere Verwendungen sein.
   Beispiele für den ersten Fall sind die Aufarbeitung von Altöl zur neuerlichen Ölherstellung oder die Destillation von Lösemitteln zum Wiedereinsatz.
   Andere Verwendung findet beispielsweise aufbereiteter Gießereialtsand in der Baustoffherstellung.

Voraussetzung für die Verwertung ist die Tatsache, daß „der Hauptzweck der Maßnahme in der Nutzung des Abfalls und nicht in der Beseitigung des Schadstoffpotentials liegt". Zu berücksichtigen sind hierbei eine „wirtschaftliche Betrachtungsweise" und die „im einzelnen Abfall bestehenden Verunreinigungen" (§ 4 Abs. 3). Dieser Absatz im KrW-/AbfG bietet erheblichen Spielraum zur Interpretation und wird deshalb im Lauf des Beitrags nochmals eigenständig angesprochen.

Im § 5 werden die Grundpflichten der Kreislaufwirtschaft und somit auch die der Verwertung näher definiert. Der Pflicht zur Verwertung geht die Pflicht zur Abfallvermeidung voraus (§ 5 Abs. 1). Ist die Vermeidung nicht möglich, so hat die Verwertung Vorrang vor der Beseitigung von Abfällen. Hierbei ist eine „hochwertige Verwertung" anzustreben, die an dieser Stelle nicht näher definiert wird (§ 5 Abs. 2).

Die Verwertung hat grundsätzlich ordnungsgemäß und schadlos zu erfolgen. Zur ordnungsgemäßen Durchführung zählt die Einhaltung der Vorschriften des KrW-/AbfG sowie anderer öffentlich-rechtlichen Bestimmungen. Dieser Punkt hat u.a. Bedeutung für die Genehmigung von Verwertungsanlagen, die in Zukunft unter dem Abfallaspekt zu betrachten sind und somit nach dem BImschG zu genehmigen sind.

Schadlose Verwertung bedeutet, daß keine Beeinträchtigung des Allgemeinwohls (näher definiert im § 10 Abs. 4) und keine Schadstoffanreicherung im Wertstoffkreislauf erfolgen. Zu berücksichtigen sind die Beschaffenheit der Abfälle, das Ausmaß der Verunreinigungen sowie die Art der Verwertung.

Insbesondere zur Sicherung der Schadlosigkeit von Verwertungsmaßnahmen hat sich der Gesetzgeber die Möglichkeit der Rechtsverordnung im § 7 eingeräumt, die den Verbleib, das Sammeln, Transportieren und Lagern von bestimmten Abfällen, Bring- und Holsysteme sowie das Inverkehrbringen von Produkten, Hinweis und Kennzeichnugspflichten betreffen.

Die Pflicht zur Verwertung besteht, wenn dies technisch möglich und wirtschaftlich zumutbar ist. Im Rahmen der technischen Möglichkeiten ist auch die Vorbehandlung zulässig. Bei der Betrachtung der wirtschaftlichen Zumutbarkeit werden die Kosten der Verwertung mit denen einer Beseitigung in Relation gestellt. Voraussetzung ist, daß für den gewonnenen Stoff ein Markt besteht oder geschaffen werden kann, wobei gerade letzteres zugegebenermaßen schwierig zu prüfen ist.

Im § 5 Abs. 5 KrW-/AbfG definiert der Gesetzgeber die Möglichkeiten, daß der Vorrang der Verwertung vor der Beseitigung aufgehoben wird. Dies ist der Fall, wenn die Beseitigung die umweltverträglichere Form des Umgangs mit dem Abfall ist. Als Kriterien werden genannt:

- die zu erwartenden Emissionen,
- das Ziel der Schonung der natürlichen Ressourcen,
- die einzusetzende oder zu gewinnende Energie,
- die Anreicherung von Schadstoffen.

Grundsätzlich stehen zwei Formen der Verwertung zur Auswahl, die stoffliche und die energetische Verwertung, die gleichberechtigt nebeneinander bestehen. Ausschlag, welches Verfahren zu wählen ist, gibt die Umweltverträglichkeit. Auch an dieser Stelle wird die Möglichkeit einer Regelung durch Rechtsverordnung eingeräumt, die den jeweiligen Vorrang für bestimmte Abfallarten regeln könnte. Solange es eine solche Verordnung nicht gibt, hat der Gesetzgeber Mindestanforderungen an die energetische Verwertung geknüpft (s. den Beitrag „Energetische Verwertung von Abfall" S. 123 ff).

Neben den allgemeinen Anforderungen an die Verwertung widmet das Gesetz mit dem § 8 „Anforderungen an die Kreislaufwirtschaft im Bereich der landwirtschaftlichen Düngung“ dem Bereich Kompost/Klärschlamm in der Landwirtschaft eine eigenständige Bedeutung. Grundsätzlich besteht hier ebenfalls das Recht, über eine entsprechende Rechtsverordnung Bundesregelungen zu schaffen. Sollte dies nicht auf Bundesebene geschehen, haben die Länder hierzu das Recht, welches sie auch auf Behörden delegieren können.

Im Anhang IIB des Kreislaufwirtschafts- und Abfallgesetzes ist eine Liste von Verwertungsverfahren (R1-R13) beigelegt. Es wird nochmals festgelegt, das die Verwertungsverfahren ohne eine Gefährdung von Umwelt und Gesundheit durchzuführen sind. Die Liste der Verfahren ist teilweise sehr konkret, in manchen Bereichen jedoch auch sehr allgemein gehalten:

R1 Rückgewinnung/Regenerierung von Lösemitteln
(ist selbsterklärlich),

R2 Verwertung/ Rückgewinnung organischer Stoffe, die nicht als Lösemittel verwendet werden
(gesamte stoffliche Verwertung von organischen Materialien wie Papier, Kunststoff etc.),

R3 Verwertung/Rückgewinnung von Metallen und Metallverbindungen
(Schrottverwertung, Schmelzverfahren, Rückgewinnung aus Schlacken, Stäuben etc.),

R4 Verwertung/Rückgewinnung anderer anorganischer Stoffe
(Baustoffaufbereitung, Schlackenaufbereitung zur Verwendung z.B. im Straßenbau, Gewinnung von Salzen aus Konzentraten etc.),

R5 Regenerierung von Säuren oder Basen
(ist selbsterklärlich),

R6 Wiedergewinnung von Bestandteilen, die der Bekämpfung von Verunreinigungen dienen
(z.B. Regenerierung von Aktivkohle aus Filtern etc.),

R7 Wiedergewinnung von Katalysatorbestandteilen
(ist selbsterklärlich),

R8 Altölraffination oder andere Wiederverwendungsmöglichkeiten für Altöl
(Altölraffination ist selbsterklärlich, „andere Wiederverwendungsmöglichkeiten“ ist unklar),

R9 Verwendung als Brennstoff (außer bei Direktverbrennung) oder andere Mittel der Energieerzeugung
(z.B. Vergasung und anschließende Verbrennung des Synthesegases),

R10 Aufbringung auf den Boden zum Nutzen der Landwirtschaft oder der Ökologie, einschließlich der Kompostierung und sonstiger biologischer Umwandlungsverfahren ...
(selbsterklärlich),

R11 Verwendung von Rückständen, die bei einem der unter R1-R11 aufgezählten Verfahren gewonnen wurden (sehr undefinitive Position),

R12 Austausch von Abfällen, um sie einem der unter R1-R11 aufgezählten Verfahren zu unterziehen (sehr undefinitiv),

R13 Ansammlung von Stoffen, die für eines der in diesem Anhang beschrieben Verfahren vorgesehen sind, ausgenommen zeitweilige Lagerung – bis zum Einsammeln – auf dem Gelände der Entstehung der Abfälle (Zwischenlagerung, ohne Breitstellung beim Abfallerzeuger)

Dieser Katalog ist nicht dazu geeignet, die Verwertungsverfahren eindeutig von der Beseitigung abzugrenzen. Deshalb kommt der Frage, ob es sich bei einer Maßnahme um eine Verwertung oder um eine Beseitigung handelt, zentrale Bedeutung zu.

Einen Aspekt in der daraus resultierenden Diskussion hat das Arbeitspapier einer Arbeitsgruppe „Anlagen zur Verwertung und sonstigen Entsorgung" der Ländergemeinschaft Abfall (LAGA) eingebracht. In diesem Entwurf wird der Versuch einer Abgrenzung von Verwertung und Beseitigung dargestellt, der sich an einem Mengen- und Wertraster orientiert.

In einem Prüfschema wird die Abgrenzung zunächst anhand der Menge vorgenommen. Die Verwertung des Abfalls muß mehr als 50% des Abfalls einer neuen Verwendung zuführen. Gelingt dies, muß der Gegenwert des erzeugten Stoffs mindestens 10% des Betrags als Erlös erzielen, den eine Beseitigung des Ausgangsabfalls gekostet hätte.

Sollten bei der Maßnahme weniger als 50% der Menge des eingebrachten Abfalls als Wertstoff gewonnen werden, dann muß der Erlös für dieses Material mehr als 50% der Kosten für eine Beseitigung erzielen.

Dieses Prüfschema ist in der öffentlichen Diskussion stark in die Kritik geraten und wird in vielen Kreisen abgelehnt. Die Kritik richtet sich gegen verschiedene Aspekte des Entwurfs. Insbesondere fällt auf, daß über ein solches Prüfschema zwar eine leicht nachzuvollziehende Eingruppierung in Verwertung oder Beseitigung möglich wäre, daß aber diese statische Betrachtungsweise der Realität nicht gerecht wird. Eine Reduzierung auf eine reine Mengen-Wert-Betrachtung ist dem Grundgedanken des Gesetzes, der Kreislaufwirtschaft, in keiner Weise förderlich. Es kann durchaus sinnvoll sein, auch Rückgewinnungsgrade unter 50% zu erzielen, die gleichzeitig keinen hohen Vermarktungserlös bringen. Ferner ist auch bei einer Recyclingquote von über 50% ein Stoff denkbar, der eben kaum oder keinen Vermarktungserlös bringt, weil vielleicht ein vergleichbarer Rohstoff billig genug angeboten wird. Trotzdem wäre es im Sinne der Kreislaufwirtschaft, diese Stoffe über eine Verwertung in den Kreislauf zu bringen, und nicht in die Beseitigung.

Sollte das Prüfschema relevant werden, würden auch bereits bestehende und sinnvolle Verwertungen zur Beseitigung umdeklariert werden. Eigentlich ist die Intention aber, möglichst viele Abfälle zu verwerten, wenn sie sich nicht vermeiden lassen.

Und ein letzter Aspekt: Durch eine strenge Anwendung des Prüfschemas würde sich je nach Marktlage der Status einer Maßnahme von Verwertung in Beseitigung und zurück ändern. Im Bereich der Altpapiersammlung ist es je nach Lage am Rohstoffmarkt möglich, daß man bei Anlieferung an die Papiermühle Erlös erzielt (Verwertung) oder aber sehr wenig Erlös hat bzw. zuzahlen muß (Beseitigung) – ein Zustand, der sicherlich sehr praxisfern wäre.

Grundsätzlich bewegen sich alle Maßnahmen im Bereich der Abfallwirtschaft in einem Spannungsfeld zwischen stofflicher Verwertung, thermischer Verwertung und Beseitigung. Fast immer sind zwei der Bereiche gleichzeitig angesprochen, wenn bei den angewandten Verfahren, z.B. bei der stofflichen Verwertung, ein Rest bleibt, der beseitigt wird. Eine Zuordnung, ob es sich um eine Verwertung oder Beseitigung handelt, sollte alle Aspekte, die das KrW-/AbfG liefert, berücksichtigen.

Hier sind nochmals zu erwähnen:

- der Hauptzweck der Maßnahme,
- die Art des Verfahrens,
- das Ausmaß der Verunreinigungen im Abfall,
- die Wirtschaftlichkeit der Verwertung und der Beseitigung,
- die entstehenden Abfälle und Emissionen,
- die technischen Möglichkeiten.

Diese müssen in jedem Einzelfall geprüft werden, um dann zu einer sachgerechten Zuordnung zu kommen.

§ 4 Abs. 3 Grundsätze

Gewinnung von
Stoffen aus Abfällen
(Sekundärrohstoffe)

Stoffliche Verwertung

Substitution von Rohstoffen durch Gewinnung von Stoffen aus Abfällen (Sekundärrohstoffe)

Nutzung der stofflichen Eigenschaften

Voraussetzung:
Hauptzweck = Nutzung des Abfalls
nicht Beseitigung des Schadstoffgehaltes

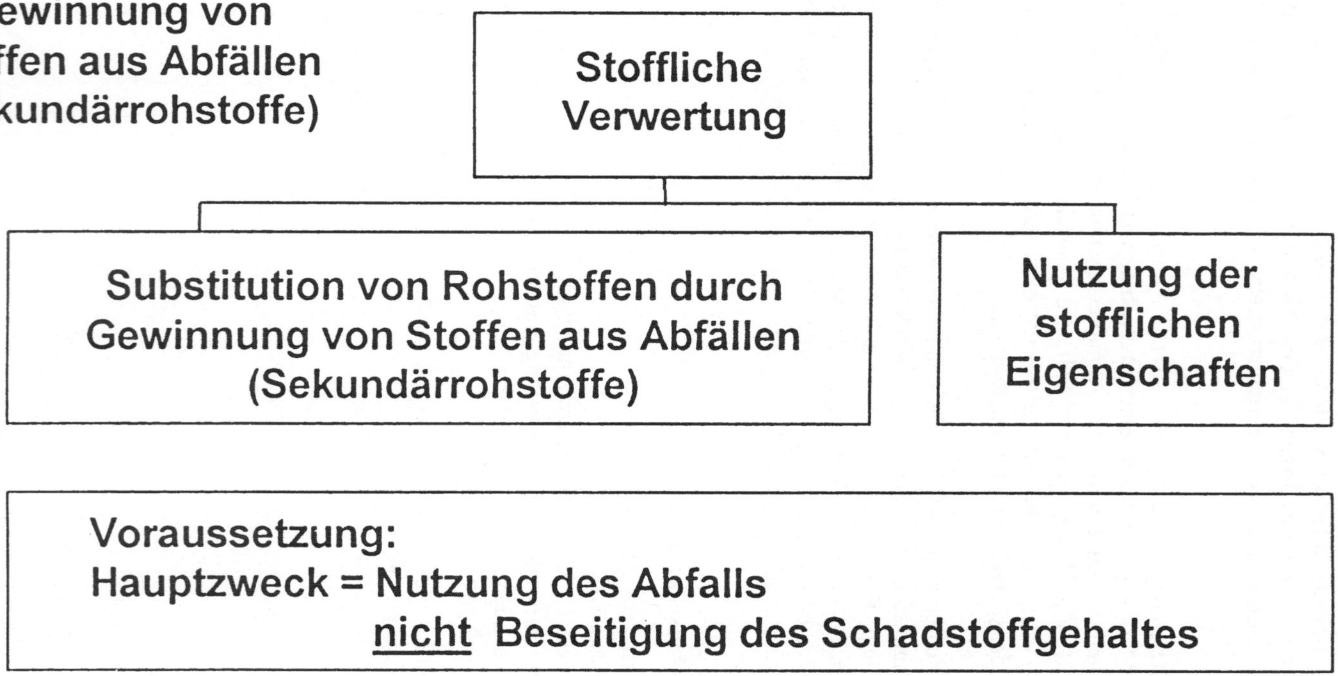

§ 5 Abs. 2 Grundpflichten

- Pflicht zur Verwertung von Abfällen
- Vorrang der Verwertung vor Beseitigung
- Hochwertigkeit der Verwertung
- ggf. Getrennthaltung und Behandlung

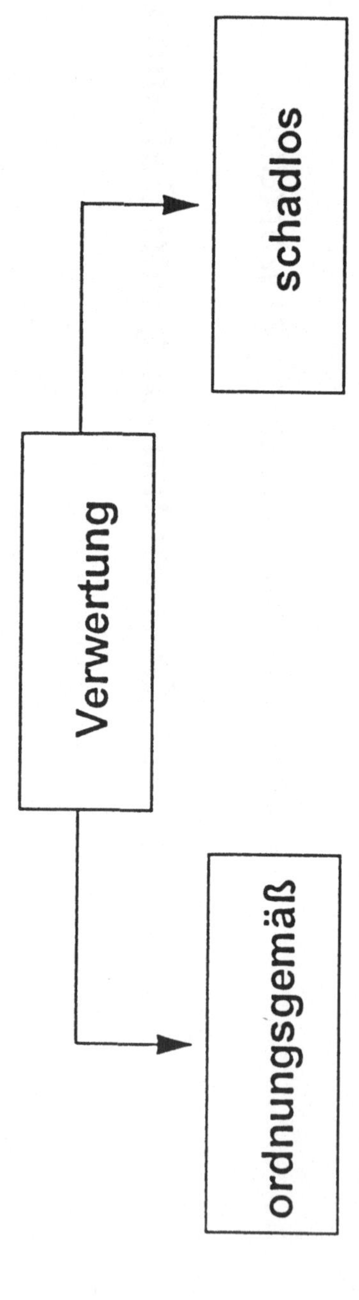
§ 5 Abs. 3 Grundpflichten
Verwertung
ordnungsgemäß
schadlos
• Einhaltung KrW-/AbfG
• Einhaltung anderer öffentlich rechtlicher Vorschriften
• Keine Beeinträchtigung des Allgemeinwohls durch
– Beschaffenheit der Abfälle
– Ausmaß der Verunreinigung
– Art der Verwertung

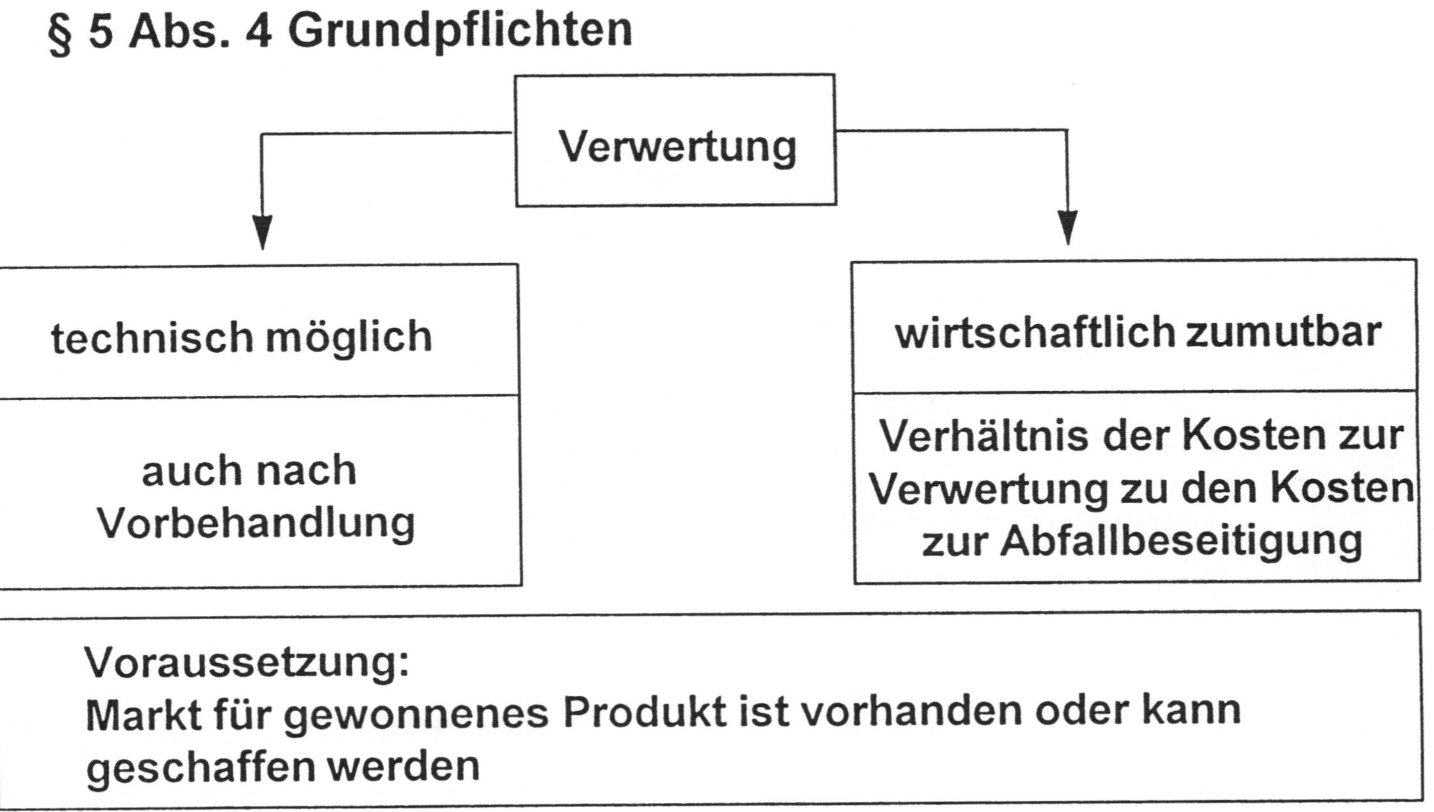
§ 5 Abs. 4 Grundpflichten
Verwertung
technisch möglich
auch nach Vorbehandlung
wirtschaftlich zumutbar
Verhältnis der Kosten zur Verwertung zu den Kosten zur Abfallbeseitigung
Voraussetzung:
Markt für gewonnenes Produkt ist vorhanden oder kann geschaffen werden

§ 5 Stoffliche und energetische Verwertung

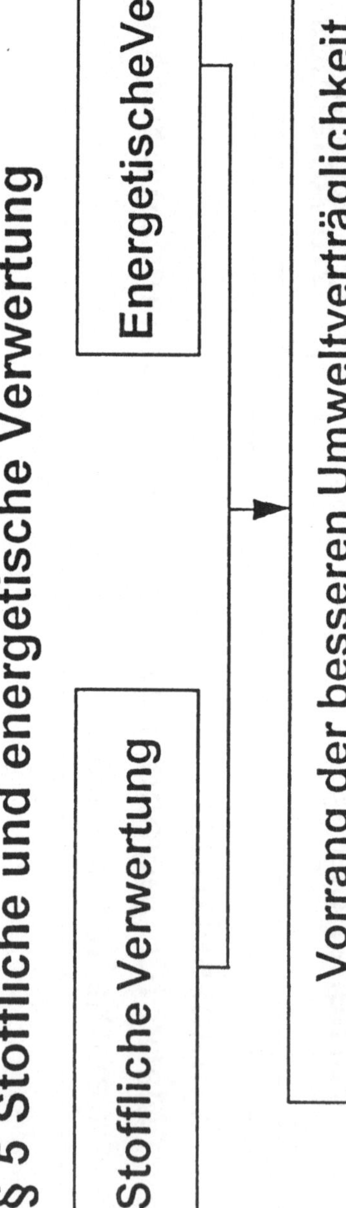
Stoffliche Verwertung
EnergetischeVerwertung
Vorrang der besseren Umweltverträglichkeit
Regelung durch Rechtsverordnung möglich
wenn nicht:
• Heizwert ≥ 11.000 kJ / kg
• Feuerungswirkungsgrad ≥ 75 %
• Wärmenutzung
• entsteh. Abfälle mögl. ohne Behandlung ablagerbar

§ 8 Anforderungen an die Kreislaufwirtschaft im Bereich der landwirtschaftlichen Düngung

Rechtsverordnung durch Bundesregierung möglich

↓

wenn nicht:

Rechtsverordnung durch Landesregierung

übertragbar auf andere Behörden

Anhang II B. Verwertungsverfahren

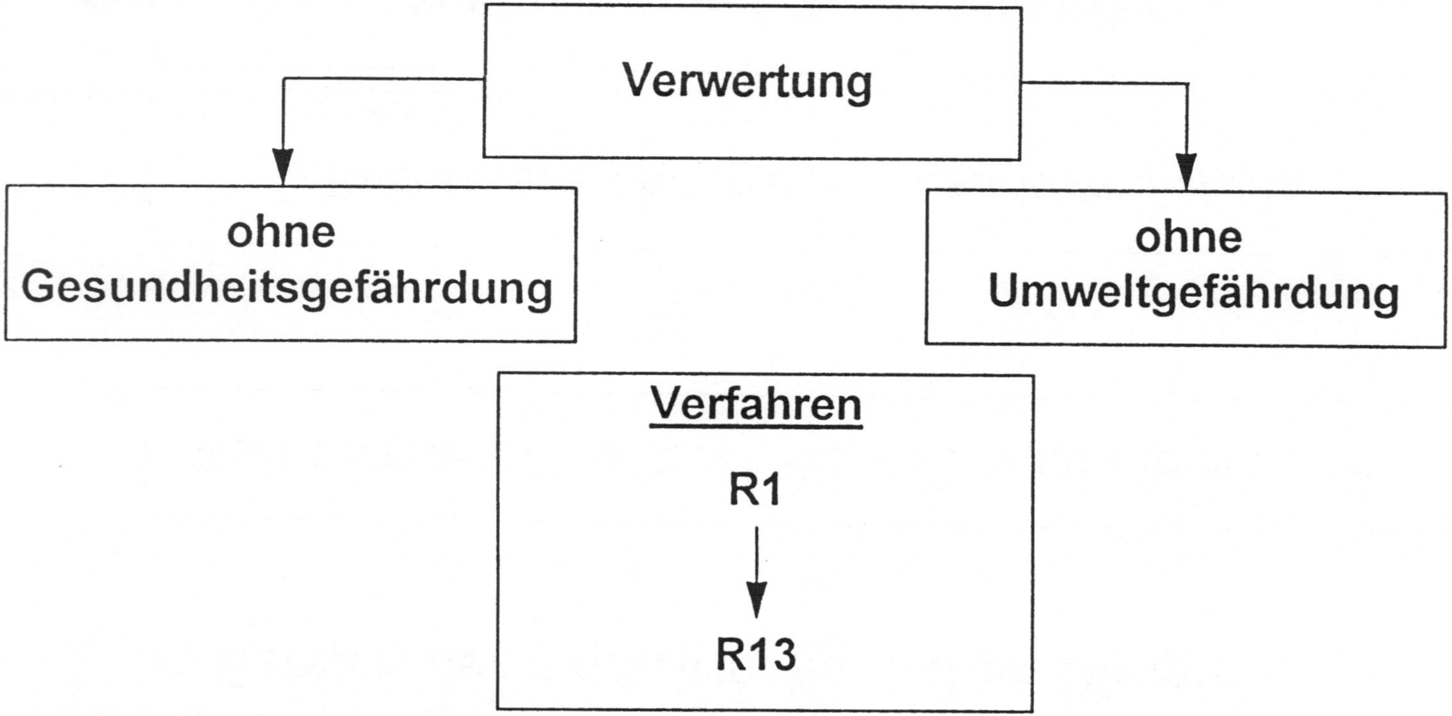

Verwertung

ohne Gesundheitsgefährdung

ohne Umweltgefährdung

Verfahren

R1 → R13

Anhang II B. Verwertungsverfahren

R1: Rückgewinnung / Regenerierung von Lösemitteln
R2: Verwertung / Rückgewinnung anderer organischer Stoffe, die nicht als Lösemittel verwendet werden
R3: Verwertung / Rückgewinnung von Metallen und Metallverbindungen
R4: Verwertung / Rückgewinnung anderer anorganischer Stoffe
R5: Regenerierung von Säuren oder Basen
R6: Wiedergewinnung von Bestandteilen, die der Bekämpfung der Verunreinigung dienen
R7: Wiedergewinnung von Katalysatorenbestandteilen
R8: Altölraffination oder andere Wiederverwendungsmöglichkeiten von Altöl

Anhang II B. Verwertungsverfahren

R 9: Verwendung als Brennstoff (außer bei Direktverbrennung) oder andere Mittel der Energieerzeugung

R10: Aufbringung auf den Boden zum Nutzen der Landwirtschaft oder der Ökologie, einschließlich der Kompostierung und sonstiger biologischer Umwandlungsverfahren, mit Ausnahme ....

R11: Verwendung von Rückständen, die bei einem der unter R1 bis R10 aufgezählten Verfahren gewonnen werden

R12: Austausch von Abfällen, um sie einem der unter R1 bis R11 aufgezählten Verfahren zu unterziehen

R13: Ansammlung von Stoffen, die für ein der in diesem Anhang beschriebenen Verfahren vorgesehen sind, ausgenommen zeitweilige Lagerung - bis zum Einsammeln - auf dem Gelände der Entstehung der Abfälle

Entwurf LAGA-AG "Anlagen zur Verwertung und sonstigen Entsorgung"
Prüfschema stoffliche Verwertung (03/96)

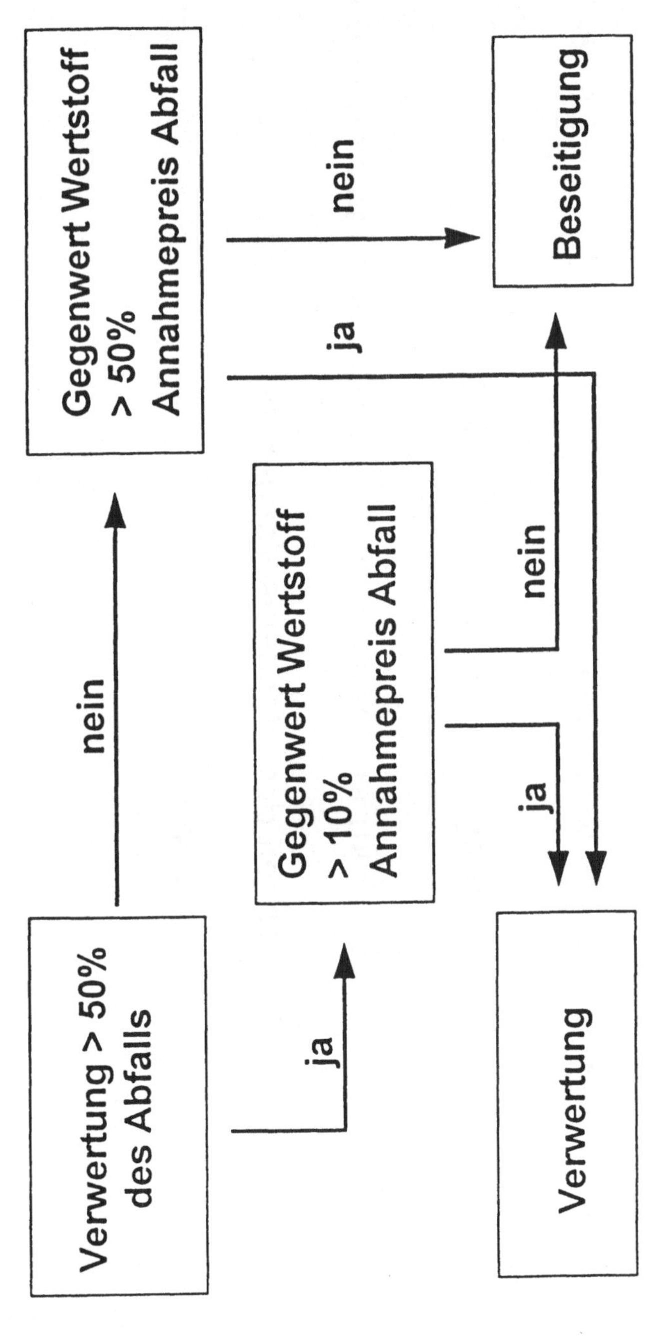

Entwurf LAGA-AG "Anlagen zur Verwertung und sonstigen Entsorgung"
Kritische Betrachtung

- Statisches Verfahren
- Reduzierung auf Menge-Wert-Betrachtung
- Einschränkung bereits bestehender Verwertungsverfahren
- Möglichkeit des Wechsels Verwertung <--> Beseitigung

  je nach Marktlage

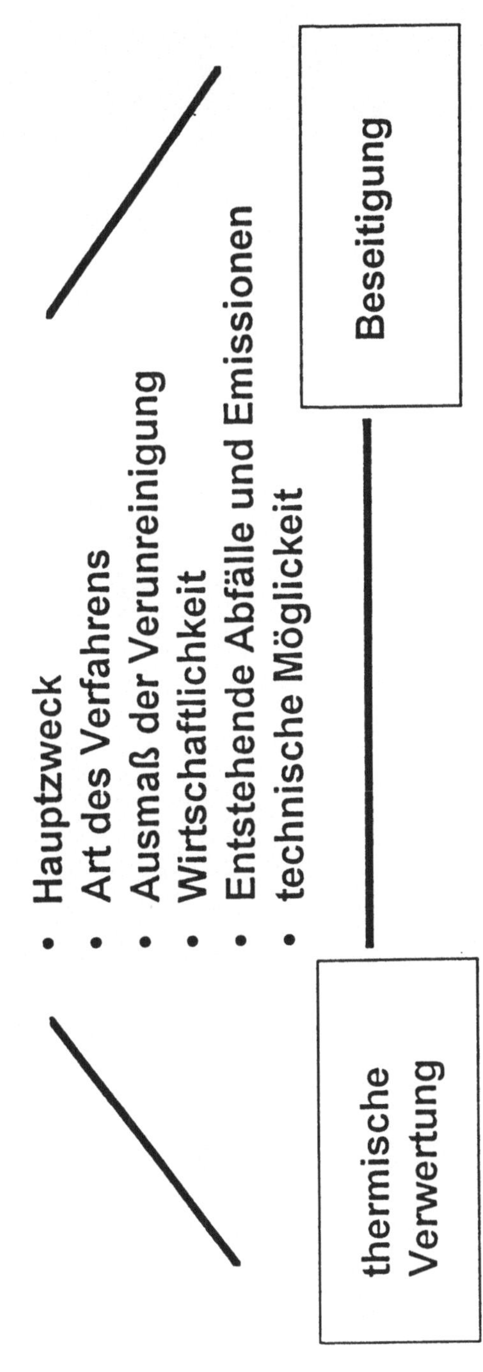
Aspekte der Zuordnung
stoffliche Verwertung
• Hauptzweck
• Art des Verfahrens
• Ausmaß der Verunreinigung
• Wirtschaftlichkeit
• Entstehende Abfälle und Emissionen
• technische Möglickeit
thermische Verwertung
Beseitigung

Abfallvermeidung und Abfallverwertung in mehrgeschossigen Wohnbauten in Thüringen – Problemanalyse und Lösungsansätze

Rainer Sabrowski

1 Einleitung

Der mehrgeschossige Wohnungsbau in der ehemaligen DDR wurde in einem ungleich höheren Maß praktiziert als in den alten Bundesländern. Vor allem in den 60er und 70er Jahren wurden auf diese Weise schnell und preiswert möglichst zahlreiche und komfortable Wohnungen errichtet. Heute ist der Anteil mehrgeschossiger Wohnbauten in den neuen Bundesländern etwa 10mal höher als in den alten Bundesländern (BINE).

Im Bereich der privaten Haushalte wurden in den letzten Jahren eine Vielzahl an Getrenntsammelsystemen für Abfallwertstoffe angepaßt an verschiedene Siedlungsstrukturen eingerichtet. Ebenso wurden zielgruppenspezifische Konzepte der Abfallberatung und Öffentlichkeitsarbeit als flankierende Maßnahmen zur Information der Bürger und Betriebe in Fragen der Abfallvermeidung und -verwertung entwickelt und realisiert.

Auffällig ist bei genauerer Analyse dabei, daß für den Hochhausbereich mit seiner oft besonderen Sozialstruktur und seinen beengten räumlichen Verhältnissen weder in puncto Öffentlichkeitsarbeit und Abfallberatung noch für Getrenntsammelsysteme bisher strukturangepaßte Konzepte eingeführt wurden. Als Folge dessen werden die in diesen Bereichen bestehenden Abfallvermeidungs- und -verwertungspotentiale nur unzureichend ausgeschöpft. Gerade in den neuen Bundesländern kann diese Situation nicht befriedigen. Dringend erforderlich sind den Verhaltensweisen der Hochhausbewohner sowie den räumlichen Verhältnissen angepaßte Abfallberatungskonzepte, Öffentlichkeitsarbeit und Getrenntsammlungssysteme für Abfallwertstoffe, um die Menge der zur Restabfalldeponierung gelangenden Stoffe deutlich zu reduzieren.

Um praktische Erfahrungen hinsichtlich der Möglichkeiten zur Abfallvermeidung und -verwertung in mehrgeschossigen Wohngebieten zu sammeln, initiierte die Thüringer Landesanstalt für Umwelt das o.g. Modellprojekt. Die daraus resultierenden Erfahrungen sollen später in sämtlichen Hochhausgebieten in Thüringen zur Verbesserung der abfallwirtschaftlichen Situation eingesetzt werden. In der ersten Phase wurden zu diesem Zweck die sozialen und abfallwirtschaftlichen Rahmenbedingungen in zwei Testgebieten erforscht und der Status quo der Abfallentsorgung in mehrgeschossigen Wohngebieten überregional ermittelt. In der zweiten Phase des Modellprojektes sollen die Erkenntnisse aus der ersten Phase praktisch erprobt werden.

In der ersten Phase, welche hier vorgestellt wird, wurden folgende Arbeiten durchgeführt:

- Auswahl von zwei repräsentativen mehrgeschossigen Wohngebieten (≤ 5 Etagen/> 5 Etagen),
- Erfassung des abfallwirtschaftlichen Ist-Zustandes in den ausgewählten Wohngebieten,
- Durchführung einer Bevölkerungsbefragung über Hemmnisse bei der Vermeidung und Verwertung von Abfällen (Abfalltrennung/Entfernung zum Wertstoffcontainer/Gebührengestaltung u.ä.),
- Vergleich zum Stand der Technik der Abfallentsorgungssysteme in mehrgeschossigen Wohngebieten in anderen Bundesländern und ausgewählten europäischen Staaten (in dieser Kurzfassung nicht enthalten),
- Ableitung von Vorschlägen zur verursachergerechten Gebührengestaltung, zur Abfallvermeidung und -verwertung.

2 Auswahl der Versuchsgebiete

Im Interesse einer späteren gesamtabfallwirtschaftlichen Folgeabschätzung bei einer landesweiten Übertragung der Ergebnisse des Modellversuchs wurden für alle Städte in Thüringen ab einer Größe von 10 000 Einwohnern (Tabelle 1) die Anzahl der Einwohner in mehrgeschossigen Wohnbauten ermittelt.

In den 34 größten Städten Thüringens lebten am 01.07.1994 1 291 174 Einwohner. Dies entspricht einem Anteil von 51% an der Gesamtbevölkerung Thüringens. In mehrgeschossigen Wohnbauten lebten zu diesem Zeitpunkt ca. 495 556 Einwohner, entsprechend 38,4% aller Einwohner der 34 größten Städte Thüringens. Dabei schwankt dieser Einwohneranteil im Einzelfall ganz erheblich. Die Extremwerte reichen von 6,8% für die Stadt Pößneck bis zu 74,8% für Leinefelde.

Angesichts einer Anzahl von ca. 500 000 Einwohnern in mehrgeschossigen Wohnbauten ist es unter abfallwirtschaftlichen Aspekten dringend erforderlich, sich mit Ist-Stand sowie Möglichkeiten einer Steigerung der Vermeidung und Getrenntsammlung von Abfällen in diesen Gebieten eingehend zu beschäftigen.

Tabelle 1. Einwohnerzahlen in Städten Thüringens ab 10 000 Einwohner

Ort	**Einwohner gesamt**	**davon in WBL + HH**	
	Anzahl	%	Anzahl
Altenburg	47 139	48,9	23 051
Apolda	28 089	43,1	12 106
Arnstadt	28 229	50,2	14 164
Bad Langensalza	21 051	42,3	8 901
Bad Salzungen	20 206	59,9	12 100
Eisenach	46 951	34,8	16 357
Eisenberg	11 704	34,2	4 003
Erfurt	215 782	35,7	77 034
Gera	128 230	39,0	50 010
Gotha	53 298	26,3	14 017
Greiz	30 879	25,0	7 720
Heilbad Heiligenstadt	17 402	41,7	7 250
Hildburghausen	12 696	23,6	3 061
Ilmenau	29 282	30,0	8 785
Jena	103 456	47,7	49 300
Leinefelde	16 313	74,8	12 202
Meiningen	24 589	32,7	8 050
Meuselwitz	11 045	13,6	1 502
Mühlhausen/Thüringen	41 811	33,5	14 007
Neustadt an der Orla	10 314	15,5	1 600
Nordhausen	48 892	31,1	15 200
Pößneck	16 049	6,8	1 091
Rudolstadt	29 536	40,0	11 814
Saalfeld/Saale	32 653	47,5	15 510
Schmalkalden	19 791	35,4	7 009
Schmölln	12 576	24,9	3 131
Sömmerda	25 248	59,5	15 023
Sondershausen	22 370	38,4	8 590
Sonneberg	26 479	29,5	7 811
Suhl	55 314	59,0	32 662
Waltershausen	12 394	44,4	5 503
Weimar	62 766	32,6	20 440
Zella-Mehlis	13 438	22,3	2 997
Zeulenroda	15 202	23,4	3 555
Summe:	**1 291 174**	**38,4**	**495 556**
Anzahl Städte: 34			
WBL ≤ 5 Geschosse		HH > 5 Geschosse	

Quellen: Statistischer Bericht „Bevölkerung der Gemeinden Thüringens" am 31.12.1993 (Gebietsstand 01.07.1994), Thüringer Landesamt für Statistik und Angaben der genannten Städte

Dies läßt sich auch an folgender Überschlagsrechnung verdeutlichen: Geht man für die Einwohner (EW) mehrgeschossiger Wohnbauten von einer derzeitigen Restabfallmenge in Höhe von ca. 291 kg/(EW · a)aus, so produziert die Gesamtzahl aller Einwohner in Thüringen in der genannten Siedlungsstruktur pro Jahr etwa 144 000 t Restabfall. Unterstellt man, daß durch verschiedene Mittel und Formen wirtschaftlicher und technischer Gestaltung wie z.B. Abfallberatung, Öffentlichkeitsarbeit etc. das derzeitige Niveau der Abfallvermeidung und -verwertung dergestalt positiv beeinflußt werden kann, daß das aktuelle Restabfallaufkommen nur um ca. 10% reduziert wird, so ergibt sich für den gesamten Freistaat Thüringen eine Restabfallmengenreduzierung in Höhe von etwa 14 400 t pro Jahr. Dies wiederum entspricht dem heutigen Restabfallaufkommen von ca. 50 000 Bürgern.

In der Stadt Jena wurden zunächst zwei Untersuchungsgebiete ausgewählt. Ziel war es, zwei für die ehemalige DDR repräsentative, typische mehrgeschossige Wohngebiete als Versuchsgebiete auszuwählen, und zwar eines mit Wohnblöcken ≤ 5 Etagen, das andere mit Wohnblöcken > 5 Etagen.

Im Stadtteil Lobeda fanden sich zwei Wohngebiete, die sich aufgrund ihrer Lage und Struktur hervorragend für Detailuntersuchungen eignen. Die wichtigsten Auswahlkriterien waren dabei zum einen, daß die Testgebiete geschlossene Einheiten darstellen, und zum anderen, daß sie nicht an Durchgangsstraßen liegen, damit die Detailanalysen nicht durch Fremdeinflüsse gestört werden.

3 Situationsanalyse

3.1 Umfeldsituation

Jena-Lobeda ist, bis auf den alten Ortskern, ein Neubaugebiet im Süden der Stadt, welches in der Nachkriegszeit entstand. Die Bebauung besteht überwiegend aus Hochhäusern (bis 11 Geschosse) und Wohnblockbebauung (bis 5 Geschosse).

Testgebiet Salvador-Allende-Platz
Das Untersuchungsgebiet Salvador-Allende-Platz (Abb. 1) liegt in Lobeda-Ost. Es besteht aus 3 U-förmig angeordneten 11geschossigen Hochhäusern. Der Salvador-Allende-Platz stellt eine eigenständige geschlossene Einheit dar, da Zufahrtsmöglichkeiten nur über Sackgassen von der Erlanger Allee und der Ernst-Schneller-Straße bestehen. Die Gebäude wurden 1982 als Gebäudetyp WBS 70 gebaut. Die Gebäude werden (aschelos) mit Fernwärme beheizt. Jedes Hochhaus besitzt 4 Aufgänge.

Tabelle 2 zeigt die Verteilung der Bewohner und der Wohnungen.

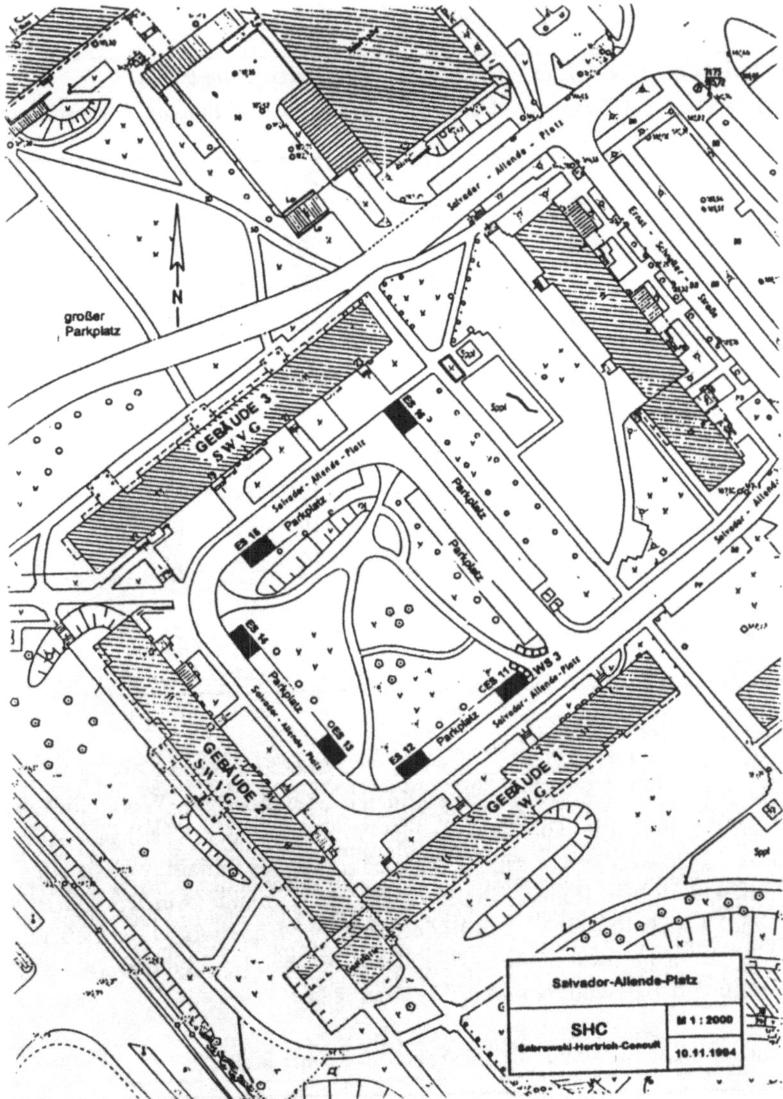

Abb. 1. Salvador-Allende-Platz

Die soziale Struktur am Salvador-Allende-Platz ist stark gemischt. Dort wohnen Bürger aus allen sozialen Schichten. Die Arbeiter bilden die Hauptgruppe mit knapp 70%. Dann folgen Angestellte mit ca. 30% und höhere Angestellte mit ca. 2%-3%. Die 1-Raum-Wohnungen (248 Einheiten) werden zu einem hohen Anteil von Rentnern bewohnt. Die 3-Raum-Wohnungen (232 Einheiten) sind mit sehr vielen Familien (Altersgruppe Familienvorstand: 30-50 Jahre) belegt. Die Erdgeschosse des Nordwest- und Südwestflügels (Haus Nr. 9-23) werden durch Kleingewerbe (Handel und Dienstleistungen) genutzt.

Tabelle 2. Wohnungs- und Einwohnerstatistik Salvador-Allende-Platz

Anzahl der Wohnungen und Bewohner im Untersuchungsgebiet					
Salvador-Allende-Platz	**1-Zimmer**	**2-Zimmer**	**3-Zimmer**	**Summe**	**Bewohner** *
Nr.: 1	22	2	20	44	87
Nr.: 3	22	2	20	44	87
Nr.: 5	22	2	20	44	101
Nr.: 7	22	2	20	44	94
Nr.: 9	20	1	19	40	71
Nr.: 11	20	1	19	40	73
Nr.: 13	20	1	19	40	73
Nr.: 15	20	1	19	40	79
Nr.: 17	20	1	19	40	78
Nr.: 19	20	1	19	40	78
Nr.: 21	20	1	19	40	79
Nr.: 23	20	1	19	40	85
Summe Salvador-Allende-Platz.	248	16	232	496	985
* Stand: 28.09.1994					

Testgebiet Theobald-Renner-Straße

Das Untersuchungsgebiet Theobald-Renner-Straße (Abb. 2) liegt in Lobeda-West. Es besteht aus 5 parallel zueinander angeordneten 5geschossigen Wohnblöcken. Die Zufahrt erfolgt über die Theobald-Renner-Straße von der Karl-Marx-Allee aus. Die Blöcke 17-20 werden von einer Erschließungsstraße umfaßt, welche ebenfalls den Namen Theobald-Renner-Straße trägt. Die Gebäude wurden 1967/68 erbaut. Es handelt sich um einen modifizierten Typ Magdeburg. Die Gebäude werden (aschelos) mit Fernwärme beheizt. Jeder Block hat 7 Aufgänge. Tabelle 3 zeigt die Verteilung der Bewohner und der Wohnungen:

Tabelle 3. Wohnungs- und Einwohnerstatistik Theobald-Renner-Straße

Anzahl der Wohnungen und Bewohner im Untersuchungsgebiet						
Theobald-Renner-Str.	**1-Zimmer**	**2-Zimmer**	**3-Zimmer**	**4-Zimmer**	**Summe**	**Bewohner** *
Block 17		35	35		70	157
Block 18	1	34	34	1	70	132
Block 19		35	35		70	129
Block 20		35	35		70	125
Block 21		35	35		70	139
Summe	1	174	174	1	350	682
* Stand: 28.09.1994						

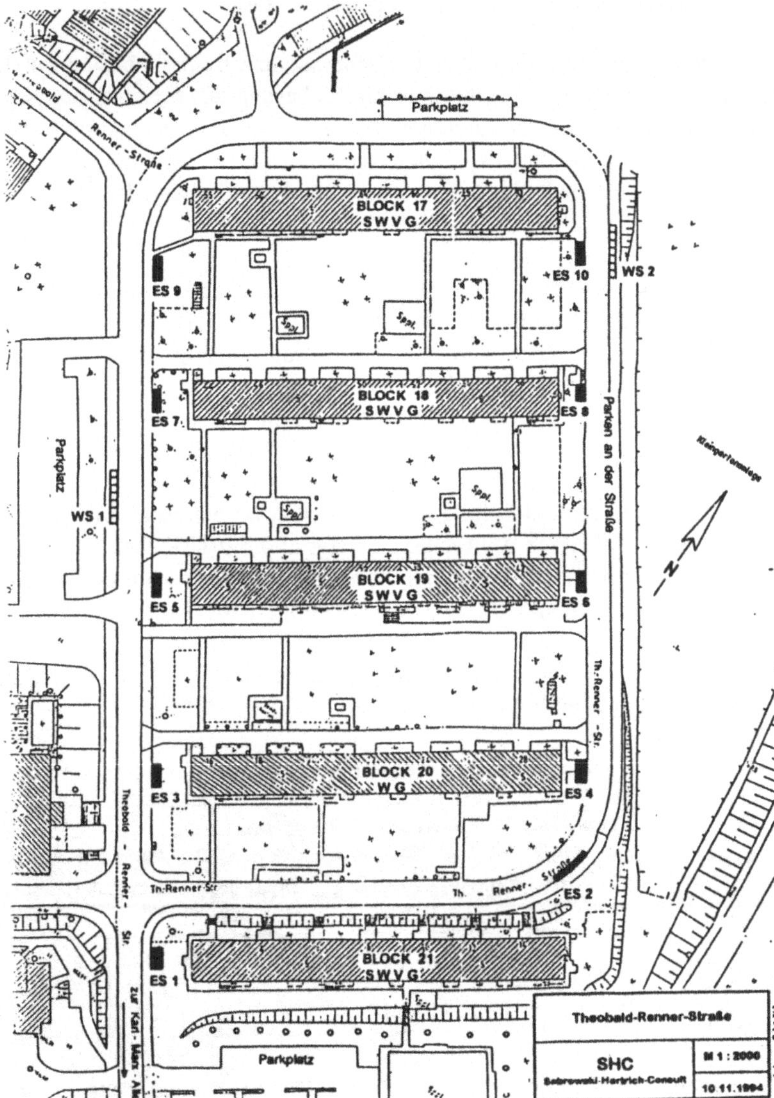

Abb. 2. Theobald-Renner-Straße

Die Fluktuation der Bewohner in der Theobald-Renner-Straße ist sehr gering. Die Bewohner leben zum großen Teil schon seit der Erstbelegung 1967/68 dort. Dadurch ist die Anonymität sehr gering. Die Bewohner haben einen hohen Identifikationsgrad mit ihrem Wohnumfeld. Die Hauptaltersgruppe bilden die 50- bis 60jährigen. Die Belegungsdichte der Wohnungen ist altersstrukturbedingt relativ gering, da die 2. Generation vielfach die elterliche Wohnung bereits verlassen hat. Im Block 19 sind 3 Wohnungen gewerblich (Praxisräume) vermietet.

3.2 Abfallwirtschaft im Testgebiet Salvador-Allende-Platz

Der Salvador-Allende-Platz verfügt über ein sehr benutzerfreundliches und zeitgemäßes Abfall- und Wertstofferfassungssystem. Es besteht aus 6 Entsorgungsstationen im Holsystem und einer Depotcontainerbatterie (WS3) im Bringsystem. Das Bringsystem bietet wegen der kurzen Anlieferungswege von maximal 100 m den Komfort eines Holsystems. Jede der 6 Entsorgungsstationen ist jeweils 2 Hauseingängen zugeordnet.

Die Entsorgungsstationen erfassen mit 1,1 m^3 MGB Restmüll, Bioabfall, DSD-Fraktion und Papier. Diese Anordnung bietet sehr hohen Komfort durch sehr kurze Wege von durchschnittlich 20 m, gerechnet vom Hauseingang bis zur Entsorgungsstation. Die Zuordnung der Entsorgungsstationen zu den Hauseingängen wirkt der Anonymität der Großmüllbehälterentsorgung entgegen. Diese Zuordnung und derartig kurze Wege sind in anderen Hochhausgebieten oft nicht gegeben.

Das verfügbare Behältervolumen für Restmüll beträgt im Mittel 67 l/(EW · w). Für Bioabfall stehen 6,7 l/(EW x w), für DSD-Material 4,5 l/(EW · w) und Papier 5,6 l/(EW · w) im Holsystem zur Verfügung. Das Holsystem wird um eine Depotcontainerbatterie für Glas, Metalle, DSD-Material, Papier und Textilien ergänzt.

Insgesamt steht den Bewohnern am Salvador-Allende-Platz folgendes Behältervolumen zur Verfügung (Tabelle 4):

Tabelle 4. Behälterstatistik gesamt Salvador-Allende-Platz

	Behälterstatistik (Hol- und Bringsystem)							
	Glas	**Metalle**	**DSD**	**Papier**	**Textilien**	**Bioabfall**	**Restmüll**	**Summe**
	Verfügbares Volumen l/(Ew x w)							
Salvador-Allende-Platz	12,2	4,1	12,6	17,8	3,6	6,7	67,0	124,0

Das gesamte wöchentliche spezifische Behältervolumen zur Entsorgung des Restmülls und der Wertstoffe beträgt 124,0 l/(EW · w). Das spezifische Behältervolumen für Restmüll ist mit 67 l/(EW · w) (Leerung 2mal wöchentlich) sehr hoch. Die Auswertung einer 4wöchigen Füllgradbestimmung ergab, daß eine Reduzierung um 55% auf 30,2 l/(EW · w) möglich ist. Die Abfallgebühr würde sich dann um 46% reduzieren.

Das Beispiel zeigt, daß die exakte Festlegung des verfügbaren Restabfallbehältervolumens zum Abbau von unerwünschten Überkapazitäten notwendig ist. Die Ermittelung der Füllgrade an allen Wertstoffbehältern im Testgebiet ergab, daß die verfügbare Kapazität ausreichend ist. Allerdings kam es bei Kunststoffen (4-m^3-Depotcontainer) und der gelben Tonne (1,1 MGB) zu Engpässen, da beide Entsorgungssysteme zu 100 % gefüllt waren. Eine Erhöhung des verfügbaren Wertstoffbehältervolumens im Holsystem für DSD-Material und Altpapier (zeitweise Füllgrade an der Kapazitätsgrenze) würde Engpässen in der Entsorgung sicher vorbeugen und die hier gewünschte Überkapazität schaffen.

3.3 Abfallwirtschaft im Testgebiet Theobald-Renner-Straße

Der Standard der Abfall- und Wertstofferfassung im zweiten Testgebiet, der Theobald-Renner-Straße, entspricht dem hohen Niveau am Salvador-Allende-Platz. Den Bewohnern der 5 Wohnblöcke stehen 10 Entsorgungsstationen und 2 Depotcontainerbatterien (WS1 und WS2) zur Verfügung.

Die Entsorgungsstationen sind i.d.R. im Bereich der Stirnseiten der Wohnblöcke am Rande der Grundstücke angeordnet und über die Gehsteige zu erreichen. Der größte Anlieferungsweg beträgt ca. 60 m. Während die Bewohner der Blöcke 17, 18, 19 im Bringsystem beinahe den gleichen Komfort wie im Holsystem genießen, ergeben sich für die Bewohner der Blöcke 20 und 21 Wege bis zu ca. 200 m.

Die Entsorgungsstationen erfassen mit 1,1 m^3 MGB Restmüll, Bioabfall, DSD-Fraktion und Papier. Die Zuordnung der Entsorgungsstationen zu den Hauseingängen ist weit weniger scharf als am Salvador-Allende-Platz, da jeweils den 7 Eingängen eines Wohnblockes 2 Entsorgungsstationen zugeordnet sind.

Das verfügbare Behältervolumen für Restmüll beträgt im Durchschnitt 64,5 l/(EW · w). Für Bioabfall sind 14,5 l/(EW x w), für DSD-Material 16,1 l/(EW · w) und für Papier 14,5 l/(EW · w) im Holsystem vorhanden. Das Holsystem wird um zwei Depotcontainerbatterien für Glas, Metalle, DSD-Material, Papier und Textilien ergänzt. Insgesamt steht den Bewohnern in der Theobald-Renner-Straße folgendes Behältervolumen zur Verfügung (Tabelle 5):

Tabelle 5. Behälterstatistik gesamt Theobald-Renner-Straße

	Behälterstatistik (Hol- und Bringsystem)							
	Glas	Metalle	DSD	Papier	Textilien	Bioabfall	Restmüll	Summe
	Verfügbares Volumen l/(Ew x w)							
Theobald-Renner-Straße	33,0	11,7	39,6	49,7	11,0	14,5	64,5	224,0

Das gesamte spezifische Behältervolumen beträgt 224 l/(EW · w). Dieser hohe Wert ist durch das Vorhandensein der zwei Depotcontainerbatterien bedingt, welche aus Kapazitätsgründen nicht erforderlich sind, aber zur Verkürzung der Bringwege. Das spezifische Behältervolumen für Restmüll ist mit 64,5 l/(EW · w) (Leerung zweimal wöchentlich) ebenfalls sehr hoch. Die Auswertung der Füllgrade ergab eine mögliche Reduzierung des spezifischen Behältervolumens für Restmüll um 52% auf 30,6 l/(EW · w). Die Abfallgebühr würde sich dann um 44% reduzieren. In der Wertstoffentsorgung kam es, trotz sehr hoher Kapazitäten, zu Entsorgungsengpässen, weil Behälter mit geringer Füllung im Rahmen der wöchentlichen Leerung nicht entleert wurden. Bis zur nächsten Leerung waren die Behälter dann überfüllt. Das Beispiel zeigt, daß große Überkapazitäten zu Nachlässigkeiten in der Entsorgungslogistik führen können, in deren Folge sogar Entsorgungsengpässe entstehen können. Diese können dann negative Rückwirkungen auf das Trennverhalten der Bewohner haben und zu Vermeidungs- bzw. Verwertungshindernissen werden. Die Entsorgungslogistik im Wertstoffbereich muß optimiert werden. Dazu ist die Einhaltung der regelmäßigen Leerung ausreichend.

4 Bevölkerungsbefragung über Hemmnisse bei der Motivation zur Vermeidung und Verwertung von Abfällen

Die Bevölkerung der Testgebiete wurde mit dem Ziel befragt:

- den Ist-Zustand der Abfallvermeidung und -verwertung aus der Sicht der Haushalte als Abfallerzeuger in den Testgebieten aufzunehmen,
- die bestehenden Motivationshemmnisse zur Vermeidung und Verwertung aufzudecken,
- diese Hindernisse auf ihre Beeinflußbarkeit zu untersuchen und
- die Umsetzungsmöglichkeiten für Anreize zur Vermeidung und Verwertung mit den Testgebietsbewohnern zu diskutieren und abschließend zu beurteilen.

Es wurden 42% der Haushalte in der Theobald-Renner-Straße und 32% der Haushalte am Salvador-Allende-Platz befragt.

4.1 Befragungsergebnisse Abfallvermeidung

Definition des Begriffes „Abfallvermeidung“
Die Frage zum Begriff der Abfallvermeidung zielte nicht auf eine exakte definitorische Bestimmung, sondern auf die Erfassung dessen, was der Befragte unter diesem Begriff versteht. Knapp 20% der in der Theobald-Renner-Straße und über 40% der am Salvador-Allende-Platz befragten Haushalte sind der Meinung, daß die Verantwortung für die Vermeidung von Abfällen bereits auf der Produktionsstufe, insbesondere bei den Verpackungsmittelherstellern, beginnen sollte.

Eine etwa gleich große Anzahl (nur im umgekehrten Verhältnis zwischen den beiden Wohngebieten) von Haushalten sieht dagegen auch die eigene Verantwortung des Verbrauchers und definiert Abfallvermeidung als „möglichst geringe Erzeugung von Abfällen“ (seitens des Verbrauchers). Auffällig ist, daß zwischen

15% und 17% der Bürger in beiden Wohngebieten das „Zurücklassen von Verpakkungen im Geschäft“ als Maßnahme der Abfallvermeidung betrachten. Ebenso müssen konkrete Möglichkeiten der Abfallvermeidung stärker als bisher dem Bürger nahegebracht werden, ist doch ca. 10% (Theobald-Renner-Straße) bzw. 6% (Salvador-Allende-Platz) der Befragten dieser Begriff „unbekannt“ und können 13% bzw. 16% der Haushalte keine Umschreibung dieses Begriffs geben.

Generelle Einstellung zum Thema Abfallvermeidung
Diese Frage sollte ermitteln, welche Bedeutung die Bürger diesem Thema beimessen und inwieweit sie sich selbst engagieren. Zirka 30% der Haushalte halten dieses Thema für wichtig, bzw. sehr wichtig. Nur ein geringer Teil (1,4%/5,7%) war der Meinung, daß sie dieses Thema kaum oder nicht interessiert. Während in der Theobald-Renner-Straße sich 23% in der eigenen Verantwortung sehen, waren es am Salvador-Allende-Platz nur 13%. Am Salvador-Allende-Platz sah auch ein deutlich höherer Prozentsatz (39,5%) die Verantwortung beim (Verpackungs-)Hersteller als in der Theobald-Renner-Straße (23,3%).

Einstellung der Befragten zur Abfallvermeidung
Um mehr als nur rein qualitative Angaben zur Einstellung der Befragten zur Abfallvermeidung zu bekommen, wurde nach der quantitativen Bewertung einzelner Statements zur Abfallvermeidung gefragt. Auf breite Zustimmung der Befragten stieß das Statement, daß Vermeidung heute ein wichtiges Thema sei (4,2-4,5 von 5 möglichen Punkten). Schlechter beurteilt werden die verfügbaren Informationen über Abfallvermeidungsmöglichkeiten (2,8 Punkte). Ebenfalls im mittleren Bereich des Bewertungsspektrums bewegen sich die Angaben zum Statement, daß der Befragte bei gebührentechnischer „Belohnung“ auch mehr vermeiden würde.

Konkretes abfallvermeidendes Verhalten der Befragten
Die Befragten wurden gebeten, durch Angabe konkreter Maßnahmen ihr Abfallverhalten zu beschreiben. Nur 5% der Haushalte bemühte sich nicht um Abfallvermeidung. Dieses positive Ergebnis wird durch zwei Punkte relativiert:

1. 50% der Haushalte, die angaben, beim Einkaufen Abfälle zu vermeiden, war nicht in der Lage, konkrete abfallvermeidende Maßnahmen zu benennen.
2. Jeder dritte Befragte hielt das Zurücklassen von Verpackungsmaterial im Laden für Abfallvermeidung.

Es zeigte sich deutlich, daß viele Bürger die Trennung von Abfällen für einen Akt der Abfallvermeidung halten. Um das für jeden einzelnen heute bestehende Abfallvermeidungspotential tatsächlich bestmöglich auszuschöpfen, bedarf es einer zielgerichteten Abfallberatung und Öffentlichkeitsarbeit.

Abfallvermeidungspotentiale
Mit dieser Frage wurden die Bewohner aufgefordert, ihr Vermeidungspotential bezogen auf das gesamte Abfallaufkommen zu schätzen. Der weitaus größte Anteil der Befragten stufte sein Abfallvermeidungspotential gering (< 10%) bis gar nicht

vorhanden ein (79% in der Theobald-Renner-Straße und 68% am Salvador-Allende-Platz). Als relativ groß (10-29%) betrachteten 18% bzw. 29% aller Befragten ihr Abfallvermeidungspotential, als groß (30-49%) 1,4% bzw. 1,9%. Sein Vermeidungspotential auf über 50% schätzte in beiden Wohngebieten je 1 Haushalt ein.

Im Durchschnitt aller Angaben ergibt sich für die Theobald-Renner-Straße ein noch bestehendes Abfallvermeidungspotential in Höhe von 8,5%, für den Salvador-Allende-Platz lautet der Wert auf 10,3%. Geht man gemäß vorstehenden Betrachtungen davon aus, daß sich durch Fehleinschätzungen der Befragten und angesichts mangelnder Informationen das verfügbare Abfallvermeidungspotential sicher noch (erheblich) steigern läßt, so sollten die beiden genannten Werte als absolute Untergrenzen angesehen werden.

Hemmnisse bei der Abfallvermeidung

Mehr als die Hälfte aller Haushalte in beiden Wohngebieten sieht keine Hindernisse bei der Motivation zur Abfallvermeidung, da aus ihrer Sicht (fast) keine Vermeidungspotentiale mehr bestehen. Von den restlichen Befragten werden als Hindernisse Bequemlichkeit, fehlende Behälter in den Einkaufsmärkten, Zeit- und Platzmangel sowie fehlende Informationen in unterschiedlicher Häufigkeit genannt. Aus diesen Antworten sowie den nachstehenden Bewertungen lassen sich erste Hinweise auf die Ausrichtung der in verstärktem Maße erforderlichen Aufklärungsarbeit im Bereich Abfallvermeidung ableiten. Aus Sicht der Befragten spielen Bedingungen wie Bequemlichkeit, Gewohnheiten, fehlende Zeit, fehlende Zahlungsbereitschaft, keine oder nur eine sehr untergeordnete Rolle als Motivationhemmnis zur Vermeidung von Abfällen. Etwas häufiger wurden ungenügendes Informationsangebot und fehlende finanzielle Anreize genannt.

In beiden Wohngebieten bemängelt man mit Abstand am stärksten ein zu geringes Angebot an „verpackungsarmer" Ware, das dem Konsumenten nur noch die Möglichkeit der Abfalltrennung läßt, ihm aber die Abfallvermeidung beim Einkauf deutlich erschwert. Auch die Bereitschaft zur Zahlung eines (etwas) höheren Preises spielt für verpackungsärmere Ware eine nur untergeordnete Rolle als Hemmnis. Dies sollte ein wichtiges Argument in Gesprächen mit dem örtlichen Handel zur Umgestaltung des Sortiments in Richtung auf „verpackungsfreundliche" Produkte sein.

Bereitschaft zur Abfallvermeidung

Die Befragten zeigten durchweg eine hohe Bereitschaft zu abfallvermeidenden Maßnahmen wie dem Kauf von Mehrwegbehältnissen, Nachfüllpackungen etc. Die Bereitschaft zur Verwendung von Mehrwegbehältnissen beim Einkauf von Wurst, Käse, Obst usw. fiel dagegen deutlich ab. Offenbar werden solche Maßnahmen als zu weitgehend empfunden. Auch die Eigenkompostierung, in Form einer Quartierskompostierung, wie sie in der Schweiz durchgeführt wird, schnitt schlecht ab. Diese Art der Kompostierung schien das Vorstellungsvermögen vieler Befragter in den beiden Wohngebieten – und nicht nur dort – zu übersteigen, so daß es für diese Maßnahme insgesamt nur zu einer durchschnittlichen Akzeptanzbewertung (3,15 bzw. 3,01 Punkte) reichte.

Voraussetzungen für eine stärkere Abfallvermeidung
Das Resultat zeigt, daß ca. 35% aller Befragten in der Theobald-Renner-Straße keine Möglichkeiten mehr sehen, noch mehr Abfälle zu vermeiden. Am Salvador-Allende-Platz sind es knapp 50%. Während in der Theobald-Renner-Straße nur 2,1% der Befragten nicht bereit sind, mehr zu vermeiden, sind es am Salvador-Allende-Platz demgegenüber 23,6% der Mieter. Und hier sind wiederum tendenziell die jüngeren weniger vermeidungsbereit als die älteren Mieter.

Auswirkung einer mengenbezogenen Abfallgebühr
Zwischen 52,5% (Salvador-Allende-Platz) und 60,3% (Theobald-Renner-Straße) aller Befragten gaben an, daß eine mengenbezogene Abfallgebühr keinerlei Auswirkungen auf ihr Abfallvermeidungsverhalten haben würde. Es handelt sich hierbei zum großen Teil um Haushalte, die keine Möglichkeit für eine stärkere Vermeidung von Abfällen mehr sehen oder dazu nicht bereit sind. Demgegenüber würden sich ca. 40% der befragten Haushalte in der Theobald-Renner-Straße (knapp 50% am Salvador-Allende-Platz) in ihrem Verhalten von einer solchen Gebühr in der Erwartung niedrigerer Abfallentsorgungskosten positiv beeinflussen lassen. Ein Höchstmaß an Abfallvermeidung würde allerdings nur von einer kleineren Anzahl der Befragten angestrebt werden.

Fazit

Faßt man die wichtigsten Ergebnisse der Bevölkerungsbefragung zum Thema „Abfallvermeidung" zusammen, so ergeben sich folgende Feststellungen:

- Der Begriff „Abfallvermeidung" und die damit verbundenen Handlungsmöglichkeiten des Bürgers ist einem großen Teil der Befragten mehr oder minder unbekannt.
- Sehr oft wird „Abfallvermeidung" auch mit der Getrenntsammlung von Wertstoffen gleichgesetzt, und es entsteht dadurch beim Bürger der Trugschluß, er schöpfe damit auch die Möglichkeiten der Abfallvermeidung mehr oder weniger vollständig aus.
- Ein nicht geringer Anteil der Befragten sieht die primäre Verantwortung für die Vermeidung von Abfällen beim (Verpackungsmittel-)Hersteller und entwickelt dementsprechend keine oder nur unzureichende Aktivitäten.
- Als absolute Untergrenze für das noch bestehende Abfallvermeidungspotential ergaben sich aufgrund der Befragung 8,5% (bezogen auf die aktuelle Restabfallmenge) für die Theobald-Renner-Straße und 10,3% für den Salvador-Allende-Platz. Angesichts von Fehleinschätzungen der Befragten sowie man-

gelnder Informationen über Abfallvermeidungsmöglichkeiten dürfte das verfügbare Abfallvermeidungspotential noch (deutlich) über den genannten Werten liegen.

- Als Hemmnisse bei der Motivation der Bürger zur Vermeidung von Abfällen müssen ein zu geringes Angebot an „verpackungsfreundlicher" Ware, ein ungenügendes Informationsangebot und fehlende finanzielle Anreize als „Belohnung" für abfallvermeidendes Verhalten angesehen werden.
- Insbesondere viele Befragte jüngeren Alters lassen nur eine geringe oder überhaupt keine Bereitschaft zu einer stärkeren Vermeidung von Abfällen erkennen.
- Um Motivationshemmnisse bei der Vermeidung von Abfällen abzubauen, bedarf es offenbar auch finanzieller Anreize, wie sie etwa eine mengenbezogene Restabfallgebühr darstellen könnte.

4.2 Befragungsergebnisse Abfallverwertung

Definition des Begriffes Abfallverwertung
Die Frage nach dem Begriff der Abfallverwertung sollte – analog zur Frage nach dem Begriff der Abfallvermeidung – eruieren, was der Befragte unter diesem Begriff versteht. Im Gegensatz zu den Antworten zur Abfallvermeidung zeigte es sich, daß dieser Begriff wesentlich bekannter und geläufiger ist. Dem überwiegenden Teil der befragten Haushalte ist der Begriff „Abfallverwertung" durchaus geläufig und von allen diesen Haushalten auch richtig definiert worden.

Generelle Einstellung zum Thema Abfallverwertung
Während ein Großteil der befragten Haushalte die primäre Verantwortung für abfallvermeidende Maßnahmen bei der Industrie sieht, sind es im Falle der Abfallverwertung nur 5,5% in der Theobald-Renner-Straße und 3,2% am Salvador-Allende-Platz. Ebenso werden zuwenig Informationen über Abfallverwertung nur von 2,1% bzw. 4,5% der Befragten bemängelt. Der Großteil aller Haushalte in beiden Wohngebieten gab zu Protokoll, daß sie bereits (fast) alle Abfallwertstoffe trennen.

Einstellung der Befragten zur Abfallverwertung
Die Bewohner beider Testgebiete messen der Abfallverwertung einen hohen Stellenwert bei und geben an, sich in hohem Maße in der Getrenntsammlung zu engagieren. Allerdings sehen viele Befragte durchaus noch Möglichkeiten, mehr zu verwerten. Die Befragten bemängeln, daß nicht genügend Informationen über Möglichkeiten der Abfallverwertung zur Verfügung stehen. Auch würde sich ein Teil der Haushalte von ermäßigten Abfallgebühren positiv im Sinne einer stärkeren Verwertung beeinflussen lassen. Ein Teil der Haushalte würde die Getrenntsammlung von Wertstoffen forcieren, wenn es die räumlichen Verhältnisse zuließen.

Sammelquoten einzelner Abfallwertstoffe

Zur Ermittlung der Sammelquoten einzelner Abfallwertstoffe wurden die Haushalte um eine Abschätzung gebeten, welcher Anteil des jeweiligen Wertstoffs dem Restabfall entzogen wird.

Tabelle 6. Sammelquoten einzelner Abfallwertstoffe einschließlich Haushalte ohne Wertstofferfassung

Anteil verwerteter Abfälle bezogen auf das gesamte Aufkommen		
Abfallart	Theobald-Renner-Straße [%]	Salvador-Allende-Platz [%]
(1) Bioabfälle	86,3	75,8
(2) Glas	93,7	91,4
(3) Papier / Pappe	93,6	93,0
(4) Verpackungen	87,9	79,3

Die höchsten Sammelquoten (Tabelle 6) werden in beiden Wohngebieten bei Glas und Papier/Pappe erzielt. Am niedrigsten liegt der Wert für die Bioabfälle mit 86,3% bzw. 75,8%. Dabei bleibt festzuhalten, daß die Sammelquoten in der Theobald-Renner-Straße geringfügig (Papier/Pappe) bis deutlich (Bioabfälle, Verpakkungen) höher als am Salvador-Allende-Platz liegen. Dies hat seine Ursache interessanterweise nicht darin, daß am Salvador-Allende-Platz pro Haushalt im Durchschnitt weniger Bioabfälle bzw. Verpackungen gesammelt würden, sondern darin, daß die Anzahl derjenigen Haushalte, die einen Wertstoff nicht trennen, am Salvador-Allende-Platz deutlich höher als in der Theobald-Renner-Straße ist. Stellt man diese Quoten gegenüber, so ergibt sich folgendes Bild (Tabelle 7):

Tabelle 7. Haushalte ohne Wertstofferfassung

	Theobald-Renner-Straße	Salvador-Allende-Platz
Wertstoff	[%]	[%]
(1) Bioabfälle	7,5	15,9
(2) Glas	2,1	3,8
(3) Papier/Pappe	2,1	1,9
(4) Verpackungen	4,8	13,4

Es zeigt sich, daß insbesondere die getrennte Erfassung von Bioabfällen und von Verpackungen am Salvador-Allende-Platz gemessen an der Zahl der Haushalte zu wünschen übrig läßt. Hier ist es immerhin jeder 6.-7. Haushalt, der sich an der Getrenntsammlung dieser Stoffe nicht beteiligt, während in der Theobald-Renner-Straße nur jeder 13. Bioabfälle bzw. jeder 20. Haushalt Verpackungen nicht erfaßt. Betrachtet man die durchschnittlichen Sammelquoten der 4 angeführten Wertstoffe nur unter Berücksichtigung der Haushalte, die einen oder mehrere Stoffe getrennt erfassen, so ergibt sich ein interessantes Bild (Tabelle 8):

Tabelle 8. Sammelquoten einzelner Abfallwertstoffe (nur Haushalte mit Wertstofferfassung)

	Theobald-Renner-Straße	Salvador-Allende-Platz
Wertstoff	(%-Angaben)	(%-Angaben)
(1) Bioabfälle	93,3	90,2
(2) Glas	95,7	95,0
(3) Papier/Pappe	95,6	94,8
(4) Verpackungen	92,3	91,5

Es zeigt sich, daß die Sammelquoten

- bei allen 4 Stoffen gleichermaßen sehr hoch liegen, und
- am Salvador-Allende-Platz kaum mehr hinter denen in der Theobald-Renner-Straße zurückstehen.

Das Ergebnis zeigt deutlich, daß in beiden Wohngebieten diejenigen Haushalte, die sich an der Getrenntsammlung von Abfallwertstoffen beteiligen, dies konsequent tun. Es kann damit kaum noch ein abfallwirtschaftliches Ziel sein, diese Haushalte zu einer noch höheren Erfassung der Wertstoffe bewegen zu wollen. Vielmehr ist es erforderlich, diejenigen Haushalte anzusprechen, die sich bisher nicht an der Getrenntsammlung beteiligen. Folgende Bestimmungsgründe für die mangelhafte Ausschöpfung des Wertstoffpotentials wurden genannt.

Bei Bioabfällen: Bequemlichkeit, zu geringes Aufkommen sowie verschiedene Einzelnennungen.
Bei den trockenen Wertstoffen: Bequemlichkeit, zu geringes Aufkommen, Vermutungen, daß die getrennt erfaßten Stoffe als Restmüll entsorgt werden, fehlende Informationen, Unsicherheiten zur richtigen Fraktionstrennung.

Hemmnisse bei der Abfallverwertung

Als Gründe für Motivationshemmnisse bei der Abfallverwertung wurden an erster Stelle Informationsdefizite, dann gewohnheitsgemäßes Verhalten und das Fehlen finanzieller Anreize genannt. Auch fehlt oft der Glaube an eine mögliche kollektive Vernunft in bezug auf die Wertstofftrennung, was in Folge zu kollektiver Unvernunft führt. Den ersten beiden Argumenten könnte durch Information und Abfallberatung begegnet werden, den beiden letzten Argumenten durch „belohnende" Gebührensysteme.

In-door-Trennverhalten der Bürger

Bei der Abfalltrennung in der Wohnung waren angesichts beengter Platzverhältnisse (v.a. in der Küche) in den mehrgeschossigen Wohnbauten in insgesamt 5

Wertstoff- und eine Restabfallfraktion durchaus Schwierigkeiten zu erwarten. Das mögliche Motivationshemmnis „Platzmangel" wurde jedoch fast durchgängig als nicht oder kaum relevant bewertet.

Bunte Vielfalt herrscht bei der Verwendung der Sammelgefäße. (In-door-Sammelgefäße werden nicht kostenlos gestellt.) Bei Bioabfall dominieren als Sammelgefäße Eimer bzw. Schüsseln.

Bedenklich stimmt hier, daß zwischen 18,5% und 25,8% der Haushalte Bioabfälle in Plastiktüten sammeln. Der Grund dafür liegt nach Aussagen der Betroffenen vor allem darin, daß sie diese Sammelform als die praktischste ansehen bzw. aus Gründen des Platzmangels wählen. Allerdings gaben zwischen 35,3% (Salvador-Allende-Platz) und 64% (Theobald-Renner-Straße) der betreffenden Haushalte an, daß sie die Plastiktüte nicht zusammen mit dem Bioabfall entsorgen.

Ob angesichts der mit diesem Vorgehen verbundenen Entleerungsschwierigkeiten obige Prozentsätze wirklich gegeben sind, dürfte fraglich sein. Der hohe Störstoffanteil im Bioabfall spricht jedenfalls dagegen. Die „Zugabe" der Kunststoffbeutel zum Bioabfall erfolgt trotz des Wissens der Bürger um die Schwierigkeiten, die Plastiktüten bei der Kompostierung verursachen. Deshalb dürfte dieses Problem durch Aufklärung nicht lösbar sein. Hier scheinen Maßnahmen eher geeignet zu sein, die darauf abzielen, den Kunststoffbeutel als Sammelgefäß abzulösen. Denkbar wäre etwa die kostenlose Abgabe von Miniatursammelgefäßen oder kompostierbaren Papiertüten. Da Einkaufstüten als Sammelbehältnis so beliebt sind, wäre auch die Umstellung auf kompostierbare Einkaufstüten im Einzelhandel ein möglicher Lösungsansatz. Die Stadt Jena führt Versuche in dieser Richtung durch.

Beurteilung der Öffentlichkeitsarbeit

Abfallberatung und Öffentlichkeitsarbeit werden seitens der Bewohner relativ schlecht beurteilt. Bis zur Beendigung der Interviews waren in Lobeda keine speziellen Beratungsaktionen in diesem Gebiet durchgeführt worden. Die Stadt Jena ist hier inzwischen im Bereich der Bioabfallberatung aktiv. Auch die Informationspolitik der Wohnungsbaugesellschaften wird schlecht beurteilt. So gaben 93 % der Bewohner an, den Berechnungsmodus ihrer Abfallgebührenrechnung nicht zu kennen. Da dies aber jährlich im Rahmen der Betriebskostenabrechnung jedem Bürger bekannt gegeben wird, taucht die Frage auf, ob die schlechte Beurteilung der Öffentlichkeitsarbeit nicht teilweise durch ein gewisses Desinteresse der Befragten an der Abfallproblematik bedingt ist. Dessen ungeachtet bleibt die Notwendigkeit, daß die Öffentlichkeitsarbeit und Abfallberatung zur Weckung von Problembewußtsein und zur Motivationssteigerung intensiviert werden muß.

Fazit

Die Zusammenfassung der wichtigsten Ergebnisse der Bevölkerungsbefragung zum Thema „Abfallverwertung" gibt folgendes Bild:

- Ein Teil der Haushalte befürchtet, daß die getrenntgesammelten Abfälle nicht tatsächlich der Verwertung, sondern evtl. der Deponierung bzw. Verbrennung zugeführt werden.
- Die beengten Wohnverhältnisse vor allem im Küchenbereich hindern die Bewohner wenig bei der Abfalltrennung. Die Bewohner kompensieren diesen Mißstand durch Ideenreichtum bei der Wahl der Sortiergefäße.
- Ein nicht geringer Teil der Haushalte ließe sich offenbar von finanziellen Anreizen bei den Gebühren in seiner Motivation zu stärkerer Abfalltrennung positiv beeinflussen.
- Die Anzahl der Haushalte, die nicht getrennt sammeln, liegt am Salvador-Allende-Platz bei den Bioabfällen und Verpackungen über der Rate in der Theobald-Renner-Straße.
- Ansatzpunkte zum Abbau von Motivationshemmnissen zur Abfallverwertung finden sich generell kaum bei den Haushalten, die sich bereits in der Getrenntsammlung engagieren. Deshalb sollten sich abfallwirtschaftliche Bemühungen um eine bessere Trennquote denjenigen Haushalten zuwenden, die sich bisher nicht engagieren.
- In diesen Fällen gilt es Verhaltensweisen, die durch Bequemlichkeit, Unsicherheiten bei der stofflichen Zuordnung in der Getrenntsammlung und Vermutungen zu evtl. Nichtverwertung getrennt gesammelter Wertstoffe geprägt werden, überzeugende Argumente entgegenzusetzen.
- Häufig verschmutzte Containerstandplätze werden des öfteren von den befragten Haushalten moniert.
- Bioabfälle werden des öfteren in Plastiktüten gesammelt und sicherlich z.T. auch samt Tüte entsorgt, obwohl sich der überwiegende Anteil der Haushalte durchaus der dadurch auftretenden Probleme bewußt ist.
- Die aktuelle Öffentlichkeitsarbeit/Abfallberatung wird mehrheitlich deutlich kritisiert. Es steht zu vermuten, daß gezielte Aktivitäten in diesem Bereich eine deutliche Motivationssteigerung bei der Getrenntsammlung von Abfällen erreichen würden.
- Der Berechnungsmodus der Abfallgebühren ist mehr als 90% der befragten Mieter unbekannt.

5 Konzept eines praktischen Modellversuchs

In der nächsten Stufe des Projektes sollen in praktischen Versuchen die Ergebnisse der ersten Stufe umgesetzt und getestet werden. Dabei ist zu berücksichtigen, daß neben der abfalltechnischen Ebene die soziale Ebene einbezogen wird. Dieses

Modellkonzept gliedert sich sich in die Teilkonzepte „Abfallvermeidung" und „Wertstofferfassung".

5.1 Teilkonzept „Abfallvermeidung"

Maßnahme 1: Informationsbroschüre zur Abfallvermeidung

Zu Beginn des Modellversuchs erhalten die Bewohner der Testgebiete eine inhaltlich und werbend ansprechend gestaltete Informationsbroschüre zum Thema „Abfallvermeidung". Diese Broschüre dient sowohl der Grund- wie auch gleichzeitig Detailinformation der Bürger in den beiden Versuchsgebieten.

Maßnahme 2: Haushaltsberatungen

Rein schriftliche Informationen über Möglichkeiten der Abfallvermeidung reichen als Vorbereitung des Modellversuchs sowie seiner späteren Begleitung nicht aus. Für ausgesprochen wichtig halten wir es, den Bürgern Ansprechpartner zur Verfügung zu stellen, die über Detailregelungen des Versuchs sowohl aktiv (durch Zugehen auf den Bürger in Form von Haushaltsberatungen) als auch passiv (als Auskunftsperson auf Anfragen der Bürger) informieren.

Maßnahme 3: Abfallsparende Umgestaltung des Warensortiments in umliegenden Einkaufsmärkten

Die bekundete Bereitschaft der Verbraucher zu abfallvermeidendem Verhalten soll dadurch getestet werden, daß die umliegenden Einkaufsmärkte (zumindest in der Testphase) zusätzliche abfallarme Waren und verstärkt Pfandsysteme offerieren. Zudem soll offensiv in den Märkten für abfallbewußtes Einkaufsverhalten geworben werden.

5.2 Teilkonzept „Abfallverwertung"

Maßnahme 1: Informationsbroschüre zur Abfallverwertung

Ebenso wie zum Thema „Abfallvermeidung" erhalten die Bewohner der Testgebiete auch zur Abfallverwertung eine Informationsbroschüre. In dieser Broschüre sollen insbesondere die Punkte, die sich als Problembereiche bei der Bevölkerungsbefragung herauskristallisiert haben, aufgegriffen und argumentativ überzeugend behandelt werden.

Maßnahme 2: Einführung einer hauseingangsbezogenen Abfallentsorgung und Gebührenberechnung am Salvador-Allende-Platz

Betrachtet man unter diesem Aspekt das Versuchsgebiet Salvador-Allende-Platz, so erkennt man schnell, daß angesichts der für Hochhausgebiete typischen beschränkten Freiflächen und einer Anzahl von 496 Haushalten die Aufstellung von Einzeltonnen je Haushalt aufgrund Platzmangels nicht in Betracht kommen kann. Um dennoch finanzielle Anreize zur Abfallvermeidung und -verwertung in dieser Form der Hochhausbebauung einzuführen, soll die Realisierung eine hauseingangsbezogenen Entsorgung im Zuge des Modellversuchs am Salvador-Allende-Platz erprobt werden. Dies bedeutet eine Zuordnung der Entsorgungsstationen zu jeweils einem Hauseingang, um der Mietergemeinschaft dieses Eingangs die Möglichkeit zu geben, über verstärkte Abfallvermeidung und Abfalltrennung Restmüllbehältervolumen und damit gemeinsam Abfallgebühren zu sparen. Dazu wurden für jeden Hauseingang detaillierte Behälterbedarfsberechnungen durchgeführt. Diese sehen vor, das Restmüllbehältervolumen exakt zu dosieren, die Abfuhr auf einmal wöchentlich umzustellen und das Wertstoffbehältervolumen leicht zu erhöhen. Das spezifische Restmüllbehältervolumen wird mehr als halbiert. Die dadurch erreichte Ersparnis bei den Abfallgebühren soll den Bewohnern zu Beginn des Versuchs zugute kommen. Diese Gebührensenkung soll als Anreiz für zukünftig verstärkte Bemühungen in diesen Bereichen – mit der Möglichkeit weiterer Gebührensenkungen im Erfolgsfall – wirken. Das System der hauseingangsbezogenen Entsorgung bedarf abschließbarer Restabfallbehälter, um mögliche Fremdeinwirkungen zu verhindern. Weiterhin sind die Entsorgungskosten je Hauseingang zu erfassen und von den Wohnungsgesellschaften jeweils hauseingangsweise weiterzuberechnen. Insgesamt bedarf dieses System einer intensiven vorbereitenden Öffentlichkeitsarbeit, begleitender Abfallberatung und verstärkter Kontrollen der Entsorgungssysteme.

Maßnahme 3: Einführung eines Chipsystems zur Abfallentsorgung und Gebührenberechnung in der Theobald-Renner-Straße

In der Theobald-Renner-Straße ist eine hauseingangsbezogene Abfallentsorgung aufgrund der räumlichen Gegebenheiten nicht möglich. Deshalb soll im Modellversuch eine individuelle mengenbezogene Restabfallgebühr erprobt werden. Konkret soll die vom Jenaer Ingenieurbüro Peters entwickelte sog. Müllschleuse eingesetzt werden, die nach Chipeinwurf das Eingeben von bis zu 15 l Abfall gestattet. Die personengebundene Grundgebühr könnte in der bisherigen Höhe beibehalten werden. Die Höhe des mengenabhängigen Gebührenanteils aber können die Bewohner im Modellversuch selbst über ihr Abfallvermeidungs- und -verwertungsverhalten steuern. Für jeweils 15 l Restmüllvolumen ist ein Chip als variable Entsorgungsgebühr zu erwerben. Die Berechnung der Kosten pro Chip ergab einen Preis von ca. 0,80-0,90 DM. Damit bewegt sich der Preis in einem durch den Verlust des Anreizmechanismus nach unten sowie die Gefahr zunehmender Ausweichbemühungen nach oben eng beschränktem Korridor. Auch dieses System bedarf einer intensiven vorbereitenden und versuchsbegleitenden Öffentlichkeitsarbeit.

Maßnahme 4: Analyse des Entsorgungsverhaltens der Bürger während des Modellversuchs

Das Verhalten der Bürger im Modellversuch kann nicht vorhergesagt werden. So können sowohl durch Mißbrauchsversuche, aber auch durch unerwartet positive Verhaltensmuster die kalkulatorischen Annahmen der bisherigen Bedarfsberechnungen so weit von der Modellversuchsrealität abweichen, daß Korrekturen der Entsorgungssysteme während der Laufzeit des Versuchs notwendig werden. Zu diesem Zweck werden über längere Zeiträume tägliche Füllgradbestimmungen der Restmüll- und Wertstoffbehälter vorgenommen. Die parallele Auswertung dieses Datenmaterials erlaubt – falls notwendig – eine zeitaktuelle Korrektur sowie die spätere genaue Analyse des Entsorgungsverhaltens der Bürger im Modellversuch.

Maßnahme 5: Restmüll- und Wertstoffanalysen

Restmüll- und Wertstoffanalysen sollen überprüfen, ob die Maßnahmen des Modellversuchs zu einer quantitativen und qualitativen Besserung der abgegebenen Abfälle führen. So werden die Sortieranalysen zu Beginn des Versuchs den Ist-Zustand erfassen und die Vergleichsbasis für die Analysen gegen Ende des Versuchs bilden. Somit ist eine Erfolgskontrolle möglich.

Literatur

Anonymus (1992) Satzung über die Abfallwirtschaft in der Stadt Jena beschlossen am 09.12.1992

Anonymus (1993) Thüringer Landesamt für Statistik, Statistik der Bevölkerung der Gemeinden Thüringens am 31.12.1993

Anonymus (1994) Satzung zur Erhebung von Gebühren für die Entsorgung von Hausmüll und hausmüllähnlichen Gewerbeabfällen in der Stadt Jena (Abfallgebührensatzung) 01.01.1994

BINE (Juni 1993) Projekt Info-Service Nr. 3 „Energiegerechte Bauschadensanierung von industriell errichteten Wohnbauten der ehemaligen DDR“, Bonn

Entsorgungsengineering

Michael Brühl-Saager

Einleitung und Begriffsbestimmung

Bei dem Begriff „Entsorgungsengineering“ könnte man die Frage stellen: Muß dieser Begriff neu in die Welt gesetzt werden? Ist es nicht so, daß in diesem Bereich traditionelle Fertigkeiten der Ingenieur- und Naturwissenschaften zur Geltung kommen?

Also: „*Alter Wein in neuen Schläuchen?*“

Daß auch hier eine neue Qualität gefordert ist, genauso wie beim Modell der Kreislaufwirtschaft, gilt es aufzuzeigen.

Die Verwertung von Reststoffen ist keine Erfindung der Neuzeit, wie eindrucksvoll eine ganze Branche unter Beweis stellen kann. Denn schließlich ist Papier: Ein Produkt aus Lumpen, Holz und Wasser!

Insbesondere der vorindustrielle Produktionsprozeß des Papiers kam nicht ohne Sekundärrohstoffe, den abgetragenen Textilien, Lumpen auch Hadern genannt, aus. Somit begegnet uns der Lumpensammler als vorindustrieller Entsorger und Verwerter, und zwar bis zur Erfindung des Holzschliffes (Bayerl u. Pichol 1986).

Auch bei den Hadern als Sekundärprodukt waren Arbeitsprozesse des Sortierens notwendig, da aus den diversen Lumpensorten unterschiedliche Papierarten produziert wurden und vor allem die für die Produktion untauglichen tierischen Fasern der Wolle auszuscheiden waren.

Diese Arbeiten sowie das Zerschneiden mit Messer oder Lumpenbeil wurden in der Regel auf dem Lumpenboden im ersten Stock der Papiermühle verrichtet.

Die Abb. 1 zeigt Frauen beim Sortieren und Zerschneiden der Lumpen, einer Tätigkeit, die eine erhebliche Gesundheitsbelastung mit sich brachte, welche sich nicht zuletzt im trockenen Husten als Lumpensammlerkrankheit und im Milzbrand als Hadernkrankheit manifestierte.

Abb. 1. Frauen beim Sortieren und Zerschneiden der Lumpen (Kupferstich von Bernard nach Zeichnungen von Goußier, aus Diderot u. d'Alembert 1767)

Aber auch einige von Ihnen werden sicherlich den fahrenden Schrotthändler, im Ruhrgebiet damals auch als „Klüngelskerl" bezeichnet, noch kennengelernt haben.

Mit anderen Worten: Neben dem linearen Stofffluß (Abb. 2), der vereinfacht ausgeht von

- der Rohstoffgewinnung,
- der Herstellung des Produkts,
- dem Ge-/Verbrauch,

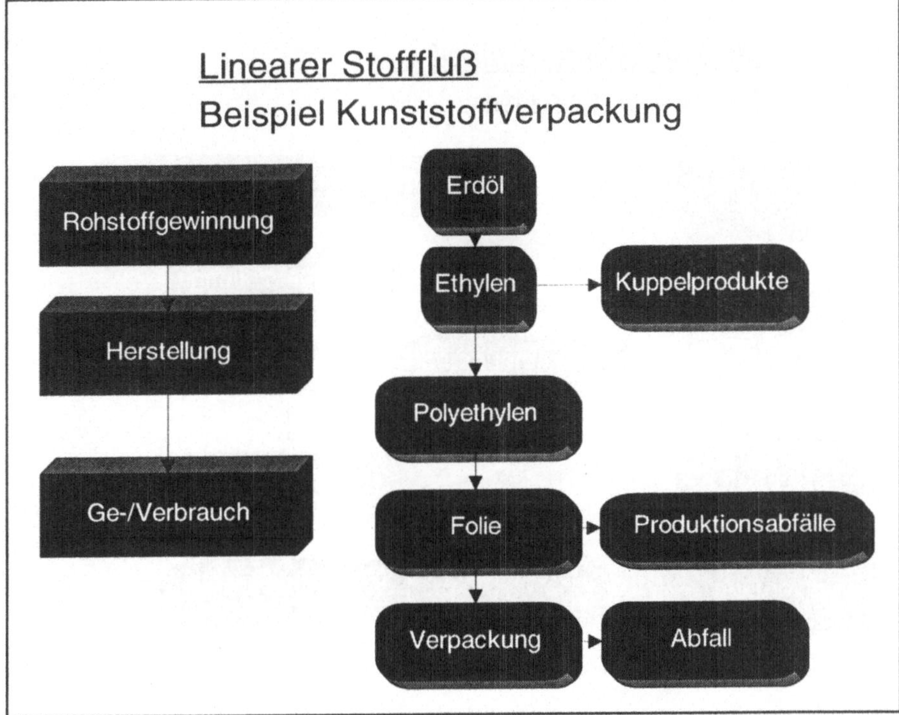

Abb. 2. Beispiel für einen linearen Stofffluß

gab und gibt es auch vor der Kreislaufwirtschaft sogenannte offene Stoffkreisläufe (Abb. 3), die sowohl eine begrenzte Rückführung von gebrauchten Produkten in den Produktionsprozeß als auch die Weiterverwendung als Sekundärmaterial umsetzten und setzen (Both 1992).

Die Kreislaufwirtschaft setzt nun an einem Punkt an, die Produktion von Gütern auch im Hinblick auf deren abfall- bzw. umweltrelevante Eigenschaften neu zu überdenken und verpflichtet die Industrie über die Produkthaftung, diese Prinzipien im wirtschaftlichen Handeln umzusetzen.

Dies erfordert, konsequent durchgedacht, eine neue Qualität im wirtschaftlichen Handeln, das außerdem dem Zusammenwirken von Wirtschaftskreisläufen mehr Rechnung tragen muß. Hier ist der Ansatz für das sogenannte „Entsorgungsengineering", das an der Stelle einsetzen kann, wo der innerbetriebliche Umweltschutz und mit ihm die Verminderungs- und Vermeidungspotentiale ausgeschöpft sind. Entsorgungsengineering betrachtet in der Regel von außen die Möglichkeiten zur Schaffung von interaktiven Prozessen zwischen Unternehmungen und Branchen und ist somit in der Lage, Verbindungsglieder zu schaffen.

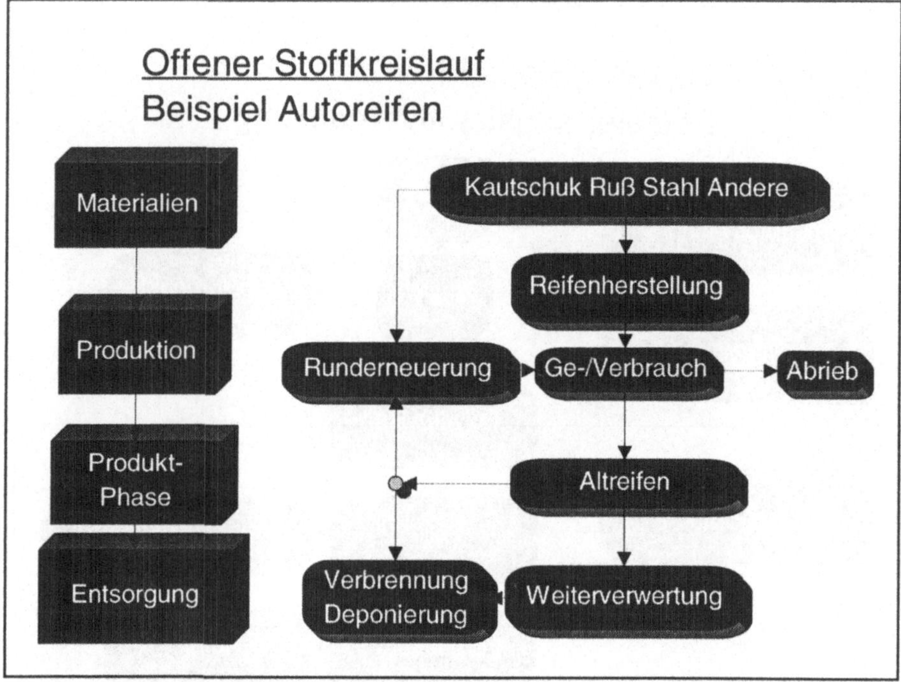

Abb. 3. Beispiel für einen offenen Stoffkreislauf

Wenn wir uns zweidimensionale Wesen eingezwängt in einem planaren Rahmen vorstellen, so wird keines von ihnen in der Lage sein, diesen Rahmen zu verlassen – es sei denn, wir realisieren eine Verbindung zwischen diesen Welten (Abb. 4).

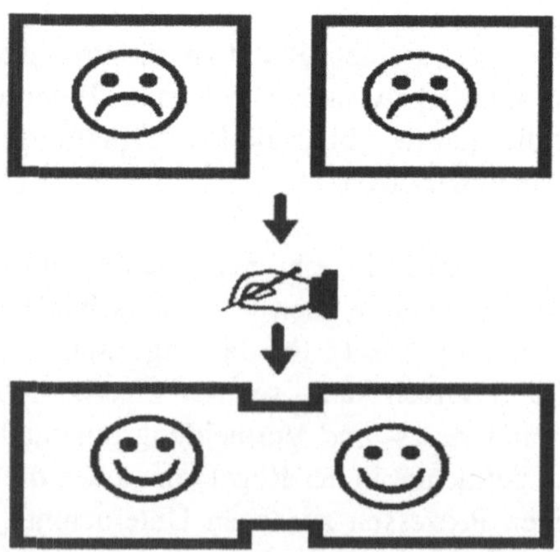

Abb. 4. Verbindung zwischen den Welten

Dieses Beispiel mag für Industriegruppen und Branchen herhalten, die naturgemäß in erster Linie die Produktion ihrer branchentypischen Stoffe und Produkte in den Vordergrund stellen müssen. Unüblich hingegen ist der Gedanke, Sekundärmaterial anderen Branchen anzudienen, bzw. es fehlt der Überblick für mögliche Verwendungszwecke. Man braucht ein multidisziplinäres Team, das Lösungen interaktiv mit den verschiedenen Branchen erarbeitet. Dies ist die Aufgabe, die „Entsorgungsengineering" zu leisten hat.

Beispiele realisierter Wege

Ziegelindustrie

Die Herstellung von Ziegeln ist in der folgenden Abb. 5 wiedergegeben. In diesem Baustoff werden zunehmend Zuschläge genutzt, um den gestiegenen Qualitätsanforderungen Genüge zu tun, oder um die Produktpalette zu erweitern. Neben fremden Tonen und den im Naturzustand belassenen Mineralstoffen kommen Produkte zur Anwendung, die aus Sekundärprodukten anderer Industrien bestehen.

Um beispielsweise die Scherbenrohdichte zu senken (und damit die wärmedämmenden Eigenschaften zu erhöhen), können verschiedene Porosierungsmittel zur Anwendung kommen, die in Tabelle 1 wiedergegeben sind (Hauck u. Hilker 1994, Hauck u. Jung).

Tabelle 1. Zusätze zur Rohmasse bei der Herstellung von Ziegeln, Porosierung

Porosierungsmittel	Porosität
Sägemehl	++
Polystyrol	++
Papierfangstoffe	++
Reststoffe aus der Lebensmittelindustrie	++
Reststoffe aus der Textilindustrie	++
Kohleton, Kohle, Kohlenstaub	+
Steinkohlenwaschberge	+
Bleicherden	(+)
Perlite	++
Flugasche	+
Zeolite	+

Neben der Senkung der Rohscherbendichte kommen auch andere positive Einflüsse dieser Materialien zum Tragen. Bei verschiedenen Materialien sind Energiekostensenkung bei der Herstellung, Erhöhung der Bildsamkeit, der Stabilität etc. beobachtet worden (Hauck et al. 1995, Hilker u. Hauck 1996).

Weitere eingesetzte Zusätze sind in den Tabellen 2 und 3 wiedergegeben.

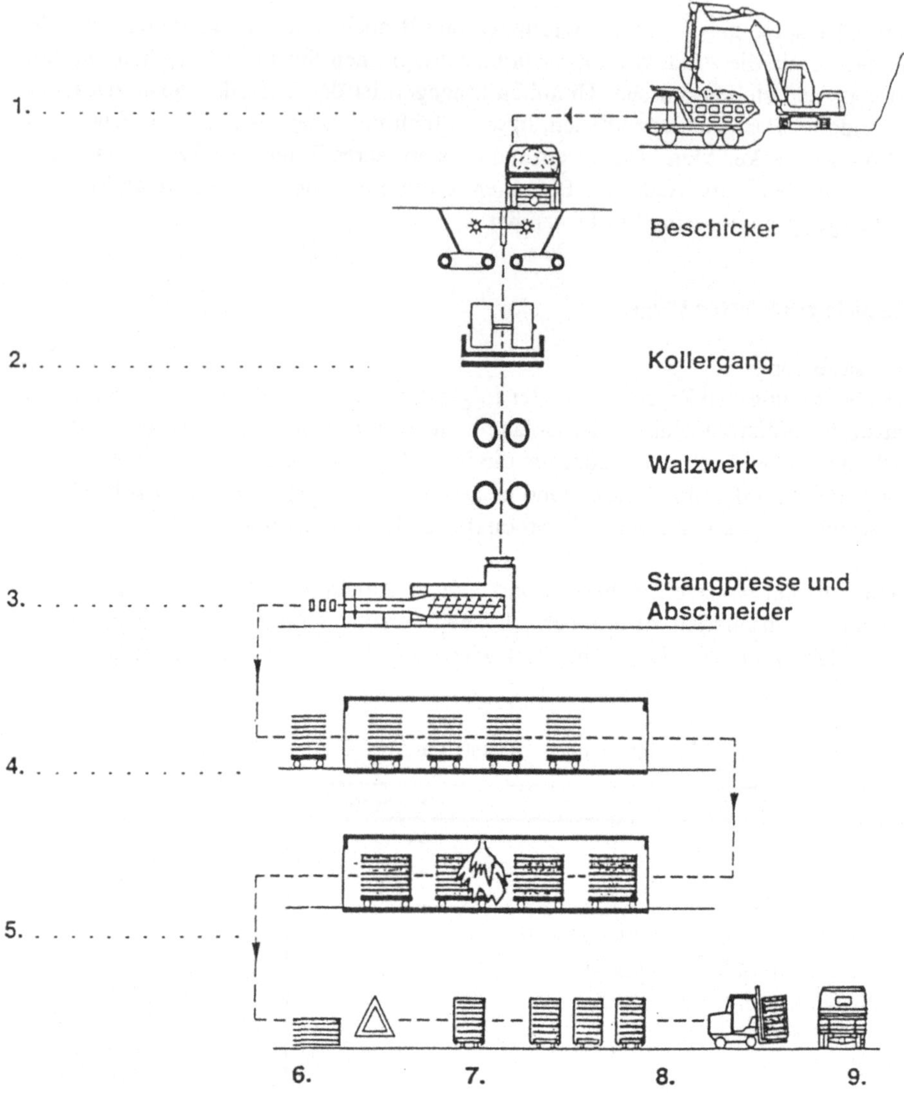

Abb. 5. Herstellungsprozeß von Ziegeln

Vor dem Einsatz dieser Zusätze muß natürlich geklärt werden,

- ob Auswirkungen auf die Produkteigenschaften zu erwarten sind,
- ob Veränderungen der Emissionen eintreten,
- ob Schadstoffe sowohl im Gebrauchszustand als auch bei der Deponierung ausgewaschen werden können.

Tabelle 2. Zusätze zur Rohmasse bei der Herstellung von Ziegeln, Magern

Mineralische Zusätze	Magern
Quarzsand	++
Kalksteinmehl u.ä.	++
Natursteinmehle, -sande	++
Trinkwassersedimente	(+)
Glasmehl	++
Schlacken, Hüttensande	++
Gießereialtsande	++

Tabelle 3. Zusätze zur Rohmasse bei der Herstellung von Ziegeln, sonstige Zusätze

Sonstige Zusätze	Plasti	Magern	Färben
Tenside	++		
Manganoxid			++
Metalloxide, -hydroxide		++	++

Synthesegasproduktion

Aus Synthesegas (Harnisch et al. 1981) wird eine große Palette von wichtigen industriellen Basisprodukten (Ammoniak, Methanol, Oxoalkohole) gewonnen, aber es wird auch für die Herstellung von synthetischem Erdgas genutzt. (CO-H_2-Gemische werden auch als Methanol-Sythesegas, Oxogas, Wassergas oder Spaltgas bezeichnet. Außerdem wird das Gasgemisch $N_2 + 3H_2$, das zur Ammoniaksynthese eingesetzt wird, als Synthesegas bezeichnet.) Die historischen Verfahren basieren auf der Vergasung von Kohle mit Luft und Wasserdampf. Zur Zeit erfolgt jedoch die Herstellung überwiegend durch Vergasung von Erdöl und Erdgas. Kohlenstoffverbindungen werden dabei beispielsweise mit Wasserdampf in Gegenwart von Katalysatoren entsprechend folgender Gleichungen in Synthesegas umgewandelt:

$$CH_4 + H_2O \rightleftharpoons CO + 3H_2 \qquad \Delta H_R = 205 \text{ kJ/mol}$$

$$-CH_2- + H_2O \rightleftharpoons CO + 2H_2 \qquad \Delta H_R = 151 \text{ kJ/mol}$$

Aber auch der beim thermischen Zerfall der Kohlenwasserstoffe gebildete Ruß kann zu Kohlenmonoxid umgesetzt werden:

$$C + CO_2 \rightleftharpoons 2\,CO \qquad \Delta H_R = 172 \text{ kJ/mol}$$

$$C + H_2O \rightleftharpoons CO + H_2 \qquad \Delta H_R = 31 \text{ kJ/mol}$$

Gleichzeitig stellt sich auch das Konvertierungsgleichgewicht ein:

$$CO + H_2O \rightleftharpoons CO_2 + H_2 \qquad \Delta H_R = -41 \text{ kJ/mol}$$

Es ist leicht einsehbar, daß für die oben beschriebenen Reaktionen nicht nur fossile Brennstoffe in Frage kommen, sondern im Prinzip auch eine Reihe organischer Reststoffe einsetzbar sind.

Auch die ansonsten schwierig zu handhabenden Organochlor- und Schwefelverbindungen sind mit diesem Verfahren mineralisierbar. Die Grenzen für den Einsatz werden in erster Linie durch die technologische Beherrschbarkeit der Reaktion gesetzt.

Eine Anlage, die im großen Umfang schon heute organische Reststoffe (Abfälle) einsetzt, ist das Sekundärrohstoff-Verwertungszentrum Schwarze Pumpe (SVZ). Beim SVZ kommen Festbettdruckvergaser und Flugstromvergaser zur Anwendung. Das entstehende Synthesegas wird zur Stromerzeugung genutzt und soll in absehbarer Zeit auch zur Methanolherstellung verwendet werden (Firmenpublikation der Fa. Sekundärrohstoff-Verwertungszentrum Schwarze Pumpe) (Abb. 6).

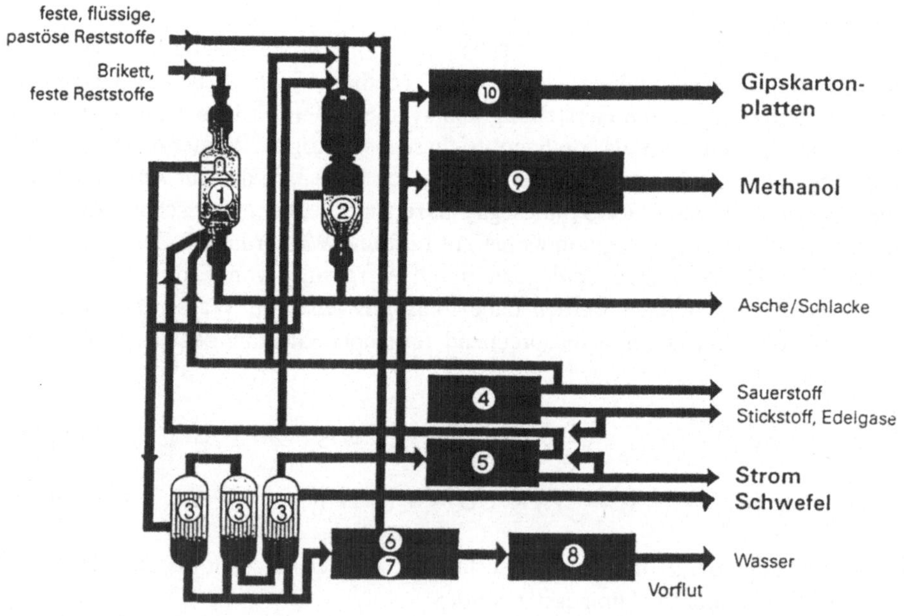

Abb. 6. Schematische Darstellung der Vergasung flüssiger und fester Reststoffe (Abfälle) *1* Festbettdruckvergasung, *2* Flugstromvergasung, *3* Gasreinigung, *4* Sauerstofferzeugung, *5* GuD-Block, *6* Öle, Teere, *7* Prozeßwasser, *8* Prozeßwasserreinigung, *9* Methanolanlage, *10* benachbarte Gipsfabrik

Sekudärrohstoffe, die die Aufgabenspezifikationen nicht erfüllen können, müssen entweder brikettiert oder extrudiert werden. Aber auch andere chemische Unternehmen denken heute über den Einsatz von Sekundärrohstoffen in ihren Anlagen nach. Die Tatsache, daß gerade die Synthesegasanlagen in einer chemischen Fabrik für Grundchemikalien eine Schlüsselfunktion darstellen und daher der Ausfall nicht unerhebliche Folgekosten heraufbeschwört, sowie der erhöhte Gasreinigungsaufwand verhindern bisher die breite Anwendung. Für den Einsatz der Vergasungstechnik zur Energieerzeugung stehen mittlerweile auch dezentrale Lösungen zur Verfügung (Firmenpublikation der Fa. VER). Abbildung 7 zeigt die Gaserzeugung aus Biomasse mit einem Luft-Querstrom-Vergaser.

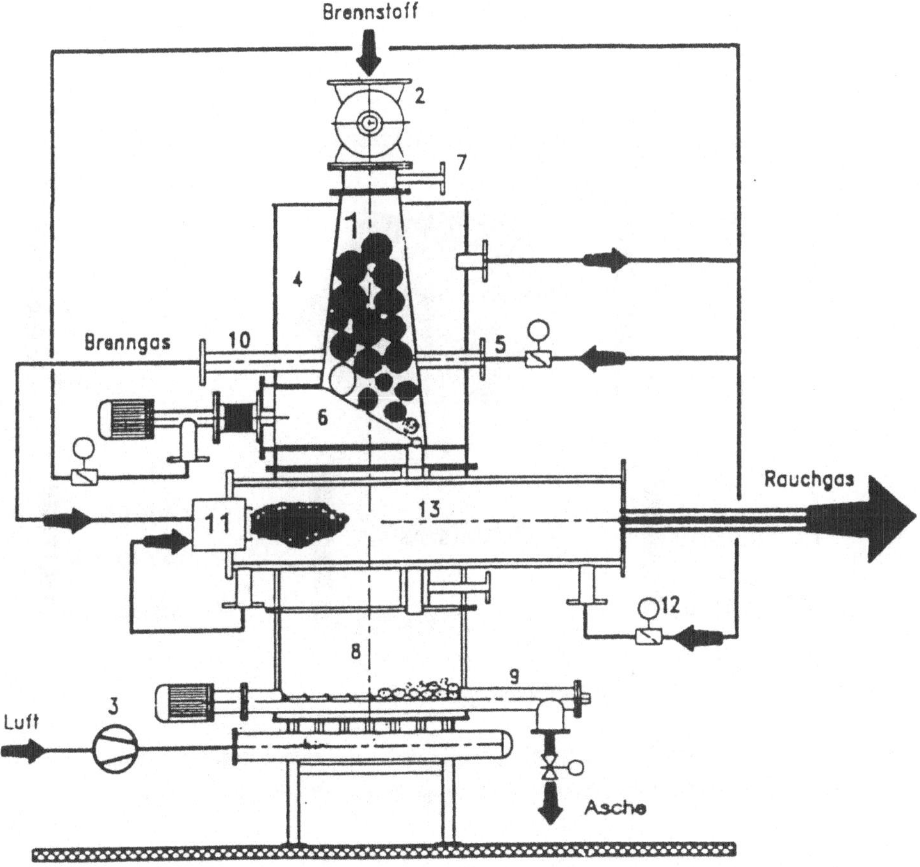

Abb. 7. Luft-Querstrom-Vergaser mit integrierter Brennkammer
1 Vergasungsraum, *2* Eintragssystem, *3* Gebläse, *4* Kühl-Isolier-System, *5* Vergasungsluftzuführung, *6* Rost, *7* Frischluftzufuhr, *8* Aschekasten, *9* Förderschnecke, *10* Gasstutzen, *11* Gasbrenner, *12* Verbrennungsluftzuführung, *13* Brennkammer

Insellösungen

Neben diesen Lösungen, die für eine unterschiedliche Palette von Reststoffen (Abfällen) brauchbar sind, gibt es eine Reihe von Insellösungen. So lassen sich aus Eisenhydroxidschlämmen gewinnen:

- farbbildende Komponenten für die Ziegelindustrie,
- nach Trocknung und thermischer Umwandlung Betonfarbstoff,
- über Umfällungen auch hochwertige Pigmente,
- über Abreinigungsschritte Wasserchemikalien,
- modifizierte Aktivkohlen (Abb. 8).

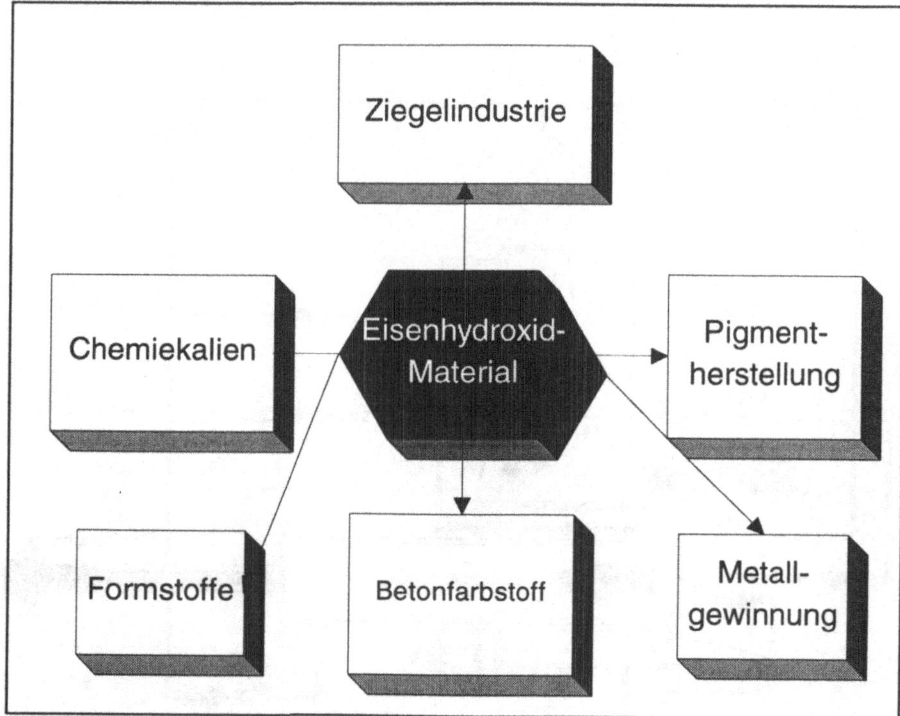

Abb. 8. Produkte aus Eisenhydroxidschlamm

Damit jedoch die intelligenten Insellösungen zum Tragen kommen, muß sich die bisherige Abfallwirtschaft im Dienstleistungsspektrum ändern.

Anforderungsprofil an die Abfallwirtschaft

Wie obige Beispiele zeigen, gibt es durchaus Möglichkeiten, daß branchenspezifische Reststoffe (Abfälle) in anderen Industriezweigen als wertvolle Rohstoffe Anwendung finden können. Dies funktioniert in der Regel, solange der Erzeuger eine ausreichende Menge eines spezifizierbaren Materials abgeben kann (Abb. 9).

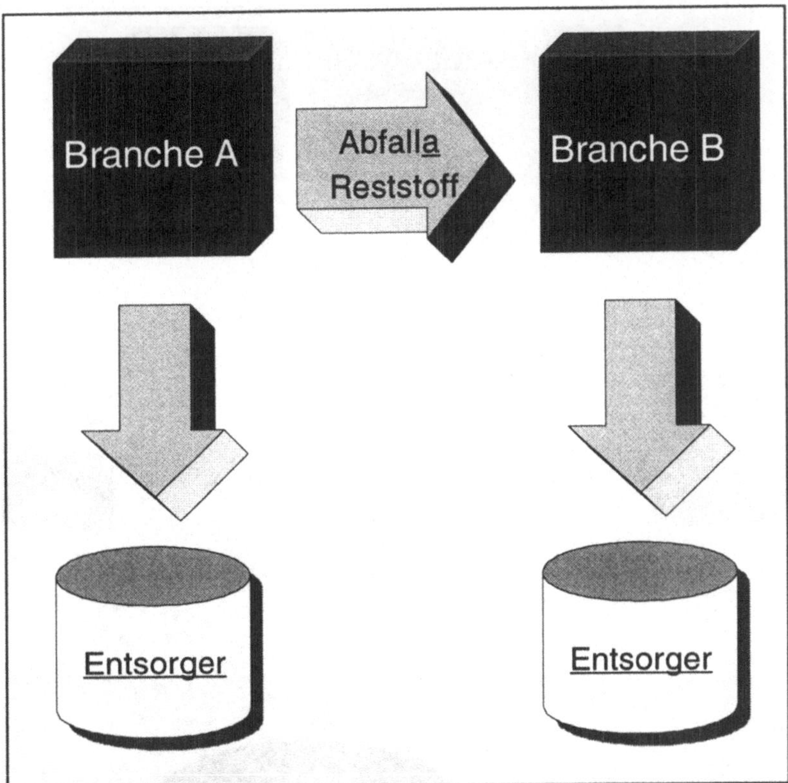

Abb. 9. s. Text

Was aber macht der Betrieb, der beispielsweise 5 t Lackrückstände im Jahr zu entsorgen hat? Er wird in der Regel den ortsansässigen Entsorger bemühen, daß dieser ihm das Material vom Betriebsgelände entfernt. Auch der sammelnde Entsorger wird dieses Material zur Verbrennungsanlage bringen. Die Möglichkeit einer sinnvollen Verwertung ist damit vertan.

Wenn sich der Kreislaufwirtschaftsgedanke etablieren soll, so werden wir neben den Lösungen der Verbrennung, Deponierung und der chemisch-physikalischen Behandlung in den klassischen Entsorgungsbetrieben neue Strukturen in der Abfallwirtschaft schaffen müssen.

Wir benötigen den Anlagenbetreiber zur Konfektionierung von Abfallstoffen, der, anders als bisher, nicht mit Großtechnologie die Probleme löst, sondern durch intelligentes Stoffmanagement mit einer modularen, kombinierbaren Verfahrenstechnik Materialien gezielt verändert, so daß diese verkaufsfähige Eigenschaften annehmen können (Abb. 10).

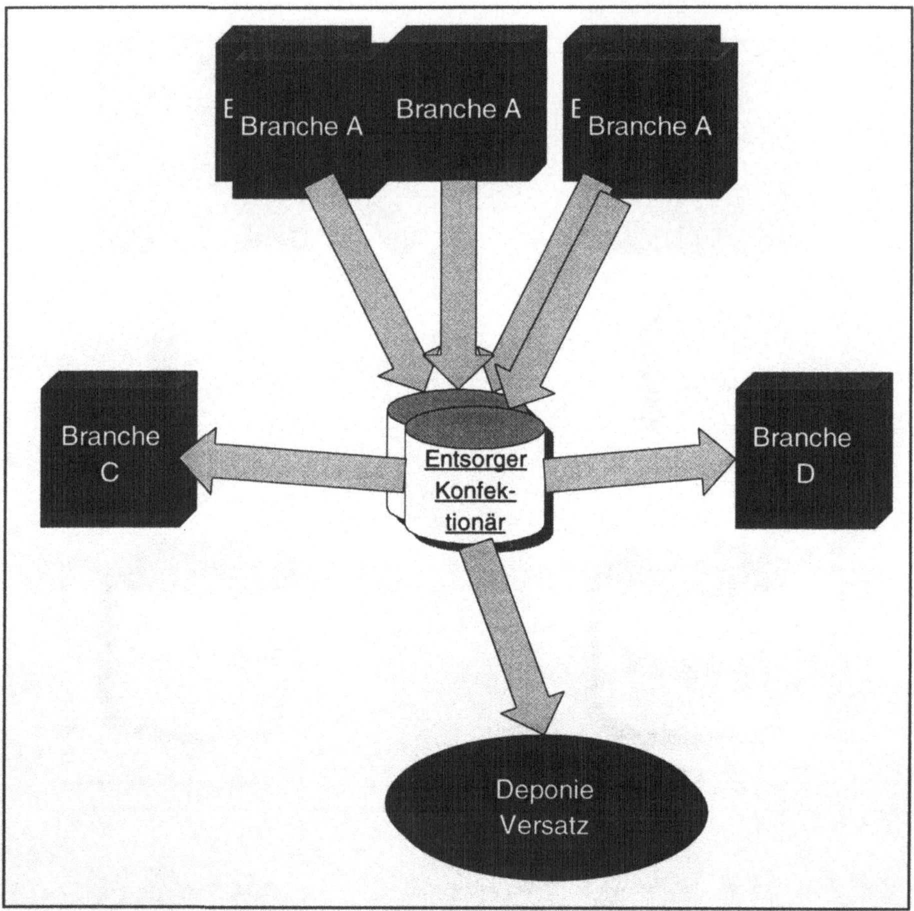

Abb. 10. s. Text

Beispielsweise ist es durchaus möglich, Lackreste herkunftsgemäß so zusammenzustellen und die einzelnen sich ergebenden Fraktionen Verfahrensschritten zu unterziehen, so daß am Ende diese Materialien unter anderem als Füllstoffe Verwendung finden können. Der moderne Konfektionär verfügt somit über verfahrenstechnische Einrichtungen für

- die Zerkleinerung,
- das Mischen,
- die Destillation,
- die thermische Behandlung,
- die Stoffumwandlung,
- die Filtration u.a.

Diese kann er je nach angestrebtem Ergebnis kombinieren. Inwieweit diese Dienstleistung als Abfallbehandlung oder Verwertung zu bezeichnen ist, sei dahingestellt. Aus meiner Sicht jedenfalls kann es auch als ein nach außen hin verlagerter Produktionsprozeß angesehen werden.

Entsorgungsengineering kann sich nur im Netzwerk als Ideenfabrik darstellen und so die Probleme lösen. Dazu wird in Dülmen zur Zeit ein Postoffice eingerichtet, in dem Ideen aus verschiedenen Branchen, Forschungsinstitutionen und Ingenieurbüros zusammengetragen werden. Aus diesen Daten und Ideen soll eine stoffbezogene Verwendungsliste (-datenbank) und Verfahrensliste (-datenbank) entstehen. Auch Sie sind angesprochen, Beiträge zuzusenden.

Dies sollte vorzugsweise elektronisch geschehen, entweder über die angegebene E-mail-Adresse (M-B-S@t-online.de) oder per Datenträger (Diskette).

Literatur

Bayerl, G., Pichol, K. (1986) Papier: Produkt aus Lumpen, Holz und Wasser, Hamburg,

Both, G. (1992) Abschied vom Müll (Wollny, Volrad, Hrsg.), Göttingen

Diderot, D., d'Alembert, J.L. (Hrsg.) (1767) L'Encyclopédie... Recueil de planches, sur les sciences, les arts libéraux, et les arts méchaniques, avec leur explication, Band 5, Paris

Firmenpublikation der Fa. Sekundärrohstoff-Verwertungszentrum Schwarze Pumpe GmbH: Aus Reststoffen werden Wertstoffe, Kurzbeschreibung

Firmenpublikation der Fa. VER Verwertung und Entsorgung von Reststoffen GmbH (Topf, N., G. Liebisch) Das LQV-Verfahren zur dezentralen Gaserzeugung aus Biomassen

Harnisch, H., Steiner, R., Winnacker, K. (Hrsg.) (1981) Chemische Technologie, Band 5, Organische Technologie I (Winnacker, Küchler) München

Hauck, D., Hilker, E. (1984) Abfallstoffeinsatz in der Ziegelindustrie, Ziegeleitechnisches Jahrbuch

Hauck, D., Jung, E. Verbesserung der Wärmeleitzahl von Leichthochlochziegeln

Hauck, D., Ruppik, M., Krützner-Brezynski, B. (1995) Veränderung der Bildsamkeit durch Zusätze, Tonaufschluß und Formgebungstemperatur, ZI-Jahrbuch, Wiesbaden

Hilker, E., Hauck, D. (1986) Einsatzmöglichkeiten eisenoxidhaltiger Zusätze bei der Ziegelherstellung, Ziegeltechnisches Jahrbuch

Kreislaufwirtschafts- und Abfallgesetz (KrW-/AbfG) vom 27. September 1994 (BGBl. I S. 2705)

Erster Teil

Allgemeine Vorschriften

§ 1 Zweck des Gesetzes

Zweck des Gesetzes ist die Förderung der Kreislaufwirtschaft zur Schonung der natürlichen Ressourcen und die Sicherung der umweltverträglichen Beseitigung von Abfällen.

§ 2 Geltungsbereich

(1) Die Vorschriften dieses Gesetzes gelten für
1. die Vermeidung,
2. die Verwertung und
3. die Beseitigung von Abfällen.

(2) Die Vorschriften dieses Gesetzes gelten nicht für
1. die nach dem Tierkörperbeseitigungsgesetz, nach dem Fleischhygiene- und dem Geflügelfleischhygienegesetz, nach dem Lebensmittel- und Bedarfsgegenständegesetz, nach dem Milch- und Margarinegesetz, nach dem Tierseuchengesetz, nach dem Pflanzenschutzgesetz und nach den aufgrund dieser Gesetze erlassenen Rechtsverordnungen zu beseitigenden Stoffe,
2. Kernbrennstoffe und sonstige radioaktive Stoffe im Sinne des Atomgesetzes,
3. Stoffe, deren Beseitigung in einer aufgrund des Strahlenschutzvorsorgegesetzes erlassenen Rechtsverordnung geregelt ist,
4. Abfälle, die beim Aufsuchen, Gewinnen, Aufbereiten und Weiterverarbeiten von Bodenschätzen in den der Bergaufsicht unterstehenden Betrieben anfallen, ausgenommen Abfälle, die nicht unmittelbar und nicht üblicherweise nur bei den im 1. Halbsatz genannten Tätigkeiten anfallen,
5. nicht in Behälter gefaßte gasförmige Stoffe,
6. Stoffe, sobald diese in Gewässer oder Abwasseranlagen eingeleitet oder eingebracht werden,
7. das Aufsuchen, Bergen, Befördern, Lagern, Behandeln und Vernichten von Kampfmitteln.

§ 3 Begriffsbestimmungen

(1) Abfälle im Sinne dieses Gesetzes sind alle beweglichen Sachen, die unter die in Anhang I aufgeführten Gruppen fallen und deren sich ihr Besitzer entledigt, entledigen will oder entledigen muß. Abfälle zur Verwertung sind Abfälle, die verwertet werden; Abfälle, die nicht verwertet werden, sind Abfälle zur Beseitigung.

(2) Die Entledigung im Sinne des Absatzes 1 liegt vor, wenn der Besitzer bewegliche Sachen einer Verwertung im Sinne des Anhangs II B oder einer Beseitigung im Sinne des Anhangs II A zuführt oder die tatsächliche Sachherrschaft über sie unter Wegfall jeder weiteren Zweckbestimmung aufgibt.

(3) Der Wille zur Entledigung im Sinne des Absatzes 1 ist hinsichtlich solcher beweglicher Sachen anzunehmen,

1. die bei der Energieumwandlung, Herstellung, Behandlung oder Nutzung von Stoffen oder Erzeugnissen oder bei Dienstleistungen anfallen, ohne daß der Zweck der jeweiligen Handlung hierauf gerichtet ist, oder
2. deren ursprüngliche Zweckbestimmung entfällt oder aufgegeben wird, ohne daß ein neuer Verwendungszweck unmittelbar an deren Stelle tritt.

Für die Beurteilung der Zweckbestimmung ist die Auffassung des Erzeugers oder Besitzers unter Berücksichtigung der Verkehrsanschauung zugrunde zu legen.

(4) Der Besitzer muß sich beweglicher Sachen im Sinne des Absatzes 1 entledigen, wenn diese entsprechend ihrer ursprünglichen Zweckbestimmung nicht mehr verwendet werden, aufgrund ihres konkreten Zustandes geeignet sind, gegenwärtig oder künftig das Wohl der Allgemeinheit, insbesondere die Umwelt zu gefährden und deren Gefährdungspotential nur durch eine ordnungsgemäße und schadlose Verwertung oder gemeinwohlverträgliche Beseitigung nach den Vorschriften dieses Gesetzes und der aufgrund dieses Gesetzes erlassenen Rechtsverordnungen ausgeschlossen werden kann.

(5) Erzeuger von Abfällen im Sinne dieses Gesetzes ist jede natürliche oder juristische Person, durch deren Tätigkeit Abfälle angefallen sind, oder jede Person, die Vorbehandlungen, Mischungen oder sonstige Behandlungen vorgenommen hat, die eine Veränderung der Natur oder der Zusammensetzung dieser Abfälle bewirken.

(6) Besitzer von Abfällen im Sinne dieses Gesetzes ist jede natürliche oder juristische Person, die die tatsächliche Sachherrschaft über Abfälle hat.

(7) Abfallentsorgung umfaßt die Verwertung und Beseitigung von Abfällen.

(8) Besonders überwachungsbedürftig sind die Abfälle, die durch eine Rechtsverordnung nach § 41 Abs. 1 oder § 41 Abs. 3 Nr. 1 bestimmt worden sind.

Überwachungsbedürftig sind alle übrigen Abfälle, wenn sie beseitigt werden sollen, sowie die verwertbaren Abfälle, die durch eine Rechtsverordnung nach § 41 Abs. 3 Nr. 2 bestimmt sind.

Zweiter Teil

Grundsätze und Pflichten der Erzeuger und Besitzer von Abfällen sowie der Entsorgungsträger

§ 4 Grundsätze der Kreislaufwirtschaft

(1) Abfälle sind
1. in erster Linie zu vermeiden, insbesondere durch die Verminderung ihrer Menge und Schädlichkeit,
2. in zweiter Linie
a) stofflich zu verwerten oder
b) zur Gewinnung von Energie zu nutzen (energetische Verwertung).

(2) Maßnahmen zur Vermeidung von Abfällen sind insbesondere die anlageninterne Kreislaufführung von Stoffen, die abfallarme Produktgestaltung sowie ein auf den Erwerb abfall- und schadstoffarmer Produkte gerichtetes Konsumverhalten.

(3) Die stoffliche Verwertung beinhaltet die Substitution von Rohstoffen durch das Gewinnen von Stoffen aus Abfällen (sekundäre Rohstoffe) oder die Nutzung der stofflichen Eigenschaften der Abfälle für den ursprünglichen Zweck oder für andere Zwecke mit Ausnahme der unmittelbaren Energierückgewinnung. Eine stoffliche Verwertung liegt vor, wenn nach einer wirtschaftlichen Betrachtungsweise, unter Berücksichtigung der im einzelnen Abfall bestehenden Verunreinigungen, der Hauptzweck der Maßnahme in der Nutzung des Abfalls und nicht in der Beseitigung des Schadstoffpotentials liegt.

(4) Die energetische Verwertung beinhaltet den Einsatz von Abfällen als Ersatzbrennstoff; vom Vorrang der energetischen Verwertung unberührt bleibt die thermische Behandlung von Abfällen zur Beseitigung, insbesondere von Hausmüll. Für die Abgrenzung ist auf den Hauptzweck der Maßnahme abzustellen. Ausgehend vom einzelnen Abfall, ohne Vermischung mit anderen Stoffen, bestimmen Art und Ausmaß seiner Verunreinigungen sowie die durch seine Behandlung anfallenden weiteren Abfälle und entstehenden Emissionen, ob der Hauptzweck auf die Verwertung oder die Behandlung gerichtet ist.

(5) Die Kreislaufwirtschaft umfaßt auch das Bereitstellen, Überlassen, Sammeln, Einsammeln durch Hol- und Bringsysteme, Befördern, Lagern und Behandeln von Abfällen zur Verwertung.

§ 5 Grundpflichten der Kreislaufwirtschaft

(1) Die Pflichten zur Abfallvermeidung richten sich nach § 9 sowie den auf Grund der §§ 23 und 24 erlassenen Rechtsverordnungen.

(2) Die Erzeuger oder Besitzer von Abfällen sind verpflichtet, diese nach Maßgabe von § 6 zu verwerten. Soweit sich aus diesem Gesetz nichts anderes ergibt,

hat die Verwertung von Abfällen Vorrang vor deren Beseitigung. Eine der Art und Beschaffenheit des Abfalls entsprechende hochwertige Verwertung ist anzustreben. Soweit dies zur Erfüllung der Anforderungen nach den §§ 4 und 5 erforderlich ist, sind Abfälle zur Verwertung getrennt zu halten und zu behandeln.

(3) Die Verwertung von Abfällen, insbesondere durch ihre Einbindung in Erzeugnisse, hat ordnungsgemäß und schadlos zu erfolgen. Die Verwertung erfolgt ordnungsgemäß, wenn sie im Einklang mit den Vorschriften dieses Gesetzes und anderen öffentlich-rechtlichen Vorschriften steht. Sie erfolgt schadlos, wenn nach der Beschaffenheit der Abfälle, dem Ausmaß der Verunreinigungen und der Art der Verwertung Beeinträchtigungen des Wohls der Allgemeinheit nicht zu erwarten sind, insbesondere keine Schadstoffanreicherung im Wertstoffkreislauf erfolgt.

(4) Die Pflicht zur Verwertung von Abfällen ist einzuhalten, soweit dies technisch möglich und wirtschaftlich zumutbar ist, insbesondere für einen gewonnenen Stoff oder gewonnene Energie ein Markt vorhanden ist oder geschaffen werden kann. Die Verwertung von Abfällen ist auch dann technisch möglich, wenn hierzu eine Vorbehandlung erforderlich ist. Die wirtschaftliche Zumutbarkeit ist gegeben, wenn die mit der Verwertung verbundenen Kosten nicht außer Verhältnis zu den Kosten stehen, die für eine Abfallbeseitigung zu tragen wären.

(5) Der in Absatz 2 festgelegte Vorrang der Verwertung von Abfällen entfällt, wenn deren Beseitigung die umweltverträglichere Lösung darstellt. Dabei sind insbesondere zu berücksichtigen

1. die zu erwartenden Emissionen,
2. das Ziel der Schonung der natürlichen Ressourcen,
3. die einzusetzende oder zu gewinnende Energie und
4. die Anreicherung von Schadstoffen in Erzeugnissen, Abfällen zur Verwertung oder daraus gewonnenen Erzeugnissen.

(6) Der Vorrang der Verwertung gilt nicht für Abfälle, die unmittelbar und üblicherweise durch Maßnahmen der Forschung und Entwicklung anfallen.

§ 6 Stoffliche und energetische Verwertung

(1) Abfälle können

a) stofflich verwertet werden oder
b) zur Gewinnung von Energie genutzt werden.Vorrang hat die besser umweltverträgliche Verwertungsart. § 5 Abs. 4 gilt entsprechend. Die Bundesregierung wird ermächtigt, nach Anhörung der beteiligten Kreise (§ 60) durch Rechtsverordnung mit Zustimmung des Bundesrates für bestimmte Abfallarten aufgrund der in § 5 Abs. 5 festgelegten Kriterien unter Berücksichtigung der in Absatz 2 genannten Anforderungen den Vorrang der stofflichen oder energetischen Verwertung zu bestimmen.

(2) Soweit der Vorrang einer Verwertungsart nicht in einer Rechtsverordnung nach Absatz 1 festgelegt ist, ist eine energetische Verwertung im Sinne des § 4 Abs. 4 nur zulässig, wenn

1. der Heizwert des einzelnen Abfalls, ohne Vermischung mit anderen Stoffen, mindestens 11.000 kj/kg beträgt,
2. ein Feuerungswirkungsgrad von mindestens 75 % erzielt wird,
3. entstehende Wärme selbst genutzt oder an Dritte abgegeben wird und
4. die im Rahmen der Verwertung anfallenden weiteren Abfälle möglichst ohne weitere Behandlung abgelagert werden können.

Abfälle aus nachwachsenden Rohstoffen können energetisch verwertet werden, wenn die in Satz 1 Nr. 2 bis 4 genannten Voraussetzungen vorliegen.

§ 7 Anforderungen an die Kreislaufwirtschaft

(1) Die Bundesregierung wird ermächtigt, nach Anhörung der beteiligten Kreise (§ 60) durch Rechtsverordnung mit Zustimmung des Bundesrates, soweit es zur Erfüllung der Pflichten nach § 5, insbesondere zur Sicherung der schadlosen Verwertung, erforderlich ist,

1. die Einbindung oder das Verbleiben von bestimmten Abfällen in Erzeugnissen nach Art, Beschaffenheit und Inhaltsstoffen zu beschränken,
2. Anforderungen an die Getrennthaltung, Beförderung und Lagerung von Abfällen festzulegen,
3. Anforderungen an das Bereitstellen, Überlassen, Sammeln und Einsammeln von Abfällen durch Hol- und Bringsysteme festzulegen,
4. für bestimmte Abfälle, deren Verwertung aufgrund ihrer Art, Beschaffenheit oder Menge in besonderer Weise geeignet ist, Beeinträchtigungen des Wohls der Allgemeinheit, insbesondere der in § 10 Abs. 4 genannten Schutzgüter, herbeizuführen, nach Herkunftsbereich, Anfallstelle oder Ausgangsprodukt festzulegen,
   a) daß diese nur in bestimmter Menge oder Beschaffenheit oder für bestimmte Zwecke in den Verkehr gebracht oder verwertet werden dürfen,
   b) daß diese mit bestimmter Beschaffenheit nicht in den Verkehr gebracht werden dürfen,
5. Hinweispflichten des jeweiligen Besitzers von Abfällen bezüglich der aus diesen Rechtsverordnungen sich ergebenden Anforderungen festzulegen, die dieser bei der Abgabe an Dritte zu beachten hat,
6. Kennzeichnungspflichten für Abfälle festzulegen.

(2) Durch Rechtsverordnung nach Absatz 1 können Verfahren zur Überprüfung der dort festgelegten Anforderungen festgelegt werden, wenn Kraftwerksabfälle, REA-Gipse oder sonstige Abfälle in der Bergaufsicht unterstehenden Betrieben aus bergtechnischen, bergsicherheitlichen Gründen oder zur Wiedernutzbarmachung eingesetzt werden.

(3) Durch Rechtsverordnung nach Absatz 1 können Verfahren zur Überprüfung der dort festgelegten Anforderungen festgelegt werden, insbesondere

1. die Entnahme von Proben, der Verbleib und die Aufbewahrung von Rückstellproben und die hierfür anzuwendenden Verfahren,
2. die zur Bestimmung von einzelnen Stoffen oder Stoffgruppen erforderlichen Analyseverfahren.

Wegen der Anforderungen nach Satz 1 kann auf jedermann zugängliche Bekanntmachungen sachverständiger Stellen verwiesen werden; hierbei ist

1. in der Rechtsverordnung das Datum der Bekanntmachung anzugeben und die Bezugsquelle genau zu bezeichnen,
2. die Bekanntmachung bei dem Deutschen Patentamt archivmäßig gesichert niederzulegen und in der Rechtsverordnung darauf hinzuweisen.

§ 8 Anforderungen an die Kreislaufwirtschaft im Bereich der landwirtschaftlichen Düngung

(1) Das Bundesministerium für Umwelt, Naturschutz und Reaktorsicherheit wird ermächtigt, im Einvernehmen mit dem Bundesministerium für Ernährung, Landwirtschaft und Forsten und dem Bundesministerium für Gesundheit nach Anhörung der beteiligten Kreise (§ 60) durch Rechtsverordnung mit Zustimmung des Bundesrates für den Bereich der Landwirtschaft Anforderungen zur Sicherung der ordnungsgemäßen und schadlosen Verwertung nach Maßgabe des Absatzes 2 festzulegen.

(2) Werden Abfälle zur Verwertung als Sekundärrohstoffdünger oder Wirtschaftsdünger im Sinne des § 1 des Düngemittelgesetzes auf landwirtschaftlich, forstwirtschaftlich oder gärtnerisch genutzte Böden aufgebracht, können in Rechtsverordnungen nach Absatz 1 für die Abgabe und die Aufbringung hinsichtlich der Schadstoffe insbesondere
1. Verbote oder Beschränkungen nach Maßgabe von Merkmalen wie Art und Beschaffenheit des Bodens, Aufbringungsort und -zeit und natürliche Standortverhältnisse sowie
2. Untersuchungen der Abfälle oder Wirtschaftsdünger oder des Bodens, Maßnahmen zur Vorbehandlung dieser Stoffe oder geeignete andere Maßnahmen bestimmt werden.Dies gilt für Wirtschaftsdünger insoweit, als das Maß der guten fachlichen Praxis im Sinne des § 1a des Düngemittelgesetzes überschritten wird.

(3) Die Landesregierungen können Rechtsverordnungen nach Absatz 2 erlassen, soweit das Bundesministerium für Umwelt, Naturschutz und Reaktorsicherheit von der Ermächtigung keinen Gebrauch macht; sie können die Ermächtigung durch Rechtsverordnung ganz oder teilweise auf andere Behörden übertragen.

§ 9 Pflichten der Anlagenbetreiber

Die Pflichten der Betreiber von genehmigungsbedürftigen und nicht genehmigungsbedürftigen Anlagen nach dem Bundes-Immissionsschutzgesetz, diese so zu errichten und zu betreiben, daß Abfälle vermieden, verwertet oder beseitigt werden, richten sich nach den Vorschriften des Bundes-Immissionsschutzgesetzes. Stoffbezogene Anforderungen an die Art und Weise der Verwertung und Beseitigung von Abfällen nach diesem Gesetz bleiben unberührt. Stoffbezogene Anforderungen an die anlageninterne Verwertung sind durch Rechtsverordnung nach § 6 Abs. 1 und § 7 festzulegen.

§ 10 Grundsätze der gemeinwohlverträglichen Abfallbeseitigung

(1) Abfälle, die nicht verwertet werden, sind dauerhaft von der Kreislaufwirtschaft auszuschließen und zur Wahrung des Wohls der Allgemeinheit zu beseitigen.

(2) Die Abfallbeseitigung umfaßt das Bereitstellen, Überlassen, Einsammeln, die Beförderung, die Behandlung, die Lagerung und die Ablagerung von Abfällen zur Beseitigung. Durch die Behandlung von Abfällen sind deren Menge und Schädlichkeit zu vermindern. Bei der Behandlung und Ablagerung anfallende Energie oder Abfälle sind soweit wie möglich zu nutzen. Die Behandlung und Ablagerung ist auch dann als Abfallbeseitigung anzusehen, wenn dabei anfallende Energie oder Abfälle genutzt werden können und diese Nutzung nur untergeordneter Nebenzweck der Beseitigung ist.

(3) Abfälle sind im Inland zu beseitigen. Die Vorschriften der Verordnung (EWG) Nr. 259/93 des Rates vom 1. Februar 1993 zur Überwachung und Kontrolle der Verbringung von Abfällen in der, in die und aus der Europäischen Gemeinschaft (ABl. EG Nr. L 30, S. 1) und des Ausführungsgesetzes zu dem Basler Übereinkommen vom 22. März 1989 über die Kontrolle der grenzüberschreitenden Verbringung gefährlicher Abfälle und ihrer Entsorgung vom ... bleiben unberührt.

(4) Abfälle sind so zu beseitigen, daß das Wohl der Allgemeinheit nicht beeinträchtigt wird. Eine Beeinträchtigung liegt insbesondere vor, wenn

1. die Gesundheit der Menschen beeinträchtigt,
2. Tiere und Pflanzen gefährdet,
3. Gewässer und Boden schädlich beeinflußt,
4. schädliche Umwelteinwirkungen durch Luftverunreinigungen oder Lärm herbeigeführt,
5. die Belange der Raumordnung und der Landesplanung, des Naturschutzes und der Landschaftspflege sowie des Städtebaus nicht gewahrt oder
6. sonst die öffentliche Sicherheit und Ordnung gefährdet oder gestört werden.

§ 11 Grundpflichten der Abfallbeseitigung

(1) Die Erzeuger oder Besitzer von Abfällen, die nicht verwertet werden, sind verpflichtet, diese nach den Grundsätzen der gemeinwohlverträglichen Abfallbeseitigung gemäß § 10 zu beseitigen, soweit in den §§ 13 bis 18 nichts anderes bestimmt ist.

(2) Soweit dies zur Erfüllung der Anforderungen nach § 10 erforderlich ist, sind Abfälle zur Beseitigung getrennt zu halten und zu behandeln.

§ 12 Anforderungen an die Abfallbeseitigung

(1) Die Bundesregierung wird ermächtigt, nach Anhörung der beteiligten Kreise (§ 60) durch Rechtsverordnung mit Zustimmung des Bundesrates zur Erfüllung der Pflichten nach § 11 entsprechend dem Stand der Technik Anforderungen an die Beseitigung von Abfällen nach Herkunftsbereich, Anfallstelle sowie nach Art, Menge und Beschaffenheit festzulegen, insbesondere

1. Anforderungen an die Getrennthaltung und die Behandlung von Abfällen,
2. Anforderungen an das Bereitstellen, Überlassen, das Einsammeln, die Beförderung, Lagerung und die Ablagerung von Abfällen und
3. Verfahren zur Überprüfung der Anforderungen entsprechend § 7 Abs. 3.

(2) Die Bundesregierung erläßt nach Anhörung der beteiligten Kreise (§ 60) mit Zustimmung des Bundesrates zur Durchführung dieses Gesetzes und der aufgrund dieses Gesetzes erlassenen Rechtsverordnungen des Bundes allgemeine Verwaltungsvorschriften über Anforderungen an die umweltverträgliche Beseitigung von Abfällen nach dem Stand der Technik. Hierzu sind auch Verfahren der Sammlung, Behandlung, Lagerung und Ablagerung festzulegen, die in der Regel eine umweltverträgliche Abfallbeseitigung gewährleisten.

(3) Stand der Technik im Sinne dieses Gesetzes ist der Entwicklungsstand fortschrittlicher Verfahren, Einrichtungen oder Betriebsweisen, der die praktische Eignung einer Maßnahme für eine umweltverträgliche Abfallbeseitigung gesichert erscheinen läßt. Bei der Bestimmung des Standes der Technik sind insbesondere vergleichbare Verfahren, Einrichtungen oder Betriebsweisen heranzuziehen, die mit Erfolg im Betrieb erprobt worden sind.

§ 13 Überlassungspflichten

(1) Abweichend von § 5 Abs. 2 und § 11 Abs. 1 sind Erzeuger oder Besitzer von Abfällen aus privaten Haushaltungen verpflichtet, diese den nach Landesrecht zur Entsorgung verpflichteten juristischen Personen (öffentlich-rechtliche Entsorgungsträger) zu überlassen, soweit sie zu einer Verwertung nicht in der Lage sind oder diese nicht beabsichtigen. Satz 1 gilt auch für Erzeuger und Besitzer von Abfällen zur Beseitigung aus anderen Herkunftsbereichen, soweit sie diese nicht in eigenen Anlagen beseitigen oder überwiegende öffentliche Interessen eine Überlassung erfordern.

(2) Die Überlassungspflicht gegenüber den öffentlich-rechtlichen Entsorgungsträgern besteht nicht, soweit Dritten oder privaten Entsorgungsträgern Pflichten zur Verwertung und Beseitigung nach den §§ 16, 17 und 18 übertragen worden sind.

(3) Die Überlassungspflicht besteht nicht für Abfälle,

1. die einer Rücknahme- oder Rückgabepflicht aufgrund einer Rechtsverordnung nach § 24 unterliegen, soweit nicht die öffentlich-rechtlichen Entsorgungsträger aufgrund einer Bestimmung nach § 24 Abs. 2 Nr. 4 an der Rücknahme mitwirken,

2. die durch gemeinnützige Sammlung einer ordnungsgemäßen und schadlosen Verwertung zugeführt werden,
3. die durch gewerbliche Sammlung einer ordnungsgemäßen und schadlosen Verwertung zugeführt werden, soweit dies den öffentlich-rechtlichen Entsorgungsträgern nachgewiesen wird und nicht überwiegende öffentliche Interessen entgegenstehen.

Die Nummern 2 und 3 gelten nicht für besonders überwachungsbedürftige Abfälle. Sonderregelungen der Überlassungspflicht durch Rechtsverordnungen nach den §§ 7 und 24 bleiben unberührt.

(4) Die Länder können zur Sicherstellung der umweltverträglichen Beseitigung Andienungs- und Überlassungspflichten für besonders überwachungsbedürftige Abfälle zur Beseitigung bestimmen. Sie können zur Sicherstellung der umweltverträglichen Abfallentsorgung Andienungs- und Überlassungspflichten für besonders überwachungsbedürftige Abfälle zur Verwertung bestimmen, soweit eine ordnungsgemäße Verwertung nicht anderweitig gewährleistet werden kann. Die in Satz 2 genannten Abfälle zur Verwertung werden von der Bundesregierung durch Rechtsverordnung mit Zustimmung des Bundesrates bestimmt. Andienungspflichten für besonders überwachungsbedürftige Abfälle zur Verwertung, die die Länder bis zum Inkrafttreten dieses Gesetzes bestimmt haben, bleiben unberührt. Soweit Dritten oder privaten Entsorgungsträgern Pflichten zur Entsorgung nach §§ 16, 17 oder 18 übertragen worden sind, unterliegen diese nicht der Andienungs- oder Überlassungspflicht.

§ 14 Duldungspflichten bei Grundstücken

(1) Die Eigentümer und Besitzer von Grundstücken, auf denen überlassungspflichtige Abfälle anfallen, sind verpflichtet, das Aufstellen zur Erfassung notwendiger Behältnisse sowie das Betreten des Grundstücks zum Zwecke des Einsammelns und zur Überwachung der Getrennthaltung und Verwertung von Abfällen zu dulden.

(2) Absatz 1 gilt entsprechend für Rücknahme- und Sammelsysteme, die zur Durchführung von Rücknahmepflichten aufgrund einer Rechtsverordnung nach § 24 erforderlich sind.

§ 15 Pflichten der öffentlich-rechtlichen Entsorgungsträger

(1) Die öffentlich-rechtlichen Entsorgungsträger haben die in ihrem Gebiet angefallenen und überlassenen Abfälle aus privaten Haushaltungen und Abfälle zur Beseitigung aus anderen Herkunftsbereichen nach Maßgabe der §§ 4 bis 7 zu verwerten oder nach Maßgabe der §§ 10 bis 12 zu beseitigen. Werden Abfälle aus den in § 5 Abs. 4 genannten Gründen zur Beseitigung überlassen, sind die öffentlich-rechtlichen Entsorgungsträger zur Verwertung verpflichtet, soweit bei ihnen diese Gründe nicht vorliegen.

(2) Die öffentlich-rechtlichen Entsorgungsträger sind von ihren Pflichten zur Entsorgung von Abfällen aus anderen Herkunftsbereichen als privaten Haushaltungen befreit, soweit Dritten oder privaten Entsorgungsträgern Pflichten zur Entsorgung nach den §§ 16, 17 oder 18 übertragen worden sind.

(3) Die öffentlich-rechtlichen Entsorgungsträger können mit Zustimmung der zuständigen Behörde Abfälle von der Entsorgung ausschließen, soweit diese der Rücknahmepflicht aufgrund einer nach § 24 erlassenen Rechtsverordnung unterliegen und entsprechende Rücknahmeeinrichtungen tatsächlich zur Verfügung stehen. Satz 1 gilt auch für Abfälle zur Beseitigung aus anderen Herkunftsbereichen als privaten Haushaltungen, soweit diese nach Art, Menge oder Beschaffenheit nicht mit den in Haushaltungen anfallenden Abfällen beseitigt werden können oder die Sicherheit der umweltverträglichen Beseitigung im Einklang mit den Abfallwirtschaftsplänen der Länder durch einen anderen Entsorgungsträger oder Dritten gewährleistet ist. Die öffentlich-rechtlichen Entsorgungsträger können den Ausschluß von der Entsorgung nach Satz 1 und 2 mit Zustimmung der zuständigen Behörde widerrufen, soweit die dort genannten Voraussetzungen für einen Ausschluß nicht mehr vorliegen.

(4) Die Pflichten nach Absatz 1 gelten auch für Kraftfahrzeuge oder Anhänger ohne gültige amtliche Kennzeichen, wenn diese auf öffentlichen Flächen oder außerhalb im Zusammenhang bebauter Ortsteile abgestellt sind, keine Anhaltspunkte für deren Entwendung oder bestimmungsgemäße Nutzung bestehen und sie nicht innerhalb eines Monats nach einer am Fahrzeug angebrachten, deutlich sichtbaren Aufforderung entfernt worden sind.

§ 16 Beauftragung Dritter

(1) Die zur Verwertung und Beseitigung Verpflichteten können Dritte mit der Erfüllung ihrer Pflichten beauftragen. Ihre Verantwortlichkeit für die Erfüllung der Pflichten bleibt hiervon unberührt. Die beauftragten Dritten müssen über die erforderliche Zuverlässigkeit verfügen.

(2) Die zuständige Behörde kann auf Antrag mit Zustimmung der Entsorgungsträger im Sinne der §§ 15, 17 und 18 deren Pflichten auf einen Dritten ganz oder teilweise übertragen, wenn

1. der Dritte sach- und fachkundig und zuverlässig ist,
2. die Erfüllung der übertragenen Pflichten sichergestellt ist und
3. keine überwiegenden öffentlichen Interessen entgegenstehen.

Die Pflichtenübertragung der privaten Entsorgungsträger auf Dritte bedarf der Zustimmung der öffentlich-rechtlichen Entsorgungsträger im Sinne des § 15.

(3) Zur Darlegung der Voraussetzungen nach Absatz 2 hat der Dritte insbesondere ein Abfallwirtschaftskonzept vorzulegen. Das Abfallwirtschaftskonzept hat zu enthalten

1. Angaben über Art, Menge und Verbleib der zu verwertenden oder zu beseitigenden Abfälle,

2. Darstellung der getroffenen und geplanten Maßnahmen zur Verwertung oder zur Beseitigung der Abfälle,
3. Darlegung der vorgesehenen Entsorgungswege für die nächsten fünf Jahre einschließlich der Angaben zur notwendigen Standort- und Anlagenplanung sowie ihrer zeitlichen Abfolge,
4. gesonderte Darstellung der unter Nr. 1 genannten Abfälle bei der Verwertung oder Beseitigung außerhalb der Bundesrepublik Deutschland.

Bei der Erstellung des Abfallwirtschaftskonzepts sind die Vorgaben der Abfallwirtschaftsplanung nach § 29 zu berücksichtigen. Das Abfallwirtschaftskonzept ist entsprechend § 19 Abs. 3 zu erstellen und fortzuschreiben. Nach Ablauf eines Jahres nach der Übertragung der Pflichten ist darüber hinaus entsprechend § 20 Abs. 1 eine Abfallbilanz zu erstellen und vorzulegen.

(4) Die Übertragung ist zu befristen. Sie kann mit Nebenbestimmungen versehen werden, insbesondere unter Bedingungen erteilt und mit Auflagen oder dem Vorbehalt eines Widerrufs verbunden werden.

§ 17 Wahrnehmung von Aufgaben durch Verbände

(1) Die Erzeuger und Besitzer von Abfällen aus gewerblichen sowie sonstigen wirtschaftlichen Unternehmen oder öffentlichen Einrichtungen können Verbände bilden, die von den Erzeugern oder Besitzern von Abfällen mit der Erfüllung ihrer Verwertungs- und Beseitigungspflichten beauftragt werden können. § 16 Abs. 1 Satz 2 und 3 gilt entsprechend.

(2) Die öffentlich-rechtlichen Entsorgungsträger und die Selbstverwaltungskörperschaften der Wirtschaft können auf die Bildung der Verbände hinwirken und sich an ihnen beteiligen.

(3) Die zuständige Behörde kann mit Zustimmung der öffentlich-rechtlichen Entsorgungsträger im Sinne des § 15 den Verbänden auf deren Antrag die Erzeuger- und Besitzerpflichten ganz oder teilweise übertragen, wenn

1. auf andere Weise der Verbandszweck nicht erfüllt werden kann,
2. die Erfüllung der übertragenen Pflichten sichergestellt ist, insbesondere die Sicherheit der Abfallbeseitigung für den übertragenen Aufgabenbereich im Einklang mit den Abfallwirtschaftsplänen der Länder (§ 29) gewährleistet ist und
3. keine überwiegenden öffentlichen Interessen entgegenstehen.

§ 16 Abs. 3 und 4 gilt entsprechend.

(4) Die zuständige Behörde kann den Verband im Rahmen des übertragenen Aufgabenbereichs und Verbandszwecks in einem ausgewiesenen Gebiet zur Beseitigung aller Abfälle, insbesondere von Abfällen zur Beseitigung weiterer Erzeuger und Besitzer verpflichten, soweit

1. dies zur Wahrung der Belange des Wohles der Allgemeinheit geboten ist und
2. die Erzeuger und Besitzer ihre Pflichten nicht selbst wahrnehmen.

(5) Die Verbände können Gebühren erheben. Die Gebührensatzung bedarf der Genehmigung der zuständigen Behörde.

(6) Für die übertragenen Verwertungs- und Beseitigungspflichten gilt § 15 Abs. 1 und 3 entsprechend. Soweit es zur Erfüllung der übertragenen Pflichten erforderlich ist, bestehen die Überlassungs- und Duldungspflichten gegenüber den Verbänden; § 13 Abs. 1 und 3 und § 14 gelten entsprechend. Zur Erfüllung der übertragenen Pflichten können die Verbände von den Erzeugern und Besitzern verlangen, die Abfällle getrennt zu halten und zu bestimmten Sammelstellen oder Behandlungsanlagen zu bringen. Die Befugnis des Erzeugers und Besitzers, die Abfälle selbst zu entsorgen, bleibt unberührt.

§ 18 Wahrnehmung von Aufgaben durch Selbstverwaltungskörperschaften der Wirtschaft

(1) Die Industrie- und Handelskammern, Handwerkskammern und Landwirtschaftskammern (Selbstverwaltungskörperschaften der Wirtschaft) können Einrichtungen bilden, die von den Erzeugern und Besitzern von Abfällen mit der Erfüllung ihrer Verwertungs- und Beseitigungspflichten beauftragt werden können. § 16 Abs. 1 Satz 2 und 3 gilt entsprechend.

(2) Auf Antrag der Selbstverwaltungskörperschaften der Wirtschaft kann die zuständige Behörde den Einrichtungen in einem ausgewiesenen Gebiet die Pflichten der Erzeuger und Besitzer von Abfällen ganz oder teilweise übertragen. § 17 Abs. 3 bis 6 gilt entsprechend.

§ 19 Abfallwirtschaftskonzepte

(1) Erzeuger, bei denen jährlich mehr als insgesamt 2000 kg besonders überwachungsbedürftige Abfälle oder jährlich mehr als 2000 Tonnen überwachungsbedürftige Abfälle je Abfallschlüssel anfallen, haben ein Abfallwirtschaftskonzept über die Vermeidung, Verwertung und Beseitigung der anfallenden Abfälle zu erstellen. Das Abfallwirtschaftskonzept dient als internes Planungsinstrument und ist auf Verlangen der zuständigen Behörde zur Auswertung für die Abfallwirtschaftsplanung vorzulegen. Das Abfallwirtschaftskonzept hat zu enthalten:

1. Angaben über Art, Menge und Verbleib der besonders überwachungsbedürftigen Abfälle, überwachungsbedürftigen Abfälle zur Verwertung sowie der Abfälle zur Beseitigung,
2. Darstellung der getroffenen und geplanten Maßnahmen zur Vermeidung, zur Verwertung und zur Beseitigung von Abfällen,
3. Begründung der Notwendigkeit der Abfallbeseitigung, insbesondere Angaben zur mangelnden Verwertbarkeit aus den in § 5 Abs. 4 genannten Gründen,
4. Darlegung der vorgesehenen Entsorgungswege für die nächsten fünf Jahre; bei Eigenentsorgern Angaben zur notwendigen Standort- und Anlagenplanung sowie ihrer zeitlichen Abfolge,

5. gesonderte Darstellung des Verbleibs der unter Nr. 1 genannten Abfälle bei der Verwertung oder Beseitigung außerhalb der Bundesrepublik Deutschland.

(2) Bei Erstellung des Abfallwirtschaftskonzepts sind die Vorgaben der Abfallwirtschaftsplanung nach § 29 zu berücksichtigen.

(3) Das Abfallwirtschaftskonzept ist erstmalig bis zum 31. Dezember 1999 für die nächsten fünf Jahre zu erstellen und alle fünf Jahre fortzuschreiben, soweit die Länder bis zum Inkrafttreten dieses Gesetzes nichts anderes bestimmt haben. Die zuständige Behörde kann die Vorlage zu einem früheren Zeitpunkt verlangen.

(4) Die Bundesregierung bestimmt nach Anhörung der beteiligten Kreise (§ 60) durch Rechtsverordnung mit Zustimmung des Bundesrates

1. nähere Anforderungen an Form und Inhalt der nach Absatz 1 vorzulegenden Unterlagen,
2. Ausnahmen für bestimmte Abfallarten von den in den Absätzen 1 bis 3 genannten Pflichten,
3. einzelne nicht überwachungsbedürftige Abfälle zur Verwertung, welche in das Abfallwirtschaftskonzept einzubeziehen sind.

(5) Die öffentlich-rechtlichen Entsorgungsträger im Sinne des § 15 haben Abfallwirtschaftskonzepte über die Verwertung und die Beseitigung der in ihrem Gebiet anfallenden und ihnen zu überlassenden Abfälle zu erstellen. Die Anforderungen an die Abfallwirtschaftskonzepte regeln die Länder.

§ 20 Abfallbilanzen

(1) Verpflichtete im Sinne des § 19 Abs. 1 haben jährlich, erstmalig zum 1. April 1998, jeweils für das vorhergehende Jahr eine Bilanz über Art, Menge und Verbleib der verwerteten oder beseitigten besonders überwachungsbedürftigen und überwachungsbedürftigen Abfälle (Abfallbilanz) zu erstellen und auf Verlangen der zuständigen Behörde vorzulegen. § 19 Abs. 1 Satz 3 Nr. 1, 3, 5, Abs. 3 Satz 1, 2. Halbsatz und Abs. 4 findet entsprechende Anwendung.

(2) Die Besitzer von Abfällen aus gewerblichen oder sonstigen wirtschaftlichen Unternehmen oder öffentlichen Einrichtungen sind den Verpflichteten im Sinne des Absatzes 1 Satz 1 zur Auskunft verpflichtet, soweit sie diesen Abfälle zu überlassen haben.

(3) Die öffentlich-rechtlichen Entsorgungsträger im Sinne des § 15 haben Abfallbilanzen entsprechend Absatz 1 zu erstellen. Die Anforderungen an die Abfallbilanzen regeln die Länder.

§ 21 Anordnungen im Einzelfall

(1) Die zuständige Behörde kann im Einzelfall die erforderlichen Anordnungen zur Durchführung dieses Gesetzes und der aufgrund dieses Gesetzes erlassenen Rechtsverordnungen treffen.

(2) Die zuständige Behörde kann anordnen, daß Verpflichtete im Sinne des § 19 Abs. 1 einen von der zuständigen obersten Landesbehörde bekanntgegebenen Sachverständigen mit der Prüfung von Abfallwirtschaftskonzepten und Abfallbilanzen nach den §§ 19 und 20 beauftragen.

(3) Werden Abfallwirtschaftskonzepte oder Abfallbilanzen nicht, nicht den Anforderungen entsprechend oder nicht rechtzeitig erstellt, kann die zuständige Behörde dies beanstanden und dem Verpflichteten eine angemessene Frist zur Nachbesserung einräumen.

Dritter Teil

Produktverantwortung

§ 22 Produktverantwortung

(1) Wer Erzeugnisse entwickelt, herstellt, be- und verarbeitet oder vertreibt, trägt zur Erfüllung der Ziele der Kreislaufwirtschaft die Produktverantwortung. Zur Erfüllung der Produktverantwortung sind Erzeugnisse möglichst so zu gestalten, daß bei deren Herstellung und Gebrauch das Entstehen von Abfällen vermindert wird und die umweltverträgliche Verwertung und Beseitigung der nach deren Gebrauch entstandenen Abfälle sichergestellt ist.

(2) Die Produktverantwortung umfaßt insbesondere

1. die Entwicklung, Herstellung und das Inverkehrbringen von Erzeugnissen, die mehrfach verwendbar, technisch langlebig und nach Gebrauch zur ordnungsgemäßen und schadlosen Verwertung und umweltverträglichen Beseitigung geeignet sind,
2. den vorrangigen Einsatz von verwertbaren Abfällen oder sekundären Rohstoffen bei der Herstellung von Erzeugnissen,
3. die Kennzeichnung von schadstoffhaltigen Erzeugnissen, um die umweltverträgliche Verwertung oder Beseitigung der nach Gebrauch verbleibenden Abfälle sicherzustellen,
4. den Hinweis auf Rückgabe-, Wiederverwendungs- und Verwertungsmöglichkeiten oder -pflichten und Pfandregelungen durch Kennzeichnung der Erzeugnisse und
5. die Rücknahme der Erzeugnisse und der nach Gebrauch der Erzeugnisse verbleibenden Abfälle sowie deren nachfolgende Verwertung oder Beseitigung.

(3) Im Rahmen der Produktverantwortung nach Absatz 1 und 2 sind neben der Verhältnismäßigkeit der Anforderungen, entsprechend § 5 Abs. 4, die sich aus anderen Rechtsvorschriften ergebenden Regelungen zur Produktverantwortung und zum Schutz der Umwelt sowie die Festlegungen des Gemeinschaftsrechts über den freien Warenverkehr zu berücksichtigen.

(4) Die Bundesregierung bestimmt durch Rechtsverordnungen aufgrund der §§ 23 und 24, welche Verpflichteten die Produktverantwortung nach Absatz 1 und 2

zu erfüllen haben. Sie legt zugleich fest, für welche Erzeugnisse und in welcher Art und Weise die Produktverantwortung wahrzunehmen ist.

§ 23 Verbote, Beschränkungen und Kennzeichnungen

Zur Festlegung von Anforderungen nach § 22 wird die Bundesregierung ermächtigt, nach Anhörung der beteiligten Kreise (§ 60) durch Rechtsverordnung mit Zustimmung des Bundesrates zu bestimmen, daß

1. bestimmte Erzeugnisse, insbesondere Verpackungen und Behältnisse, nur in bestimmter Beschaffenheit oder für bestimmte Verwendungen, bei denen eine ordnungsgemäße Verwertung oder Beseitigung der anfallenden Abfälle gewährleistet ist, in Verkehr gebracht werden dürfen,
2. bestimmte Erzeugnisse überhaupt nicht in Verkehr gebracht werden dürfen, wenn bei ihrer Entsorgung die Freisetzung schädlicher Stoffe nicht oder nur mit unverhältnismäßig hohem Aufwand verhindert werden könnte oder die umweltverträgliche Entsorgung nicht auf andere Weise sichergestellt werden kann,
3. bestimmte Erzeugnisse nur in bestimmter, die Abfallentsorgung spürbar entlastender Weise, insbesondere in einer die mehrfache Verwendung oder die Verwertung erleichternden Form in Verkehr gebracht werden dürfen,
4. bestimmte Erzeugnisse in bestimmter Weise zu kennzeichnen sind, um insbesondere die Erfüllung der Grundpflichten nach § 5 nach Rücknahme zu sichern (Kennzeichnungspflicht),
5. bestimmte Erzeugnisse wegen des Schadstoffgehaltes der nach bestimmungsgemäßem Gebrauch in der Regel verbleibenden Abfälle nur mit einer Kennzeichnung in den Verkehr gebracht werden dürfen, die insbesondere auf die Notwendigkeit einer Rückgabe an Hersteller, Vertreiber oder bestimmte Dritte hinweist, mit der die erforderliche besondere Verwertung oder Beseitigung sichergestellt wird,
6. für bestimmte Erzeugnisse, für die eine Rücknahme- oder Rückgabepflicht nach § 24 verordnet wurde, an der Stelle der Abgabe oder des Inverkehrbringens auf die Rückgabemöglichkeit hinzuweisen ist oder die Erzeugnisse entsprechend zu kennzeichnen sind,
7. bestimmte Erzeugnisse, für die die Erhebung eines Pfandes nach § 24 verordnet wurde, entsprechend zu kennzeichnen sind, gegebenenfalls mit Angabe der Höhe des Pfandes.

§ 24 Rücknahme- und Rückgabepflichten

(1) Zur Festlegung von Anforderungn nach § 22 wird die Bundesregierung ermächtigt, nach Anhörung der beteiligten Kreise (§ 60) durch Rechtsverordnung mit Zustimmung des Bundesrates zu bestimmen, daß Hersteller oder Vertreiber

1. bestimmte Erzeugnisse nur bei Eröffnung einer Rückgabemöglichkeit abgeben oder in Verkehr bringen dürfen,

2. bestimmte Erzeugnisse zurückzunehmen und die Rückgabe durch geeignete Maßnahmen, insbesondere durch Rücknahmesysteme oder durch Erhebung eines Pfandes, sicherzustellen haben,
3. bestimmte Erzeugnisse an der Abgabe- oder Anfallstelle zurückzunehmen haben,
4. gegenüber dem Land, der zuständigen Behörde oder den Entsorgungsträgern im Sinne der §§ 15, 17 oder 18 Nachweis zu führen über Art, Menge, Verwertung und Beseitigung der zurückgenommenen Abfälle, Belege einzubehalten und aufzubewahren und auf Verlangen vorzuzeigen haben.

(2) In einer Rechtsverordnung nach Absatz 1 kann zur Festlegung von Anforderungen nach § 22 sowie zur ergänzenden Festlegung von Pflichten der Erzeuger und Besitzer von Abfällen und der Entsorgungsträger im Sinne der §§ 15, 17 und 18 im Rahmen der Kreislaufwirtschaft weiter bestimmt werden,

1. wer die Kosten für die Rücknahme, Verwertung und Beseitigung der zurückzunehmenden Erzeugnisse zu tragen hat,
2. daß die Besitzer von Abfällen diese dem nach Absatz 1 verpflichteten Hersteller oder Vertreiber zu überlassen haben,
3. die Art und Weise der Überlassung, einschließlich der Maßnahmen im Sinne des § 4 Abs. 5 zum Bereitstellen, Sammeln und Befördern sowie Bringpflichten der unter Nr. 1 genannten Besitzer,
4. daß die Entsorgungsträger im Sinne der §§ 15, 17 und 18 durch Erfassung der Abfälle als ihnen übertragene Aufgabe bei der Rücknahme mitzuwirken und die erfaßten Abfälle dem nach Absatz 1 Verpflichteten zu überlassen haben.

§ 25 Freiwillige Rücknahme

(1) Die Bundesregierung kann für die freiwillige Rücknahme von Abfällen nach Anhörung der beteiligten Kreise (§ 60) Zielfestlegungen treffen, die innerhalb einer angemessenen Frist zu erreichen sind. Sie veröffentlicht die Festlegungen im Bundesanzeiger.

(2) Hersteller und Vertreiber, die Abfälle zur Beseitigung, überwachungs- oder besonders überwachungsbedürftige Abfälle zur Verwertung freiwillig zurücknehmen, haben dies der zuständigen Behörde anzuzeigen. Die für die Entgegennahme der Anzeige zuständige Behörde soll von Verpflichtungen nach § 49 sowie Nachweispflichten nach den §§ 43 und 46 Befreiungen erteilen, soweit durch die freiwillige Rücknahme die Ziele der Kreislaufwirtschaft nach den §§ 4 und 5 gefördert werden und die ordnungsgemäße Verwertung und Beseitigung der zurückgenommenen Abfälle in anderer geeigneter Weise nachgewiesen wird.

§ 26 Besitzerpflichten nach Rücknahme

Hersteller und Vertreiber, die Abfälle aufgrund einer Rechtsverordnung nach § 24 oder freiwillig zurücknehmen, unterliegen den Pflichten eines Besitzers von Abfällen nach den §§ 5 und 11.

Vierter Teil

Planungsverantwortung
1. Abschnitt
Ordnung und Planung

§ 27 Ordnung der Beseitigung

(1) Abfälle dürfen zum Zwecke der Beseitigung nur in den dafür zugelassenen Anlagen oder Einrichtungen (Abfallbeseitigungsanlagen) behandelt, gelagert oder abgelagert werden. Darüber hinaus ist die Behandlung von Abfällen zur Beseitigung in Anlagen zulässig, die überwiegend einem anderen Zweck als der Abfallbeseitigung dienen und die einer Genehmigung nach § 4 des Bundes-Immissionsschutzgesetzes bedürfen. Die Lagerung oder Behandlung von Abfällen zur Beseitigung in den diesen Zwecken dienenden Abfallbeseitigungsanlagen ist auch zulässig, soweit diese als unbedeutende Anlagen nach dem Bundes-Immissionsschutzgesetz keiner Genehmigung bedürfen und in Rechtsverordnungen nach § 12 Abs. 1 oder nach § 23 des Bundes-Immissionsschutzgesetzes oder in allgemeinen Verwaltungsvorschriften nach § 12 Abs. 2 nichts anderes bestimmt ist.

(2) Die zuständige Behörde kann im Einzelfall unter dem Vorbehalt des Widerrufs Ausnahmen von Absatz 1 Satz 1 zulassen, wenn dadurch das Wohl der Allgemeinheit nicht beeinträchtigt wird.

(3) Die Landesregierungen können durch Rechtsverordnung die Beseitigung bestimmter Abfälle oder bestimmter Mengen dieser Abfälle außerhalb von Anlagen im Sinne des Absatzes 1 Satz 1 zulassen, soweit hierfür ein Bedürfnis besteht und eine Beeinträchtigung des Wohles der Allgemeinheit nicht zu besorgen ist. Sie können in diesem Fall auch die Voraussetzungen und die Art und Weise der Beseitigung durch Rechtsverordnung bestimmen. Die Landesregierungen können die Ermächtigung durch Rechtsverordnung ganz oder teilweise auf andere Behörden übertragen.

§ 28 Durchführung der Beseitigung

(1) Die zuständige Behörde kann den Betreiber einer Abfallbeseitigungsanlage verpflichten, einem Beseitigungspflichtigen nach § 11 sowie den Entsorgungsträgern im Sinne der §§ 15, 17 und 18 die Mitbenutzung der Abfallbeseitigungsanlage gegen angemessenes Entgelt zu gestatten, soweit dieser auf eine andere Weise den Abfall nicht zweckmäßig oder nur mit erheblichen Mehrkosten beseitigen kann und die Mitbenutzung für den Betreiber zumutbar ist. Kommt eine Einigung über das Entgelt nicht zustande, wird es durch die zuständige Behörde festgesetzt. Die Zuweisung darf nur erfolgen, wenn Rechtsvorschriften dieses Gesetzes nicht entgegenstehen; die Erfüllung der Grundpflicht gemäß § 11 muß sichergestellt sein. Die zuständige Behörde hat die Vorlage der Abfallwirtschaftskonzepte des durch die Zuweisung Begün-

stigten zu verlangen und ihrer Entscheidung zugrundezulegen. Auf Antrag des nach Satz 1 Verpflichteten kann der durch die Zuweisung Begünstigte verpflichtet werden, Abfälle gleicher Art und Menge nach Fortfall der Gründe für die Zuweisung zu übernehmen.

(2) Die zuständige Behörde kann dem Betreiber einer Abfallbeseitigungsanlage, der Abfälle wirtschaftlicher als die Entsorgungsträger im Sinne der §§ 15, 17 und 18 beseitigen kann, die Beseitigung dieser Abfälle auf seinen Antrag übertragen. Die Übertragung kann mit der Auflage verbunden werden, daß der Antragsteller alle in dem von den Entsorgungsträgern erfaßten Gebiet angefallenen Abfälle gegen Erstattung der Kosten beseitigt, wenn die Entsorgungsträger die verbleibenden Abfälle nicht oder nur mit unverhältnismäßigem Aufwand beseitigen können; dies gilt nicht, wenn der Antragsteller darlegt, daß die Übernahme der Beseitigung unzumutbar ist.

(3) Der Abbauberechtigte oder Unternehmer eines Mineralgewinnungsbetriebes sowie der Eigentümer, Besitzer oder in sonstiger Weise Verfügungsberechtigte eines zur Mineralgewinnung genutzten Grundstückes kann von der zuständigen Behörde verpflichtet werden, die Beseitigung von Abfällen in freigelegten Bauen in seiner Anlage oder innerhalb seines Grundstückes zu dulden, den Zugang zu ermöglichen und dabei, soweit dies unumgänglich ist, vorhandene Betriebsanlagen oder Einrichtungen oder Teile derselben zur Verfügung zu stellen. Die ihm dadurch entstehenden Kosten hat der Beseitigungspflichtige zu erstatten. Die zuständige Behörde bestimmt den Inhalt dieser Verpflichtung. Der Vorrang der Mineralgewinnung gegenüber der Abfallbeseitigung darf nicht beeinträchtigt werden. Für die aus der Abfallbeseitigung entstehenden Schäden haftet der Duldungspflichtige nicht.

(4) Das Einbringen oder Einleiten von Abfällen zur Beseitigung in die Hohe See ist verboten. Das Einbringen oder Einleiten von Baggergut in die Hohe See darf unter Berücksichtigung der jeweiligen Inhaltsstoffe nur nach Maßgabe des in Satz 3 genannten Gesetzes erfolgen. Artikel 3 des Gesetzes vom 11. Februar 1977 zu den Übereinkommen vom 15. Februar 1972 und 29. Dezember 1972 zur Verhütung der Meeresverschmutzung durch das Einbringen von Abfällen durch Schiffe und Luftfahrzeuge (BGBl. 1977 II S. 165), zuletzt geändert durch die Fünfte Zuständigkeitsanpassungsverordnung vom 26. Februar 1993 (BGBl. I S. 287), bleibt unberührt.

§ 29 Abfallwirtschaftsplanung

(1) Die Länder stellen für ihren Bereich Abfallwirtschaftspläne nach überörtlichen Gesichtspunkten auf. Die Abfallwirtschaftspläne stellen dar

1. die Ziele der Abfallvermeidung und -verwertung sowie
2. die zur Sicherung der Inlandsbeseitigung erforderlichen Abfallbeseitigungsanlagen.

Die Abfallwirtschaftspläne weisen aus

1. zugelassene Abfallbeseitigungsanlagen und
2. geeignete Flächen für Abfallbeseitigungsanlagen zur Endablagerung von Abfällen (Deponien) sowie für sonstige Abfallbeseitigungsanlagen.

Die Pläne können ferner bestimmen, welcher Entsorgungsträger vorgesehen ist und welcher Abfallbeseitigungsanlage sich die Beseitigungspflichtigen zu bedienen haben.

(2) Bei der Darstellung des Bedarfs sind zukünftige, innerhalb eines Zeitraumes von mindestens zehn Jahren zu erwartende Entwicklungen zu berücksichtigen. Soweit dies zur Darstellung des Bedarfs erforderlich ist, sind Abfallwirtschaftskonzepte und Abfallbilanzen auszuwerten.

(3) Eine Fläche kann als geeignet im Sinne des Absatzes 1 Satz 3 Nr. 2 angesehen werden, wenn ihre Lage, Größe und Beschaffenheit im Hinblick auf die vorgesehene Nutzung in Übereinstimmung mit den abfallwirtschaftlichen Zielsetzungen im Plangebiet steht und Belange des Wohles der Allgemeinheit nicht offensichtlich entgegenstehen. Die Flächenausweisung nach Absatz 1 ist nicht Voraussetzung für die Planfeststellung oder Genehmigung der in § 31 aufgeführten Abfallbeseitigungsanlagen.

(4) Die Ausweisungen im Sinne des Absatzes 1 Satz 3 Nr. 2 und Satz 4 können für die Beseitigungspflichtigen für verbindlich erklärt werden.

(5) Bei der Abfallwirtschaftsplanung sind die Ziele und Erfordernisse der Raumordnung und Landesplanung zu berücksichtigen. § 5 Abs. 4 und § 4 Abs. 5 des Raumordnungsgesetzes bleiben unberührt. Die raumbedeutsamen Erfordernisse und Maßnahmen der Abfallwirtschaftsplanung können in die Programme und Pläne im Sinne des § 5 des Raumordnungsgesetzes aufgenommen werden.

(6) Die Länder sollen ihre Abfallwirtschaftsplanungen aufeinander und untereinander abstimmen. Ist eine die Grenze eines Landes überschreitende Planung erforderlich, sollen die betroffenen Länder bei der Aufstellung der Abfallwirtschaftspläne die Erfordernisse und Maßnahmen im Benehmen miteinander festlegen.

(7) Bei der Aufstellung der Abfallwirtschaftspläne sind die Gemeinden oder deren Zusammenschlüsse und die Entsorgungsträger im Sinne der §§ 15, 17 und 18 zu beteiligen.

(8) Die Länder regeln das Verfahren zur Aufstellung der Pläne und zu deren Verbindlicherklärung.

(9) Die Pläne sind erstmalig zum 31. Dezember 1999 zu erstellen und alle fünf Jahre fortzuschreiben.

2. Abschnitt

Zulassung von Abfallbeseitigungsanlagen

§ 30 Erkundung geeigneter Standorte

(1) Eigentümer und Nutzungsberechtigte von Grundstücken haben zu dulden, daß Beauftragte der zuständigen Behörde oder der Entsorgungsträger im Sinne der §§ 15, 17 und 18 zur Erkundung geeigneter Standorte für Deponien und öffentlich zugängliche Abfallbeseitigungsanlagen Grundstücke mit Ausnahme von Wohnungen betreten und Vermessungen, Boden- und Grundwasseruntersuchungen oder ähnliche Arbeiten ausführen. Die Absicht, Grundstücke zu betreten und solche Arbeiten durchzuführen, ist den Eigentümern und Nutzungsberechtigten der Grundstücke vorher bekanntzugeben.

(2) Die zuständige Behörde und die Entsorgungsträger im Sinne der §§ 15, 17 oder 18 haben nach Abschluß der Arbeiten den vorherigen Zustand unverzüglich wiederherzustellen. Sie können verlangen, daß bei der Erkundung geschaffene Einrichtungen aufrechtzuerhalten sind. Die Einrichtungen sind zu beseitigen, wenn sie für die Erkundung nicht mehr benötigt werden oder wenn eine Entscheidung darüber nicht binnen zwei Jahren nach Schaffung der Einrichtung getroffen ist und der Eigentümer oder Nutzungsberechtigte dem weiteren Verbleib der Einrichtung gegenüber der Behörde widersprochen hat.

(3) Eigentümer und Nutzungsberechtigte von Grundstücken können von der zuständigen Behörde für Vermögensnachteile, die durch eine nach Absatz 2 zulässige Maßnahme entstehen, Ersatz in Geld verlangen.

§ 31 Planfeststellung und Genehmigung

(1) Die Errichtung und der Betrieb von ortsfesten Abfallbeseitigungsanlagen zur Lagerung oder Behandlung von Abfällen zur Beseitigung sowie die wesentliche Änderung einer solchen Anlage oder ihres Betriebes bedürfen der Genehmigung nach den Vorschriften des Bundes-Immissionsschutzgesetzes; einer weiteren Zulassung nach diesem Gesetz bedarf es nicht.

(2) Die Errichtung und der Betrieb von Deponien sowie die wesentliche Änderung einer solchen Anlage oder ihres Betriebes bedürfen der Planfeststellung durch die zuständige Behörde. In dem Planfeststellungsverfahren ist eine Umweltverträglichkeitsprüfung nach den Vorschriften des Gesetzes über die Umweltverträglichkeitsprüfung durchzuführen.

(3) Die zuständige Behörde kann an Stelle eines Planfeststellungsverfahrens auf Antrag oder von Amts wegen ein Genehmigungsverfahren durchführen, wenn
1. die Errichtung und der Betrieb einer unbedeutenden Deponie oder
2. die wesentliche Änderung einer Deponie oder ihres Betriebes beantragt wird, soweit die Änderung keine erheblichen nachteiligen Auswirkungen auf ein in § 2 Abs. 1 Satz 2 des Gesetzes über die Umweltverträglichkeitsprüfung genanntes Schutzgut haben kann, oder

3. die Errichtung und der Betrieb einer Deponie beantragt wird, die ausschließlich oder überwiegend der Entwicklung und Erprobung neuer Verfahren dient, und die Genehmigung für einen Zeitraum von höchstens zwei Jahren nach Inbetriebnahme der Anlage erteilt werden soll; dieser Zeitraum kann auf Antrag bis zu einem weiteren Jahr verlängert werden.

Satz 1 Nr. 1 und 2 gilt nicht für die Errichtung und den Betrieb von Anlagen zur Ablagerung von besonders überwachungsbedürftigen Abfällen, wenn hiervon erhebliche Auswirkungen auf die Umwelt ausgehen können; für diese Anlagen kann die Genehmigung nach Satz 1 Nr. 3 höchstens für einen Zeitraum von einem Jahr erteilt werden. Die zuständige Behörde soll ein Genehmigungsverfahren durchführen, wenn die Änderung keine erheblichen nachteiligen Auswirkungen auf ein in § 2 Abs. 1 Satz 2 des Gesetzes über die Umweltverträglichkeitsprüfung genanntes Schutzgut hat und den Zweck verfolgt, eine wesentliche Verbesserung für diese Schutzgüter herbeizuführen.

§ 32 Erteilung, Sicherheitsleistung, Nebenbestimmungen

(1) Der Planfeststellungsbeschluß nach § 31 Abs. 2 oder die Genehmigung nach § 31 Abs. 3 dürfen nur erteilt werden, wenn

1. sichergestellt ist, daß das Wohl der Allgemeinheit nicht beeinträchtigt wird, insbesondere
   a) Gefahren für die in § 10 Abs. 4 genannten Schutzgüter nicht hervorgerufen werden können und
   b) Vorsorge gegen die Beeinträchtigungen der Schutzgüter, insbesondere durch bauliche, betriebliche oder organisatorische Maßnahmen entsprechend dem Stand der Technik getroffen wird,
2. keine Tatsachen vorliegen, aus denen sich Bedenken gegen die Zuverlässigkeit der für die Errichtung, Leitung oder Beaufsichtigung des Betriebes der Deponie verantwortlichen Personen ergeben,
3. keine nachteiligen Wirkungen auf das Recht eines anderen zu erwarten sind und
4. die für verbindlich erklärten Feststellungen eines Abfallwirtschaftsplanes dem Vorhaben nicht entgegenstehen.

(2) Der Erteilung einer Planfeststellung oder Genehmigung stehen die in Absatz 1 Nr. 3 genannten nachteiligen Wirkungen auf das Recht eines anderen nicht entgegen, wenn sie durch Auflagen oder Bedingungen verhütet oder ausgeglichen werden können oder der Betroffene ihnen nicht widerspricht. Absatz 1 Nr. 3 gilt nicht, wenn das Vorhaben dem Wohl der Allgemeinheit dient. Wird in diesem Fall die Planfeststellung erteilt, ist der Betroffene für den dadurch eingetretenen Vermögensnachteil in Geld zu entschädigen.

(3) Die zuständige Behörde kann verlangen, daß der Inhaber einer Deponie für die Rekultivierung sowie zur Verhinderung oder Beseitigung von Beeinträchtigungen des Wohles der Allgemeinheit nach Stillegung der Anlage Sicherheit leistet.

(4) Der Planfeststellungsbeschluß und die Genehmigung nach Absatz 1 können unter Bedingungen erteilt, mit Auflagen verbunden und befristet werden, soweit dies zur Wahrung des Wohles der Allgemeinheit erforderlich ist. Die Aufnahme, Änderung oder Ergänzung von Auflagen über Anforderungen an die Deponie oder ihren Betrieb ist auch nach dem Ergehen des Planfeststellungsbeschlusses oder nach der Erteilung der Genehmigung zulässig.

§ 33 Zulassung vorzeitigen Beginns

(1) In einem Planfeststellungs- oder Genehmigungsverfahren kann die für die Feststellung des Planes oder Erteilung der Genehmigung zuständige Behörde unter dem Vorbehalt des Widerrufs für einen Zeitraum von sechs Monaten zulassen, daß bereits vor Feststellung des Planes oder der Erteilung der Genehmigung mit der Errichtung und dem Betrieb des Vorhabens begonnen wird, wenn

1. mit einer Entscheidung zugunsten des Trägers des Vorhabens gerechnet werden kann,
2. an dem vorzeitigen Beginn ein öffentliches Interesse besteht und
3. der Träger des Vorhabens sich verpflichtet, alle bis zur Entscheidung durch die Ausführung verursachten Schäden zu ersetzen und, falls das Vorhaben nicht planfestgestellt oder genehmigt wird, den früheren Zustand wieder herzustellen.

Diese Frist kann auf Antrag um weitere sechs Monate verlängert werden.

(2) Die zuständige Behörde hat die Leistung einer Sicherheit zu verlangen, soweit dies erforderlich ist, um die Erfüllung der Verpflichtungen des Trägers des Vorhabens zu sichern.

§ 34 Planfeststellungsverfahren

(1) Für das Planfeststellungsverfahren gelten die §§ 72 bis 78 des Verwaltungsverfahrensgesetzes. Die Bundesregierung wird ermächtigt, durch Rechtsverordnung mit Zustimmung des Bundesrates weitere Einzelheiten des Planfeststellungsverfahrens, insbesondere Art und Umfang der Antragsunterlagen zu regeln.

(2) Einwendungen im Rahmen des Zulassungsverfahrens können innerhalb der gesetzlich festgelegten Frist nur schriftlich erhoben werden.

§ 35 Bestehende Abfallbeseitigungsanlagen

(1) Die zuständige Behörde kann für Deponien, die vor dem 11. Juni 1972 betrieben wurden oder mit deren Errichtung begonnen war, für deren Betrieb Befristungen, Bedingungen und Auflagen anordnen. Sie kann den Betrieb dieser Anlagen ganz oder teilweise untersagen, wenn eine erhebliche Beeinträchtigung des Wohles der Allgemeinheit durch Auflagen, Bedingungen oder Befristungen nicht verhindert werden kann.

(2) In dem in Artikel 3 des Einigungsvertrages genannten Gebiet kann die zuständige Behörde für Deponien, die vor dem 1. Juli 1990 betrieben wurden oder mit deren Errichtung begonnen war, Befristungen, Bedingungen und Auflagen für deren Errichtung und Betrieb anordnen. Absatz 1 Satz 2 gilt entsprechend.

§ 36 Stillegung

(1) Der Inhaber einer Deponie hat ihre beabsichtigte Stillegung der zuständigen Behörde unverzüglich anzuzeigen. Der Anzeige sind Unterlagen über Art, Umfang und Betriebsweise sowie die beabsichtigte Rekultivierung und sonsti ge Vorkehrungen zum Schutz des Wohles der Allgemeinheit beizufügen.

(2) Die zuständige Behörde soll den Inhaber verpflichten, auf seine Kosten das Gelände, das für eine Deponie nach Absatz 1 verwandt worden ist, zu rekultivieren und sonstige Vorkehrungen zu treffen, die erforderlich sind, Beeinträchtigungen des Wohles der Allgemeinheit zu verhüten.

(3) Die Verpflichtung nach Absatz 1 besteht auch für Inhaber von Anlagen, in denen besonders überwachungsbedürftige Abfälle anfallen.

Fünfter Teil

Absatzförderung
§ 37 Pflichten der öffentlichen Hand

(1) Die Behörden des Bundes sowie die der Aufsicht des Bundes unterstehenden juristischen Personen des öffentlichen Rechts, Sondervermögen und sonstigen Stellen sind verpflichtet, durch ihr Verhalten zur Erfüllung des Zweckes des § 1 beizutragen. Insbesondere haben sie unter Berücksichtigung der §§ 4 und 5 bei der Gestaltung von Arbeitsabläufen, der Beschaffung oder Verwendung von Material und Gebrauchsgütern, bei Bauvorhaben und sonstigen Aufträgen zu prüfen, ob und in welchem Umfang Erzeugnisse eingesetzt werden können, die sich durch Langlebigkeit, Reparaturfreundlichkeit und Wiederverwendbarkeit oder Verwertbarkeit auszeichnen, im Vergleich zu anderen Erzeugnissen zu weniger oder zu schadstoffärmeren Abfällen führen oder aus Abfällen zur Verwertung hergestellt worden sind.

(2) Die in Absatz 1 genannten Stellen wirken im Rahmen ihrer Möglichkeiten darauf hin, daß die Gesellschaften des privaten Rechts, an denen sie beteiligt sind, die Verpflichtungen nach Absatz 1 beachten.

(3) Besondere Anforderungen, die sich für die Verwendung von Erzeugnissen oder Materialien aus Rechtsvorschriften oder aus Gründen des Umweltschutzes ergeben, bleiben unberührt.

Sechster Teil

Informationspflichten

§ 38 Abfallberatungspflicht

(1) Die Entsorgungsträger im Sinne der §§ 15, 17 und 18 sind im Rahmen der ihnen übertragenen Aufgaben in Selbstverwaltung zur Information und Beratung über Möglichkeiten der Vermeidung, Verwertung und Beseitigung von Abfällen verpflichtet. Zur Beratung verpflichtet sind auch die Selbstverwaltungskörperschaften der Wirtschaft. Die Verpflichteten können mit dieser Aufgabe Dritte nach § 16 Abs. 1 beauftragen.

(2) Die zuständige Behörde hat den zur Beseitigung nach diesem Gesetz Verpflichteten auf Anfrage Auskunft über vorhandene geeignete Abfallbeseitigungsanlagen zu erteilen.

§ 39 Unterrichtung der Öffentlichkeit

Die Länder unterrichten die Öffentlichkeit über den erreichten Stand der Vermeidung und Verwertung von Abfällen sowie die Sicherung der Abfallbeseitigung. Die Unterrichtung enthält unter Beachtung der bestehenden Geheimhaltungsvorschriften eine zusammenfassende Darstellung und Bewertung der Abfallwirtschaftspläne, einen Vergleich zum vorangehenden sowie eine Prognose für den folgenden Unterrichtungszeitraum.

Siebenter Teil

Überwachung

§ 40 Allgemeine Überwachung

(1) Die Vermeidung nach Maßgabe der aufgrund der §§ 23 und 24 erlassenen Rechtsverordnungen, die Verwertung und Beseitigung von Abfällen unterliegt der Überwachung durch die zuständige Behörde. Diese kann die Überwachung auch auf stillgelegte Abfallbeseitigungsanlagen und auf Grundstücke erstrekken, auf denen vor dem 11. Juni 1972 Abfälle zur Beseitigung angefallen, gelagert oder abgelagert worden sind, wenn dies zur Wahrung des Wohles der Allgemeinheit erforderlich ist.

(2) Auskunft über Betrieb, Anlagen, Einrichtungen und sonstige der Überwachung unterliegende Gegenstände haben den Beauftragten der Überwachungsbehörde zu erteilen

1. Erzeuger oder Besitzer von Abfällen,
2. Entsorgungspflichtige,
3. Betreiber von Verwertungs- und Abfallbeseitigungsanlagen, auch wenn diese stillgelegt sind,

4. frühere Betreiber von Verwertungs- und Abfallbeseitigungsanlagen, auch wenn diese stillgelegt sind,
5. Betreiber von Abwasseranlagen, in denen Abfälle mitverwertet und mitbeseitigt werden,
6. Betreiber von Anlagen im Sinne des Bundes-Immissionsschutzgesetzes, in denen Abfälle mitverwertet und mitbeseitigt werden.

Die Auskunftspflichtigen haben von der zuständigen Behörde dazu beauftragten Personen zur Prüfung der Einhaltung ihrer Verpflichtungen nach den §§ 5 und 11 das Betreten der Grundstücke, Geschäfts- und Betriebsräume, die Einsicht in Unterlagen und die Vornahme von technischen Ermittlungen und Prüfungen zu gestatten. Die Auskunftspflichtigen sind ferner verpflichtet, zu diesen Zwecken das Betreten der Wohnräume zu gestatten, wenn dies zur Verhütung einer dringenden Gefahr für die öffentliche Sicherheit oder Ordnung erforderlich ist. Das Grundrecht auf Unverletzlichkeit der Wohnung (Artikel 13 des Grundgesetzes) wird insoweit eingeschränkt.

(3) Betreiber von Verwertungs- und Abfallbeseitigungsanlagen oder von Anlagen, in denen Abfälle mitverwertet oder mitbeseitigt werden, haben die Anlagen zugänglich zu machen, die zur Überwachung erforderlichen Arbeitskräfte, Werkzeuge und Unterlagen zur Verfügung zu stellen und nach Anordnung der zuständigen Behörde Zustand und Betrieb der Anlage auf ihre Kosten prüfen zu lassen.

(4) Der zur Erteilung einer Auskunft Verpflichtete kann die Auskunft auf solche Fragen verweigern, deren Beantwortung ihn selbst oder einen der in § 383 Abs. 1 Nr. 1 bis 3 der Zivilprozeßordnung bezeichneten Angehörigen der Gefahr strafgerichtlicher Verfolgung oder eines Verfahrens nach dem Gesetz über Ordnungswidrigkeiten aussetzen würde.

§ 41 Überwachungsbedürftige Abfälle

(1) An die Überwachung sowie Beseitigung von Abfällen aus gewerblichen oder sonstigen wirtschaftlichen Unternehmen oder öffentlichen Einrichtungen, die nach Art, Beschaffenheit oder Menge in besonderem Maße gesundheits-, luft- oder wassergefährdend, explosibel oder brennbar sind oder Erreger übertragbarer Krankheiten enthalten oder hervorbringen können (besonders überwachungsbedürftige Abfälle zur Beseitung), sind nach Maßgabe dieses Gesetzes besondere Anforderungen zu stellen. Die Bundesregierung bestimmt nach Anhörung der beteiligten Kreise (§ 60) durch Rechtsverordnung mit Zustimmung des Bundesrates die besonders überwachungsbedürftigen Abfälle zur Beseitigung.

(2) Alle nicht unter Absatz 1 fallenden Abfälle zur Beseitigung sind überwachungsbedürftig.

(3) Die Bundesregierung wird ermächtigt, nach Anhörung der beteiligten Kreise (§ 60) durch Rechtsverordnung mit Zustimmung des Bundesrates Abfälle zur

Verwertung zu bestimmen,

1. für deren Verwertung sowie Überwachung aufgrund der in Absatz 1 genannten Stoffmerkmale nach Maßgabe dieses Gesetzes besondere Anforderungen zu stellen sind (besonders überwachungsbedürftige Abfälle zur Verwertung),
2. für die aufgrund ihrer Art, Beschaffenheit oder Menge bestimmte Anforderungen zur Sicherung der ordnungsgemäßen und schadlosen Verwertung erforderlich sind (überwachungsbedürftige Abfälle zur Verwertung).

(4) Die zuständige Behörde kann im Einzelfall für Abfälle eine von den Absätzen 1 bis 3 abweichende Einstufung vornehmen, soweit dies mit den dort genannten Belangen zu vereinbaren ist.

§ 42 Fakultatives Nachweisverfahren über die Beseitigung von Abfällen

(1) Die zuständige Behörde kann anordnen, daß Besitzer von Abfällen, die nicht mit den in Haushaltungen anfallenden Abfällen beseitigt werden, Nachweis über deren Art, Menge und Beseitigung sowie ein Nachweisbuch zu führen, Belege einzubehalten und aufzubewahren und die Nachweisbücher und Belege der zuständigen Behörde zur Prüfung vorzulegen haben.

(2) Der Nachweis nach Absatz 1 kann

1. vor Beginn der beabsichtigten Beseitigung in Form einer Erklärung des Besitzers, einer Annahmeerklärung des Beseitigers und der Bestätigung durch die zuständige Behörde sowie
2. nach Durchführung der Beseitigung in Form eines entsprechenden Nachweises über den Verbleib gefordert werden.

Die Entscheidung über Art, Umfang und Inhalt des geforderten Nachweises steht im pflichtgemäßen Ermessen der zuständigen Behörde.

(3) Die nach § 40 Abs. 2 Satz 1 Verpflichteten haben, auch ohne eine nach Absatz 1 ergangene Anordnung, die beim Umgang mit Abfällen zur Beseitigung für sie bestimmten Belege zum Zwecke des Nachweises fünf Jahre einzubehalten und aufzubewahren, soweit nicht durch Rechtsverordnung nach § 48 Nr. 4 eine andere Frist bestimmt ist.

§ 43 Obligatorisches Nachweisverfahren über die Beseitigung von besonders überwachungsbedürftigen Abfällen

(1) Die in Satz 2 genannten Verpflichteten haben, auch ohne besonderes Verlangen der zuständigen Behörde, über die Beseitigung von besonders überwachungsbedürftigen Abfällen, nicht jedoch für die durch Rechtsverordnung nach § 48 Nr. 5 festgesetzten Kleinmengen, entsprechend § 42 Abs. 1 und 2 ein Nachweisbuch zu führen und Belege vorzulegen. Hierzu sind verpflichtet

1. der Betreiber einer Anlage, in der Abfälle dieser Art anfallen,
2. jeder, der Abfälle dieser Art einsammelt oder befördert,
3. der Betreiber einer Abfallbeseitigungsanlage sowie

4. der Betreiber einer Abwasseranlage oder einer Anlage im Sinne des Bundes-Immissionsschutzgesetzes, in der Abfälle dieser Art mitbeseitigt werden.

(2) Wer eine der in Absatz 1 Nr. 1 bis 4 genannten Voraussetzungen erfüllt, hat dies der zuständigen Behörde anzuzeigen.

(3) Die zuständige Behörde kann auf Antrag einen nach Absatz 1 Verpflichteten von der Führung eines Nachweisbuches oder der Vorlage der Belege ganz oder für einzelne Abfallarten unter dem Vorbehalt des Widerrufs freistellen, soweit dadurch eine Beeinträchtigung des Wohles der Allgemeinheit nicht zu befürchten ist.

§ 44 Ausnahmen vom obligatorischen Nachweisverfahren

(1) Soweit Erzeuger oder Besitzer Abfälle in eigenen, in einem engen räumlichen und betrieblichen Zusammenhang stehenden Anlagen beseitigen, werden die Nachweise durch Abfallwirtschaftskonzepte und Abfallbilanzen ersetzt. Eines Nachweises nach § 43 oder eines vereinfachten Nachweises nach § 42 Abs. 3 bedarf es nicht. Die nach § 42 Abs. 1 bestehende Befugnis der zuständigen Behörde, im Einzelfall Nachweise zu verlangen, bleibt unberührt.

(2) Wird die Eigenbeseitigung in Anlagen durchgeführt, die nicht in einem engen räumlichen und betrieblichen Zusammenhang stehen, soll die Behörde von der Vorlage von Nachweisen nach § 43 absehen, wenn die Gemeinwohlverträglichkeit der Eigenbeseitigung durch Abfallwirtschaftskonzepte und Abfallbilanzen nachgewiesen werden kann. In diesem Fall gilt Absatz 1 Satz 2 und 3 entsprechend.

§ 45 Fakultatives Nachweisverfahren über die Verwertung von Abfällen

(1) Für das Nachweisverfahren über die Verwertung von Abfällen findet die in § 42 für die Beseitigung von Abfällen getroffene Regelung Anwendung.

(2) Die Anordnung eines Nachweises über die Verwertung von nicht überwachungsbedürftigen Abfällen soll nur erfolgen, wenn das Wohl der Allgemeinheit dies erfordert. Verlangt die zuständige Behörde nach Absatz 1 i. V. m. § 42 einen Nachweis über die Verwertung von überwachungsbedürftigen Abfällen, soll sich ihr Verlangen

1. auf die Anzeige von Art und Menge der angefallenen Abfälle und die beabsichtigte Verwertung oder
2. den Nachweis der durchgeführten Verwertung oder
3. den Nachweis ihres Verbleibs beschränken.

(3) Die nach § 40 Abs. 2 Satz 1 Verpflichteten haben, auch ohne eine nach Absatz 1 i. V. m. § 42 Abs. 1 ergangene Anordnung, die beim Umgang mit überwachungsbedürftigen Abfällen zur Verwertung für sie bestimmten Belege zum Zwecke des Nachweises einzubehalten und aufzubewahren.

§ 46 Obligatorisches Nachweisverfahren über die Verwertung von besonders überwachungsbedürftigen Abfällen

(1) Die in Satz 2 genannten Verpflichteten haben auch ohne besonderes Verlangen der zuständigen Behörde über die Verwertung von besonders überwachungsbedürftigen Abfällen, nicht jedoch für die nach § 48 Nr. 5 festgesetzten Kleinmengen, Nachweise entsprechend § 42 Abs. 1 und 2 zu führen und Belege vorzulegen. Hierzu sind verpflichtet

1. der Betreiber einer Anlage, in der besonders überwachungsbedürftige Abfälle zur Verwertung anfallen,
2. jeder, der besonders überwachungsbedürftige Abfälle zur Verwertung einsammelt oder befördert,
3. der Betreiber einer Anlage, in der besonders überwachungsbedürftige Abfälle verwertet werden, sowie
4. der Betreiber einer Anlage im Sinne des Bundes-Immissionsschutzgesetzes, in der besonders überwachungsbedürftige Abfälle mitverwertet werden.

(2) Wer eine der in Absatz 1 Nr. 1 bis 4 genannten Voraussetzungen erfüllt, hat dies der zuständigen Behörde anzuzeigen.

(3) Die zuständige Behörde kann auf Antrag einen nach Absatz 1 Verpflichteten von der Führung eines Nachweisbuches oder der Vorlage der Belege ganz oder für einzelne Abfallarten unter dem Vorbehalt des Widerrufs freistellen, soweit dadurch eine Beeinträchtigung des Wohles der Allgemeinheit nicht zu befürchten ist.

§ 47 Ausnahmen vom obligatorischen Nachweisverfahren

(1) Soweit Erzeuger oder Besitzer Abfälle in eigenen, in einem engen räumlichen und betrieblichen Zusammenhang stehenden Anlagen verwerten, werden die Nachweise durch Abfallwirtschaftskonzepte und Abfallbilanzen ersetzt. Eines Nachweises nach § 46 oder eines vereinfachten Nachweises nach § 45 Abs. 3 bedarf es nicht. Die nach § 45 Abs. 1 bestehende Befugnis der zuständigen Behörde, im Einzelfall Nachweise zu verlangen, bleibt unberührt.

(2) Wird die Verwertung in anderen als den in Absatz 1 genannten Anlagen durchgeführt, soll die Behörde von der Vorlage von Nachweisen nach § 46 absehen, wenn die Ordnungsgemäßheit und Schadlosigkeit der Verwertung durch Abfallwirtschaftskonzepte und Abfallbilanzen nachgewiesen werden kann. In diesem Fall gilt Absatz 1 Satz 2 und 3 entsprechend.

§ 48 Rechtsverordnungen über Verwertungs- sowie Beseitigungsnachweise

Die Bundesregierung wird ermächtigt, nach Anhörung der beteiligten Kreise (§ 60) durch Rechtsverordnung mit Zustimmung des Bundesrates zu bestimmen,

1. daß die zu führenden Nachweise und Nachweisbücher, die Einbehaltung und Aufbewahrung der Belege bestimmten Anforderungen zu entsprechen haben,

2. daß für die in Nummer 1 genannten Unterlagen für einzelne Abfallarten oder -gruppen abweichende Anforderungen gelten,
3. daß die zuständige Behörde auf Antrag Art, Umfang und Inhalt der Nachweispflicht abweichend von den in Rechtsverordnungen nach Nummer 1 festgelegten Anforderungen bestimmen kann,
4. daß die in Nummer 1 genannten Nachweise, Nachweisbücher und Belege für eine bestimmte Frist aufzubewahren sind,
5. bei welchen Kleinmengen, die nach Art und Beschaffenheit der Abfälle unterschiedlich festgelegt werden können, nach § 43 Abs. 1 oder § 46 Abs. 1 Unterlagen nicht vorzulegen sind,
6. wer nach § 43 Abs. 2 und § 46 Abs. 2 der Anzeigepflicht unterliegt, sowie Form und Inhalt der Anzeige.

§ 49 Transportgenehmigung

(1) Abfälle zur Beseitigung dürfen gewerbsmäßig nur mit Genehmigung (Transportgenehmigung) der zuständigen Behörde eingesammelt oder befördert werden. Dies gilt nicht

1. für die Entsorgungsträger im Sinne der §§ 15, 17 und 18 sowie für die von diesen beauftragten Dritten,
2. für die Einsammlung oder Beförderung von Erdaushub, Straßenaufbruch oder Bauschutt, soweit diese nicht durch Schadstoffe verunreinigt sind,
3. für die Einsammlung oder Beförderung geringfügiger Abfallmengen im Rahmen wirtschaftlicher Unternehmen, soweit die zuständige Behörde auf Antrag oder von Amts wegen diese von der Genehmigungspflicht nach Satz 1 freigestellt hat.

(2) Die Genehmigung ist zu erteilen, wenn keine Tatsachen bekannt sind, aus denen sich Bedenken gegen die Zuverlässigkeit des Antragstellers oder der für die Leitung und Beaufsichtigung des Betriebes verantwortlichen Personen ergeben und der Einsammler, Beförderer und die von ihnen beauftragten Dritten die notwendige Sach- und Fachkunde besitzen. Die Genehmigung kann mit Auflagen verbunden werden, soweit dies zur Wahrung des Wohls der Allgemeinheit erforderlich ist. Die Erteilung der Transportgenehmigung befreit nicht von der Pflicht, vor Beginn des Einsammlungs- oder Beförderungsvorganges die aufgrund von Rechtsverordnungen nach den §§ 12, 24 und 48 vorgeschriebenen Nachweise zu erbringen.

(3) Die Bundesregierung wird ermächtigt, durch Rechtsverordnung mit Zustimmung des Bundesrates Vorschriften zu erlassen über

1. die Antragsunterlagen sowie Form und Inhalt der Transportgenehmigung,
2. die Festlegung der gebührenpflichtigen Tatbestände sowie die Auslagenerstattung. Die Gebühr beträgt mindestens zehn Deutsche Mark; sie darf im Einzelfall zehntausend Deutsche Mark nicht übersteigen. Die Vorschriften des Verwaltungskostengesetzes sind anzuwenden.

In der Rechtsverordnung können auch die Anforderungen an die Fach- und Sachkunde gemäß Absatz 2 Satz 1 bestimmt, Auflagen vorgesehen sowie bestimmt werden, daß die Wirksamkeit der Genehmigung in bestimmten Fällen von der Erbringung der in Absatz 2 Satz 3 genannten Nachweise abhängt.

(4) Die Genehmigung gilt für die Bundesrepublik Deutschland. Zuständig ist die Behörde des Landes, in dem der Beförderer oder Einsammler seinen Hauptsitz hat.

(5) Rechtsvorschriften, die aus Gründen der Sicherheit im Zusammenhang mit der Beförderung gefährlicher Güter erlassen sind, bleiben unberührt.

(6) Soweit eine Genehmigungspflicht nach Absatz 1 besteht, müssen Fahrzeuge, mit denen Abfälle auf öffentlichen Straßen befördert werden, mit zwei rechteckigen rückstrahlenden weißen Warntafeln von 40 Zentimeter Grundlinie und mindestens 30 Zentimeter Höhe versehen sein; die Warntafeln müssen in schwarzer Farbe die Aufschrift „A" (Buchstabenhöhe 20 Zentimeter, Schriftstärke 2 Zentimeter) tragen. Die Warntafeln sind während der Beförderung vorn und hinten am Fahrzeug senkrecht zur Fahrzeugachse und nicht höher als 1,50 Meter über der Fahrbahn deutlich sichtbar anzubringen. Bei Zügen muß die zweite Tafel an der Rückseite des Anhängers angebracht sein. Für das Anbringen der Warntafeln hat der Fahrzeugführer zu sorgen.

§ 50 Genehmigung für Vermittlungsgeschäfte und in sonstigen Fällen

(1) Wer, ohne im Besitz der Abfälle zu sein, für Dritte Verbringungen gewerbsmäßig vermitteln will, bedarf der Genehmigung der zuständigen Behörde. Die Genehmigung ist zu erteilen, wenn nicht Tatsachen die Annahme der Unzuverlässigkeit des Antragstellers oder einer mit der Leitung oder Beaufsichtigung des Betriebes (oder einer Zweigniederlassung) beauftragten Person rechtfertigen. Die Genehmigung kann inhaltlich beschränkt und mit Auflagen verbunden werden, soweit dies zum Schutze der Allgemeinheit oder der Umwelt erforderlich ist; unter denselben Voraussetzungen ist auch die nachträgliche Aufnahme, Änderung oder Ergänzung von Auflagen zulässig. Sind der Genehmigungsbehörde entsprechende Tatsachen bekannt, obliegt es dem Antragsteller, diese zu widerlegen. Die Genehmigung ist zu widerrufen, wenn entsprechende Tatsachen nachträglich bekannt werden. Widerspruch und Anfechtungsklage haben keine aufschiebende Wirkung.

(2) Die Bundesregierung wird ermächtigt, nach Anhörung der beteiligten Kreise (§ 60) durch Rechtsverordnung mit Zustimmung des Bundesrates vorzuschreiben, daß derjenige,

1. der bestimmte besonders überwachungsbedürftige Abfälle zur Verwertung einsammelt oder befördert, in entsprechender Anwendung von § 49 Abs. 1 bis 5 hierzu einer Genehmigung bedarf,
2. der bestimmte überwachungsbedürftige oder bestimmte besonders überwachungsbedürftige Abfälle, an deren schadlose Verwertung nach Maßgabe der

§§ 4 bis 7 zum Schutze der Belange des Wohles der Allgemeinheit besondere Anforderungen zu stellen sind, in den Verkehr bringt oder verwertet, dazu einer Erlaubnis bedarf oder seine Zuverlässigkeit oder Sachkunde in einem näher festzulegenden Verfahren nachzuweisen hat.

(3) Wenn eine Genehmigung nach Absatz 1 oder 2 nicht erforderlich ist, haben beauftragte Dritte im Sinne des § 16 Abs. 1 ihre Tätigkeit bei der zuständigen Behörde anzuzeigen.

§ 51 Verzicht auf die Transportgenehmigung und die Genehmigung für Vermittlungsgeschäfte

(1) Einer Genehmigung nach § 49 Abs. 1 und § 50 Abs. 1 bedarf nicht, wer Entsorgungsfachbetrieb im Sinne des § 52 Abs. 1 ist und die beabsichtigte Aufnahme der Tätigkeit unter Beifügung des Nachweises der Fachbetriebseigenschaft der zuständigen Behörde angezeigt hat.

(2) Die zuständige Behörde kann für die Durchführung der anzuzeigenden Tätigkeiten Auflagen vorsehen, soweit dies erforderlich ist, um die Erfüllung der Pflichten nach den §§ 5 und 11 sicherzustellen. Die zuständige Behörde hat die Durchführung der anzuzeigenden Tätigkeiten zu untersagen, wenn Tatsachen bekannt sind, aus denen sich Bedenken gegen die Zuverlässigkeit des Anzeigepflichtigen oder der für die Leitung und Beaufsichtigung des Betriebes verantwortlichen Personen ergeben oder die Einhaltung der in den §§ 5 und 11 genannten Pflichten anders nicht zu gewährleisten ist.

§ 52 Entsorgungsfachbetriebe, Entsorgergemeinschaften

(1) Entsorgungsfachbetrieb ist, wer berechtigt ist, das Gütezeichen einer nach Absatz 3 anerkannten Entsorgergemeinschaft zu führen, oder einen Überwachungsvertrag mit einer technischen Überwachungsorganisation abgeschlossen hat, der eine mindestens einjährige Überprüfung einschließt. Überwachungsverträge bedürfen der Zustimmung der für die Abfallwirtschaft zuständigen obersten Landesbehörde oder der von ihr bestimmten Behörde; die Zustimmung kann auch allgemein erteilt werden.

(2) Die Bundesregierung wird ermächtigt, nach Anhörung der beteiligten Kreise (§ 60) durch Rechtsverordnung mit Zustimmung des Bundesrates Anforderungen an Entsorgungsfachbetriebe vorzuschreiben. Dabei können insbesondere Mindestanforderungen an die Fachkenntnisse festgelegt, der Nachweis der persönlichen Zuverlässigkeit und einer ausreichenden Haftpflichtversicherung gefordert und Anforderungen an Geräte und Ausrüstungen bestimmt werden. Sie kann darüber hinaus auch eine besondere Anerkennung der Entsorgungsfachbetriebe vorschreiben, das Verfahren und die Voraussetzungen für die Anerkennung, ihren Widerruf, ihre Rücknahme und ihr Erlöschen sowie für Prüfungen, die Bestellung und Zusammensetzung der Prüforgane und des Prüfverfahrens regeln.

(3) Entsorgergemeinschaften bedürfen der Anerkennung durch die für die Abfallwirtschaft zuständige oberste Landesbehörde oder die von ihr bestimmte Behörde. Die Anerkennung kann widerrufen werden, insbesondere um drohenden Beschränkungen des Wettbewerbs entgegenzuwirken. Die Tätigkeit der Entsorgergemeinschaften ist nach einheitlichen Richtlinien, die vom Bundesministerium für Umwelt, Naturschutz und Reaktorsicherheit mit Zustimmung des Bundesrates erlassen werden, durchzuführen. In ihnen können auch die Voraussetzungen für die Anerkennung und deren Widerruf sowie das Überwachungszeichen und die Form seiner Erteilung und seines Entzugs geregelt werden.

Achter Teil

Betriebsorganisation und Beauftragter für Abfall

§ 53 Mitteilungspflichten zur Betriebsorganisation

(1) Besteht bei Kapitalgesellschaften das vertretungsberechtigte Organ aus mehreren Mitgliedern oder sind bei Personengesellschaften mehrere vertretungsberechtigte Gesellschafter vorhanden, so ist der zuständigen Behörde anzuzeigen, wer von ihnen nach den Bestimmungen über die Geschäftsführungsbefugnis für die Gesellschaft die Pflichten des Betreibers einer genehmigungsbedürftigen Anlage im Sinne des § 4 des Bundes-Immissionsschutzgesetzes oder des Besitzers im Sinne des § 26 wahrnimmt, die ihm nach diesem Gesetz und nach den aufgrund dieses Gesetzes erlassenen Rechtsverordnungen obliegen. Die Gesamtverantwortung aller Organmitglieder oder Gesellschafter bleibt hiervon unberührt.

(2) Der Betreiber einer genehmigungsbedürftigen Anlage im Sinne des § 4 des Bundes-Immissionsschutzgesetzes, der Besitzer im Sinne des § 26 oder im Rahmen ihrer Geschäftsführungsbefugnis die nach Absatz 1 Satz 1 anzuzeigende Person hat der zuständigen Behörde mitzuteilen, auf welche Weise sichergestellt ist, daß die der Vermeidung, Verwertung und umweltverträglichen Beseitigung von Abfällen dienenden Vorschriften und Anordnungen beim Betrieb beachtet werden.

§ 54 Bestellung eines Betriebsbeauftragten für Abfall

(1) Betreiber von genehmigungsbedürftigen Anlagen im Sinne des § 4 des Bundes-Immissionsschutzgesetzes, Betreiber von Anlagen, in denen regelmäßig besonders überwachungsbedürftige Abfälle anfallen, Betreiber ortsfester Sortier-, Verwertungs- oder Abfallbeseitigungsanlagen sowie Besitzer im Sinne des § 26 haben einen oder mehrere Betriebsbeauftragte für Abfälle (Abfallbeauftragte) zu bestellen, sofern dies im Hinblick auf die Art oder die Größe der Anlagen wegen der

1. in den Anlagen anfallenden, verwerteten oder beseitigten Abfälle,
2. technischen Probleme der Vermeidung, Verwertung oder Beseitigung oder
3. Eignung der Produkte oder Erzeugnisse, bei oder nach bestimmungsgemäßer Verwendung Probleme hinsichtlich der ordnungsgemäßen und schadlosen Verwertung oder umweltverträglichen Beseitigung hervorzurufen,

erforderlich ist. Das Bundesministerium für Umwelt, Naturschutz und Reaktorsicherheit bestimmt nach Anhörung der beteiligten Kreise (§ 60) durch Rechtsverordnung mit Zustimmung des Bundesrates Anlagen nach Satz 1, deren Betreiber Abfallbeauftragte zu bestellen haben.

(2) Die zuständige Behörde kann anordnen, daß Betreiber von Anlagen nach Absatz 1 Satz 1, für die die Bestellung eines Abfallbeauftragten nicht durch Rechtsverordnung vorgeschrieben ist, einen oder mehrere Abfallbeauftragte zu bestellen haben, soweit sich im Einzelfall die Notwendigkeit der Bestellung aus den in Absatz 1 Satz 1 genannten Gesichtspunkten ergibt.

(3) Ist nach § 53 des Bundes-Immissionsschutzgesetzes ein Immissionsschutzbeauftragter oder nach § 21a des Wasserhaushaltsgesetzes ein Gewässerschutzbeauftragter zu bestellen, so können diese auch die Aufgaben und Pflichten eines Abfallbeauftragten nach diesem Gesetz wahrnehmen.

§ 55 Aufgaben

(1) Der Abfallbeauftragte berät den Betreiber und die Betriebsangehörigen in Angelegenheiten, die für die Kreislaufwirtschaft und die Abfallbeseitigung bedeutsam sein können. Er ist berechtigt und verpflichtet,

1. den Weg der Abfälle von ihrer Entstehung oder Anlieferung bis zu ihrer Verwertung oder Beseitigung zu überwachen,
2. die Einhaltung der Vorschriften dieses Gesetzes und der aufgrund dieses Gesetzes erlassenen Rechtsverordnungen sowie die Erfüllung erteilter Bedingungen und Auflagen zu überwachen, insbesondere durch Kontrolle der Betriebsstätte und der Art und Beschaffenheit der in der Anlage anfallenden, verwerteten oder beseitigten Abfälle in regelmäßigen Abständen, Mitteilung festgestellter Mängel und Vorschläge über Maßnahmen zur Beseitigung dieser Mängel,
3. die Betriebsangehörigen aufzuklären über Beeinträchtigungen des Wohls der Allgemeinheit, welche von den Abfällen ausgehen können, die in der Anlage anfallen, verwertet oder beseitigt werden, und über Einrichtungen und Maßnahmen zu ihrer Verhinderung unter Berücksichtigung der für die Vermeidung, Verwertung und Beseitigung von Abfällen geltenden Gesetze und Rechtsverordnungen,
4. bei genehmigungsbedürftigen Anlagen im Sinne des § 4 des Bundes-Immissionsschutzgesetzes oder solchen Anlagen, in denen regelmäßig besonders überwachungsbedürftige Abfälle anfallen, zudem auf die Entwicklung und Einführung

a) umweltfreundlicher und abfallarmer Verfahren, einschließlich Verfahren zur

Vermeidung, ordnungsgemäßen und schadlosen Verwertung oder umweltverträglichen Beseitigung von Abfällen sowie

b) umweltfreundlicher und abfallarmer Erzeugnisse, einschließlich Verfahren zur Wiederverwendung, Verwertung oder umweltverträglichen Beseitigung nach Wegfall der Nutzung hinzuwirken und

c) bei der Entwicklung und Einführung der unter Buchstaben a und b genannten Verfahren mitzuwirken, insbesondere durch Begutachtung der Verfahren und Erzeugnisse unter den Gesichtspunkten der Kreislaufwirtschaft und Beseitigung.

5. bei Anlagen, in denen Abfälle verwertet oder beseitigt werden, zudem auf Verbesserungen des Verfahrens hinzuwirken.

(2) Der Abfallbeauftragte erstattet dem Betreiber jährlich einen Bericht über die nach Absatz 1 Nr. 1 bis 5 getroffenen und beabsichtigten Maßnahmen.

(3) Auf das Verhältnis zwischen dem zur Bestellung Verpflichteten und dem Abfallbeauftragten finden die §§ 55 bis 58 des Bundes-Immissionsschutzgesetzes entsprechende Anwendung.

Neunter Teil

Schlußbestimmungen

§ 56 Geheimhaltung und Datenschutz

Die Rechtsvorschriften über Geheimhaltung und Datenschutz bleiben unberührt.

§ 57 Umsetzung von Rechtsakten der Europäischen Gemeinschaften

Zur Umsetzung von Rechtsakten der Europäischen Gemeinschaften kann die Bundesregierung zu dem in § 1 genannten Zweck mit Zustimmung des Bundesrates Rechtsverordnungen zur Sicherstellung der ordnungsgemäßen und schadlosen Verwertung sowie umweltverträglichen Beseitigung erlassen. In den Rechtsverordnungen kann auch geregelt werden, wie die Bevölkerung zu unterrichten ist.

§ 58 Vollzug im Bereich der Bundeswehr

(1) Im Geschäftsbereich des Bundesministeriums der Verteidigung obliegt der Vollzug des Gesetzes und der darauf gestützten Rechtsverordnungen für die Verwertung und Beseitigung militäreigentümlicher Abfälle dem Bundesminister der Verteidigung und den von ihm bestimmten Stellen.

(2) Das Bundesministerium der Verteidigung wird ermächtigt, für die Verwertung oder die Beseitigung von Abfällen im Sinne des Absatzes 1 aus dem Bereich der Bundeswehr Ausnahmen von diesem Gesetz und den auf dieses Gesetz gestützten Rechtsverordnungen zuzulassen, soweit zwingende Gründe der Verteidigung oder die Erfüllung zwischenstaatlicher Pflichten dies erfordern.

§ 59 Beteiligung des Bundestages beim Erlaß von Rechtsverordnungen
Rechtsverordnungen nach § 6 Abs. 1, § 7 Abs. 1 Nr. 1 und 4 und den §§ 23, 24 und 57 dieses Gesetzes sind dem Bundestag zuzuleiten. Die Zuleitung erfolgt vor der Zuleitung an den Bundesrat. Die Rechtsverordnungen können durch Beschluß des Bundestages geändert oder abgelehnt werden. Der Beschluß des Bundestages wird der Bundesregierung zugeleitet. Hat sich der Bundestag nach Ablauf von drei Sitzungswochen seit Eingang der Rechtsverordnung nicht mit ihr befaßt, so wird die unveränderte Rechtsverordnung dem Bundesrat zugeleitet.

§ 60 Anhörung beteiligter Kreise
Soweit Ermächtigungen zum Erlaß von Rechtsverordnungen und allgemeinen Verwaltungsvorschriften die Anhörung der beteiligten Kreise vorschreiben, ist ein jeweils auszuwählender Kreis von Vertretern der Wissenschaft, der Betroffenen, der beteiligten Wirtschaft, der für die Abfallwirtschaft zuständigen obersten Landesbehörden, der Gemeinden und Gemeindeverbände zu hören.

§ 61 Bußgeldvorschriften

(1) Ordnungswidrig handelt, wer vorsätzlich oder fahrlässig
1. Abfälle, die er nicht verwertet, außerhalb einer Anlage nach § 27 Abs. 1 Satz 1 behandelt, lagert oder ablagert,
2. entgegen § 27 Abs. 1 Satz 1 Abfälle zur Beseitigung außerhalb einer dafür zugelassenen Abfallbeseitigungsanlage behandelt, lagert oder ablagert,
3. ohne Genehmigung nach § 49 Abs. 1 Satz 1 Abfälle zur Beseitigung einsammelt oder befördert oder einer vollziehbaren Auflage nach § 49 Abs. 2 Satz 2 zuwiderhandelt,
4. ohne Genehmigung nach § 50 Abs. 1 die Vermittlung von Verbringungen von Abfällen vornimmt,
5. einer Rechtsverordnung nach § 6 Abs. 1, § 7, § 8, § 12 Abs. 1, § 23, § 24, § 27 Abs. 3 Satz 1 und 2, § 49 Abs. 3 oder § 50 Abs. 2 zuwiderhandelt, soweit sie für einen bestimmten Tatbestand auf diese Bußgeldvorschrift verweist.

(2) Ordnungswidrig handelt, wer vorsätzlich oder fahrlässig
1. entgegen § 25 Abs. 2 Satz 1, § 43 Abs. 2 oder § 46 Abs. 2 eine Anzeige nicht erstattet,
2. entgegen § 30 Abs. 1 Satz 1 das Betreten eines Grundstückes oder die Ausführung von Vermessungen, Boden- oder Grundwasseruntersuchungen nicht duldet,
3. entgegen § 40 Abs. 2 Satz 1 eine Auskunft nicht, nicht vollständig oder nicht richtig erteilt,
4. entgegen § 40 Abs. 2 Satz 2 oder 3 das Betreten eines Grundstückes, eines Wohn-, Geschäfts- oder Betriebsraumes, die Einsicht in Unterlagen oder die Vornahme von technischen Ermittlungen oder Prüfungen nicht gestattet,
5. entgegen § 40 Abs. 3 Arbeitskräfte, Werkzeuge oder Unterlagen nicht zur Verfügung stellt,

6. einer vollziehbaren Anordnung nach § 40 Abs. 3, § 42 Abs. 1, auch in Verbindung mit § 45 Abs. 1, oder § 54 Abs. 2 zuwiderhandelt,
7. entgegen § 43 Abs. 1 Satz 1 oder § 46 Abs. 1 Satz 1 ein Nachweisbuch nicht führt oder Belege nicht vorlegt,
8. entgegen § 49 Abs. 6 eine Warntafel nicht oder nicht in der vorgeschriebenen Weise anbringt,
9. entgegen § 54 Abs. 1 Satz 1 in Verbindung mit einer Rechtsverordnung nach Satz 2 einen Abfallbeauftragten nicht bestellt oder
10. einer Rechtsverordnung nach § 48 zuwiderhandelt, soweit sie für einen bestimmten Tatbestand auf diese Bußgeldvorschrift verweist.

(3) Die Ordnungswidrigkeit nach Absatz 1 kann mit einer Geldbuße bis zu 100.000 Deutsche Mark, die Ordnungswidrigkeit nach Absatz 2 mit einer Geldbuße bis zu 20.000 Deutsche Mark geahndet werden.

§ 62 Einziehung

Ist eine Ordnungswidrigkeit nach § 61 Abs. 1 Nr. 2, 3, 4 oder 5 begangen worden, so können Gegenstände,

1. auf die sich die Ordnungswidrigkeit bezieht oder
2. die zur Begehung oder Vorbereitung gebraucht wurden oder bestimmt gewesen sind,

eingezogen werden. § 23 des Gesetzes über Ordnungswidrigkeiten ist anzuwenden.

§ 63 Zuständige Behörden

Die Landesregierungen oder die von ihnen bestimmten Stellen bestimmen die für die Ausführung dieses Gesetzes zuständigen Behörden, soweit die Regelung nicht durch Landesgesetz erfolgt.

§ 64 Übergangsvorschriften

Die §§ 5a und 5b des Gesetzes über die Vermeidung und Entsorgung von Abfällen bleiben in Kraft, bis sie durch entsprechende Rechtsverordnungen nach den §§ 7 und 24 dieses Gesetzes abgelöst worden sind.

Anhang I: Abfallgruppen

Q1	Nachstehend nicht näher beschriebene Produktions- oder Verbrauchsrückstände
Q2	Nicht den Normen entsprechende Produkte
Q3	Produkte, bei denen das Verfalldatum überschritten ist
Q4	Unabsichtlich ausgebrachte oder verlorene oder von einem sonstigen Zwischenfall betroffene Produkte einschließlich sämtlicher Stoffe, Anlageteile usw., die bei einem solchen Zwischenfall kontaminiert worden sind
Q5	Infolge absichtlicher Tätigkeiten kontaminierte oder verschmutzte Stoffe (z.B. Reinigungsrückstände, Verpackungsmaterial, Behälter usw.)
Q6	Nichtverwendbare Elemente (z.B. verbrauchte Batterien, Katalysatoren usw.)
Q7	Unverwendbar gewordene Stoffe (z.B. kontaminierte Säuren, Lösungsmittel, Härtesalze usw.)
Q8	Rückstände aus industriellen Verfahren (z.B. Schlacken, Destillationsrückstände usw.)
Q9	Rückstände von Verfahren zur Bekämpfung der Verunreinigung (z.B. Gaswaschschlamm, Luftfilterrückstand, verbrauchte Filter usw.)
Q10	Bei maschineller und spanender Formgebung anfallende Rückstände (z.B. Dreh- und Fräsespäne usw.)
Q11	Bei der Förderung und der Aufbereitung von Rohstoffen anfallende Rückstände (z.B. im Bergbau, bei der Erdölförderung usw.)
Q12	Kontaminierte Stoffe (z. B. mit PCB verschmutztes Öl usw.)
Q13	Stoffe oder Produkte aller Art, deren Verwendung gesetzlich verboten ist
Q14	Produkte, die vom Besitzer nicht oder nicht mehr verwendet werden (z.B. in der Landwirtschaft, den Haushaltungen, Büros, Verkaufsstellen, Werkstätten usw.)
Q15	Kontaminierte Stoffe oder Produkte, die bei der Sanierung von Böden anfallen
Q16	Stoffe oder Produkte aller Art, die nicht einer der oben erwähnten Gruppen angehören

Anhang II A: Beseitigungsverfahren

Dieser Anhang führt Beseitigungsverfahren auf, die in der Praxis angewandt werden. Nach Artikel 4 der Richtlinie 75/442/EWG des Rates vom 25. Juli 1975 über Abfälle (ABl. EG Nr. L 194, S. 39), geändert durch Richtlinie 91/156/EWG (ABl. EG Nr. L 78, S. 32), zuletzt geändert durch die Richtlinie 91/692/EWG (ABl. EG Nr. L 377, S. 48), müssen die Abfälle beseitigt werden, ohne daß die menschliche Gesundheit gefährdet wird und ohne daß Verfahren oder Methoden verwendet werden, welche die Umwelt schädigen können.

D1 Ablagerungen in oder auf dem Boden (d.h. Deponien usw.)
D2 Behandlung im Boden (z.B. biologischer Abbau von flüssigen oder schlammigen Abfällen im Erdreich usw.)
D3 Verpressung (z.B. Verpressung pumpfähiger Abfälle in Bohrlöcher, Salzdome oder natürliche Hohlräume usw.)
D4 Oberflächenaufbringung (z.B. Ableitung flüssiger oder schlammiger Abfälle in Gruben, Teiche oder Lagunen usw.)
D5 Speziell angelegte Deponien (z.B. Ablagerung in abgedichteten, getrennten Räumen, die verschlossen und gegeneinander und gegen die Umwelt isoliert werden usw.)
D6 Einleitung in ein Gewässer mit Ausnahme von Meeren/Ozeanen
D7 Einleitung in Meere/Ozeane einschließlich Einbringung in den Meeresboden
D8 Biologische Behandlung, die nicht an anderer Stelle in diesem Anhang beschrieben ist und durch die Endverbindungen oder Gemische entstehen, die mit einem der in diesem Anhang aufgeführten Verfahren entsorgt werden
D9 Chemisch/physikalische Behandlung, die nicht an anderer Stelle in diesem Anhang beschrieben ist und durch die Endverbindungen oder -gemische entstehen, die mit einem der in diesem Anhang beschriebenen Verfahren entsorgt werden (z.B. Verdampfen, Trocknen, Kalzinieren, Neutralisieren, Ausfällen usw.)
D10 Verbrennung an Land
D11 Verbrennung auf See
D12 Dauerlagerung (z.B. Lagerung von Behältern in einem Bergwerk usw.)
D13 Vermengung oder Vermischung vor Anwendung eines der in diesem Anhang beschriebenen Verfahren
D14 Rekonditionierung vor Anwendung eines der in diesem Anhang beschriebenen Verfahren
D15 Lagerung bis zur Anwendung eines der in diesem Anhang beschriebenen Verfahren (Zwischenlagerung), ausgenommen zeitweilige Lagerung – bis zum Einsammeln – auf dem Gelände der Entstehung der Abfälle

Anhang II B: Verwertungsverfahren

Dieser Anhang führt Verwertungsverfahren auf, die in der Praxis angewandt werden. Nach Artikel 4 der Richtlinie 75/442/EWG des Rates vom 25. Juli 1975 über Abfälle (ABl. EG Nr. L 194, S. 39), geändert durch Richtlinie 91/156/EWG (ABl. EG Nr. L 78, S. 32), zuletzt geändert durch die Richtlinie 91/692/EWG (ABl. EG Nr. L 377, S. 48), müssen die Abfälle verwertet werden, ohne daß die menschliche Gesundheit gefährdet und ohne daß Verfahren oder Methoden verwendet werden, welche die Umwelt schädigen können.

R1 Rückgewinnung/Regenerierung von Lösemitteln

R2 Verwertung/Rückgewinnung organischer Stoffe, die nicht als Lösemittel verwendet werden

R3 Verwertung/Rückgewinnung von Metallen und Metallverbindungen

R4 Verwertung/Rückgewinnung anderer anorganischer Stoffe

R5 Regenerierung von Säuren oder Basen

R6 Wiedergewinnung von Bestandteilen, die der Bekämpfung der Verunreinigung dienen

R7 Wiedergewinnung von Katalysatorenbestandteilen

R8 Altölraffination oder andere Wiederverwendungsmöglichkeiten von Altöl

R9 Verwendung als Brennstoff (außer bei Direktverbrennung) oder andere Mittel der Energieerzeugung

R10 Aufbringung auf den Boden zum Nutzen der Landwirtschaft oder der Ökologie, einschließlich der Kompostierung und sonstiger biologischer Umwandlungsverfahren, mit Ausnahme der nach Artikel 2 Absatz 1 Buchstabe b Ziffer iii der Richtlinie des Rates 75/442/EWG über Abfälle (ABl. Nr. L 194, S. 39), geändert durch Richtlinie 91/156/EWG (ABl. EG Nr. L 78, S. 32), zuletzt geändert durch die Richtlinie 91/692/EWG (ABl. Nr. L 377, S. 48), ausgeschlossenen Abfälle

R11 Verwendung von Rückständen, die bei einem der unter R1 bis R10 aufgezählten Verfahren gewonnen werden

R12 Austausch von Abfällen, um sie einem der unter R1 bis R11 aufgezählten Verfahren zu unterziehen

R13 Ansammlung von Stoffen, die für ein der in diesem Anhang beschriebenen Verfahren vorgesehen sind, ausgenommen zeitweilige Lagerung – bis zum Einsammeln – auf dem Gelände der Entstehung der Abfälle

Richtlinie für die Tätigkeit und Anerkennung von Entsorgergemeinschaften
(Entsorgergemeinschaftenrichtlinie)
Vom 9. September 1996

Auf Grund des § 52 Abs. 3 des Kreislaufwirtschafts- und Abfallgesetzes vom 27. September 1994 (BGBl. I S.2705) erläßt das Bundesministerium für Umwelt, Naturschutz und Reaktorsicherheit folgende Richtlinie:

Inhaltsübersicht

Erster Abschnitt Allgemeine Vorschriften
§ 1 Anwendungsbereich
§ 2 Entsorgergemeinschaft

Zweiter Abschnitt Anforderungen an die Tätigkeit der Entsorgergemeinschaft
§ 3 Festlegung der Anforderungen durch Satzung
§ 4 Mitgliedschaft in der Entsorgergemeinschaft
§ 5 Anforderungen an die Mitgliedsbetriebe
§ 6 Überwachung der Mitgliedsbetriebe
§ 7 Erteilung von Überwachungszertifikaten und Überwachungszeichen
§ 8 Entzug von Überwachungszertifikaten und Überwachungszeichen
§ 9 Entsorgungsfachbetriebeverzeichnis
§ 10 Überwachungsausschuß

Dritter Abschnitt Anerkennung und Auflösung der Entsorgergemeinschaft
§ 11 Anerkennung der Entsorgergemeinschaft
§ 12 Auflösung der Entsorgergemeinschaft, Unwirksamkeit der Anerkennung

Vierter Abschnitt Schlußvorschriften
§ 13 Inkrafttreten

Erster Abschnitt Allgemeine Vorschriften

§ 1 Anwendungsbereich

Diese Richtlinie regelt die Anforderungen an die Tätigkeit von Entsorgergemeinschaften sowie deren Anerkennung durch die für die Abfallwirtschaft zuständige oberste Landesbehörde oder die von ihr bestimmte Behörde.

§ 2 Entsorgergemeinschaft

Entsorgergemeinschaft im Sinne dieser Richtlinie ist eine Vereinigung von abfallwirtschaftlich tätigen Betrieben im Sinne des § 2 Abs. 1 der Entsorgungsfachbetriebeverordnung oder Unternehmen mit Betriebsteilen im Sinne § 2 Abs. 2 der Entsorgungsfachbetriebeverordnung, in denen solche Tätigkeiten ausgeführt werden, die

1. Anforderungen an Organisation, Ausstattung und Tätigkeit ihrer Mitgliedsbetriebe sowie an die erforderlichen Zuverlässigkeit, Sach- und Fachkunde der Inhaber und der im Betrieb beschäftigten Personen festlegt,
2. diese Anforderungen überwacht und
3. Überwachungszertifikate und Überwachungszeichen an solche Mitgliedsbetriebe verleiht, die als Entsorgungsfachbetriebe die von ihr festgelegten Anforderungen erfüllen.

Zweiter Abschnitt Anforderungen an die Tätigkeit der Entsorgergemeinschaft

§ 3 Festlegung der Anforderungen durch Satzung

(1) Die Entsorgergemeinschaft muß die in den §§ 4 bis 10 genannten Anforderungen an die Tätigkeit durch Satzung oder sonstige Regelung verbindlich festlegen.

(2) Die Entsorgergemeinschaft kann weitergehende oder ergänzende Regelungen festlegen, soweit diese den Anforderungen dieser Richtlinie nicht widersprechen und insbesondere Beschränkungen des Wettbewerbs nicht zu besorgen sind.

§ 4 Mitgliedschaft in der Entsorgergemeinschaft

(1) Mitglied einer Entsorgergemeinschaft können, unabhängig von der Zugehörigkeit zu einem Verband oder einer sonstigen Organisation, abfallwirtschaftlich tätige Betriebe, oder Unternehmen mit Betriebsteilen, in denen solche Tätigkeiten ausgeführt werden, im Sinne § 2 Abs. 1 und 2 der Entsorgungsfachbetriebeverordnung werden, wenn sie

1. sich zur Erfüllung der von der Entsorgergemeinschaft festgelegten Anforderungen verpflichten,
2. die Satzung, insbesondere die von der Entsorgergemeinschaft festgelegten Regelungen über die Überwachung und Erteilung von Überwachungszertifikaten und Überwachungszeichen, anerkennen und
3. Gewähr für die Erfüllung dieser Verpflichtungen bieten.

(2) Die Entsorgergemeinschaft hat einen Mitgliedsbetrieb von der Mitgliedschaft auszuschließen, wenn

1. diesem zwei Jahre nach der Aufnahme in die Entsorgergemeinschaft kein Überwachungszertifikat und Überwachungszeichen erteilt wurde oder diesem das Überwachungszertifikat und Überwachungszeichen entzogen worden ist.

§ 5 Anforderungen an die Mitgliedsbetriebe

(1) Die Entsorgergemeinschaft hat

1. Anforderungen an die organisatorische, personelle und sonstige Ausstattung und Tätigkeit der Mitgliedsbetriebe sowie
2. Anforderungen an die Zuverlässigkeit, Fach- und Sachkunde der Betriebsinhaber, der für die Leitung und Beaufsichtigung des Betriebes verantwortlichen Personen und des sonstigen Personals

festzulegen.

(2) Die Anforderungen müssen mindestens den jeweils in der Entsorgungsfachbetriebeverordnung genannten Anforderungen entsprechen. Die Entsorgergemeinschaft kann insbesondere spezielle oder ergänzende Anforderungen für bestimmte abfallwirtschaftliche Tätigkeitsbereiche im Sinne des § 2 Abs. 1 Nr. 1 und Abs. 2 Satz 2 Nr. 1 und 2 der Entsorgungsfachbetriebeverordnung festlegen. Diese dürfen den in der Entsorgergemeinschaft festgelegten Anforderungen nicht widersprechen.

§ 6 Überwachung der Mitgliedsbetriebe

(1) Die Entsorgergemeinschaft hat die an ihre Mitgliedsbetriebe gestellten Anforderungen nach deren Beitritt zu der Gemeinschaft, nach wesentlichen Änderungen des Betriebes, im übrigen jährlich zu überprüfen.

(2) Sie hat sich für die Überprüfung Sachverständiger zu bedienen, die die für die Durchführung der Überwachung erforderliche Zuverlässigkeit, Unabhängigkeit und Fachkunde besitzen. Die mit der Prüfung beauftragten Personen sind verpflichtet, alle Unterlagen und Informationen einschließlich Inhalt und Ergebnisse von Gesprächen, Untersuchungen und Prüfungen, von denen sie im Rahmen der Überprüfung Kenntnis erlangt haben, vertraulich zu behandeln und Dritten gegenüber nicht zugänglich zu machen. Die Pflicht zur Erstattung von Gutachten für den Überwachungsausschuß (§ 10 Abs. 1 Satz 2) sowie öffentlich-rechtliche Pflichten zur Mitteilung gegenüber Behörden bleiben unberührt.

(3) Der Verlauf und das Ergebnis der Prüfung ist vom Sachverständigen gegenüber dem Mitgliedsbetrieb schriftlich zu dokumentieren. Soweit aufgrund der Prüfung festgestellt wird, daß die von der Entsorgergemeinschaft festgelegten Anforderungen nicht erfüllt sind, sind die festgestellten Mängel konkret zu bezeichnen.

(4) Die Mitgliedsbetriebe sind zu verpflichten, den von der Entsorgergemeinschaft beauftragten Personen alle zur Prüfung der festgelegten Anforderungen benötigten Informationen, Unterlagen und Nachweise zur Verfügung zu stellen und, soweit dies zur Prüfung der festgelegten Anforderungen erforderlich ist, das Betreten des Grundstücks, der Geschäfts- und Betriebsräume, die Einsicht in Unterlagen und die Vornahme von technischen Ermittlungen und Prüfungen zu gestatten sowie Arbeitskräfte und Werkzeuge zur Verfügung zu stellen.

(5) Die Mitgliedsbetriebe sind weiter zu verpflichten, der Entsorgergemeinschaft alle Änderungen im Betrieb, die für die Erfüllung der von der Entsorgergemeinschaft festgelegten Anforderungen erheblich sind, unverzüglich anzuzeigen.

(6) Die Entsorgergemeinschaft ist verpflichtet, bei der Überprüfung neben den einschlägigen Rechtsvorschriften auch die hierzu ergangenen, amtlich veröffentlichten Verwaltungsvorschriften des Bundes und der Länder zu berücksichtigen.

(7) Die Entsorgergemeinschaft soll bei der Überprüfung der von ihr festgelegten Anforderungen Ergebnisse von Prüfungen heranziehen, die

1. durch einen unabhängigen Umweltgutachter oder einer Umweltgutachterorganisation gemäß Artikel 4 Abs. 3 der Verordnung (EWG) Nr. 1836/93 des Rates vom 29. Juni 1993 über die freiwillige Beteiligung gewerblicher Unternehmen an einem Gemeinschaftssystem für das Umweltmanagement und die Umweltbetriebsprüfung (ABl. EG Nr. L 168 S. 1) oder
2. durch eine nach DIN EN ISO 45 012 akkreditierten Stelle im Rahmen der Zertifizierung eines Qualitätsmanagementsystems nach DIN EN ISO 9001, 9002, 9003 oder 9004

vorgenommen wurden.

§ 7 Erteilung von Überwachungszertifikaten und Überwachungszeichen

(1) Soweit aufgrund der Prüfung nach § 10 Abs. 3 festgestellt ist, daß die von der Entsorgergemeinschaft festgelegten Anforderungen erfüllt sind, und die zuständige Behörde die Entsorgergemeinschaft anerkannt hat, ist die Entsorgergemeinschaft verpflichtet, dem Mitgliedsbetrieb ein schriftliches Überwachungszertifikat mit folgenden Angaben auszustellen:

1. Name und Sitz des Betriebes und seiner zertifizierten Standorte,

2. die Bezeichnung der zertifizierten Tätigkeiten des Betriebes, bezogen auf seine Standorte und Anlagen, im Falle einer entsprechenden Anwendung des § 2 Abs. 2 Satz 2 der Entsorgungsfachbetriebeverordnung unter Angabe der jeweiligen Abfallarten, Herkunftsbereiche, Verwertungs- oder Beseitigungsverfahren,
3. Angabe des Namens des Sachverständigen, das Datum der Prüfung und die Unterschrift des Sachverständigen,
4. Angabe des Namens der Entsorgergemeinschaft, das Datum der Ausstellung und die Unterschrift des Vorsitzenden des Überwachungsausschusses und des Vorstandes der Entsorgergemeinschaft oder ihrer Beauftragten.

(2) Das Überwachungszertifikat ist zu befristen. Die Gültigkeitsdauer darf einen Zeitraum von 18 Monaten nicht überschreiten.

(3) Mit dem Überwachungszertifikat ist dem Mitgliedsbetrieb ein Überwachungszeichen zu erteilen. Das Überwachungszeichen muß die Bezeichnung „Entsorgungsfachbetrieb" in Verbindung mit dem Hinweis auf die zertifizierten Tätigkeiten und die das Überwachungszeichen erteilende Entsorgergemeinschaft aufweisen.

§ 8 Entzug von Überwachungszertifikaten und Überwachungszeichen

(1) Die Entsorgergemeinschaft hat dem Mitgliedsbetrieb das Überwachungszertifikat und die Berechtigung zur Führung des Überwachungszeichens zu entziehen, wenn
1. der Mitgliedsbetrieb die von der Entsorgergemeinschaft festgelegten Anforderungen auch nach Ablauf einer von ihr gesetzten, drei Monate nicht überschreitenden Frist nicht erfüllt,
2. sie hierzu durch einen Verwaltungsakt der zuständigen Behörde verpflichtet worden ist,
3. der Mitgliedsbetrieb die zertifizierten Tätigkeiten auf Dauer einstellt oder
4. die Mitgliedschaft des Betriebes in der Entsorgergemeinschaft endet.

(2) Der Mitgliedsbetrieb verliert in den Fällen des Absatzes 1 die Berechtigung zur Führung des Überwachungszeichens und hat der Entsorgergemeinschaft das Überwachungszertifikat auf deren Verlangen zurückzugeben.

§ 9 Entsorgungsfachbetriebeverzeichnis

Die Entsorgergemeinschaft hat ein aktuelles Verzeichnis derjenigen Mitgliedsbetriebe zu führen, die das von ihr verliehene Überwachungszertifikat und Überwachungszeichen tragen.

§ 10 Überwachungsausschuß

(1) Die Entsorgergemeinschaft hat einen Überwachungsausschuß zu bilden. Der Überwachungsausschuß hat die Aufgabe, die Überwachung von Mitgliedsbetrieben zu sichern und zu gewährleisten. Er entscheidet insbesondere über die Erteilung und den Entzug von Überwachungszertifikaten und Überwachungs-

zeichen auf Grundlage von Gutachten der mit der Überwachung beauftragten Sachverständigen und ahndet Verstöße gegen die Bestimmungen über das Überwachungsverfahren oder die Führung von Überwachungszeichen.

(2) Der Ausschuß besteht aus mindestens drei, höchstens zehn Mitgliedern. Die Zusammensetzung der Mitglieder im Ausschuß soll die Tätigkeitsbereiche der in der Entsorgergemeinschaft vereinigten Mitgliedsbetriebe repräsentieren. Gehören Personen, die zugleich die Geschäfte der Entsorgergemeinschaft leiten, dem Ausschuß an, müssen die übrigen Mitglieder die Mehrheit im Ausschuß bilden. Die Mitglieder müssen Inhaber eines in der Entsorgergemeinschaft vereinigten Entsorgungsfachbetriebes oder mit der Leitung und Beaufsichtigung eines solchen Betriebes beauftragt sein. Sie müssen die für die Leitung und Beaufsichtigung eines Entsorgungsfachbetriebes erforderliche Zuverlässigkeit und Fachkunde besitzen.

(3) Der Überwachungsausschuß faßt seine Beschlüsse mit einer Mehrheit von mindestens zwei Dritteln der sich an der Abstimmung beteiligten Mitglieder. Der Ausschuß ist beschlußfähig, wenn sich die Hälfte der Ausschußmitglieder an der Abstimmung beteiligt.

(4) Die Mitglieder des Überwachungsausschusses sind hinsichtlich der Entscheidungen im Ausschuß an Weisungen nicht gebunden. Bei Besorgnis der Befangenheit sind sie von der Entscheidung ausgeschlossen. Die Mitglieder des Ausschusses haben über die bei ihrer Tätigkeit bekanntgewordenen Tatsachen Verschwiegenheit zu bewahren.

(5) Der Überwachungsausschuß kann für bestimmte Regionen oder für bestimmte abfallwirtschaftliche Tätigkeiten der Mitgliedsbetriebe seine Aufgaben an Unterausschüsse delegieren. In diesem Fall sind die Absätze 1 bis 4 auf die Unterausschüsse entsprechend anzuwenden.

Dritter Abschnitt Anerkennung und Auflösung der Entsorgergemeinschaft

§ 11 Anerkennung der Entsorgergemeinschaft

(1) Die Entsorgergemeinschaft bedarf der Anerkennung der für die Abfallwirtschaft zuständigen obersten Landesbehörde des Landes, in dem sich der Hauptsitz der Entsorgergemeinschaft befindet, oder der von ihr bestimmten Behörde. Bei der Anerkennung länderübergreifend tätiger Entsorgergemeinschaft trifft die nach Satz 1 zuständige Behörde ihre Entscheidung im Benehmen mit den zuständigen Behörden der Länder, in denen die Mitgliedsbetriebe ihren Sitz oder Standort haben. Die Anerkennung gilt für die Bundesrepublik Deutschland. Die Anerkennung ist zu erteilen, wenn

1. die Entsorgergemeinschaft die in der Richtlinie genannten Anforderungen an ihre Tätigkeit erfüllt und
2. Beschränkungen des Wettbewerbes nicht zu besorgen sind.

(2) Die Anerkennung kann unter Bedingungen erteilt sowie mit Auflagen und Auflagevorbehalten verbunden werden, soweit dies erforderlich ist, um die in Absatz 1 genannten Anerkennungsvoraussetzungen sicherzustellen. Die zuständige Behörde kann die Entsorgergemeinschaft insbesondere verpflichten, ihr im Einzelfall oder in wiederkehrenden Fristen über die Überwachung sowie die Erteilung und den Entzug von Überwachungszertifikaten und Überwachungszeichen zu berichten.

(3) Die Anerkennung der Entsorgergemeinschaft kann widerrufen werden,
1. wenn mit der Anerkennung eine Auflage verbunden ist und die Entsorgergemeinschaft diese nicht oder nicht innerhalb einer ihr gesetzten Zeit erfüllt hat,
2. wenn die nach Absatz 1 zuständige Behörde auf Grund nachträglich eingetretener Tatsachen berechtigt wäre, die Anerkennung nicht zu erteilen, oder
3. um schwere Nachteile für das Wohl der Allgemeinheit zu verhindern oder zu beseitigen.

§ 12 Auflösung der Entsorgergemeinschaft, Unwirksamkeit der Anerkennung

Wird die Entsorgergemeinschaft aufgelöst oder die Anerkennung der Entsorgergemeinschaft unwirksam, so verliert der Mitgliedsbetrieb die Berechtigung, das Überwachungszertifikat und das Überwachungszeichen der Entsorgergemeinschaft zu führen. Beruht die Unwirksamkeit der Anerkennung der Entsorgergemeinschaft auf Gründen, die nicht von dem Mitgliedsbetriebs zu vertreten sind, kann die für die Anerkennung zuständige Behörde dem Mitgliedsbetrieb die weitere Führung des Überwachungszertifikates und des Überwachungszeichens für eine angemessene Übergangszeit gestatten.

Vierter Abschnitt Schlußvorschriften

§ 13 Inkrafttreten

Diese Richtlinie tritt am 7. Oktober 1996 in Kraft.
Der Bundesrat hat zugestimmt.
Bonn, den 9. September 1996
WA II 2 - 30 121 /2

Die Bundesministerin
für Umwelt, Naturschutz und Reaktorsicherheit

Angela Merkel

Bundesgesetzblatt

Teil I **Z 5702**

1996 **Ausgegeben zu Bonn am 20. September 1996** **Nr. 47**

Tag	Inhalt	Seite
10. 9. 96	Verordnung zur Bestimmung von besonders überwachungsbedürftigen Abfällen (Bestimmungsverordnung besonders überwachungsbedürftige Abfälle – BestbüAbfV) .... FNA: neu: 2129-27-2-1; 2129-15-4, 2129-15-5	1366
10. 9. 96	Verordnung zur Bestimmung von überwachungsbedürftigen Abfällen zur Verwertung (Bestimmungsverordnung überwachungsbedürftige Abfälle zur Verwertung – BestüVAbfV) .... FNA: neu: 2129-27-2-2	1377
10. 9. 96	Verordnung über Verwertungs- und Beseitigungsnachweise (Nachweisverordnung – NachwV) .... FNA: neu: 2129-27-2-3; 2129-15-6	1382
10. 9. 96	Verordnung zur Transportgenehmigung (Transportgenehmigungsverordnung – TgV) .... FNA: neu: 2129-27-2-4	1411
10. 9. 96	Verordnung über Entsorgungsfachbetriebe (Entsorgungsfachbetriebeverordnung – EfbV) .... FNA: neu: 2129-27-2-5	1421
13. 9. 96	Verordnung zur Einführung des Europäischen Abfallkatalogs (EAK-Verordnung – EAKV) .... FNA: neu: 2129-27-2-6	1428
13. 9. 96	Verordnung über Abfallwirtschaftskonzepte und Abfallbilanzen (Abfallwirtschaftskonzept- und -bilanzverordnung – AbfKoBiV) .... FNA: neu: 2129-27-2-7	1447

1366 Bundesgesetzblatt Jahrgang 1996 Teil I Nr. 47, ausgegeben zu Bonn am 20. September 1996

Verordnung zur Bestimmung von besonders überwachungsbedürftigen Abfällen (Bestimmungsverordnung besonders überwachungsbedürftige Abfälle – BestbüAbfV) *)

Vom 10. September 1996

Auf Grund des § 41 Abs. 1 Satz 2 und Abs. 3 Nr. 1 des Kreislaufwirtschafts- und Abfallgesetzes vom 27. September 1994 (BGBl. I S. 2705), auch in Verbindung mit Artikel 10 des Gesetzes vom 27. Dezember 1993 (BGBl. I S. 2378), verordnet die Bundesregierung nach Anhörung der beteiligten Kreise:

§ 1 Abfallbezeichnung

(1) Besonders überwachungsbedürftig sind die mit einem sechsstelligen Abfallschlüssel oder mit einem sechsstelligen Abfallschlüssel mit einer zweistelligen D-Erweiterung gekennzeichneten

1. in der Anlage 1 zu dieser Verordnung genannten gefährlichen Abfälle im Sinne der Richtlinie 91/689/EWG des Rates vom 12. Dezember 1991 über gefährliche Abfälle (ABl. EG Nr. L 377 S. 20), geändert durch die Richtlinie 94/31/EG vom 27. Juni 1994 (ABl. EG Nr. L 168 S. 28),
2. in der Anlage 2 zu dieser Verordnung genannten Abfälle.

(2) Die in dieser Verordnung geregelte Bestimmung der besonders überwachungsbedürftigen Abfälle gilt auch für die von den öffentlich-rechtlichen Entsorgungsträgern nach § 15 des Kreislaufwirtschafts- und Abfallgesetzes gesammelten Abfälle.

§ 2 Zuordnung im Einzelfall

(1) Bei der Zuordnung eines Abfalls zu einer in den Anlagen bezeichneten Abfallart ist die zweistellige branchen- oder prozeßartspezifische Kapitelüberschrift vor sonstigen herkunfts- oder abfallartenspezifischen zweistelligen Kapitelüberschriften zugrunde zu legen. Innerhalb eines Kapitels ist die speziellere vor der allgemeinen vierstelligen Gruppenüberschrift maßgebend. Innerhalb der Gruppe ist die speziellere vor der allgemeinen Abfallbezeichnung zu wählen.

(2) Umfaßt die Tätigkeit eines Abfallerzeugers mehrere Branchen oder Prozeßarten, so sind die Abfälle dieses Abfallerzeugers den jeweils speziellen branchen- oder prozeßartspezifischen Kapitelüberschriften zuzuordnen.

(3) Ergibt die Zuordnung von Abfällen, die einer branchen- oder prozeßartspezifischen Herkunft nach den Absätzen 1 und 2 unterfallen, einen sechsstelligen Abfallschlüssel mit der Endung 99 (Abfälle a.n.g.) oder läßt sich kein Abfallschlüssel ermitteln, so ist zu prüfen, ob der Abfall unter einer Gruppe einer anderen branchen- oder prozeßartspezifischen Kapitelüberschrift aufgeführt ist, die der Branche oder dem Herstellungsprozeß nahesteht oder in diesen integriert ist. Ist dies der Fall, so ist der Abfall dieser Branche oder Prozeßart zuzuordnen.

(4) Führt auch die Prüfung nach Absatz 3 zu einem Abfallschlüssel mit der Bezeichnung „Abfälle a.n.g." oder zu keiner Zuordnungsmöglichkeit, so ist zu prüfen, ob der Abfall einem herkunfts- oder abfallartenspezifischen Kapitel zugeordnet werden kann. Trifft dies zu, ist der Abfall der herkunfts- oder abfallartenspezifischen Kapitelüberschrift zuzuordnen.

(5) Abweichend von den Absätzen 1 bis 4 können Abfälle mit branchen- oder prozeßartspezifischer Herkunft auch direkt einem Abfallschlüssel einer herkunfts- oder abfallartenspezifischen Kapitelüberschrift zugeordnet werden, wenn dieser den Abfall genauer charakterisiert. Der Kapitelüberschrift 20 dürfen Abfälle nur dann zugeordnet werden, wenn sie im Rahmen der Siedlungsabfallentsorgung entsorgt werden.

§ 3 Übergangsvorschrift

Bis zum 31. Dezember 1998 sind besonders überwachungsbedürftige Abfälle im Sinne des § 41 Abs. 1 und Abs. 3 Nr. 1 des Kreislaufwirtschafts- und Abfallgesetzes die in der Abfallbestimmungs-Verordnung vom 3. April 1990 (BGBl. I S. 614), geändert durch Artikel 6 Abs. 26 des Gesetzes vom 27. Dezember 1993 (BGBl. I S. 2378), genannten Abfälle.

§ 4 Inkrafttreten, Außerkrafttreten

Diese Verordnung tritt am 7. Oktober 1996 in Kraft. Gleichzeitig treten außer Kraft:

1. die Abfallbestimmungs-Verordnung vom 3. April 1990 (BGBl. I S. 614), zuletzt geändert durch § 14 Abs. 4 des Gesetzes vom 19. Juli 1996 (BGBl. I S. 1019),
2. die Reststoffbestimmungs-Verordnung vom 3. April 1990 (BGBl. I S. 631, 862), zuletzt geändert durch § 14 Abs. 5 des Gesetzes vom 19. Juli 1996 (BGBl. I S. 1019).

Der Bundesrat hat zugestimmt.

Bonn, den 10. September 1996

Der Bundeskanzler
Dr. Helmut Kohl

Die Bundesministerin
für Umwelt, Naturschutz und Reaktorsicherheit
Angela Merkel

*) Diese Verordnung dient der Umsetzung der Entscheidung 94/904/EG des Rates vom 22. Dezember 1994 über ein Verzeichnis gefährlicher Abfälle im Sinne von Artikel 1 Absatz 4 der Richtlinie 91/689/EWG über gefährliche Abfälle (ABl. EG Nr. L 356 S. 14).

Bundesgesetzblatt Jahrgang 1996 Teil I Nr. 47, ausgegeben zu Bonn am 20. September 1996 **1367**

Anlage 1

Verzeichnis der besonders überwachungsbedürftigen Abfälle – Teil 1 –

Abfall-schlüssel	Abfallbezeichnung (Abfallart einschließlich Eigenschaften und Inhaltsstoffe)
02	**Abfälle aus der Landwirtschaft, dem Gartenbau, der Jagd, Fischerei und Teichwirtschaft, Herstellung und Verarbeitung von Nahrungsmitteln**
02 01	**Abfälle aus der Herstellung von Grundstoffen**
02 01 05	Abfälle von Chemikalien für die Landwirtschaft
03	**Abfälle aus der Holzverarbeitung und der Herstellung von Zellstoffen, Papier, Pappe, Platten und Möbeln**
03 02	**Abfälle aus der Holzkonservierung**
03 02 01	halogenfreie organische Holzkonservierungsmittel
03 02 02	chlororganische Holzkonservierungsmittel
03 02 03	metallorganische Holzkonservierungsmittel
03 02 04	anorganische Holzkonservierungsmittel
04	**Abfälle aus der Leder- und Textilindustrie**
04 01	**Abfälle aus der Lederindustrie**
04 01 03	Entfettungsabfälle, lösemittelhaltig, ohne flüssige Phase
04 02	**Abfälle aus der Textilindustrie**
04 02 11	halogenierte Abfälle aus der Zurichtung und dem Finish
05	**Abfälle aus der Ölraffination, Erdgasreinigung und Kohlepyrolyse**
05 01	**Ölschlämme und feste Abfälle**
05 01 03	schlammige Tankrückstände
05 01 04	saure Alkylschlämme
05 01 05	verschüttetes Öl
05 01 07	Säureteere
05 01 08	andere Teere
05 04	**verbrauchte Filtertone**
05 04 01	verbrauchte Filtertone
05 06	**Abfälle aus der Kohlepyrolyse**
05 06 01	Säureteere
05 06 03	andere Teere
05 07	**Abfälle aus der Erdgasreinigung**
05 07 01	quecksilberhaltige Schlämme
05 08	**Abfälle aus der Altölaufbereitung**
05 08 01	verbrauchte Filtertone
05 08 02	Säureteere
05 08 03	sonstige Teere
05 08 04	wäßrige Flüssigabfälle aus der Altölaufbereitung

Abfall-schlüssel	Abfallbezeichnung (Abfallart einschließlich Eigenschaften und Inhaltsstoffe)
06	**Abfälle aus anorganischen chemischen Prozessen**
06 01	**verbrauchte säurehaltige Lösungen (Säuren)**
06 01 01	Schwefelsäure und schweflige Säure
06 01 02	Salzsäure
06 01 03	Flußsäure
06 01 04	Phosphorsäure und phoshorige Säure
06 01 05	Salpetersäure und salpetrige Säure
06 01 99	Abfälle a.n.g.
06 02	**verbrauchte basische Lösungen (Laugen)**
06 02 01	Calciumhydroxid
06 02 02	Natriumcarbonat
06 02 03	Ammoniak
06 02 99	Abfälle a.n.g.
06 03	**verbrauchte Salze und ihre Lösungen**
06 03 11	Salze und Lösungen, cyanidhaltig
06 04	**metallhaltige Abfälle**
06 04 02	Metallsalze (außer 06 03)
06 04 03	arsenhaltige Abfälle
06 04 04	quecksilberhaltige Abfälle
06 04 05	Abfälle, die andere Schwermetalle enthalten
06 07	**Abfälle aus der Halogenchemie**
06 07 01	asbesthaltige Abfälle aus der Elektrolyse
06 07 02	Aktivkohle aus der Chlorherstellung
06 13	**Abfälle aus anderen Prozessen der anorganischen Chemie**
06 13 01	anorganische Pestizide, Biozide und Holzschutzmittel
06 13 02	verbrauchte Aktivkohle (außer 06 07 02)
07	**Abfälle aus organischen chemischen Prozessen**
07 01	**Abfälle aus Herstellung, Zubereitung, Vertrieb und Anwendung (HZVA) organischer Grundchemikalien**
07 01 01	wäßrige Waschflüssigkeiten und Mutterlaugen
07 01 03	organische halogenierte Lösemittel, Waschflüssigkeiten und Mutterlaugen
07 01 04	andere organische Lösemittel, Waschflüssigkeiten und Mutterlaugen
07 01 07	halogenierte Reaktions- und Destillationsrückstände
07 01 08	andere Reaktions- und Destillationsrückstände
07 01 09	halogenierte Filterkuchen, verbrauchte Aufsaugmaterialien
07 01 10	andere Filterkuchen, verbrauchte Aufsaugmaterialien
07 02	**Abfälle aus Herstellung, Zubereitung, Vertrieb und Anwendung (HZVA) von Kunststoffen, synthetischen Gummi- und Kunstfasern**
07 02 01	wäßrige Waschflüssigkeiten und Mutterlaugen
07 02 03	organische halogenierte Lösemittel, Waschflüssigkeiten und Mutterlaugen
07 02 04	andere organische Lösemittel, Waschflüssigkeiten und Mutterlaugen
07 02 07	halogenierte Reaktions- und Destillationsrückstände
07 02 08	andere Reaktions- und Destillationsrückstände
07 02 09	halogenierte Filterkuchen, verbrauchte Aufsaugmaterialien
07 02 10	andere Filterkuchen, verbrauchte Aufsaugmaterialien

Abfall-schlüssel	Abfallbezeichnung (Abfallart einschließlich Eigenschaften und Inhaltsstoffe)
07 03	**Abfälle aus Herstellung, Zubereitung, Vertrieb und Anwendung (HZVA) von organischen Farbstoffen und Pigmenten (außer 06 11)**
07 03 01	wäßrige Waschflüssigkeiten und Mutterlaugen
07 03 03	organische halogenierte Lösemittel, Waschflüssigkeiten und Mutterlaugen
07 03 04	andere organische Lösemittel, Waschflüssigkeiten und Mutterlaugen
07 03 07	halogenierte Reaktions- und Destillationsrückstände
07 03 08	andere Reaktions- und Destillationsrückstände
07 03 09	halogenierte Filterkuchen, verbrauchte Aufsaugmaterialien
07 03 10	andere Filterkuchen, verbrauchte Aufsaugmaterialien
07 04	**Abfälle aus Herstellung, Zubereitung, Vertrieb und Anwendung (HZVA) von organischen Pestiziden (außer 02 01 05)**
07 04 01	wäßrige Waschflüssigkeiten und Mutterlaugen
07 04 03	organische halogenierte Lösemittel, Waschflüssigkeiten und Mutterlaugen
07 04 04	andere organische Lösemittel, Waschflüssigkeiten und Mutterlaugen
07 04 07	halogenierte Reaktions- und Destillationsrückstände
07 04 08	andere Reaktions- und Destillationsrückstände
07 04 09	halogenierte Filterkuchen, verbrauchte Aufsaugmaterialien
07 04 10	andere Filterkuchen, verbrauchte Aufsaugmaterialien
07 05	**Abfälle aus Herstellung, Zubereitung, Vertrieb und Anwendung (HZVA) von Pharmazeutika**
07 05 01	wäßrige Waschflüssigkeiten und Mutterlaugen
07 05 03	organische halogenierte Lösemittel, Waschflüssigkeiten und Mutterlaugen
07 05 04	andere organische Lösemittel, Waschflüssigkeiten und Mutterlaugen
07 05 07	halogenierte Reaktions- und Destillationsrückstände
07 05 08	andere Reaktions- und Destillationsrückstände
07 05 09	halogenierte Filterkuchen, verbrauchte Aufsaugmaterialien
07 05 10	andere Filterkuchen, verbrauchte Aufsaugmaterialien
07 06	**Abfälle aus Herstellung, Zubereitung, Vertrieb und Anwendung (HZVA) von Fetten, Schmiermitteln, Seifen, Waschmitteln, Desinfektionsmitteln und Körperpflegemitteln**
07 06 01	wäßrige Waschflüssigkeiten und Mutterlaugen
07 06 03	organische halogenierte Lösemittel, Waschflüssigkeiten und Mutterlaugen
07 06 04	andere organische Lösemittel, Waschflüssigkeiten und Mutterlaugen
07 06 07	halogenierte Reaktions- und Destillationsrückstände
07 06 08	andere Reaktions- und Destillationsrückstände
07 06 09	halogenierte Filterkuchen, verbrauchte Aufsaugmaterialien
07 06 10	andere Filterkuchen, verbrauchte Aufsaugmaterialien
07 07	**Abfälle aus Herstellung, Zubereitung, Vertrieb und Anwendung (HZVA) von Feinchemikalien und Chemikalien a.n.g.**
07 07 01	wäßrige Waschflüssigkeiten und Mutterlaugen
07 07 03	organische halogenierte Lösemittel, Waschflüssigkeiten und Mutterlaugen
07 07 04	andere organische Lösemittel, Waschflüssigkeiten und Mutterlaugen
07 07 07	halogenierte Reaktions- und Destillationsrückstände
07 07 08	andere Reaktions- und Destillationsrückstände
07 07 09	halogenierte Filterkuchen, verbrauchte Aufsaugmaterialien
07 07 10	andere Filterkuchen, verbrauchte Aufsaugmaterialien
08	**Abfälle aus Herstellung, Zubereitung, Vertrieb und Anwendung (HZVA) von Überzügen (Farben, Lacken, Email), Dichtungsmassen und Druckfarben**
08 01	**Abfälle aus der HZVA von Farben und Lacken**
08 01 01	alte Farben und Lacke, die halogenierte Lösemittel enthalten
08 01 02	alte Farben und Lacke, die keine halogenierten Lösemittel enthalten
08 01 06	Schlämme aus der Farb- oder Lackentfernung, die halogenierte Lösemittel enthalten
08 01 07	Schlämme aus der Farb- oder Lackentfernung, die keine halogenierten Lösemittel enthalten

Abfall-schlüssel	Abfallbezeichnung (Abfallart einschließlich Eigenschaften und Inhaltsstoffe)
08 03	**Abfälle aus der HZVA von Druckfarben**
08 03 01	alte Druckfarben, die halogenierte Lösemittel enthalten
08 03 02	alte Druckfarben, die keine halogenierten Lösemittel enthalten
08 03 05	Druckfarbenschlämme, die halogenierte Lösemittel enthalten
08 03 06	Druckfarbenschlämme, die keine halogenierten Lösemittel enthalten
08 04	**Abfälle aus der HZVA von Klebstoffen und Dichtungsmassen (einschließlich wasserabweisendem Material)**
08 04 01	alte Klebstoffe und Dichtungsmassen, die halogenierte Lösemittel enthalten
08 04 02	alte Klebstoffe und Dichtungsmassen, die keine halogenierten Lösemittel enthalten
08 04 05	Klebstoffe und Dichtungsmassen, die halogenierte Lösemittel enthalten
08 04 06	Klebstoffe und Dichtungsmassen, die keine halogenierten Lösemittel enthalten
09	**Abfälle aus der photographischen Industrie**
09 01	**Abfälle aus der photographischen Industrie**
09 01 01	Entwickler und Aktivatoren auf Wasserbasis
09 01 02	Offsetplatten-Entwickler auf Wasserbasis
09 01 03	Entwickler auf der Basis von Lösemitteln
09 01 04	Fixierlösungen
09 01 05	Bleichlösungen und Bleich-Fixier-Lösungen
09 01 06	silberhaltige Abfälle aus der betriebseigenen Behandlung photographischer Abfälle
10	**anorganische Abfälle aus thermischen Prozessen**
10 01	**Abfälle aus Kraftwerken und anderen Verbrennungsanlagen (außer 19)**
10 01 04	Flugasche aus Ölfeuerung
10 01 09	Schwefelsäure
10 03	**Abfälle aus der thermischen Aluminiummetallurgie**
10 03 01	Teere und andere kohlenstoffhaltige Abfälle aus der Anodenherstellung
10 03 03	Krätzen
10 03 04	Schlacken aus der Erstschmelze/weiße Krätze
10 03 07	verbrauchte Tiegelauskleidungen
10 03 08	Salzschlacken aus der Zweitschmelze
10 03 09	schwarze Krätzen aus der Zweitschmelze
10 03 10	Abfälle aus der Behandlung von Salzschlacken und schwarzen Krätzen
10 04	**Abfälle aus der thermischen Bleimetallurgie**
10 04 01	Schlacken (Erst- und Zweitschmelze)
10 04 02	Krätzen und Abschaum (Erst- und Zweitschmelze)
10 04 03	Calciumarsenat
10 04 04	Feinstaub
10 04 05	andere Teilchen und Staub
10 04 06	feste Abfälle aus der Gasreinigung
10 04 07	Schlämme aus der Gasreinigung
10 05	**Abfälle aus der thermischen Zinkmetallurgie**
10 05 01	Schlacken (Erst- und Zweitschmelze)
10 05 02	Krätzen und Abschaum (Erst- und Zweitschmelze)
10 05 03	Feinstaub
10 05 05	feste Abfälle aus der Gasreinigung
10 05 06	Schlämme aus der Gasreinigung

Abfall-schlüssel	Abfallbezeichnung (Abfallart einschließlich Eigenschaften und Inhaltsstoffe)
10 06	**Abfälle aus der thermischen Kupfermetallurgie**
10 06 03	Feinstaub
10 06 05	Abfälle aus der elektrolytischen Raffination
10 06 06	Abfall aus der nassen Gasreinigung
10 06 07	Abfall aus der trockenen Gasreinigung
11	**anorganische metallhaltige Abfälle aus der Metallbearbeitung und -beschichtung sowie aus der Nichteisen-Hydrometallurgie**
11 01	**flüssige Abfälle und Schlämme aus der Metallbearbeitung und -beschichtung (zum Beispiel Galvanik, Verzinkung, Beizen, Ätzen, Phosphatieren und alkalisches Entfetten)**
11 01 01	cyanidhaltige (alkalische) Abfälle mit Schwermetallen ohne Chrom
11 01 02	cyanidhaltige (alkalische) Abfälle ohne Schwermetalle
11 01 03	cyanidfreie Abfälle, die Chrom enthalten
11 01 05	saure Beizlösungen
11 01 06	Säuren a.n.g
11 01 07	Laugen a.n.g.
11 01 08	Phosphatierschlämme
11 02	**Abfälle und Schlämme aus Prozessen der Nichteisen-Hydrometallurgie**
11 02 02	Schlämme aus der Zink-Hydrometallurgie (einschließlich Jarosit-, Goethitschlamm)
11 03	**Schlämme und Feststoffe aus Härteprozessen**
11 03 01	cyanidhaltige Abfälle
11 03 02	andere Abfälle
12	**Abfälle aus Prozessen der mechanischen Formgebung und Oberflächenbearbeitung von Metallen, Keramik, Glas und Kunststoffen**
12 01	**Abfälle aus der mechanischen Formgebung (Schmieden, Schweißen, Pressen, Ziehen, Drehen, Bohren, Schneiden, Sägen und Feilen)**
12 01 06	verbrauchte Bearbeitungsöle, halogenhaltig (keine Emulsionen)
12 01 07	verbrauchte Bearbeitungsöle, halogenfrei (keine Emulsionen)
12 01 08	Bearbeitungsemulsionen, halogenhaltig
12 01 09	Bearbeitungsemulsionen, halogenfrei
12 01 10	synthetische Bearbeitungsöle
12 01 11	Bearbeitungsschlämme
12 01 12	verbrauchte Wachse und Fette
12 03	**Abfälle aus der Wasser- und Dampfentfettung (außer 11)**
12 03 01	wäßrige Waschflüssigkeiten
12 03 02	Abfälle aus der Dampfentfettung
13	**Ölabfälle (außer Speiseöle und 05 und 12)**
13 01	**verbrauchte Hydrauliköle und Bremsflüssigkeiten**
13 01 01	Hydrauliköle, die PCB oder PCT enthalten
13 01 02	andere chlorierte Hydrauliköle (keine Emulsionen)
13 01 03	nichtchlorierte Hydrauliköle (keine Emulsionen)
13 01 04	chlorierte Emulsionen
13 01 05	nichtchlorierte Emulsionen
13 01 06	ausschließlich mineralische Hydrauliköle
13 01 07	andere Hydrauliköle
13 01 08	Bremsflüssigkeiten

Abfall-schlüssel	Abfallbezeichnung (Abfallart einschließlich Eigenschaften und Inhaltsstoffe)
13 02	**verbrauchte Maschinen-, Getriebe- und Schmieröle**
13 02 01	chlorierte Maschinen-, Getriebe- und Schmieröle
13 02 02	nichtchlorierte Maschinen-, Getriebe- und Schmieröle
13 02 03	andere Maschinen-, Getriebe- und Schmieröle
13 03	**verbrauchte Isolier- und Wärmeübertragungsöle oder -flüssigkeiten**
13 03 01	Isolier- und Wärmeübertragungsöle oder -flüssigkeiten, die PCB oder PCT enthalten
13 03 02	andere chlorierte Isolier- und Wärmeübertragungsöle oder -flüssigkeiten
13 03 03	andere nichtchlorierte Isolier- und Wärmeübertragungsöle oder -flüssigkeiten
13 03 04	synthetische Isolier- und Wärmeübertragungsöle oder -flüssigkeiten
13 03 05	mineralische Isolier- und Wärmeübertragungsöle
13 04	**Bilgenöle**
13 04 01	Bilgenöle aus der Binnenschiffahrt
13 04 02	Bilgenöle aus Molenablaufkanälen
13 04 03	Bilgenöle aus der übrigen Schiffahrt
13 05	**Inhalte von Öl-/Wasserabscheidern**
13 05 01	Feststoffe aus Öl-/Wasserabscheidern
13 05 02	Schlämme aus Öl-/Wasserabscheidern
13 05 03	Schlämme aus Einlaufschächten
13 05 04	Schlämme oder Emulsionen aus Entsalzern
13 05 05	andere Emulsionen
13 06	**Ölabfälle a.n.g.**
13 06 01	Ölmischungen a.n.g.
14	**Abfälle von als Lösemittel verwendeten organischen Stoffen (außer 07 und 08)**
14 01	**Abfälle aus der Metallentfettung und Maschinenwartung**
14 01 01	Fluorchlorkohlenwasserstoffe
14 01 02	andere halogenierte Lösemittel und Lösemittelgemische
14 01 03	andere Lösemittel und Lösemittelgemische
14 01 04	wäßrige halogenhaltige Lösemittelgemische
14 01 05	wäßrige halogenfreie Lösemittelgemische
14 01 06	Schlämme oder feste Abfälle, die halogenierte Lösemittel enthalten
14 01 07	Schlämme oder feste Abfälle, die keine halogenierten Lösemittel enthalten
14 02	**Abfälle aus der Textilreinigung und Entfettung von Naturstoffen**
14 02 01	halogenierte Lösemittel und Lösemittelgemische
14 02 02	Lösemittelgemische oder organische Flüssigkeiten, die keine halogenierten Lösemittel enthalten
14 02 03	Schlämme oder feste Abfälle, die halogenierte Lösemittel enthalten
14 02 04	Schlämme oder feste Abfälle, die andere Lösemittel enthalten
14 03	**Abfälle aus der Elektronikindustrie**
14 03 01	Fluorchlorkohlenwasserstoffe
14 03 02	andere halogenierte Lösemittel
14 03 03	Lösemittel und -gemische, die keine halogenierten Lösemittel enthalten
14 03 04	Schlämme oder feste Abfälle, die halogenierte Lösemittel enthalten
14 03 05	Schlämme oder feste Abfälle, die andere Lösemittel enthalten
14 04	**Abfälle von Kühlmitteln und Schaum- und Treibmitteln**
14 04 01	Fluorchlorkohlenwasserstoffe
14 04 02	andere halogenierte Lösemittel und -gemische
14 04 03	andere Lösemittel und -gemische
14 04 04	Schlämme oder feste Abfälle, die halogenierte Lösemittel enthalten
14 04 05	Schlämme oder feste Abfälle, die andere Lösemittel enthalten

Abfall-schlüssel	Abfallbezeichnung (Abfallart einschließlich Eigenschaften und Inhaltsstoffe)
14 05	**Abfälle aus der Rückgewinnung von Löse- und Kühlmitteln (Destillationsrückstände)**
14 05 01	Fluorchlorkohlenwasserstoffe
14 05 02	andere halogenierte Lösemittel und -gemische
14 05 03	andere Lösemittel und -gemische
14 05 04	Schlämme, die halogenierte Lösemittel enthalten
14 05 05	Schlämme, die andere Lösemittel enthalten
16	**Abfälle, die nicht anderswo im Katalog aufgeführt sind**
16 02	**gebrauchte Geräte und Schredderrückstände**
16 02 01	Transformatoren und Kondensatoren, die PCB oder PCT enthalten
16 04	**verbrauchte Sprengstoffe**
16 04 01	Munition
16 04 02	Feuerwerkskörper
16 04 03	andere verbrauchte Sprengstoffe
16 06	**Batterien und Akkumulatoren**
16 06 01	Bleibatterien
16 06 02	Ni-Cd-Batterien
16 06 03	Quecksilbertrockenzellen
16 06 06	Elektrolyte aus Batterien und Akkumulatoren
16 07	**Abfälle aus der Reinigung von Transport- und Lagertanks (außer 05 und 12)**
16 07 01	Abfälle aus der Tankreinigung auf Seeschiffen, Chemikalien enthaltend
16 07 02	Abfälle aus der Tankreinigung auf Seeschiffen, ölhaltig
16 07 03	Abfälle aus der Reinigung von Eisenbahn- und Straßentransporttanks, ölhaltig
16 07 04	Abfälle aus der Reinigung von Eisenbahn- und Straßentransporttanks, Chemikalien enthaltend
16 07 05	Abfälle aus der Reinigung von Lagertanks, Chemikalien enthaltend
16 07 06	Abfälle aus der Reinigung von Lagertanks, ölhaltig
17	**Bau- und Abbruchabfälle (einschließlich Straßenaufbruch)**
17 06	**Isoliermaterial**
17 06 01	Isoliermaterial, das freies Asbest enthält
18	**Abfälle aus der ärztlichen oder tierärztlichen Versorgung und Forschung (ohne Küchen- und Restaurantabfälle, die nicht aus der unmittelbaren Krankenpflege stammen)**
18 01	**Abfälle aus Entbindungsstationen, Diagnose, Krankenbehandlung und Vorsorge beim Menschen**
18 01 03	andere Abfälle, an deren Sammlung und Entsorgung aus infektionspräventiver Sicht besondere Anforderungen gestellt werden
18 02	**Abfälle aus Forschung, Diagnose, Krankenbehandlung und Vorsorge bei Tieren**
18 02 02	andere Abfälle, an deren Sammlung und Entsorgung aus infektionspräventiver Sicht besondere Anforderungen gestellt werden
18 02 04	gebrauchte Chemikalien
19	**Abfälle aus Abfallbehandlungsanlagen, öffentlichen Abwasserbehandlungsanlagen und der öffentlichen Wasserversorgung**
19 01	**Abfälle aus der Verbrennung oder Pyrolyse von Siedlungs- und ähnlichen Abfällen aus Gewerbe, Industrie und Einrichtungen**
19 01 03	Flugasche
19 01 04	Kesselstaub
19 01 05	Filterkuchen aus der Gasreinigung

Abfall-schlüssel	Abfallbezeichnung (Abfallart einschließlich Eigenschaften und Inhaltsstoffe)
19 01 06	wäßrige flüssige Abfälle aus der Gasreinigung und andere wäßrige Abfälle
19 01 07	feste Abfälle aus der Gasreinigung
19 01 10	verbrauchte Aktivkohle aus der Rauchgasreinigung
19 02	**Abfälle von spezifischen physikalisch-chemischen Behandlungen industrieller Abfälle (zum Beispiel Dechromatisierung, Cyanidentfernung, Neutralisation)**
19 02 01	Metallhydroxidschlämme und andere Schlämme aus der Metallfällung
19 04	**verglaste Abfälle und Abfälle aus der Verglasung**
19 04 02	Flugasche und andere Abfälle aus der Gasreinigung
19 04 03	nicht verglaste Festphase
19 07	**Deponiesickerwasser**
19 07 01	Deponiesickerwasser
19 08	**Abfälle aus Abwasserbehandlungsanlagen a.n.g.**
19 08 03	Fett- und Ölmischungen aus Ölabscheidern
19 08 06	gesättigte oder verbrauchte Ionenaustauscherharze
19 08 07	Lösungen und Schlämme aus der Regeneration von Ionenaustauschern
20	**Siedlungsabfälle und ähnliche gewerbliche und industrielle Abfälle sowie Abfälle aus Einrichtungen, einschließlich getrennt gesammelter Fraktionen**
20 01	**getrennt gesammelte Fraktionen**
20 01 12	Farben, Druckfarben, Klebstoffe und Kunstharze
20 01 13	Lösemittel
20 01 17	Photochemikalien
20 01 19	Pestizide
20 01 21	Leuchtstoffröhren und andere quecksilberhaltige Abfälle

Anlage 2

Verzeichnis der besonders überwachungsbedürftigen Abfälle
- Teil 2 -

Abfall-schlüssel	Abfallbezeichnung (Abfallart einschließlich Eigenschaften und Inhaltsstoffe)
05	**Abfälle aus der Ölraffination, Erdgasreinigung und Kohlepyrolyse**
05 01	**Ölschlämme und feste Abfälle**
05 01 06	Schlämme aus Betriebsvorgängen und Instandhaltung
10	**anorganische Abfälle aus thermischen Prozessen**
10 03	**Abfälle aus der thermischen Aluminiummetallurgie**
10 03 13	feste Abfälle aus der Gasreinigung
11	**anorganische metallhaltige Abfälle aus der Metallbearbeitung und -beschichtung sowie aus der Nichteisen-Hydrometallurgie**
11 01	**flüssige Abfälle und Schlämme aus der Metallbearbeitung und -beschichtung (zum Beispiel Galvanik, Verzinkung, Beizen, Ätzen, Phosphatieren und alkalisches Entfetten)**
11 01 04	cyanidfreie Abfälle, die kein Chrom enthalten
15	**Verpackungen, Aufsaugmassen, Wischtücher, Filtermaterialien und Schutzkleidung (a. n. g.)**
15 01	**Verpackungen**
15 01 99D1	Verpackungen mit schädlichen Verunreinigungen
15 02	**Aufsaug- und Filtermaterialien, Wischtücher und Schutzkleidung**
15 02 99D1	Aufsaug- und Filtermaterialien, Wischtücher und Schutzkleidung mit schädlichen Verunreinigungen
16	**Abfälle, die nicht anderswo im Katalog aufgeführt sind**
16 05	**Gase und Chemikalien in Behältern**
16 05 02	andere Abfälle mit anorganischen Chemikalien, zum Beispiel Laborchemikalien a.n.g., Feuerlöschpulver
16 05 03	andere Abfälle mit organischen Chemikalien, zum Beispiel Laborchemikalien a.n.g.
16 07	**Abfälle aus der Reinigung von Transport- und Lagertanks (außer 05 und 12)**
16 07 99	Abfälle a.n.g.
17	**Bau- und Abbruchabfälle (einschließlich Straßenaufbruch)**
17 01	**Beton, Ziegel, Fliesen, Keramik und Materialien auf Gipsbasis**
17 01 99D1	Beton, Ziegel, Fliesen, Keramik und Baustoffe auf Gipsbasis oder Asbestbasis mit schädlichen Verunreinigungen
17 02	**Holz, Glas und Kunststoff**
17 02 99D1	Holz, Glas und Kunststoff mit schädlichen Verunreinigungen
17 05	**Erde und Hafenaushub**
17 05 99D1	Bodenaushub, Baggergut sowie Abfälle aus Bodenbehandlungsanlagen mit schädlichen Verunreinigungen
17 06	**Isoliermaterial**
17 06 99D1	anderes Isoliermaterial mit schädlichen Verunreinigungen

Abfall-schlüssel	Abfallbezeichnung (Abfallart einschließlich Eigenschaften und Inhaltsstoffe)
18	**Abfälle aus der ärztlichen oder tierärztlichen Versorgung und Forschung (ohne Küchen- und Restaurantabfälle, die nicht aus der unmittelbaren Krankenpflege stammen)**
18 01	**Abfälle aus Entbindungsstationen, Diagnose, Krankenbehandlung und Vorsorge beim Menschen**
18 01 05D1	zytostatische Mittel
19	**Abfälle aus Abfallbehandlungsanlagen, öffentlichen Abwasserbehandlungsanlagen und der öffentlichen Wasserversorgung**
19 01	**Abfälle aus der Verbrennung oder Pyrolyse von Siedlungs- und ähnlichen Abfällen aus Gewerbe, Industrie und Einrichtungen**
19 01 08	Pyrolyseabfälle
19 01 99D1	Flugasche aus der Sonderabfallverbrennung
19 01 99D2	Schlacke aus der Sonderabfallverbrennung
20	**Siedlungsabfälle und ähnliche gewerbliche und industrielle Abfälle sowie Abfälle aus Einrichtungen, einschließlich getrennt gesammelter Fraktionen**
20 01	**getrennt gesammelte Fraktionen**
20 01 14	Säuren
20 01 15	Laugen

Bundesgesetzblatt Jahrgang 1996 Teil I Nr. 47, ausgegeben zu Bonn am 20. September 1996 1377

Verordnung zur Bestimmung von überwachungsbedürftigen Abfällen zur Verwertung (Bestimmungsverordnung überwachungsbedürftige Abfälle zur Verwertung – BestüVAbfV)

Vom 10. September 1996

Auf Grund des § 41 Abs. 3 Nr. 2 des Kreislaufwirtschafts- und Abfallgesetzes vom 27. September 1994 (BGBl. I S. 2705) verordnet die Bundesregierung nach Anhörung der beteiligten Kreise:

§ 1
Abfallbezeichnung

(1) Überwachungsbedürftig sind die mit einem sechsstelligen Abfallschlüssel gekennzeichneten in der Anlage zu dieser Verordnung genannten verwertbaren Abfälle.

(2) Die in dieser Verordnung geregelte Bestimmung der überwachungsbedürftigen Abfälle zur Verwertung gilt auch für die von den öffentlich-rechtlichen Entsorgungsträgern nach § 15 des Kreislaufwirtschafts- und Abfallgesetzes gesammelten Abfälle.

§ 2
Zuordnung im Einzelfall

(1) Bei der Zuordnung eines Abfalls zu einer in der Anlage bezeichneten Abfallart ist die zweistellige branchen- oder prozeßartspezifische Kapitelüberschrift vor sonstigen herkunfts- oder abfallartenspezifischen zweistelligen Kapitelüberschriften zugrunde zu legen. Innerhalb eines Kapitels ist die speziellere vor der allgemeinen vierstelligen Gruppenüberschrift maßgebend. Innerhalb der Gruppe ist die speziellere vor der allgemeinen Abfallbezeichnung zu wählen.

(2) Umfaßt die Tätigkeit eines Abfallerzeugers mehrere Branchen oder Prozeßarten, so sind die Abfälle dieses Abfallerzeugers den jeweils speziellen branchen- oder prozeßartspezifischen Kapitelüberschriften zuzuordnen.

(3) Ergibt die Zuordnung von Abfällen, die einer branchen- oder prozeßartspezifischen Herkunft nach den Absätzen 1 und 2 unterfallen, einen sechsstelligen Abfallschlüssel mit der Endung 99 (Abfälle a.n.g.) oder läßt sich kein Abfallschlüssel ermitteln, so ist zu prüfen, ob der Abfall unter einer Gruppe einer anderen branchen- oder prozeßartspezifischen Kapitelüberschrift aufgeführt ist, die der Branche oder dem Herstellungsprozeß nahesteht oder in diesen integriert ist. Ist dies der Fall, so ist der Abfall dieser Branche oder Prozeßart zuzuordnen.

(4) Führt auch die Prüfung nach Absatz 3 zu einem Abfallschlüssel mit der Bezeichnung „Abfälle a.n.g." oder zu keiner Zuordnungsmöglichkeit, so ist zu prüfen, ob der Abfall einem herkunfts- oder abfallartenspezifischen Kapitel zugeordnet werden kann. Trifft dies zu, ist der Abfall der herkunfts- oder abfallartenspezifischen Kapitelüberschrift zuzuordnen.

(5) Abweichend von den Absätzen 1 bis 4 können Abfälle mit branchen- oder prozeßartspezifischer Herkunft auch direkt einem Abfallschlüssel einer herkunfts- oder abfallartenspezifischen Kapitelüberschrift zugeordnet werden, wenn dieser den Abfall genauer charakterisiert. Der Kapitelüberschrift 20 dürfen Abfälle nur dann zugeordnet werden, wenn sie im Rahmen der Siedlungsabfallentsorgung entsorgt werden.

§ 3
Inkrafttreten

Diese Verordnung tritt am 1. Januar 1999 in Kraft.

Der Bundesrat hat zugestimmt.

Bonn, den 10. September 1996

Der Bundeskanzler
Dr. Helmut Kohl

Die Bundesministerin
für Umwelt, Naturschutz und Reaktorsicherheit
Angela Merkel

1378 Bundesgesetzblatt Jahrgang 1996 Teil I Nr. 47, ausgegeben zu Bonn am 20. September 1996

Anlage

Verzeichnis der überwachungsbedürftigen Abfälle zur Verwertung

Abfall-schlüssel	Abfallbezeichnung (Abfallart einschließlich Eigenschaften und Inhaltsstoffe)
02	**Abfälle aus der Landwirtschaft, dem Gartenbau, der Jagd, Fischerei und Teichwirtschaft, Herstellung und Verarbeitung von Nahrungsmitteln**
02 02	**Abfälle aus der Zubereitung und Verarbeitung von Fleisch, Fisch und anderen Nahrungsmitteln tierischen Ursprungs**
02 02 04	Schlämme aus der betriebseigenen Abwasserbehandlung
03	**Abfälle aus der Holzverarbeitung und der Herstellung von Zellstoffen, Papier, Pappe, Platten und Möbeln**
03 03	**Abfälle aus der Herstellung und Verarbeitung von Zellstoff, Papier und Pappe**
03 03 05	Deinkingschlämme aus dem Papierrecycling
04	**Abfälle aus der Leder- und Textilindustrie**
04 01	**Abfälle aus der Lederindustrie**
04 01 04	chromhaltige Gerbbrühe
04 01 06	chromhaltige Schlämme
04 02	**Abfälle aus der Textilindustrie**
04 02 13	Farbstoffe und Pigmente
05	**Abfälle aus der Ölraffination, Erdgasreinigung und Kohlepyrolyse**
05 01	**Ölschlämme und feste Abfälle**
05 01 01	Schlämme aus der betriebseigenen Abwasserbehandlung
05 03	**verbrauchte Katalysatoren**
05 03 02	andere verbrauchte Katalysatoren
05 05	**Abfälle aus der Ölentschwefelung**
05 05 01	schwefelhaltige Abfälle
05 07	**Abfälle aus der Erdgasreinigung**
05 07 02	schwefelhaltige Abfälle
06	**Abfälle aus anorganischen chemischen Prozessen**
06 03	**verbrauchte Salze und ihre Lösungen**
06 03 01	Carbonate (außer 02 04 02 und 19 10 03)
06 03 02	Salzlösungen, die Sulfate, Sulfite oder Sulfide enthalten
06 03 03	feste Salze, die Sulfate, Sulfite oder Sulfide enthalten
06 03 04	Salzlösungen, die Chloride, Fluoride und Halogenide enthalten
06 03 05	feste Salze, die Chloride, Fluoride und andere Halogene enthalten
06 03 06	Salzlösungen, die Phosphate und verwandte feste Salze enthalten
06 03 07	Phosphate und verwandte feste Salze
06 03 08	Salzlösungen, die Nitrate und verwandte Verbindungen enthalten
06 03 09	feste Salze, die Nitride (Metallnitride) enthalten
06 03 10	feste Salze, die Ammonium enthalten
06 03 12	Salze und Lösungen, die organische Bestandteile enthalten

Abfall-schlüssel	Abfallbezeichnung (Abfallart einschließlich Eigenschaften und Inhaltsstoffe)
06 05	**Schlämme aus der betriebseigenen Abwasserbehandlung**
06 05 01	Schlämme aus der betriebseigenen Abwasserbehandlung
06 06	**Abfälle aus Prozessen der Schwefelchemie (Herstellung und Umwandlung) und aus Entschwefelungsprozessen**
06 06 01	schwefelhaltige Abfälle
06 12	**Abfälle aus der Herstellung, Anwendung und Regeneration von Katalysatoren**
06 12 02	andere verbrauchte Katalysatoren
06 13	**Abfälle aus anderen Prozessen der anorganischen Chemie**
06 13 99	Abfälle a.n.g.
07	**Abfälle aus organischen chemischen Prozessen**
07 01	**Abfälle aus Herstellung, Zubereitung, Vertrieb und Anwendung (HZVA) organischer Grundchemikalien**
07 01 02	Schlämme aus der betriebseigenen Abwasserbehandlung
07 01 06	andere verbrauchte Katalysatoren
07 02	**Abfälle aus der HZVA von Kunststoffen, synthetischen Gummi- und Kunstfasern**
07 02 02	Schlämme aus der betriebseigenen Abwasserbehandlung
07 02 06	andere verbrauchte Katalysatoren
07 03	**Abfälle aus Herstellung, Zubereitung, Vertrieb und Anwendung (HZVA) von organischen Farbstoffen und Pigmenten (außer 06 11)**
07 03 02	Schlämme aus der betriebseigenen Abwasserbehandlung
07 03 06	andere verbrauchte Katalysatoren
07 04	**Abfälle aus Herstellung, Zubereitung, Vertrieb und Anwendung (HZVA) von organischen Pestiziden (außer 02 01 05)**
07 04 02	Schlämme aus der betriebseigenen Abwasserbehandlung
07 04 06	andere verbrauchte Katalysatoren
07 05	**Abfälle aus Herstellung, Zubereitung, Vertrieb und Anwendung (HZVA) von Pharmazeutika**
07 05 02	Schlämme aus der betriebseigenen Abwasserbehandlung
07 05 06	verbrauchte Katalysatoren
07 06	**Abfälle aus Herstellung, Zubereitung, Vertrieb und Anwendung (HZVA) von Fetten, Schmiermitteln, Seifen, Waschmitteln, Desinfektionsmitteln und Körperpflegemitteln**
07 06 02	Schlämme aus der betriebseigenen Abwasserbehandlung
07 06 06	andere verbrauchte Katalysatoren
07 07	**Abfälle aus Herstellung, Zubereitung, Vertrieb und Anwendung (HZVA) von Feinchemikalien und Chemikalien a.n.g.**
07 07 02	Schlämme aus der betriebseigenen Abwasserbehandlung
07 07 06	andere verbrauchte Katalysatoren
08	**Abfälle aus Herstellung, Zubereitung, Vertrieb und Anwendung (HZVA) von Überzügen (Farben, Lacken, Email), Dichtungsmassen und Druckfarben**
08 03	**Abfälle aus der HZVA von Druckfarben**
08 03 07	wäßrige Schlämme, die Druckfarben enthalten
08 03 08	wäßrige flüssige Abfälle, die Druckfarben enthalten
10	**anorganische Abfälle aus thermischen Prozessen**
10 01	**Abfälle aus Kraftwerken und anderen Verbrennungsanlagen (außer 19)**
10 01 12	verbrauchte Auskleidungen und feuerfeste Materialien

Abfall-schlüssel	Abfallbezeichnung (Abfallart einschließlich Eigenschaften und Inhaltsstoffe)
10 04	**Abfälle aus der thermischen Bleimetallurgie**
10 04 08	verbrauchte Auskleidungen und feuerfeste Materialien
10 05	**Abfälle aus der thermischen Zinkmetallurgie**
10 05 07	verbrauchte Auskleidungen und feuerfeste Materialien
10 06	**Abfälle aus der thermischen Kupfermetallurgie**
10 06 08	verbrauchte Auskleidungen und feuerfeste Materialien
10 08	**Abfälle aus sonstiger thermischer Nichteisenmetallurgie**
10 08 06	Schlämme aus der Gasreinigung
10 08 07	verbrauchte Auskleidungen und feuerfeste Materialien
10 09	**Abfälle vom Gießen von Eisen und Stahl**
10 09 01	Gießformen und -sande mit organischen Bindern vor dem Gießen
10 09 02	Gießformen und -sande mit organischen Bindern nach dem Gießen
10 09 04	Ofenstaub
10 10	**Abfälle vom Gießen von Nichteisenmetallen**
10 10 01	Gießformen und -sande mit organischen Bindern vor dem Gießen
10 10 02	Gießformen und -sande mit organischen Bindern nach dem Gießen
10 10 04	Ofenstaub
11	**anorganische metallhaltige Abfälle aus der Metallbearbeitung und -beschichtung sowie aus der Nichteisen-Hydrometallurgie**
11 02	**Abfälle und Schlämme aus Prozessen der Nichteisen-Hydrometallurgie**
11 02 04	Schlämme a.n.g.
12	**Abfälle aus Prozessen der mechanischen Formgebung und Oberflächenbearbeitung von Metallen, Keramik, Glas und Kunststoffen**
12 02	**Abfälle aus der mechanischen Oberflächenbehandlung (Sandstrahlen, Schleifen, Honen, Läppen, Polieren)**
12 02 01	verbrauchter Strahlsand
12 02 02	Schleif-, Hon- und Läppschlämme
12 02 03	Polierschlämme
16	**Abfälle, die nicht anderswo im Katalog aufgeführt sind**
16 01	**Fahrzeugwracks**
16 01 03	Altreifen
16 01 05	Schredderrückstände von Fahrzeugen
16 02	**gebrauchte Geräte und Schredderrückstände**
16 02 08	Schredderabfälle
17	**Bau- und Abbruchabfälle (einschließlich Straßenaufbruch)**
17 01	**Beton, Ziegel, Fliesen, Keramik und Materialien auf Gipsbasis**
17 01 01	Beton
17 01 02	Ziegel
17 01 03	Fliesen und Keramik
17 01 04	Baustoffe auf Gipsbasis

Abfall-schlüssel	Abfallbezeichnung (Abfallart einschließlich Eigenschaften und Inhaltsstoffe)
17 03	**Asphalt, Teer und teerhaltige Produkte**
17 03 01	Asphalt, teerhaltig
17 03 03	Teer und teerhaltige Produkte
17 05	**Erde und Hafenaushub**
17 05 02	Hafenaushub
17 07	**gemischte Bau- und Abbruchabfälle**
17 07 01	gemischte Bau- und Abbruchabfälle
19	**Abfälle aus Abfallbehandlungsanlagen, öffentlichen Abwasserbehandlungsanlagen und der öffentlichen Wasserversorgung**
19 01	**Abfälle aus der Verbrennung oder Pyrolyse von Siedlungs- und ähnlichen Abfällen aus Gewerbe, Industrie und Einrichtungen**
19 01 01	Rost- und Kesselaschen und Schlacken
19 01 09	verbrauchte Katalysatoren, zum Beispiel aus der NOx-Wäsche
19 03	**stabilisierte und verfestigte Abfälle**
19 03 01	Abfälle, die mit hydraulischen Bindemitteln stabilisiert/verfestigt sind
19 03 02	Abfälle, die mit organischen Bindemitteln stabilisiert/verfestigt sind
19 03 03	Abfälle, die durch biologische Behandlung stabilisiert sind
19 04	**verglaste Abfälle und Abfälle aus der Verglasung**
19 04 01	verglaste Abfälle
19 08	**Abfälle aus Abwasserbehandlungsanlagen a.n.g.**
19 08 01	Sieb- und Rechenrückstände
19 08 02	Abfälle aus Sandfängern
19 08 04	Schlämme aus der Behandlung von industriellem Abwasser
19 08 05	Schlämme aus der Behandlung von kommunalem Abwasser
20	**Siedlungsabfälle und ähnliche gewerbliche und industrielle Abfälle sowie Abfälle aus Einrichtungen, einschließlich getrennt gesammelte Fraktionen**
20 01	**getrennt gesammelte Fraktionen**
20 01 20	Batterien
20 03	**andere Siedlungsabfälle**
20 03 01	gemischte Siedlungsabfälle

1382 Bundesgesetzblatt Jahrgang 1996 Teil I Nr. 47, ausgegeben zu Bonn am 20. September 1996

Verordnung über Verwertungs- und Beseitigungsnachweise (Nachweisverordnung – NachwV)*)

Vom 10. September 1996

Auf Grund des § 48 des Kreislaufwirtschafts- und Abfallgesetzes vom 27. September 1994 (BGBl. I S. 2705) verordnet die Bundesregierung nach Anhörung der beteiligten Kreise:

Inhaltsübersicht

Erster Teil

Allgemeine Bestimmungen

§ 1 Anwendungsbereich

Zweiter Teil

Nachweisführung über die Entsorgung besonders überwachungsbedürftiger Abfälle

§ 2 Kreis der Nachweispflichtigen

1. Abschnitt

Entsorgungsnachweis über die Zulässigkeit der vorgesehenen Entsorgung – Grundverfahren

§ 3 Entsorgungsnachweis

§ 4 Handhabung zur Einholung der Bestätigung

§ 5 Bestätigung des Entsorgungsnachweises

§ 6 Handhabung des Entsorgungsnachweises bei Bestätigung

§ 7 Handhabung des Entsorgungsnachweises bei Ablehnung der Bestätigung

§ 8 Sammelentsorgungsnachweis

§ 9 Handhabung und Bestätigung des Sammelentsorgungsnachweises

2. Abschnitt

Anzeige über die Zulässigkeit der vorgesehenen Entsorgung – privilegiertes Verfahren

§ 10 Pflichten des Abfallerzeugers

§ 11 Anzeige

§ 12 Änderungsanzeige

§ 13 Freistellung des Abfallentsorgers

§ 14 Bestätigung auf Anordnung

3. Abschnitt

Nachweisführung über die durchgeführte Entsorgung

§ 15 Begleitschein

§ 16 Ausfüllen der Begleitscheine

§ 17 Handhabung der Begleitscheine

§ 18 Übernahmeschein bei Sammelentsorgung

§ 19 Handhabung des Übernahmescheins

§ 20 Handhabung des Begleitscheins bei Sammelentsorgung

§ 21 Listennachweis

4. Abschnitt

Sonderfälle

§ 22 Entsorgung durch Dritte, Verbände und Selbstverwaltungskörperschaften

§ 23 Verwertung außerhalb einer Entsorgungsanlage

§ 24 Kleinmengen, Anzeigepflicht

Dritter Teil

Nachweisführung über die Entsorgung überwachungsbedürftiger und nicht überwachungsbedürftiger Abfälle

§ 25 Einbehalten von Belegen zum Zwecke des Nachweises

§ 26 Nachweispflicht auf Anordnung

Vierter Teil

Gemeinsame Vorschriften

§ 27 Nachweisbücher

§ 28 Einrichtung und Führung der Nachweisbücher

§ 29 Aufbewahrungspflichten

§ 30 Nachweisführung in besonderen Fällen

§ 31 Lesbarkeit und Dokumentenechtheit

§ 32 Elektronische Datenverarbeitung, Datenfernübertragung

§ 33 Ordnungswidrigkeiten

Fünfter Teil

Schlußbestimmungen

§ 34 Übergangsvorschriften

§ 35 Inkrafttreten, Außerkrafttreten

*) Diese Verordnung dient

- der Umsetzung der Artikel 13 und 14 der Richtlinie 75/442/EWG des Rates vom 15. Juli 1975 über Abfälle (ABl. EG Nr. L 194 S. 47) in der durch die Änderungsrichtlinie 91/156/EWG des Rates vom 18. März 1991 (ABl. EG Nr. L 78 S. 32) geänderten Fassung,
- der Umsetzung der Artikel 4 und 5 der Richtlinie 91/689/EWG des Rates vom 12. Dezember 1991 über gefährliche Abfälle (ABl. EG Nr. L 377 S. 20).

Erster Teil
Allgemeine Bestimmungen

§ 1
Anwendungsbereich

(1) Diese Verordnung gilt für das Nachweisverfahren, die Führung von Nachweisen und Nachweisbüchern, die Einbehaltung und Aufbewahrung von Belegen über die Zulässigkeit und Durchführung der Verwertung und Beseitigung von Abfällen (Abfallentsorgung) durch

1. Erzeuger oder Besitzer von Abfällen (Abfallerzeuger),
2. Einsammler oder Beförderer von Abfällen und
3. Verwerter oder Beseitiger von Abfällen (Abfallentsorger).

(2) Diese Verordnung gilt nicht für Erzeuger von Abfällen aus privaten Haushaltungen.

(3) Die Bestimmungen dieser Verordnung gelten nicht für die Verwertung von Klärschlämmen, für die die Bestimmungen der Klärschlammverordnung vom 15. April 1992 (BGBl. I S. 912) zu beachten sind.

(4) Diese Verordnung gilt nicht für die grenzüberschreitende Verbringung von Abfällen.

(5) Landesrechtliche Andienungs- und Überlassungspflichten bleiben unberührt.

Zweiter Teil
Nachweisführung über die Entsorgung besonders überwachungsbedürftiger Abfälle

§ 2
Kreis der Nachweispflichtigen

(1) Zur Nachweisführung nach den Vorschriften dieses Teils verpflichtet sind Abfallerzeuger, Abfallbesitzer, Einsammler und Beförderer von Abfällen und Abfallentsorger, soweit eine Nachweispflicht nach § 43 Abs. 1 und 2 oder § 46 Abs. 1 und 2 des Kreislaufwirtschafts- und Abfallgesetzes besteht.

(2) Von den Nachweispflichten nach Absatz 1 ausgenommen sind Abfallerzeuger, wenn bei ihnen nicht mehr als insgesamt 2 000 kg besonders überwachungsbedürftiger Abfälle (Kleinmengen) jährlich anfallen. Die Pflichten zur Nachweisführung des Einsammlers sowie Abfallerzeugers über eingesammelte Abfälle nach § 8 Abs. 3 und den §§ 9, 18, 19 und 20 sowie die Bestimmungen zur Nachweisführung nach § 24 Abs. 1 über die Entsorgung von Kleinmengen in sonstigen Fällen bleiben unberührt.

1. Abschnitt
Entsorgungsnachweis über die Zulässigkeit der vorgesehenen Entsorgung – Grundverfahren

§ 3
Entsorgungsnachweis

(1) Der Abfallerzeuger hat den Nachweis über die Zulässigkeit der vorgesehenen Entsorgung besonders überwachungsbedürftiger Abfälle durch einen Entsorgungsnachweis unter Verwendung der hierfür vorgesehenen Formblätter der Anlage 1 zu führen.

(2) Der Entsorgungsnachweis besteht aus der verantwortlichen Erklärung des Abfallerzeugers und der Annahmeerklärung des Abfallentsorgers (Nachweiserklärungen) sowie der Bestätigung der für die zur Entsorgung vorgesehenen Anlage (Entsorgungsanlage) zuständigen Behörde.

§ 4
Handhabung zur Einholung der Bestätigung

(1) Der Abfallerzeuger hat vor Zuleitung der Nachweiserklärungen an die für die Entsorgungsanlage zuständige Behörde den Teil Verantwortliche Erklärung des Entsorgungsnachweises auszufüllen und dem Abfallentsorger zuzuleiten.

(2) Der Abfallentsorger hat vor Zuleitung der Nachweiserklärungen an die für die Entsorgungsanlage zuständige Behörde den Teil Annahmeerklärung des Entsorgungsnachweises auszufüllen und eine Ablichtung dem Abfallerzeuger zuzuleiten. Das Original der Nachweiserklärungen übersendet der Abfallentsorger mit dem Teil Behördliche Bestätigung der für die Entsorgungsanlage zuständigen Behörde.

(3) Mit der Vorlage der Nachweiserklärungen bei der für ihn zuständigen Behörde ist im Falle der Beseitigung die Anzeigepflicht des Abfallentsorgers nach § 43 Abs. 2 des Kreislaufwirtschafts- und Abfallgesetzes, im Falle der Verwertung die Anzeigepflicht des Abfallentsorgers nach § 46 Abs. 2 des Kreislaufwirtschafts- und Abfallgesetzes erfüllt.

§ 5
Bestätigung des Entsorgungsnachweises

(1) Die zuständige Behörde hat dem Abfallerzeuger innerhalb von zehn Arbeitstagen den Eingang der Nachweiserklärungen unter Angabe des Datums zu bestätigen (Eingangsbestätigung). Sie hat nach Eingang unverzüglich zu prüfen, ob die Nachweiserklärungen den Anforderungen entsprechen. Sind die Nachweiserklärungen nicht vollständig, so hat die zuständige Behörde den Abfallerzeuger unverzüglich aufzufordern, die Nachweiserklärungen innerhalb einer angemessenen Frist zu ergänzen.

(2) Die für die Entsorgungsanlage zuständige Behörde bestätigt die Zulässigkeit der vorgesehenen Entsorgung, wenn

1. die Abfälle in der vorgesehenen Entsorgungsanlage behandelt, stofflich oder energetisch verwertet oder abgelagert und nicht ausschließlich gelagert werden und
2. für die in Nummer 1 genannten Entsorgungsmaßnahmen die Ordnungsgemäßheit und Schadlosigkeit der Verwertung oder die Gemeinwohlverträglichkeit der Beseitigung gewährleistet ist.

Die die Entsorgungsanlage betreffenden behördlichen Entscheidungen, insbesondere Zulassungen, Genehmigungen, Planfeststellungen oder bergrechtliche Betriebspläne, die die Einhaltung der in Satz 1 genannten Voraussetzungen gewährleisten, sind zu beachten. Hierbei sind die Angaben aus einer der Behörde vorliegenden Umwelterklärung gemäß Artikel 5 der Verordnung (EWG)

Nr. 1836/93 des Rates vom 29. Juni 1993 über die freiwillige Beteiligung gewerblicher Unternehmen an einem Gemeinschaftssystem für das Umweltmanagement und die Umweltbetriebsprüfung zu berücksichtigen.

(3) Die Bestätigung gilt längstens fünf Jahre.

(4) Die Bestätigung kann unter Bedingungen erteilt und mit Auflagen verbunden werden sowie einen kürzeren Geltungszeitraum (Befristung) als in Absatz 3 vorsehen, soweit dies erforderlich ist, um die Erfüllung der in Absatz 2 genannten Bestätigungsvoraussetzungen sicherzustellen. Der Abfallerzeuger muß den Auflagen nachkommen.

(5) Die für die Entsorgungsanlage zuständige Behörde hat innerhalb von dreißig Kalendertagen nach Eingang der Nachweiserklärungen über die Bestätigung nach Absatz 2 zu entscheiden. Trifft die für die Entsorgungsanlage zuständige Behörde keine Entscheidung über die Bestätigung innerhalb der in Satz 1 genannten Frist, so gilt die Bestätigung als erteilt. Fordert die zuständige Behörde den Abfallerzeuger oder Abfallentsorger zur Ergänzung der Nachweiserklärungen nach Absatz 1 Satz 3 auf, so wird der Ablauf der Frist nach Satz 2 nur dann unterbrochen, wenn die nachgeforderten Unterlagen für eine Weiterbearbeitung der Nachweiserklärungen unerläßlich sind. Kommt der Abfallerzeuger oder Abfallentsorger der Aufforderung zur Ergänzung der Nachweiserklärungen innerhalb der gesetzten Frist nach, so finden im weiteren Absatz 1 sowie die Sätze 1 bis 3 entsprechende Anwendung.

(6) Bei der Entscheidung über die Zulässigkeit der Entsorgung ist nicht zu prüfen, ob es sich bei der Entsorgungsmaßnahme um eine Verwertung oder Beseitigung von Abfällen handelt oder die im übrigen aus dem Kreislaufwirtschafts- und Abfallgesetz und sonstigen Rechtsvorschriften des Bundes und der Länder folgenden Erzeugerpflichten eingehalten sind.

§ 6

Handhabung des Entsorgungsnachweises bei Bestätigung

(1) Die für die Entsorgungsanlage zuständige Behörde übersendet das Original des bestätigten Entsorgungsnachweises dem Abfallerzeuger sowie eine Ablichtung dem Abfallentsorger.

(2) Das Original des Entsorgungsnachweises verbleibt beim Abfallerzeuger, der eine Ablichtung der für ihn zuständigen Behörde zuzuleiten hat. Mit der Vorlage des Entsorgungsnachweises ist im Falle der Beseitigung die Anzeigepflicht des Abfallerzeugers nach § 43 Abs. 2 des Kreislaufwirtschafts- und Abfallgesetzes, im Falle der Verwertung die Anzeigepflicht des Abfallerzeugers nach § 46 Abs. 2 des Kreislaufwirtschafts- und Abfallgesetzes erfüllt.

(3) Gilt die Bestätigung nach § 5 Abs. 5 Satz 2 als erteilt, so hat der Abfallerzeuger vor Übersendung der Nachweiserklärungen nach Satz 2 auf der ihm nach § 4 Abs. 2 Satz 1 übersandten Ablichtung der Nachweiserklärungen den Ablauf der Frist nach § 5 Abs. 5 Satz 1 zu vermerken. Er übersendet je eine Ablichtung der Nachweiserklärungen sowie der Eingangsbestätigung nach § 5 Abs. 1 Satz 1 der für ihn zuständigen Behörde sowie dem Abfallentsorger. Absatz 2 Satz 2 gilt entsprechend.

(4) Der Abfallerzeuger hat dem Beförderer eine Ablichtung des Entsorgungsnachweises zu übergeben oder, soweit die Bestätigung nach § 5 Abs. 5 Satz 2 als erteilt gilt, eine Ablichtung der Nachweiserklärungen sowie der Eingangsbestätigung nach § 5 Abs. 1 Satz 1. Der Beförderer, auch jeder weitere Beförderer, hat die in Satz 1 genannten Unterlagen, ebenso eine Ausfertigung der Transportgenehmigung bei der Beförderung mitzuführen und diese Unterlagen auf Verlangen den zur Überwachung und Kontrolle Befugten vorzulegen.

(5) Erfolgt die Beförderung mittels schienengebundener Fahrzeuge, so entfällt die Pflicht zur Mitführung von Unterlagen nach Absatz 4 Satz 2. In diesem Fall hat der Beförderer in geeigneter Weise sicherzustellen, daß bei einem Wechsel des Beförderers diesem die in Absatz 4 Satz 1 genannten Unterlagen übergeben werden.

§ 7

Handhabung des Entsorgungsnachweises bei Ablehnung der Bestätigung

Wird die Bestätigung abgelehnt, fertigt die für die Entsorgungsanlage zuständige Behörde für sich eine Ablichtung der Originalunterlagen an. Sie übersendet die Originalunterlagen unmittelbar an den Abfallerzeuger sowie je eine Ablichtung an die für diesen zuständige Behörde und den Abfallentsorger.

§ 8

Sammelentsorgungsnachweis

(1) Abweichend von § 3 Abs. 1 kann der Nachweis über die Zulässigkeit der vorgesehenen Entsorgung vom Einsammler durch einen Sammelentsorgungsnachweis unter Verwendung der hierfür vorgesehenen Formblätter der Anlage 1 geführt werden, wenn die einzusammelnden Abfälle

1. denselben Abfallschlüssel haben,
2. den gleichen Entsorgungsweg haben,
3. in ihrer Zusammensetzung den im Sammelentsorgungsnachweis genannten Maßgaben für die Sammelcharge entsprechen und
4. die bei dem einzelnen Erzeuger eingesammelte Abfallmenge fünfzehn oder bei den in Anlage 2 unter Nummer 1 genannten Abfällen die eingesammelte Menge zwanzig Tonnen je Abfallschlüssel und Kalenderjahr nicht übersteigt.

Satz 1 Nr. 4 gilt nicht für die Einsammlung der in Anlage 2 unter Nummer 2 genannten Abfälle.

(2) Der Sammelentsorgungsnachweis besteht aus der verantwortlichen Erklärung des Einsammlers, der Annahmeerklärung des Abfallentsorgers sowie der Bestätigung der für die Entsorgungsanlage zuständigen Behörde.

(3) Der Einsammler hat über die Zulässigkeit der vorgesehenen Entsorgung auch dann einen Sammelentsorgungsnachweis zu führen, wenn die Erzeuger der eingesammelten Abfälle nach § 2 Abs. 2 von Nachweispflichten ausgenommen sind. Die Absätze 1 und 2 finden entsprechende Anwendung.

§ 9

Handhabung und Bestätigung des Sammelentsorgungsnachweises

(1) Der Einsammler hat vor Zuleitung der Nachweiserklärungen an die für die Entsorgungsanlage zuständige Behörde den Teil Verantwortliche Erklärung des Sammelentsorgungsnachweises auszufüllen und dem Abfallentsorger zuzuleiten.

(2) Für die weitere Handhabung sowie die Bestätigung des Sammelentsorgungsnachweises finden § 4 Abs. 2 und 3 sowie die §§ 5 bis 7 entsprechende Anwendung.

(3) Soweit der Einsammlungsbereich die Grenzen des Landes überschreitet, in dem die für den Sammelentsorger zuständige Behörde ihren Sitz hat, hat der Einsammler zusätzlich je eine Ablichtung des Sammelentsorgungsnachweises nachrichtlich an die zuständigen Behörden der anderen Länder zu übersenden.

2. Abschnitt

Anzeige über die Zulässigkeit der vorgesehenen Entsorgung – privilegiertes Verfahren

§ 10

Pflichten des Abfallerzeugers

(1) Die Pflicht des Abfallerzeugers zur Einholung einer Bestätigung des Entsorgungsnachweises nach § 3 entfällt, wenn

1. die Entsorgung durch einen Abfallentsorger erfolgt, der nach § 13 freigestellt ist und
2. der Abfallerzeuger dies vor Beginn der Entsorgung nach § 11 der für ihn zuständigen Behörde anzeigt.

(2) Der Abfallerzeuger hat dem Beförderer eine Ablichtung der Nachweiserklärungen und der Entscheidungen im privilegierten Verfahren zu übergeben, die dieser bei der Beförderung mitzuführen hat. Im übrigen findet § 6 Abs. 4 und 5 entsprechende Anwendung.

§ 11

Anzeige

(1) Der Abfallerzeuger hat vor Beginn der vorgesehenen Entsorgung gegenüber der für ihn zuständigen Behörde eine Anzeige nach Absatz 2 über die besonders überwachungsbedürftigen Abfälle einschließlich der vorgesehenen Entsorgung zu erstatten, für welche die Nachweisführung nach § 10 in Anspruch genommen werden soll. Die Anzeige hat unter Verwendung der hierfür vorgesehenen Formblätter der Anlage 1 zu erfolgen.

(2) Die Anzeige beinhaltet entsprechend den in den Formblättern der Anlage 1 genannten Angaben

1. die Aufschlüsselung und Beschreibung der Abfälle nach Art, Beschaffenheit und Menge,
2. die vorgesehenen Entsorgungsverfahren sowie
3. die Versicherung, daß die Entsorgung in einer Anlage erfolgen wird, die nach § 13 freigestellt ist.

(3) Durch die Anzeige ist im Falle der Beseitigung die Anzeigepflicht des Abfallerzeugers nach § 43 Abs. 2 des Kreislaufwirtschafts- und Abfallgesetzes, im Falle der Verwertung die Anzeigepflicht des Abfallerzeugers nach § 46 Abs. 2 des Kreislaufwirtschafts- und Abfallgesetzes erfüllt.

(4) Erklärt der Abfallentsorger seine Annahmebereitschaft, so übersendet der Abfallerzeuger innerhalb von zehn Arbeitstagen nach Zugang der Annahmeerklärung eine Ablichtung der Nachweiserklärungen an die für ihn zuständige Behörde.

§ 12

Änderungsanzeige

(1) Ändern sich Angaben aus der Anzeige nach § 11, so hat der Abfallerzeuger gegenüber der für ihn zuständigen Behörde über die Änderungen eine Anzeige entsprechend § 11 Abs. 2 zu erstatten.

(2) Die §§ 10 und 11 finden entsprechende Anwendung.

§ 13

Freistellung des Abfallentsorgers

(1) Die zuständige Behörde hat auf Antrag unter Verwendung der hierfür vorgesehenen Formblätter der Anlage 1 den Abfallentsorger von der Pflicht, besonders überwachungsbedürftige Abfälle nur nach vorhergehender Bestätigung des Entsorgungsnachweises im Sinne des § 5 anzunehmen, freizustellen, wenn

1. die Abfälle in der vorgesehenen Entsorgungsanlage behandelt, stofflich oder energetisch verwertet oder abgelagert und nicht ausschließlich gelagert werden,
2. für die in Nummer 1 genannten Entsorgungsmaßnahmen die Ordnungsgemäßheit und Schadlosigkeit der Verwertung oder Gemeinwohlverträglichkeit der Beseitigung hinsichtlich der im Antrag aufgelisteten Abfälle gewährleistet ist und
3. keine Anhaltspunkte vorliegen oder Tatsachen bekannt sind, daß der Abfallentsorger gegen die ihm im Nachweisverfahren oder bei der Entsorgung obliegenden Pflichten verstößt oder verstoßen hat.

Die die Entsorgungsanlage betreffenden behördlichen Entscheidungen, insbesondere Zulassungen, Genehmigungen, Planfeststellungen oder bergrechtliche Betriebspläne, die die Einhaltung der in Satz 1 genannten Voraussetzungen gewährleisten, sind zu beachten. Hierbei sind die Angaben aus einer der Behörde vorliegenden Umwelterklärung gemäß Artikel 5 der Verordnung (EWG) Nr. 1836/93 des Rates vom 29. Juni 1993 über die freiwillige Beteiligung gewerblicher Unternehmen an einem Gemeinschaftssystem für das Umweltmanagement und die Umweltbetriebsprüfung zu berücksichtigen.

(2) Mit der Vorlage des Antrags nach Absatz 1 ist im Falle der Beseitigung die Anzeigepflicht des Abfallentsorgers nach § 43 Abs. 2 des Kreislaufwirtschafts- und Abfallgesetzes, im Falle der Verwertung die Anzeigepflicht des Abfallentsorgers nach § 46 Abs. 2 des Kreislaufwirtschafts- und Abfallgesetzes erfüllt.

(3) Die Freistellung kann befristet, unter Bedingungen sowie dem Vorbehalt des Widerrufs erteilt und mit Auflagen sowie dem Vorbehalt der Erteilung nachträglicher Auflagen verbunden werden, soweit dies erforderlich ist, um die Erfüllung der in Absatz 1 genannten Freistellungsvoraussetzungen sicherzustellen. Der Abfallentsorger muß den Auflagen nachkommen.

(4) Bei der Entscheidung über die Freistellung ist nicht zu prüfen, ob es sich bei den Entsorgungsmaßnahmen um eine Verwertung oder Beseitigung handelt oder bei Überlassung der Abfälle an den Abfallentsorger die im übrigen aus dem Kreislaufwirtschafts- und Abfallgesetz und sonstigen Rechtsvorschriften des Bundes und der Länder folgenden Pflichten des Erzeugers eingehalten werden.

(5) Freigestellt im Sinne der Absätze 1 und 4 sind Inhaber von Entsorgungsfachbetrieben, soweit die von ihnen betriebenen Abfallentsorgunganlagen und die dort durchzuführende Behandlung, stoffliche oder energetische Verwertung oder Ablagerung zertifiziert sind. Die Anzeigepflicht des Abfallentsorgers nach § 43 Abs. 2 oder § 46 Abs. 2 des Kreislaufwirtschafts- und Abfallgesetzes wird durch Vorlage des entsprechenden Überwachungszertifikats an die für die Entsorgungsanlage zuständige Behörde erfüllt. Soweit dies erforderlich ist, erteilt die zuständige Behörde die notwendige Entsorgernummer.

(6) Die Freistellung nach den Absätzen 1 und 5 gilt für die Annahme von Abfällen, für die der Erzeuger eine Anzeige nach § 10 Abs. 1 Nr. 2 in Verbindung mit § 11 oder § 12 abgegeben hat.

(7) Der Abfallentsorger hat dem Abfallerzeuger unverzüglich mitzuteilen, wenn die auf Grund der Absätze 1 bis 4 erteilte Freistellung unwirksam wird, die Voraussetzungen der Freistellung nach Absatz 5 entfallen sind oder gegenüber dem Abfallentsorger eine Anordnung nach § 14 Abs. 2 ergangen ist.

§ 14

Bestätigung auf Anordnung

(1) Die zuständige Behörde kann abweichend von § 10 anordnen, daß der Abfallerzeuger zum Nachweis der Zulässigkeit der vorgesehenen Entsorgung eine Bestätigung des Entsorgungsnachweises durch die für die Abfallentsorgungsanlage zuständige Behörde nach den Bestimmungen des ersten Abschnitts einzuholen hat, wenn

1. Anhaltspunkte dafür bestehen, daß die Anzeige nach § 10 Abs. 1 Nr. 2 in Verbindung mit § 11 oder § 12 nicht rechtzeitig, nicht vollständig oder nicht den Anforderungen entsprechend abgegeben wurde oder sonstige Voraussetzungen für die Inanspruchnahme des privilegierten Nachweisverfahrens nicht vorliegen, und nicht innerhalb einer von der zuständigen Behörde gesetzten Frist die Vollständigkeit oder Richtigkeit der Angaben oder das Vorliegen der Voraussetzungen nach § 10 nachgewiesen wird,
2. der Abfallerzeuger gegen die ihm im weiteren nach dieser Verordnung oder bei der Entsorgung obliegenden Pflichten verstößt oder verstoßen hat oder
3. Gründe des Wohls der Allgemeinheit die Anordnung der Einholung einer Bestätigung erfordern.

(2) Die zuständige Behörde kann abweichend von § 13 Abs. 5 anordnen, daß der Abfallentsorger, dessen Abfallentsorgungsanlage zertifiziert ist, Abfälle nur nach vorhergehender Bestätigung des Entsorgungsnachweises nach § 5 annehmen darf, wenn

1. Anhaltspunkte dafür bestehen, daß für den in der Entsorgungsanlage durchzuführenden Teilabschnitt der Entsorgung die Ordnungsgemäßheit und Schadlosigkeit der Verwertung oder Gemeinwohlverträglichkeit der Beseitigung für die in der Anlage entsorgten Abfälle nicht gewährleistet ist oder sonstige Voraussetzungen für die Inanspruchnahme des privilegierten Nachweisverfahrens nicht vorliegen, soweit der Abfallentsorger nicht innerhalb einer von der zuständigen Behörde gesetzten Frist das Vorliegen dieser Voraussetzungen nachweist,
2. der Abfallentsorger gegen die ihm im weiteren nach dieser Verordnung oder bei der Entsorgung obliegenden Pflichten verstößt oder verstoßen hat oder
3. Gründe des Wohls der Allgemeinheit eine vorhergehende Bestätigung des Entsorgungsnachweises erfordern.

(3) Der Abfallerzeuger und der Abfallentsorger müssen den Anordnungen nach den Absätzen 1 und 2 nachkommen.

3. Abschnitt

Nachweisführung über die durchgeführte Entsorgung

§ 15

Begleitschein

(1) Der Nachweis über die durchgeführte Entsorgung von besonders überwachungsbedürftigen Abfällen wird mit Hilfe der Begleitscheine unter Verwendung der hierfür vorgesehenen Formblätter der Anlage 1 geführt.

(2) Bei der Abgabe von Abfällen aus dem Besitz eines Abfallerzeugers ist für jede Abfallart ein gesonderter Satz von Begleitscheinen zu verwenden, der aus sechs Ausfertigungen besteht. Die Zahl der auszufüllenden Ausfertigungen verringert sich, soweit Abfallerzeuger oder Abfallbeförderer und Abfallentsorger ganz oder teilweise personengleich sind. Bei einem Wechsel des Beförderers ist die Übergabe der Abfälle dem übergebenden vom übernehmenden Beförderer mittels Übernahmeschein in entsprechender Anwendung der §§ 18 und 19 oder in anderer geeigneter Weise zu bescheinigen.

(3) Von den Ausfertigungen der Begleitscheine sind

1. die Ausfertigungen 1 (weiß) und 5 (altgold) als Belege für das Nachweisbuch des Abfallerzeugers,
2. die Ausfertigungen 2 (rosa) und 3 (blau) zur Vorlage an die zuständige Behörde,
3. die Ausfertigung 4 (gelb) als Beleg für das Nachweisbuch des Abfallbeförderers, bei einem Wechsel des Beförderers für das Nachweisbuch des letzten Beförderers,
4. die Ausfertigung 6 (grün) als Beleg für das Nachweisbuch des Abfallentsorgers

bestimmt.

§ 16

Ausfüllen der Begleitscheine

Der Abfallerzeuger, der Einsammler, der Beförderer und der Abfallentsorger haben die Begleitscheine nach Maßgabe der für sie bestimmten Aufdrucke auf den Ausfertigungen spätestens bei Übergabe oder Annahme der Abfälle auszufüllen.

§ 17

Handhabung der Begleitscheine

(1) Bei Annahme der Abfälle übergibt der Abfallbeförderer dem Abfallerzeuger die Ausfertigung 1 (weiß) der Begleitscheine als Beleg für dessen Nachweisbuch, nachdem er die ordnungsgemäße Beförderung versichert und die erforderlichen Ergänzungen vorgenommen hat. Die Ausfertigungen 2 bis 6 hat der Abfallbeförderer während des Beförderungsvorgangs mitzuführen und dem Abfallentsorger bei Übergabe der Abfälle auszuhändigen sowie auf Verlangen den zur Überwachung und Kontrolle Befugten vorzulegen.

(2) Spätestens zehn Werktage nach Annahme der Abfälle vom Abfallbeförderer übergibt oder übersendet der Abfallentsorger die Ausfertigungen 2 (rosa) und 3 (blau) der für die Entsorgungsanlage zuständigen Behörde als Beleg über die Annahme der Abfälle; die Ausfertigung 4 (gelb) übergibt oder übersendet er dem Abfallbeförderer, die Ausfertigung 5 (altgold) dem Abfallerzeuger als Beleg zu deren Nachweisbüchern. Die Ausfertigung 6 (grün) behält der Abfallentsorger als Beleg für sein Nachweisbuch.

(3) Spätestens zehn Werktage nach Erhalt übersendet die für die Entsorgungsanlage zuständige Behörde die Ausfertigung 2 (rosa) an die für den Abfallerzeuger zuständige Behörde, soweit sie nicht ebenfalls für den Abfallerzeuger zuständig ist.

(4) Erfolgt die Beförderung mittels schienengebundener Fahrzeuge, so entfällt die Pflicht zur Mitführung der in Absatz 1 genannten Ausfertigungen während des Beförderungsvorgangs. In diesem Fall hat der Beförderer sicherzustellen, daß bei einem Wechsel des Beförderers diesem die in Absatz 1 genannten Ausfertigungen übergeben werden.

§ 18

Übernahmeschein bei Sammelentsorgung

(1) Bei der Verwendung eines Sammelentsorgungsnachweises nach § 8 wird der Nachweis über die durchgeführte Entsorgung mit Hilfe der Übernahmescheine unter Verwendung des hierfür vorgesehenen Formblatts der Anlage 1 und der Begleitscheine im Sinne des § 15 geführt.

(2) Der Übernahmeschein besteht aus zwei Ausfertigungen. Davon sind

1. die Ausfertigung 1 (weiß) als Beleg für das Nachweisbuch des Abfallerzeugers,
2. die Ausfertigung 2 (gelb) als Beleg für das Nachweisbuch des Einsammlers

bestimmt.

§ 19

Handhabung des Übernahmescheins

(1) Der Abfallerzeuger sowie der Einsammler haben die Übernahmescheine nach Maßgabe der für sie bestimmten Aufdrucke auf den Ausfertigungen spätestens bei Übernahme der Abfälle durch den Einsammler auszufüllen.

(2) Bei der Annahme der Abfälle übergibt der Einsammler dem Abfallerzeuger die Ausfertigung 1 (weiß) des Übernahmescheins als Beleg für dessen Nachweisbuch. Die Ausfertigung 2 (gelb) hat der Einsammler während des Beförderungsvorgangs mitzuführen, auf Verlangen den zur Überwachung und Kontrolle Befugten vorzulegen und nach Übergabe der Abfälle an den Abfallentsorger zusammen mit der Ausfertigung 4 (gelb) des Begleitscheins in seinem Nachweisbuch abzuheften. § 17 Abs. 4 findet entsprechende Anwendung.

(3) Für den Übernahmeschein gelten die Bestimmungen des § 15 Abs. 1 und 2 entsprechend.

§ 20

Handhabung des Begleitscheins bei Sammelentsorgung

(1) Der Einsammler hat nach Maßgabe des § 16 die Begleitscheine auszufüllen und insbesondere die Sammelentsorgungs-Nachweisnummer einzutragen. Vor der Übergabe der Abfälle hat er in das Mehrzweckfeld des Begleitscheins (Frei für Vermerke) die Nummern der Übernahmescheine einzutragen, aus denen sich die Sammelladung zusammensetzt. Das weitere Verfahren richtet sich nach den Bestimmungen über die Begleitscheine.

(2) Erstreckt sich die Einsammlung über die Grenzen eines Landes hinaus, so ist für jedes Land, in dem eingesammelt wird, ein Begleitschein zu führen.

§ 21

Listennachweis

(1) Die Betreiber von Abfallentsorgungsanlagen können die Angaben aus den Nachweisen nach § 15 als Listennachweis aufbereiten und zusammenfassen. Die zuständige Behörde bestimmt die Fristen für die Vorlage der Listennachweise. Sie kann weiter Anforderungen an die Form der Listennachweise bestimmen sowie nähere Angaben zum Zeitpunkt der Entsorgung sowie über entsorgte Teilmengen verlangen. Der Betreiber von Abfallentsorgungsanlagen muß den Anforderungen nach den Sätzen 2 und 3 nachkommen.

(2) Wird der Nachweis über die Durchführung der Entsorgung nach Absatz 1 geführt, so entfällt für den Abfallentsorger die Pflicht zur Übersendung der Ausfertigung 3 (blau) des Begleitscheins nach § 17 Abs. 2 Satz 1.

4. Abschnitt

Sonderfälle

§ 22

Entsorgung durch Dritte, Verbände und Selbstverwaltungskörperschaften

Werden Erzeuger- und Besitzerpflichten gemäß § 16 Abs. 2, § 17 Abs. 3 oder § 18 Abs. 2 des Kreislaufwirtschafts- und Abfallgesetzes auf Dritte, Verbände oder Selbstverwaltungskörperschaften der Wirtschaft übertragen, so kann die zuständige Behörde auf Antrag für diese Entsorgungsträger die Nachweisführung in entsprechender Anwendung der §§ 8, 9 und insoweit auch der §§ 10 bis 14 sowie der §§ 18 bis 21 zulassen. Satz 1 findet entsprechende Anwendung, soweit die Entsorgung durch öffentlich-rechtliche Entsorgungsträger erfolgt.

§ 23

Verwertung außerhalb einer Entsorgungsanlage

Wird eine Verwertung außerhalb einer Anlage durchgeführt, so sind in entsprechender Anwendung der Bestimmungen des Ersten bis Dritten Abschnitts

1. die Pflichten des Abfallentsorgers durch denjenigen zu erfüllen, der die Verwertung durchführt,
2. die Aufgaben der für die Entsorgungsanlage zuständigen Behörde von der nach Landesrecht zuständigen Behörde wahrzunehmen.

Im übrigen bleiben die Bestimmungen des Ersten bis Dritten Abschnitts unberührt.

§ 24

Kleinmengen, Anzeigepflicht

(1) Die Übergabe von Kleinmengen im Sinne des § 2 Abs. 2 hat der Abfallerzeuger unter Verwendung der für Übernahmescheine vorgesehenen Formblätter nachzuweisen. § 18 Abs. 2 und § 19 finden entsprechende Anwendung.

(2) Durch die Einholung einer Transportgenehmigung nach § 49 Abs. 1 oder § 50 Abs. 2 Nr. 1 in Verbindung mit § 49 Abs. 1 des Kreislaufwirtschafts- und Abfallgesetzes und der Transportgenehmigungsverordnung vom 10. September 1996 (BGBl. I S. 1411) ist die Anzeigepflicht des Einsammlers oder Beförderers nach § 43 Abs. 2 und § 46 Abs. 2 des Kreislaufwirtschafts- und Abfallgesetzes erfüllt.

(3) Soweit eine Anzeigepflicht nach § 43 Abs. 2 oder § 46 Abs. 2 des Kreislaufwirtschafts- und Abfallgesetzes nicht bereits nach den Bestimmungen dieses Teils erfüllt ist, bedarf die Erstattung einer Anzeige nach § 43 Abs. 2 oder § 46 Abs. 2 des Kreislaufwirtschafts- und Abfallgesetzes im übrigen keiner besonderen Form. § 2 Abs. 2 bleibt unberührt.

Dritter Teil

Nachweisführung über die Entsorgung überwachungsbedürftiger und nicht überwachungsbedürftiger Abfälle

§ 25

Einbehalten von Belegen zum Zwecke des Nachweises

(1) Soweit eine Nachweispflicht nach § 42 Abs. 3 oder § 45 Abs. 3 des Kreislaufwirtschafts- und Abfallgesetzes über die Entsorgung überwachungsbedürftiger Abfälle besteht, hat der Abfallerzeuger den Nachweis über die Zulässigkeit der vorgesehenen Entsorgung unter Verwendung der hierfür vorgesehenen Formblätter der Anlage 1 zu führen (vereinfachter Nachweis), wenn die anfallende Menge an überwachungsbedürftigen Abfällen fünf Tonnen je Abfallschlüssel und Kalenderjahr übersteigt. Der vereinfachte Nachweis besteht aus der verantwortlichen Erklärung des Abfallerzeugers und der Annahmeerklärung des Abfallentsorgers. Vor Beginn der vorgesehenen Entsorgung hat der Abfallerzeuger den Teil Verantwortliche Erklärung auszufüllen und dem Abfallentsorger zuzuleiten. Der Abfallentsorger hat vor Beginn der vorgesehenen Entsorgung den Teil Annahmeerklärung des vereinfachten Nachweises auszufüllen und dem Abfallerzeuger zuzuleiten. § 6 Abs. 4 und 5 findet entsprechende Anwendung.

(2) Abweichend von Absatz 1 kann der Nachweis über die Zulässigkeit der vorgesehenen Entsorgung vom Einsammler durch einen vereinfachten Sammelnachweis unter Verwendung der hierfür vorgesehenen Formblätter der Anlage 1 geführt werden. Der vereinfachte Sammelnachweis besteht aus der verantwortlichen Erklärung des Einsammlers und der Annahmeerklärung des Abfallentsorgers. Vor Beginn der vorgesehenen Entsorgung hat der Einsammler den Teil Verantwortliche Erklärung auszufüllen und dem Abfallentsorger zuzuleiten. Der Abfallentsorger hat vor Beginn der vorgesehenen Entsorgung den Teil Annahmeerklärung des vereinfachten Sammelnachweises auszufüllen und dem Einsammler zuzuleiten. § 8 Abs. 1 Satz 1, mit Ausnahme der Nummer 4, sowie § 6 Abs. 4 und 5 finden entsprechende Anwendung. Der Einsammler hat den Nachweis entsprechend den Sätzen 1 bis 5 zu führen, soweit die Erzeuger der eingesammelten Abfälle nach Absatz 1 Satz 1 von Nachweispflichten ausgenommen sind.

(3) Soweit eine Nachweispflicht nach den Absätzen 1 und 2 besteht, ist dem Abfallerzeuger, Einsammler oder Beförderer die Übergabe der Abfälle mit Hilfe der Übernahmescheine unter Verwendung der hierfür vorgesehenen Formblätter der Anlage 1 jeweils von demjenigen zu bescheinigen, der die Abfälle zur weiteren Entsorgung übernimmt. Die §§ 18 und 19 finden entsprechende Anwendung.

(4) Die Absätze 1 bis 3 gelten nicht für öffentlich-rechtliche Entsorgungsträger, soweit diese gemäß § 15 des Kreislaufwirtschafts- und Abfallgesetzes überwachungsbedürftige Abfälle aus privaten Haushaltungen oder aus anderen Herkunftsbereichen entsorgen.

§ 26

Nachweispflicht auf Anordnung

Soweit eine Nachweispflicht nach § 42 Abs. 1 oder 2 oder § 45 Abs. 1 oder 2 des Kreislaufwirtschafts- und Abfallgesetzes über die Entsorgung von überwachungsbedürftigen und nicht überwachungsbedürftigen Abfällen angeordnet wird, finden die §§ 3 bis 23 sowie § 25, mit Ausnahme des Absatzes 1 Satz 1 letzter Halbsatz, entsprechende Anwendung. Beschränkt sich die Anordnung der Nachweispflicht nach Satz 1 auf eine Anzeige, so finden § 11 Abs. 1 und 2 Nr. 1 und 2 und § 12 entsprechende Anwendung.

Vierter Teil

Gemeinsame Vorschriften

§ 27

Nachweisbücher

(1) Die zum Nachweis Verpflichteten haben Nachweisbücher zu führen. Die Nachweisbücher sind auf Verlangen der zuständigen Behörde vorzulegen.

(2) Die Nachweisbücher bestehen aus einer Sammlung der nach dem Zweiten und Dritten Teil erforderlichen Entsorgungsnachweise, Sammelentsorgungsnachweise,

Nachweiserklärungen, Begleitscheine und Übernahmescheine sowie Anzeigen und Freistellungen.

(3) Die zur Führung der Nachweise erforderlichen Erzeuger-, Beförderer- und Entsorgernummern werden durch die jeweils zuständige Behörde erteilt.

(4) Die zur Unterscheidung der einzelnen Vorgänge erforderlichen Nachweisnummern sowie die Freistellungsnummern erteilt die für den Entsorger zuständige Behörde, die erforderliche Anzeigennummer sowie die im Falle der Ersetzung von Einzelnachweisen nach den §§ 44 und 47 des Kreislaufwirtschafts- und Abfallgesetzes erforderliche Konzept- und Bilanznummer erteilt die für den Erzeuger zuständige Behörde. Die zuständige Behörde kann zulassen, daß die nach Satz 1 erforderlichen Kennnummern von einem Dritten erteilt werden. Die nach Satz 1 zu erteilenden Nummern erhalten in den ersten beiden Stellen folgende Kennbuchstaben:

1. „EN" für Entsorgungsnachweis,
2. „SN" für Sammelentsorgungsnachweis,
3. „AN" für Anzeige,
4. „FR" für Freistellung,
5. „VN" für vereinfachten Nachweis,
6. „VS" für vereinfachten Sammelnachweis,
7. „KO" für Konzepte,
8. „BI" für Bilanzen.

An der dritten Stelle ist die Landeskennung aufzunehmen.

§ 28

Einrichtung und Führung der Nachweisbücher

(1) Der zur Einrichtung und Führung eines Nachweisbuches Verpflichtete hat die Nachweisbücher einzurichten und zu führen, indem er die für sein Nachweisbuch bestimmten Ausfertigungen der Begleitscheine spätestens innerhalb von zehn Werktagen nach Erhalt den jeweiligen Entsorgungsnachweisen zugeordnet in zeitlicher Reihenfolge abheftet.

(2) Der Abfallerzeuger hat das Nachweisbuch aus den Ausfertigungen 1 und 5 (weiß und altgold) der Begleitscheine einzurichten und zu führen. Dabei hat der Abfallerzeuger unabhängig von der zeitlichen Reihenfolge die Ausfertigung 5 jeweils der Ausfertigung 1 zuzuordnen. Mit ihnen erbringt er den Nachweis, welche Abfälle nach Art und Menge er mit dem Ziel der Entsorgung an einen Abfallbeförderer abgegeben hat. Ist der Abfallerzeuger zugleich Abfallbeförderer, so hat er das Nachweisbuch aus den Ausfertigungen 4 und 5 (gelb und altgold) einzurichten und zu führen; Satz 2 gilt entsprechend. Entsorgt der Abfallerzeuger die Abfälle selbst, so hat er das Nachweisbuch nur aus der Ausfertigung 6 (grün) einzurichten und zu führen.

(3) Der Abfallbeförderer hat das Nachweisbuch aus der Ausfertigung 4 (gelb) der Begleitscheine einzurichten und zu führen. Mit ihnen erbringt er den Nachweis, welche Abfälle nach Art und Menge er aus dem Besitz eines Abfallerzeugers übernommen und an einen Abfallentsorger weitergegeben hat. Entsorgt der Abfallbeförderer die Abfälle selbst, so hat er das Nachweisbuch aus der Ausfertigung 6 (grün) einzurichten und zu führen.

(4) Der Abfallentsorger hat das Nachweisbuch aus der Ausfertigung 6 (grün) der Begleitscheine einzurichten und zu führen. Mit ihnen erbringt er den Nachweis, welche Abfälle er nach Art und Menge zur Entsorgung übernommen hat.

(5) Die Verantwortung für das Ausfüllen der in Absatz 2 genannten Unterlagen, die Einrichtung und Führung eines Nachweisbuchs sowie für die Übergabe und Übersendung an die zuständige Behörde trägt der zur Einrichtung und Führung eines Nachweisbuchs Verpflichtete. Er kann die Erfüllung der ihm nach diesen Vorschriften obliegenden Aufgaben einem Dritten übertragen. Seine Verantwortlichkeit bleibt hiervon unberührt.

(6) Für den Übernahmeschein, die Zuordnung von Begleitscheinen zu den Nachweiserklärungen im privilegierten Verfahren sowie zu Anzeigen, Änderungsanzeigen und Freistellungen gelten die Absätze 1 bis 5 entsprechend.

§ 29

Aufbewahrungspflichten

Die zur Einrichtung oder Führung eines Nachweisbuchs Verpflichteten haben die Nachweisbücher drei Jahre, vom Datum der letzten Eintragung oder des letzten Belegs an gerechnet, aufzubewahren. Abfallentsorger haben die Nachweisbücher mindestens zehn Jahre nach Stillegung der Anlage aufzubewahren. Der Zulassungsbescheid kann eine längere Aufbewahrungsfrist vorschreiben. Die Sätze 1 und 2 finden entsprechende Anwendung, soweit nach den §§ 44 und 47 des Kreislaufwirtschafts- und Abfallgesetzes Nachweise durch Abfallwirtschaftskonzepte und -bilanzen ersetzt werden.

§ 30

Nachweisführung in besonderen Fällen

(1) Wer Abfälle, für die er ein Nachweisbuch führen muß, von einem anderen übernimmt, der hinsichtlich dieser Abfälle nicht zur Führung eines Nachweisbuchs verpflichtet ist, hat auch dessen Namen und Anschrift auf den für ihn bestimmten und auf den von ihm weiterzugebenden Ausfertigungen des Begleitscheins anzugeben. Wer Abfälle einem anderen übergibt, der insoweit nicht zur Führung eines Nachweisbuchs verpflichtet ist, hat dessen Namen und Anschrift auf den Ausfertigungen des Begleitscheins anzugeben.

(2) Ist wegen anderer als der in Absatz 1 genannten Besonderheiten eine uneingeschränkte Anwendung der Vorschriften der §§ 27 bis 29 im Einzelfall nicht möglich, so hat der betroffene Besitzer von Abfällen die Nachweise in einer von der zuständigen Behörde bestimmten Weise zu verwenden.

§ 31

Lesbarkeit und Dokumentenechtheit

Alle Eintragungen in den in der Anlage aufgeführten Formblättern müssen leserlich in deutscher Sprache mit Druck, Schreibmaschine, Kugelschreiber oder einem sonstigen Schreibgerät mit dauerhafter Schrift vorgenommen werden. Der ursprüngliche Inhalt einer Eintragung darf nicht unleserlich gemacht werden, ohne daß gleichzeitig kenntlich gemacht wird, ob dies bei der ursprünglichen Eintragung oder erst später erfolgt ist.

§ 32

Elektronische Datenverarbeitung, Datenfernübertragung

(1) Die Angaben aus den Nachweisen nach dieser Verordnung können von den Betreibern der Entsorgungsanlagen in digitalisierter Form aufbereitet werden. Im Falle des Satzes 1 hat der zur Einrichtung und Führung eines Nachweisbuchs Verpflichtete statt der Führung von Nachweisbüchern eine geordnete Speicherung aller in die Nachweise aufzunehmenden Angaben in entsprechender Anwendung der §§ 27 und 28 vorzunehmen sowie die Angaben für die in § 29 Satz 1 und 2 vorgesehene Dauer zu speichern.

(2) Die Struktur der digitalisierten Aufbereitung sowie die Form der Datenübergabe sind mit der zuständigen Behörde abzustimmen.

(3) Werden die in den Nachweisverfahren gewonnenen Daten digital aufbereitet, so hat der Abfallentsorger

1. die Angaben aus den Entsorgungsnachweisen vor Übergabe des mit der Entsorgungsbestätigung der zuständigen Behörde versehenen Originals des Entsorgungsnachweises an den Abfallerzeuger zu speichern,
2. die Angaben aus den Sammelentsorgungsnachweisen vor Übergabe des mit der Entsorgungsbestätigung der zuständigen Behörde versehenen Originals an den Abfallbeförderer zu speichern,
3. die Angaben aus den vereinfachten Entsorgungsnachweisen bei der Annahme des Abfalls zur Behandlung oder Ablagerung zu speichern,
4. die Angaben aus den Listennachweisen bei der Annahme des Abfalls zur Behandlung oder Ablagerung zu speichern; hierzu gehören auch die Einzelangaben zu den in den Listennachweisen ausgewiesenen Mengen.

§ 33

Ordnungswidrigkeiten

Ordnungswidrig im Sinne des § 61 Abs. 2 Nr. 10 des Kreislaufwirtschafts- und Abfallgesetzes handelt, wer vorsätzlich oder fahrlässig

1. entgegen § 4 Abs. 1 oder 2 Satz 1, auch in Verbindung mit § 9 Abs. 2 oder § 26 Satz 1, § 9 Abs. 1, auch in Verbindung mit § 26 Satz 1, § 25 Abs. 1 Satz 3 oder 4 oder Abs. 2 Satz 3 oder 4, auch in Verbindung mit § 26 Satz 1, eine Erklärung nicht, nicht richtig, nicht vollständig oder nicht rechtzeitig ausfüllt,
2. entgegen § 5 Abs. 4 Satz 2, auch in Verbindung mit § 9 Abs. 2 oder § 26 Abs. 1, oder § 13 Abs. 3 Satz 2, auch in Verbindung mit § 26 Satz 1, einer vollziehbaren Auflage oder entgegen § 14 Abs. 3 oder § 21 Abs. 1 Satz 4 einer vollziehbaren Anordnung nicht nachkommt,
3. entgegen § 6 Abs. 3 Satz 1, auch in Verbindung mit § 9 Abs. 2 oder § 26 Satz 1, den Fristablauf nicht, nicht richtig, nicht vollständig oder nicht rechtzeitig vermerkt,
4. entgegen § 6 Abs. 4 Satz 2, auch in Verbindung mit § 9 Abs. 2, § 10 Abs. 2 Satz 2, § 25 Abs. 1 Satz 5, Abs. 2 Satz 5 oder § 26 Satz 1, § 17 Abs. 1 Satz 2 oder § 19 Abs. 2 Satz 2, auch in Verbindung mit § 24 Abs. 1 Satz 2, § 25 Abs. 3 Satz 2 oder § 26 Satz 1, eine Unterlage nicht oder nicht vollständig mitführt oder nicht rechtzeitig vorlegt,
5. entgegen § 11 Abs. 1 Satz 1 oder § 12 Abs. 1, jeweils auch in Verbindung mit § 26 Satz 2, eine Anzeige nicht, nicht richtig, nicht vollständig oder nicht rechtzeitig erstattet,
6. entgegen § 13 Abs. 7 eine Mitteilung nicht, nicht richtig, nicht vollständig oder nicht rechtzeitig macht,
7. entgegen § 16, auch in Verbindung mit § 26 Satz 1, § 19 Abs. 1, auch in Verbindung mit § 24 Abs. 1 Satz 2, § 25 Abs. 3 Satz 2 oder § 26 Satz 1, einen Schein nicht, nicht richtig, nicht vollständig oder nicht rechtzeitig ausfüllt,
8. entgegen § 20 Abs. 1 Satz 2, auch in Verbindung mit § 26 Satz 1, eine Nummer nicht, nicht richtig, nicht vollständig oder nicht rechtzeitig einträgt,
9. entgegen § 28 Abs. 1, auch in Verbindung mit Abs. 6, ein Nachweisbuch nicht, nicht richtig, nicht vollständig oder nicht rechtzeitig einrichtet oder führt,
10. entgegen § 29 Satz 1 oder 2 ein Nachweisbuch nicht oder nicht für die vorgeschriebene Dauer aufbewahrt,
11. entgegen § 32 Abs. 1 Satz 2 eine Speicherung nicht, nicht richtig, nicht vollständig oder nicht rechtzeitig vornimmt oder eine Angabe nicht für die vorgeschriebene Dauer speichert oder
12. entgegen § 32 Abs. 3 eine Angabe nicht, nicht richtig, nicht vollständig oder nicht rechtzeitig speichert.

Fünfter Teil

Schlußbestimmungen

§ 34

Übergangsvorschriften

(1) Ein Entsorgungs-, Verwertungs-, Sammelentsorgungs- oder Sammelverwertungsnachweis oder ein vereinfachter Entsorgungsnachweis, der nach § 8 Abs. 1, 2 und 3, § 10 Abs. 1 und 2, § 12 und § 25 in Verbindung mit § 8 Abs. 1, 2 und 3 und § 10 Abs. 1 und 2 vor dem Inkrafttreten dieser Verordnung nach der Abfall- und Reststoffüberwachungs-Verordnung vom 3. April 1990 erbracht worden ist, gilt als Entsorgungs- oder Sammelentsorgungsnachweis oder vereinfachter Nachweis oder vereinfachter Sammelnachweis nach dieser Verordnung längstens bis zum 31. Dezember 1998 fort. Nachweise im Sinne des Satzes 1, deren Geltung auf Grund einer Befristung vor dem 31. Dezember 1998 endet, können bis zu diesem Zeitpunkt von der zuständigen Behörde auf Antrag verlängert werden.

(2) Ein bereits begonnenes Nachweisverfahren zur Führung eines Nachweises im Sinne des Absatzes 1 ist nach den Bestimmungen der Abfall- und Reststoffüberwachungs-Verordnung vom 3. April 1990 zu Ende zu führen, wenn bis zum 6. Oktober 1996 die verantwortliche Erklärung des Abfallerzeugers dem Abfallentsorger zugegangen ist.

(3) Bis zum 31. Dezember 1998 ist abweichend von den Bestimmungen des Ersten Abschnitts des Zweiten Teils über die Zulässigkeit der vorgesehenen Entsorgung von

besonders überwachungsbedürftigen Abfällen zur Verwertung nur ein vereinfachter Nachweis nach § 25 Abs. 1, im Falle der Einsammlung nur ein vereinfachter Sammelnachweis nach § 25 Abs. 2 zu führen; § 8 Abs. 1 Nr. 4 findet Anwendung. Ein vereinfachter Nachweis oder vereinfachter Sammelnachweis nach Satz 1 gilt längstens bis zum 31. Dezember 1998.

(4) Die zuständige Behörde kann in den Fällen des Absatz 3 in entsprechender Anwendung des § 26 anordnen, daß der Abfallerzeuger die Zulässigkeit der vorgesehenen Entsorgung von besonders überwachungsbedürftigen Abfällen zur Verwertung nach den Bestimmungen des Ersten Abschnitts des Zweiten Teils nachzuweisen hat.

(5) Abweichend von § 3 Abs. 1 und § 8 Abs. 1 können bis zum 31. Dezember 1998 Entsorgungsnachweise und Sammelentsorgungsnachweise nach dieser Verordnung unter entsprechender Verwendung der Vordrucke nach den Anlagen 3 und 4 der Abfall- und Reststoffüberwachungs-Verordnung vom 3. April 1990 geführt werden. Abweichend von § 15 Abs. 1, § 18 Abs. 1 sowie § 25 Abs. 1 können bis zum 31. Dezember 1998 der vereinfachte Nachweis sowie der Nachweis über die Durchführung der Entsorgung nach dieser Verordnung unter entsprechender Verwendung der Vordrucke nach den Anlagen 5, 6 und 7 der Abfall- und Reststoffüberwachungs-Verordnung vom 3. April 1990 geführt werden.

§ 35
Inkrafttreten, Außerkrafttreten

Diese Verordnung tritt am 7. Oktober 1996 in Kraft. Gleichzeitig tritt die Abfall- und Reststoffüberwachungs-Verordnung vom 3. April 1990 (BGBl. I S. 648) außer Kraft.

Der Bundesrat hat zugestimmt.

Bonn, den 10. September 1996

Der Bundeskanzler
Dr. Helmut Kohl

Die Bundesministerin
für Umwelt, Naturschutz und Reaktorsicherheit
Angela Merkel

Anlage 1
zur Verordnung über Verwertungs- und Beseitigungsnachweise

Diese Anlage enthält Formblätter*), die in den von der Verordnung geregelten Fällen der Führung von Nachweisen, der Erstattung von Anzeigen sowie der Freistellung zu verwenden sind.

Die geforderten Angaben sind gemäß den Ausfüllanweisungen zu den einzelnen Feldern einzutragen.

Die Formblätter sind wie folgt zu verwenden:

1. zur Führung des Entsorgungsnachweises (§ 3) sowie des Sammelentsorgungsnachweises (§ 8) die Formblätter:
   - Deckblatt Entsorgungsnachweise (EN),
   - Verantwortliche Erklärung (VE),
   - Deklarationsanalyse (DA),
   - Annahmeerklärung (AE),
   - Behördenbestätigung (BB),
2. zur Erstattung der Anzeige (§ 11) die Formblätter:
   - Deckblatt Anzeige/Antrag (AA),
   - Verantwortliche Erklärung (VE) (ohne Deklarationsanalyse (DA)),
3. zur Freistellung (§ 13) die Formblätter:
   - Deckblatt Anzeige/Antrag (AA),
   - Annahmeerklärung (AE),
   - Behördenbestätigung (BB),
4. zur Führung des Nachweises über die durchgeführte Entsorgung (§§ 15, 18) die Formblätter:
   - Begleitschein,
   - Übernahmeschein,
5. zur Führung eines vereinfachten Nachweises sowie vereinfachten Sammelnachweises (§ 25 Abs. 1, 2) die Formblätter:
   - Deckblatt Entsorgungsnachweise (EN),
   - Verantwortliche Erklärung (VE) (ohne Deklarationsanalyse (DA)),
   - Annahmeerklärung (AE).

---

*) *Hinweise zur Gestaltung der Formblätter*

1. *Die Formblätter sind verkleinert wiedergegeben und in dieser Größe weder maschinenlesbar noch mit Schreibmaschine oder EDV zu beschriften. Zur ordnungsgemäßen Verwendung sind die Formblätter auf das Format DIN A4 im Verhältnis 84:100 zu vergrößern. Der Übernahmeschein hat die Abmessungen 210 mm × 210 mm.*
2. *Sämtliche Feldbegrenzungen und Rasterflächen der Formblätter mit Ausnahme der Begleitscheine und Übernahmescheine sind vorzugsweise im Farbton HKS 6 N zu drucken. Die Rasterflächen dürfen 60 % vom Volltonwert nicht überschreiten. Sämtliche Schriften, Nummern und der Passer sind schwarz zu drucken.*

Bundesgesetzblatt Jahrgang 1996 Teil I Nr. 47, ausgegeben zu Bonn am 20. September 1996 **1393**

Passer für EDV

Formblatt Deckblatt Entsorgungsnachweise (EN)

Entsorgungsnachweis / Sammelentsorgungsnachweis / VN / VS

Nr. (nicht vom Antragsteller auszufüllen)

(auszufüllen durch den Abfallerzeuger)

Zutreffendes bitte ankreuzen ☒ oder ausfüllen.

EN	☐	**Entsorgungsnachweis für besonders überwachungsbedürftige Abfälle**	☐ zur Verwertung	☐ zur Beseitigung
SN	☐	**Sammelentsorgungsnachweis für besonders überwachungsbedürftige Abfälle**	☐ zur Verwertung	☐ zur Beseitigung
VN	☐	**Vereinfachter Nachweis für überwachungsbedürftige Abfälle**	☐ zur Verwertung	☐ zur Beseitigung
VS	☐	**Vereinfachter Sammelnachweis für überwachungsbedürftige Abfälle**	☐ zur Verwertung	☐ zur Beseitigung

Für interne Vermerke der Behörde

Angaben zum Abfallerzeuger

Firma / Körperschaft

Straße Hausnr.

PLZ Ort

Ansprechpartner

Telefon Telefax

Bitte verwenden Sie diese Schreibweise: A B C D E F G H I J K L M N O P Q R S T U V W X Y Z 1 2 3 4 5 6 7 8 9 0

Soweit mehrere Abfälle eines Abfallerzeugers in derselben Anlage entsorgt werden, können diese in einem Entsorgungsnachweis zusammengefaßt werden. Für jede Anfallstelle ist ein gesondertes Formblatt „Verantwortliche Erklärung" auszufüllen. Die Anfallstellen sind fortlaufend zu numerieren; in der Annahmeerklärung des Abfallentsorgers und – soweit zutreffend – der Bestätigung der Behörde ist darauf ausdrücklich Bezug zu nehmen.

Dieser Entsorgungsnachweis enthält die Verantwortliche(n) Erklärung(en) lfd. Nr. VE bis VE

BARCODEFELD 75x15mm

Für Vermerke des Abfallerzeugers (für Entsorgungsnachweis/Sammelentsorgungsnachweis ausfüllen)

Datum der Eingangsbestätigung der Behörde

Unterlagen vollständig ☐

Ablauf der Frist nach § 5 Abs. 5 der NachwV

Verantwortliche Erklärung und Annahmeerklärung und Bestätigung der Behörde (soweit aufgrund NachwV erforderlich) gingen in Kopie an die zuständige Behörde am

☐ Passer für EDV

Seite ① von ②

Formblatt Verantwortliche Erklärung (VE)

Verantwortliche Erklärung für Nachweise ☐

Abfallbeschreibung für Abfallwirtschaftskonzept ☐

Abfallbeschreibung für Abfallbilanz ☐

Abfallbeschreibung für Anzeige nach § 11 NachwV ☐
(auszufüllen durch den Abfallerzeuger)

zu Nr. ____________
(nicht vom Antragsteller auszufüllen, bei Konzept/Bilanz aus Deckblatt zu übertragen)

zu lfd. Nr. ______ VE[1]

Folgeblatt ist beigefügt ☐

Zutreffendes bitte ankreuzen ☒ oder ausfüllen.
Für jede Anfallstelle und für jeden Abfallschlüssel gesondert ausfüllen.

1 Abfallherkunft (nicht ausfüllen bei Sammelentsorgung)

Für interne Vermerke

1.1 Bezeichnung der Anfallstelle[2]

____

1.2 Anlage ist nach BImSchG, Nr. ______ Spalte ☐ der Anlage zur 4. BImSchV, genehmigt.

Anlagennummer nach BImSchG-Genehmigung ______________________________

Zuständiger Betriebsbeauftragter für Abfall lfd. Nr. ___ BA (aus Deckblatt für Konzept/Bilanz)

1.3 Straße oder Koordinaten ______________________________ Erzeugernummer ____________

____

1.4 PLZ ______ Ort ______________________________

1.5 Ansprechpartner ______________________________

1.6 Telefon ____________ Telefax ____________

1.7 Die Anzeige gemäß § 11 NachwV für die Anfallstelle liegt der zuständigen Behörde vor: Ja ☐ Nein ☐

wenn ja, Anzeigennummer ____________

2 Abfallherkunft (nur ausfüllen bei Sammelentsorgung)

2.1 Bundesland/Bundesländer in dem/denen der Abfall eingesammelt wird

____

____

2.2 Beförderernummer ____________

Name

____

____

Straße oder Koordinaten

____

____

PLZ ______ Ort ______________________________

Ansprechpartner

____

Telefon ____________ Telefax ____________

Bitte verwenden Sie diese Schreibweise:

A	B	C	D	E	F	G	H	I	J	K	L	M	N	O	P	Q	R
S	T	U	V	W	X	Y	Z	1	2	3	4	5	6	7	8	9	0

BARCODEFELD 75x15mm

[1] Bitte fortlaufend numerieren.
[2] Betriebsstätte, sonstige ortsfeste Einrichtung, bauliche Anlage, Grundstück oder davon betrieblich unabhängige ortsveränderliche technische Einrichtung

☐ Passer für EDV

Seite ② von ② **Formblatt Verantwortliche Erklärung (VE)**

Für interne Vermerke

3 Abfallbeschreibung

3.1 Betriebsinterne Bezeichnung

Abfallschlüssel[3] Code[4] (Nur bei Konzept/Bilanz bei Verbringung außerhalb der Bundesrepublik Deutschland)

Abfallbezeichnung[3]

3.2 Abfall wurde vorbehandelt: Ja ☐ Nein ☐

Abfallbeschreibung (Fortsetzung) (Nur ausfüllen bei VE für Nachweise)

3.3 Konsistenz: ☐ fest ☐ stichfest ☐ pastös/schlammig/breiig ☐ staubförmig ☐ flüssig

3.4 Geruch Farbe

3.5 Deklarationsanalyse(n) ist/sind beigefügt (nicht für Konzept/Bilanz): Ja ☐ Nein ☐

4 Anfall und Abgabe des Abfalls

4.1 Menge des Anfalls

4.2 Abgabehäufigkeit[5]

einmalig ☐

mehrmalig ☐

Bilanzjahr/ 1. Konzeptjahr	2. Konzeptjahr	3. Konzeptjahr	4. Konzeptjahr	5. Konzeptjahr	
					t/a

5 Verantwortliche Erklärung (nur ausfüllen bei VE für Nachweise)

5.1 Wir versichern, daß die in dieser Verantwortlichen Erklärung gemachten Angaben zutreffen. Wir werden nur Abfälle zur Entsorgung bereitstellen, die den Angaben in der Verantwortlichen Erklärung entsprechen.

5.2 Ort Datum Tag, Monat, Jahr Rechtsverbindliche Unterschrift des Abfallerzeugers

Bitte verwenden Sie diese Schreibweise:

A	B	C	D	E	F	G	H	I	J	K	L	M	N	O	P	Q	R
S	T	U	V	W	X	Y	Z	1	2	3	4	5	6	7	8	9	0

BARCODEFELD 75x15mm

[3] Nach EAK-Verordnung, Bestimmungsverordnung besonders überwachungsbedürftige Abfälle oder Bestimmungsverordnung überwachungsbedürftige Abfälle zur Verwertung.

[4] Code gemäß Anhang II–IV der Verordnung (EWG) Nr. 259/93 des Rates vom 1. 2. 1993 zur Überwachung und Kontrolle der Verbringung von Abfällen in der, in die und aus der Europäischen Gemeinschaft – Nur ausfüllen bei Verwertung.

[5] Nur ausfüllen bei VE für Nachweise.

☐ Passer für EDV

Seite ① von ②

Formblatt Deklarationsanalyse (DA)

Deklarationsanalyse zum Entsorgungsnachweis/SN

☐ Ersterstellung
☐ Änderung / Ergänzung

zu Nr. ____ (nicht vom Antragsteller auszufüllen)

zu den Nachweiserklärungen

(auszufüllen durch den Abfallerzeuger/-einsammler in Abstimmung mit dem Abfallentsorger)

zu lfd. Nr. ____ VE[1]

Zutreffendes bitte ankreuzen ☒ oder ausfüllen.

☐ Chemisch-/physikalische Behandlung ☐ oberirdische Deponie ☐ sonstige Behandlungsverfahren
☐ Verbrennung ☐ Untertagedeponie ☐ Verwertungsverfahren

Anzugeben sind die Parameter, die im Hinblick auf die Abfallart und den Entsorgungsvorgang erforderlich sind; ggf. sind diese zwischen Abfallerzeuger und Abfallentsorger festzulegen.

Nr.	Parameter	Wert	Einheit	Nr.	Parameter	Wert	Einheit
1.	Arsen		mg/l	21.	TOC		mg/l
2.	Blei		mg/l	22.	AOX		mg/l
3.	Cadmium		mg/l	23.	EOX		mg/l
4.	Chrom-VI		mg/l	24.	pH-Wert		
5.	Kupfer		mg/l	25.	Leitfähigkeit		µS/cm
6.	Nickel		mg/l	26.	schwerflüchtige lipophile Stoffe		mg/l
7.	Quecksilber		mg/l	27.	extrahierbarer Anteil der Originalsubstanz		Gew. %
8.	Zink		mg/l	28.	extrahierbare lipophile Stoffe		Gew. %
9.	Fluorid		mg/l	29.	Glühverlust des Trockenrückstandes		Gew. %
10.	Chlorid		mg/l	30.	wasserlöslicher Anteil		Gew. %
11.	Cyanide (leicht freisetzbar)		mg/l	31.	Wassergehalt		%
12.	Ammonium		mg/l	32.	Flügelscherfestigkeit		kN/m²
13.	Sulfat		mg/l	33.	axiale Verformung		%
14.	Nitrit		mg/l	34.	einaxiale Druckfestigkeit		kN/m²
15.	Phenole		mg/l	35.	Schmelzpunkt		°C
16.	Fluor		Gew. %	36.	Flammpunkt		°C
17.	Chlor		Gew. %	37.	Siedepunkt/Siedebereich		°C
18.	Brom		Gew. %	38.	Heizwert		kJ/kg
19.	Jod		Gew. %	39.	Dampfdruck bei 30°C		hPa
20.	Schwefel		Gew. %				

Bitte verwenden Sie diese Schreibweise:
A B C D E F G H I J K L M N O P Q R
S T U V W X Y Z 1 2 3 4 5 6 7 8 9 0

BARCODEFELD 75x15mm

[1] Bitte fortlaufend numerieren

Passer für EDV

Seite ② von ②

Formblatt Deklarationsanalyse (DA)

40. Gasentwicklung durch Nachreaktionen

40.1 a) in der Verpackung

40.2 b) unter Luftkontakt

40.3 c) bei Kontakt mit dem Salzgestein

40.4 d) bei Temperaturen ab °C

41. Angabe der gefährlichen Bestandteile[1]

41.1 a) des Abfalls

41.2 b) der Zersetzungsprodukte

	weitere Parameter[2]	Wert	Dimension		weitere Parameter[2]	Wert	Dimension
42.				47.			
43.				48.			
44.				49.			
45.				50.			
46.				51.			

52. weitere Angaben

Bitte verwenden Sie diese Schreibweise:

A B C D E F G H I J K L M N O P Q R
S T U V W X Y Z 1 2 3 4 5 6 7 8 9 0

BARCODEFELD 75x15mm

[2] Gegebenenfalls Beiblatt/Beiblätter verwenden

☐ Passer für EDV

Seite ① von ②

Formblatt Annahmeerklärung (AE)

☐ **Annahmeerklärung für Nachweise**

☐ **Angaben zur Entsorgung für Abfallwirtschaftskonzept**

☐ **Angaben zur Entsorgung für Abfallbilanz**

☐ **Angaben zur Entsorgung für Antrag auf Freistellung nach § 13 NachwV**

(auszufüllen durch den Abfallentsorger/Konzeptpflichtigen/Bilanzpflichtigen)

zu Nr. (nicht vom Antragsteller auszufüllen, bei Konzept/Bilanz aus Deckblatt zu übertragen)

zu lfd. Nr. ______ AE

Folgeblatt ist beigefügt ☐

Zutreffendes bitte ankreuzen ☒ oder ausfüllen.

1 Angaben zum Abfallentsorger

Für interne Vermerke

1.1 Firma

1.2 Straße Hausnr.

1.3 PLZ Ort

2 Entsorgungsanlage (bestehende Anlage, für Konzept auch geplante Anlage)

Bitte verwenden Sie diese Schreibweise: A B C D E F G H I J K L M N O P Q R S T U V W X Y Z 1 2 3 4 5 6 7 8 9 0

2.1 Entsorgungsverfahren[1] R ___ oder D ___

2.2 Eigenentsorgung i.S. des § 19 Abs. 1 Nr. 4 KrW-/AbfG ☐ (Falls zutreffend, Formblatt Eigenentsorgung ausfüllen)

2.3 Bezeichnung der Entsorgungsanlage

Entsorgernummer

2.4 Straße Hausnr.

2.5 Staat[2] PLZ Ort

2.6 Ansprechpartner

2.7 Telefon Telefax

2.8 Die Anlage ist gemäß § 13 NachwV freigestellt: Ja ☐ Nein ☐

wenn ja, Freistellungsnummer

2.9 Auflistung und Beschreibung der Abfälle nach Art, Beschaffenheit und Menge bei Anträgen nach §13 NachwV auf gesondertem Blatt nach Maßgabe der zuständigen Behörde.

BARCODEFELD 75x15mm

[1] Verfahrensangabe nach Anhang IIA oder IIB des KrW-/AbfG

[2] Ländercode nach der Entscheidung 94/774/EG der Kommission vom 24. November 1994 über den einheitlichen Begleitschein gemäß der Entscheidung des Rates (EWG) Nr. 259/93

☐ Passer für EDV

Seite ② von ②

Formblatt Annahmeerklärung (AE)

Für interne Vermerke

3 Entsorgungsverfahren (nur für Konzepte ausfüllen)

Die in die Anlage eingebrachten Abfälle werden zu

3.1 |_|_|_| v.H. stofflich verwertet |_|_|_| v.H. energetisch verwertet |_|_|_| v.H. beseitigt |_|_|_| v.H. weder verwertet noch beseitigt

3.2 Der weder verwertete noch beseitigte Anteil soll in einem Verfahren nach |_| |_|_|[3] entsorgt werden.

3.3 Anlagentyp oder Branche gemäß § 3 Abs. 4 AbfKoBiV (soweit noch keine konkrete Anlage benannt werden kann)

|_|_|_|_|_|_|_|_|_|_|_|_|_|_|_|_|_|_|_|_|_|_|_|_|_|_|_|_|_|_|_|_|_|_|_|_|_|_|_|_|

4 Annahmeerklärung (nur ausfüllen bei AE für Nachweise)

4.1 Wir versichern, daß die Angaben zutreffen. Die Anlage ist für die Entsorgung des deklarierten Abfalls gemäß

Verantwortlicher Erklärung lfd.-Nr. |_|_|_|_| VE bis |_|_|_|_| VE

zugelassen. Wir versichern, daß die Abfälle in unserer Anlage ordnungsgemäß und schadlos verwertet oder gemeinwohlverträglich beseitigt werden. Wir sind bereit, den deklarierten Abfall anzunehmen.

4.2 Ort

Datum
Tag, Monat, Jahr

|_|_|_|_|_|_|

Rechtsverbindliche Unterschrift des Abfallentsorgers

Bitte verwenden Sie diese Schreibweise:

A	B	C	D	E	F	G	H	I	J	K	L	M	N	O	P	Q	R
S	T	U	V	W	X	Y	Z	1	2	3	4	5	6	7	8	9	0

BARCODEFELD 75x15mm

[3] Verfahrensangabe nach Anhang IIA oder IIB des KrW-/AbfG

1400 Bundesgesetzblatt Jahrgang 1996 Teil I Nr. 47, ausgegeben zu Bonn am 20. September 1996

☐ Passer für EDV

Formblatt Behördenbestätigung (BB)

Behördliche Bestätigung

zu Nr. ☐☐☐☐☐☐☐☐☐☐
(nicht vom Antragsteller auszufüllen)

der Zulässigkeit der Entsorgung ☐

der Freistellung nach § 13 NachwV ☐

(auszufüllen durch die für die Entsorgungsanlage zuständigen Behörde)

Zutreffendes bitte ankreuzen ☒ oder ausfüllen.

1 Bestätigung der Zulässigkeit der Entsorgung / der Freistellung nach § 13 NachwV

Für interne Vermerke der Behörde

1.1 Die Zulässigkeit der vorgesehenen Entsorgung des/r in der/n Verantwortlichen Erklärung/en,

lfd.-Nr. ☐☐☐☐ VE bis ☐☐☐☐ VE beschriebenen Abfalls/Abfälle

in der in der Annahmeerklärung beschriebenen Entsorgungsanlage wird bestätigt: Ja ☐ Nein ☐

1.2 Die in den Annahmeerklärungen

lfd.-Nr. ☐☐☐☐ AE bis ☐☐☐☐ AE beschriebenen Entsorgungsanlagen werden hiermit freigestellt (nur für Freistellungen nach §13).

☐ Die Freistellung wird unter dem Vorbehalt des Widerrufs erteilt

1.3 Die Bestätigung/Freistellung ergeht mit folgender/n Nebenbestimmung/en:

1.4 Der Entsorgungsnachweis/Die Freistellung ist gültig bis: ☐☐☐☐☐☐

1.5 Begründung, wenn nicht bestätigt, unter 5 Jahre befristet, unter Vorbehalt des Widerrufs erteilt oder mit Nebenbestimmungen ergangen:

1.6 Dieser Bescheid ist gebührenpflichtig. Es ergeht ein gesonderter Gebührenbescheid.

1.7 Die beigefügte Rechtsbehelfsbelehrung ist Bestandteil dieses Bescheides.

1.8 Aktenzeichen

1.9 Ort Datum Tag, Monat, Jahr Unterschrift

☐☐☐☐☐☐

Bitte verwenden Sie diese Schreibweise:

A	B	C	D	E	F	G	H	I	J	K	L	M	N	O	P	Q	R
S	T	U	V	W	X	Y	Z	1	2	3	4	5	6	7	8	9	0

BARCODEFELD 75x15mm

Passer für EDV

Formblatt Deckblatt Anzeige/Antrag (AA)

Anzeige gemäß § 11 der Nachweisverordnung

Nr. (nicht vom Antragsteller auszufüllen)

Zutreffendes bitte ankreuzen ☒ oder ausfüllen.

Für interne Vermerke der Behörde

1 Angaben zum Abfallerzeuger

1.1 Firma / Körperschaft

1.2 Straße Hausnr.

1.3 PLZ Ort

1.4 Wir beabsichtigen, für die in den beigefügten Verantwortlichen Erklärungen

lfd. Nr. VE bis VE

deklarierten besonders überwachungsbedürftigen Abfälle die privilegierte Nachweisführung gemäß NachwVerordnung in Anspruch zu nehmen.

In einem separaten Beiblatt sind die für die Abfälle vorgesehenen Entsorgungsverfahren aufgeführt.

1.5 Wir versichern, die in den Verantwortlichen Erklärungen deklarierten Abfälle ausschließlich in Anlagen, die gemäß § 13 NachwV freigestellt sind, zu entsorgen.

1.6 Ort Datum Tag, Monat, Jahr Rechtsverbindliche Unterschrift des Abfallerzeugers

Bitte verwenden Sie diese Schreibweise: A B C D E F G H I J K L M N O P Q R S T U V W X Y Z 1 2 3 4 5 6 7 8 9 0

Antrag auf Freistellung gemäß § 13 der Nachweisverordnung

Nr. (nicht vom Antragsteller auszufüllen)

Zutreffendes bitte ankreuzen ☒ oder ausfüllen.

Für interne Vermerke der Behörde

1 Angaben zum Abfallentsorger

1.1 Firma

1.2 Straße Hausnr.

1.3 PLZ Ort

1.4 Wir beantragen, für die in den beigefügten Annahmeerklärungen

lfd. Nr. AE bis AE

beschriebenen Anlagen von der Pflicht, besonders überwachungsbedürftigen Abfälle nur nach vorhergehender Bestätigung des Entsorgungsnachweises im Sinne des § 5 NachwV anzunehmen, freigestellt zu werden.
In einem separaten Beiblatt sind die den Anlagen zugeordneten Abfallschlüssel aufgeführt.

1.5 Wir versichern, nur Abfälle von Abfallerzeugern anzunehmen, die ihrer Anzeigepflicht gemäß § 11 NachwV nachgekommen sind.

1.6 Ort Datum Tag, Monat, Jahr Rechtsverbindliche Unterschrift des Abfallentsorgers

BARCODEFELD 75x15mm

Begleitschein

Blatt ① Nr.

Beleg zum Nachweis der Entsorgung von Abfällen

Diese Ausfertigung (weiß) ist mit der Unterschrift des Beförderers im Nachweisbuch des Erzeugers abzuheften

Barcodefeld 75x15mm

Abfallbezeichnung[1]

Abfallschlüssel[1] | **Entsorgungsnachweis-Nummer** | **Menge in t**

Bitte verwenden Sie bei Ziffern diese Schreibweise:

A B C D E F G H I J K L M N O P Q R
S T U V W X Y Z 1 2 3 4 5 6 7 8 9 0

Erzeugernummer	**Beförderernummer**	**Entsorgernummer**
Datum der Übergabe (Tag, Monat, Jahr)	**Datum der Übernahme** (Tag, Monat, Jahr)	**Datum der Annahme** (Tag, Monat, Jahr)
Firmenname, Anschrift	**Firmenname, Anschrift**	**Firmenname, Anschrift**
Unterschrift (als Versicherung der richtigen Deklaration)	**Unterschrift** (als Versicherung der ordnungsgemäßen Beförderung)	**Unterschrift** (als Versicherung der Annahme zur ordnungsgemäßen Entsorgung)

Frei für Vermerke / Übernahmeschein-Nummern bei Nutzung eines Sammelentsorgungsnachweis

Weitere an der Beförderung beteiligte Firmen:

Beförderernummer (1. Transportwechsel)	**Beförderernummer** (2. Transportwechsel)	**Zwischenlager**
Datum der Übernahme (Tag, Monat, Jahr)	**Datum der Übernahme** (Tag, Monat, Jahr)	**Datum der Übernahme** (Tag, Monat, Jahr)
Beförderer (nur Name, Anschrift)	**Beförderer** (nur Name, Anschrift)	**Beförderer** (nur Name, Anschrift)
Unterschrift (als Versicherung der ordnungsgemäßen weiteren Beförderung)	**Unterschrift** (als Versicherung der ordnungsgemäßen weiteren Beförderung)	**Datum der Übergabe** (Tag, Monat, Jahr)
		Unterschrift (als Versicherung der ordnungsgemäßen Zwischenlagerung)

1) Nach EAK-Verordnung, Bestimmungsverordnung besonders überwachungsbedürftige Abfälle, Bestimmungsverordnung überwachungsbedürftige Abfälle zur Verwertung.

Begleitschein

Blatt ② Nr.

Beleg zum Nachweis der Entsorgung von Abfällen

Diese Ausfertigung (rosa) ist vom Entsorger mit seiner Unterschrift und der des Beförderers zusammen mit der Ausfertigung 3 (blau) an die für ihn zuständige Behörde zu senden.

Barcodefeld 75x15mm

Abfallbezeichnung[1)]

Abfallschlüssel[1)] | **Entsorgungsnachweis-Nummer** | **Menge in t** ,

Erzeugernummer	**Beförderernummer**	**Entsorgernummer**
Datum der Übergabe (Tag, Monat, Jahr)	**Datum der Übernahme** (Tag, Monat, Jahr)	**Datum der Annahme** (Tag, Monat, Jahr)
Firmenname, Anschrift	**Firmenname, Anschrift**	**Firmenname, Anschrift**
Unterschrift (als Versicherung der richtigen Deklaration)	**Unterschrift** (als Versicherung der ordnungsgemäßen Beförderung)	**Unterschrift** (als Versicherung der Annahme zur ordnungsgemäßen Entsorgung)

Bitte verwenden Sie bei Ziffern diese Schreibweise:

A B C D E F G H I J K L M N O P Q R

S T U V W X Y Z 1 2 3 4 5 6 7 8 9 0

Frei für Vermerke / Übernahmeschein-Nummern bei Nutzung eines Sammelentsorgungsnachweis

Weitere an der Beförderung beteiligte Firmen:

Beförderernummer (1. Transportwechsel)	**Beförderernummer** (2. Transportwechsel)	**Zwischenlager**
Datum der Übernahme (Tag, Monat, Jahr)	**Datum der Übernahme** (Tag, Monat, Jahr)	**Datum der Übernahme** (Tag, Monat, Jahr)
Beförderer (nur Name, Anschrift)	**Beförderer** (nur Name, Anschrift)	**Beförderer** (nur Name, Anschrift)
Unterschrift (als Versicherung der ordnungsgemäßen weiteren Beförderung)	**Unterschrift** (als Versicherung der ordnungsgemäßen weiteren Beförderung)	**Datum der Übergabe** (Tag, Monat, Jahr)
		Unterschrift (als Versicherung der ordnungsgemäßen Zwischenlagerung)

1) Nach EAK-Verordnung, Bestimmungsverordnung besonders überwachungsbedürftige Abfälle, Bestimmungsverordnung überwachungsbedürftige Abfälle zur Verwertung.

Begleitschein

Blatt ③ Nr.

Beleg zum Nachweis der Entsorgung von Abfällen

Diese Ausfertigung (blau) ist vom Entsorger mit seiner Unterschrift und der des Beförderers zusammen mit der Ausfertigung 2 (rosa) an die für ihn zuständige Behörde zu senden.

Barcodefeld 75x15mm

Abfallbezeichnung[1)]

Abfallschlüssel[1)] **Entsorgungsnachweis-Nummer** **Menge in t**

Erzeugernummer	**Beförderernummer**	**Entsorgernummer**
Datum der Übergabe (Tag, Monat, Jahr)	**Datum der Übernahme** (Tag, Monat, Jahr)	**Datum der Annahme** (Tag, Monat, Jahr)
Firmenname, Anschrift	**Firmenname, Anschrift**	**Firmenname, Anschrift**
Unterschrift (als Versicherung der richtigen Deklaration)	**Unterschrift** (als Versicherung der ordnungsgemäßen Beförderung)	**Unterschrift** (als Versicherung der Annahme zur ordnungsgemäßen Entsorgung)

Bitte verwenden Sie bei Ziffern diese Schreibweise:

A B C D E F G H I J K L M N O P Q R

S T U V W X Y Z 1 2 3 4 5 6 7 8 9 0

Frei für Vermerke / Übernahmeschein-Nummern bei Nutzung eines Sammelentsorgungsnachweis

Weitere an der Beförderung beteiligte Firmen:

Beförderernummer (1. Transportwechsel)	**Beförderernummer** (2. Transportwechsel)	**Zwischenlager**
Datum der Übernahme (Tag, Monat, Jahr)	**Datum der Übernahme** (Tag, Monat, Jahr)	**Datum der Übernahme** (Tag, Monat, Jahr)
Beförderer (nur Name, Anschrift)	**Beförderer** (nur Name, Anschrift)	**Beförderer** (nur Name, Anschrift)
Unterschrift (als Versicherung der ordnungsgemäßen weiteren Beförderung)	**Unterschrift** (als Versicherung der ordnungsgemäßen weiteren Beförderung)	**Datum der Übergabe** (Tag, Monat, Jahr)
		Unterschrift (als Versicherung der ordnungsgemäßen Zwischenlagerung)

1) Nach EAK-Verordnung, Bestimmungsverordnung besonders überwachungsbedürftige Abfälle, Bestimmungsverordnung überwachungsbedürftige Abfälle zur Verwertung.

Passer für EDV

Begleitschein

Blatt ④ Nr.

Beleg zum Nachweis der Entsorgung von Abfällen

Diese Ausfertigung (gelb) ist mit der Unterschrift des Entsorgers im Nachweisbuch des Beförderers abzuheften.

Barcodefeld 75x15mm

Abfallbezeichnung[1)]

Abfallschlüssel[1)]

Entsorgungsnachweis-Nummer

Menge in t

Bitte verwenden Sie bei Ziffern diese Schreibweise:

A B C D E F G H I J K L M N O P Q R

S T U V W X Y Z 1 2 3 4 5 6 7 8 9 0

Erzeugernummer

Datum der Übergabe (Tag, Monat, Jahr)

Firmenname, Anschrift

Unterschrift (als Versicherung der richtigen Deklaration)

Beförderernummer

Datum der Übernahme (Tag, Monat, Jahr)

Firmenname, Anschrift

Unterschrift (als Versicherung der ordnungsgemäßen Beförderung)

Entsorgernummer

Datum der Annahme (Tag, Monat, Jahr)

Firmenname, Anschrift

Unterschrift (als Versicherung der Annahme zur ordnungsgemäßen Entsorgung)

Frei für Vermerke / Übernahmeschein-Nummern bei Nutzung eines Sammelentsorgungsnachweis

Weitere an der Beförderung beteiligte Firmen:

Beförderernummer (1. Transportwechsel)

Datum der Übernahme (Tag, Monat, Jahr)

Beförderer (nur Name, Anschrift)

Unterschrift (als Versicherung der ordnungsgemäßen weiteren Beförderung)

Beförderernummer (2. Transportwechsel)

Datum der Übernahme (Tag, Monat, Jahr)

Beförderer (nur Name, Anschrift)

Unterschrift (als Versicherung der ordnungsgemäßen weiteren Beförderung)

Zwischenlager

Datum der Übernahme (Tag, Monat, Jahr)

Beförderer (nur Name, Anschrift)

Datum der Übergabe (Tag, Monat, Jahr)

Unterschrift (als Versicherung der ordnungsgemäßen Zwischenlagerung)

1) Nach EAK-Verordnung, Bestimmungsverordnung besonders überwachungsbedürftige Abfälle, Bestimmungsverordnung überwachungsbedürftige Abfälle zur Verwertung.

Begleitschein

Blatt ⑤ Nr.

Beleg zum Nachweis der Entsorgung von Abfällen

Diese Ausfertigung (altgold) ist vom Entsorger mit seiner Unterschrift und der des Beförderers an den Erzeuger zu senden.

Barcodefeld 75x15mm

Abfallbezeichnung[1)]

Abfallschlüssel[1)]	**Entsorgungsnachweis-Nummer**	**Menge in t**
		,

Erzeugernummer	**Beförderernummer**	**Entsorgernummer**
Datum der Übergabe (Tag, Monat, Jahr)	**Datum der Übernahme** (Tag, Monat, Jahr)	**Datum der Annahme** (Tag, Monat, Jahr)
Firmenname, Anschrift	**Firmenname, Anschrift**	**Firmenname, Anschrift**
Unterschrift (als Versicherung der richtigen Deklaration)	**Unterschrift** (als Versicherung der ordnungsgemäßen Beförderung)	**Unterschrift** (als Versicherung der Annahme zur ordnungsgemäßen Entsorgung)

Bitte verwenden Sie bei Ziffern diese Schreibweise:

A	B	C	D	E	F	G	H	I	J	K	L	M	N	O	P	Q	R
S	T	U	V	W	X	Y	Z	1	2	3	4	5	6	7	8	9	0

Frei für Vermerke / Übernahmeschein-Nummern bei Nutzung eines Sammelentsorgungsnachweis

Weitere an der Beförderung beteiligte Firmen:

Beförderernummer (1. Transportwechsel)	**Beförderernummer** (2. Transportwechsel)	**Zwischenlager**
Datum der Übernahme (Tag, Monat, Jahr)	**Datum der Übernahme** (Tag, Monat, Jahr)	**Datum der Übernahme** (Tag, Monat, Jahr)
Beförderer (nur Name, Anschrift)	**Beförderer** (nur Name, Anschrift)	**Beförderer** (nur Name, Anschrift)
Unterschrift (als Versicherung der ordnungsgemäßen weiteren Beförderung)	**Unterschrift** (als Versicherung der ordnungsgemäßen weiteren Beförderung)	**Datum der Übergabe** (Tag, Monat, Jahr)
		Unterschrift (als Versicherung der ordnungsgemäßen Zwischenlagerung)

[1)] Nach EAK-Verordnung, Bestimmungsverordnung besonders überwachungsbedürftige Abfälle, Bestimmungsverordnung überwachungsbedürftige Abfälle zur Verwertung

Begleitschein

Blatt ⑥ Nr.

Beleg zum Nachweis der Entsorgung von Abfällen

Diese Ausfertigung (grün) ist mit der Unterschrift des Beförderers im Nachweisbuch des Entsorgers abzuheften.

Barcodefeld 75x15mm

Abfallbezeichnung[1)]

Abfallschlüssel[1)]

Entsorgungsnachweis-Nummer

Menge in t

Erzeugernummer

Datum der Übergabe (Tag, Monat, Jahr)

Firmenname, Anschrift

Unterschrift (als Versicherung der richtigen Deklaration)

Beförderernummer

Datum der Übernahme (Tag, Monat, Jahr)

Firmenname, Anschrift

Unterschrift (als Versicherung der ordnungsgemäßen Beförderung)

Entsorgernummer

Datum der Annahme (Tag, Monat, Jahr)

Firmenname, Anschrift

Unterschrift (als Versicherung der Annahme zur ordnungsgemäßen Entsorgung)

Bitte verwenden Sie bei Ziffern diese Schreibweise: A B C D E F G H I J K L M N O P Q R S T U V W X Y Z 1 2 3 4 5 6 7 8 9 0

Frei für Vermerke / Übernahmeschein-Nummern bei Nutzung eines Sammelentsorgungsnachweis

Weitere an der Beförderung beteiligte Firmen:

Beförderernummer (1. Transportwechsel)

Datum der Übernahme (Tag, Monat, Jahr)

Beförderer (nur Name, Anschrift)

Unterschrift (als Versicherung der ordnungsgemäßen weiteren Beförderung)

Beförderernummer (2. Transportwechsel)

Datum der Übernahme (Tag, Monat, Jahr)

Beförderer (nur Name, Anschrift)

Unterschrift (als Versicherung der ordnungsgemäßen weiteren Beförderung)

Zwischenlager

Datum der Übernahme (Tag, Monat, Jahr)

Beförderer (nur Name, Anschrift)

Datum der Übergabe (Tag, Monat, Jahr)

Unterschrift (als Versicherung der ordnungsgemäßen Zwischenlagerung)

1) Nach EAK-Verordnung, Bestimmungsverordnung besonders überwachungsbedürftige Abfälle, Bestimmungsverordnung überwachungsbedürftige Abfälle zur Verwertung.

Übernahmeschein

zum Nachweis der Übernahme von Abfällen

Blatt ① Nr.

Diese Ausfertigung (weiß) ist mit der Unterschrift des Beförderers/Entsorgers im Nachweisbuch des Erzeugers/Beförderers bei Befördererwechsel abzuheften.

Barcodefeld 75x15mm

Abfallbezeichnung[1)]

Abfallschlüssel[1)]

Entsorgungsnachweis-Nummer

Menge in t

Erzeugernummer (soweit vorhanden)

Beförderernummer (Übernahme vom Erzeuger)

Entsorgernummer (soweit vorhanden)

Datum der Übernahme (Tag, Monat, Jahr)

Bitte verwenden Sie bei Ziffern diese Schreibweise:

A B C D E F G H I J K L M N O P Q R

S T U V W X Y Z 1 2 3 4 5 6 7 8 9 0

Abfallerzeuger oder Beförderer bei Beförderwechsel (Name, Anschrift)

Beförderer (Name, Anschrift)

Abfallentsorger (Name, Anschrift)

Unterschrift (als Versicherung der richtigen Deklaration)

Unterschrift (als Versicherung der ordnungsgemäßen Beförderung)

Unterschrift (als Versicherung der Annahme zur ordnungsgemäßen Entsorgung)

Frei für Vermerke

1) Nach EAK-Verordnung, Bestimmungsverordnung besonders überwachungsbedürftige Abfälle, Bestimmungsverordnung überwachungsbedürftige Abfälle zur Verwertung.

Bundesgesetzblatt Jahrgang 1996 Teil I Nr. 47, ausgegeben zu Bonn am 20. September 1996 **1409**

Übernahmeschein

Blatt ② Nr.

zum Nachweis der Übernahme von Abfällen

Diese Ausfertigung (gelb) ist zusammen mit dem dazugehörigen Begleitschein im Nachweisbuch des Beförderers/Entsorgers abzuheften.

Barcodefeld 75x15mm

Abfallbezeichnung[1]

Abfallschlüssel[1]

Entsorgungsnachweis-Nummer

Menge in t

Erzeugernummer (soweit vorhanden)

Beförderernummer (Übernahme vom Erzeuger)

Entsorgernummer (soweit vorhanden)

Datum der Übernahme (Tag, Monat, Jahr)

Abfallerzeuger oder Beförderer bei Befördererwechsel (Name, Anschrift)

Beförderer (Name, Anschrift)

Abfallentsorger (Name, Anschrift)

Unterschrift (als Versicherung der richtigen Deklaration)

Unterschrift (als Versicherung der ordnungsgemäßen Beförderung)

Unterschrift (als Versicherung der Annahme zur ordnungsgemäßen Entsorgung)

Bitte verwenden Sie bei Ziffern diese Schreibweise:

A	B	C	D	E	F	G	H	I	J	K	L	M	N	O	P	Q	R
S	T	U	V	W	X	Y	Z	1	2	3	4	5	6	7	8	9	0

Frei für Vermerke

1) Nach EAK-Verordnung, Bestimmungsverordnung besonders überwachungsbedürftige Abfälle, Bestimmungsverordnung überwachungsbedürftige Abfälle zur Verwertung.

Anlage 2
zur Verordnung über Verwertungs- und Beseitigungsnachweise

Verzeichnis der Abfälle nach § 8 Abs. 1 Satz 1 Nr. 4 und Satz 2:

1. 05 08 04 wäßrige Flüssigabfälle aus der Altölaufbereitung
   13 05 01 Feststoffe aus Öl-/Wasserabscheidern
   13 05 02 Schlämme aus Öl-/Wasserabscheidern
   16 02 01 Transformatoren und Kondensatoren, die PCB oder PCT enthalten
   16 06 01 Bleibatterien
   16 06 02 Nl-Cd-Batterien
   16 06 03 Quecksilbertrockenzellen
   16 07 03 Abfälle aus der Reinigung von Eisenbahn- und Straßentransporttanks
   16 07 06 Abfälle aus der Reinigung von Lagertanks, ölhaltig
   18 01 03 andere Abfälle, an deren Sammlung und Entsorgung aus infektionspräventiver Sicht besondere Anforderungen gestellt werden (aus der Humanmedizin)
   18 02 02 andere Abfälle, an deren Sammlung und Entsorgung aus infektionspräventiver Sicht besondere Anforderungen gestellt werden (aus der Veterinärmedizin)
   20 01 21 Leuchtstoffröhren und andere quecksilberhaltige Abfälle (nur für Leuchtstoffröhren)

2. 16 07 02 Abfälle aus der Tankreinigung auf Seeschiffen, ölhaltig

Verordnung zur Transportgenehmigung (Transportgenehmigungsverordnung – TgV) *)

Vom 10. September 1996

Auf Grund des § 49 Abs. 3 und des § 50 Abs. 2 Nr. 1 des Kreislaufwirtschafts- und Abfallgesetzes vom 27. September 1994 (BGBl. I S. 2705) auch in Verbindung mit dem 2. Abschnitt des Verwaltungskostengesetzes vom 23. Juni 1970 (BGBl. I S. 821) verordnet die Bundesregierung nach Anhörung der beteiligten Kreise:

Inhaltsübersicht

Erster Abschnitt

Allgemeine Vorschriften

§ 1 Genehmigungspflicht, Anwendungsbereich

§ 2 Begriffsbestimmungen

Zweiter Abschnitt

Anforderungen an die Fach- und Sachkunde des Einsammlers und Beförderers

§ 3 Fachkunde der für die Leitung und Beaufsichtigung des Betriebes verantwortlichen Personen

§ 4 Anforderungen an das sonstige Personal

§ 5 Anforderungen an beauftragte Dritte

§ 6 Anforderungen an die Fortbildung

Dritter Abschnitt

Antrag und Unterlagen, Transportgenehmigung

§ 7 Antrag und Unterlagen

§ 8 Transportgenehmigung

§ 9 Lesbarkeit und Dokumentenechtheit

Vierter Abschnitt

Schlußvorschriften

§ 10 Übergangsvorschrift

§ 11 Gebühren und Auslagen

§ 12 Ordnungswidrigkeiten

§ 13 Inkrafttreten

*) Diese Verordnung dient der Umsetzung der Richtlinie 75/442/EWG des Rates vom 15. Juli 1975 über Abfälle (ABl. EG Nr. L 194 S. 47) in der durch die Änderungsrichtlinie 91/156/EWG des Rates vom 18. März 1991 (ABl. EG Nr. L 78 S. 32) geänderten Fassung.

Erster Abschnitt

Allgemeine Vorschriften

§ 1

Genehmigungspflicht, Anwendungsbereich

(1) Über die in § 49 Abs. 1 des Kreislaufwirtschafts- und Abfallgesetzes genannten Genehmigungspflichten hinaus dürfen die in der Verordnung zur Bestimmung besonders überwachungsbedürftiger Abfälle bestimmten besonders überwachungsbedürftigen Abfälle zur Verwertung gewerbsmäßig nur mit einer Transportgenehmigung der zuständigen Behörde eingesammelt oder befördert werden. Dies gilt nicht in den in § 49 Abs. 1 Satz 2 des Kreislaufwirtschafts- und Abfallgesetzes genannten Fällen.

(2) Die Vorschriften dieser Verordnung gelten nicht für die Einsammlung und Beförderung von besonders überwachungsbedürftigen Abfällen zur Verwertung, die vom Hersteller oder Vertreiber freiwillig oder auf Grund einer Rechtsverordnung zurückgenommen werden. § 25 Abs. 2 des Kreislaufwirtschafts- und Abfallgesetzes bleibt hinsichtlich der freiwilligen Rücknahme von Abfällen zur Beseitigung unberührt.

(3) Die Vorschriften dieser Verordnung gelten auch für die grenzüberschreitende Verbringung von Abfällen.

(4) Die zuständige Behörde kann bei ausländischen Beförderern von einzelnen Anforderungen dieser Verordnung oder einzelnen Nachweisen Ausnahmen zulassen, soweit die nach § 49 Abs. 2 des Kreislaufwirtschafts- und Abfallgesetzes erforderliche Sach- und Fachkunde und Zuverlässigkeit in anderer Weise nachgewiesen wird. Hierbei sind insbesondere gleichwertige Diplome, Prüfungszeugnisse und sonstige Befähigungsnachweise sowie gleichwertige Zulassungen oder Bescheinigungen anderer Mitgliedstaaten der Europäischen Gemeinschaften oder eines anderen Vertragsstaates des Abkommens über den Europäischen Wirtschaftsraum zu berücksichtigen.

§ 2

Begriffsbestimmungen

(1) Betriebsinhaber im Sinne dieser Verordnung sind diejenigen natürlichen oder juristischen Personen oder die nicht rechtsfähigen Personenvereinigungen, die den Einsammlungs- oder Beförderungsbetrieb betreiben.

(2) Für die Leitung und Beaufsichtigung des Betriebes verantwortliche Personen im Sinne dieser Verordnung sind diejenigen natürlichen Personen, die vom Betriebsinhaber mit der fachlichen Leitung, Überwachung und Kontrolle der vom Betrieb durchgeführten Einsammlungs- oder Beförderungstätigkeiten insbesondere im Hinblick auf die Beachtung der hierfür geltenden Vorschriften und Anordnungen bestellt worden sind.

(3) Sonstiges Personal im Sinne dieser Verordnung sind Arbeitnehmer und andere im Betrieb beschäftigte Personen, die bei der Ausführung der Einsammlungs- und Beförderungstätigkeit mitwirken.

Zweiter Abschnitt

Anforderungen an die Fach- und Sachkunde des Einsammlers und Beförderers

§ 3

Fachkunde der für die Leitung und Beaufsichtigung des Betriebes verantwortlichen Personen

(1) Die für die Leitung und Beaufsichtigung eines Betriebes zur Einsammlung und Beförderung von Abfällen zur Beseitigung oder besonders überwachungsbedürftigen Abfällen zur Verwertung verantwortlichen Personen müssen die für ihren Tätigkeitsbereich erforderliche Fachkunde besitzen. Die Fachkunde erfordert

1. während einer zweijährigen praktischen Tätigkeit erworbene Kenntnisse über die Einsammlung oder Beförderung von Abfällen und
2. die Teilnahme an einem oder mehreren von der zuständigen Behörde anerkannten Lehrgängen, in denen Kenntnisse entsprechend dem Anhang zu dieser Verordnung vermittelt worden sind.

(2) Als Voraussetzung für die Fachkunde nach Absatz 1 Nr. 1 sind auch anzuerkennen

1. der Abschluß eines Studiums auf den Gebieten des Ingenieurwesens, der Chemie, der Biologie oder der Physik an einer Hochschule, eine technische Fachschulausbildung, die Qualifikation als Meister oder eine abgeschlossene kaufmännische Berufsausbildung auf einem Fachgebiet, dem der Betrieb hinsichtlich seiner Betriebsvorgänge zuzuordnen ist, und
2. während einer einjährigen praktischen Tätigkeit erworbene Kenntnisse über die Einsammlung und Beförderung von Abfällen.

Absatz 1 Nr. 2 bleibt unberührt.

(3) Die Ausbildung in anderen als den in Absatz 2 Nr. 1 genannten Fachgebieten kann anerkannt werden, wenn diese Ausbildung im Hinblick auf die Aufgabenstellung im Einzelfall als gleichwertig anzusehen ist. Die Berufserfahrung in anderen als den in Absatz 1 Nr. 1 und Absatz 2 Nr. 2 genannten Tätigkeitsgebieten kann anerkannt werden, wenn die auf Grund der praktischen Tätigkeit erworbenen Kenntnisse im Hinblick auf die Aufgabenstellung im Einzelfall als gleichwertig anzusehen sind.

(4) Von der Erfüllung der in den Absätzen 1 bis 3 genannten Fachkundevoraussetzungen kann abgesehen werden, wenn die für die Leitung und Beaufsichtigung des Betriebes verantwortliche Person

1. am 7. Oktober 1996 seit mindestens drei Jahren im Betrieb Aufgaben wahrgenommen hat, die mit denen einer für die Leitung und Beaufsichtigung des Betriebes verantwortlichen Person vergleichbar sind und
2. die ordnungsgemäße Erfüllung dieser Aufgaben gewährleistet ist.

Die Anforderungen an die Fortbildung nach § 6 bleiben unberührt; die für die Leitung und Beaufsichtigung des Betriebes verantwortliche Person hat spätestens bis zum 6. Oktober 1998 an Lehrgängen im Sinne des § 3 Abs. 1 Nr. 2 teilzunehmen.

§ 4

Anforderungen an das sonstige Personal

Das sonstige Personal muß die für die jeweils wahrgenommene Einsammlungs- oder Beförderungstätigkeit erforderliche Sachkunde besitzen. Die Sachkunde erfordert eine betriebliche Einarbeitung auf der Grundlage eines Einarbeitungsplanes.

§ 5

Anforderungen an beauftragte Dritte

Mit der Ausführung einer Sammlungs- oder Beförderungstätigkeit darf der Einsammler und Beförderer einen Dritten, der hierfür keiner Transportgenehmigung bedarf, nur beauftragen, wenn dieser Dritte die für die jeweils wahrgenommene Einsammlungs- oder Beförderungstätigkeit notwendige Fach- und Sachkunde besitzt. Der Einsammler und Beförderer hat die zur Sicherstellung einer fach- und sachgerechten Ausführung erforderlichen Informationen und Weisungen zu erteilen.

§ 6

Anforderungen an die Fortbildung

Die für die Leitung und Beaufsichtigung des Einsammlungs- oder Beförderungsbetriebes verantwortlichen Personen sowie das sonstige Personal müssen durch geeignete Fortbildung über den für die Tätigkeit erforderlichen aktuellen Wissensstand verfügen. Die für die Leitung und Beaufsichtigung verantwortlichen Personen haben regelmäßig, mindestens alle drei Jahre, an Lehrgängen im Sinne des § 3 Abs. 1 Nr. 2 teilzunehmen. Die Fortbildungsmaßnahmen erstrecken sich auf die im Anhang zu dieser Verordnung genannten Sachgebiete. Hinsichtlich des sonstigen Personals hat der Betriebsinhaber den Fortbildungsbedarf zu ermitteln.

Dritter Abschnitt

Antrag und Unterlagen, Transportgenehmigung

§ 7

Antrag und Unterlagen

(1) Der Antrag auf Erteilung einer Transportgenehmigung ist schriftlich unter Verwendung eines Vordrucks nach Anlage 1 bei der zuständigen Behörde zu stellen.

(2) Dem Antrag sind die Unterlagen beizufügen, die zur Prüfung der Genehmigungsvoraussetzungen erforderlich sind. Hierzu zählen insbesondere

1. für den Antragsteller (Betriebsinhaber)
   a) die Gewerbeanmeldung,
   b) der Handelsregisterauszug,
   c) das Führungszeugnis,
   d) die Auskunft aus dem Gewerbezentralregister,
   e) der Nachweis einer Kraftfahrzeug-Haftpflichtversicherung einschließlich einer auf den Einsammlungs- und Beförderungsvorgang bezogenen Umwelthaftpflichtversicherung,
   f) soweit eine Zwischenlagerung oder eine andere, nicht zum Gebrauch eines Kraftfahrzeuges gehörende Tätigkeit vorgenommen werden soll, zusätzlich der Nachweis einer Betriebshaftpflichtversicherung und einer auf diese Tätigkeit bezogenen Umwelthaftpflichtversicherung,
2. für den gesetzlichen Vertreter des Betriebsinhabers, bei juristischen Personen oder nicht rechtsfähigen Personenvereinigungen die nach Gesetz, Satzung oder Gesellschaftsvertrag zur Vertretung oder Geschäftsführung Berechtigten,
   a) das Führungszeugnis,
   b) die Auskunft aus dem Gewerbezentralregister,
3. für die für die Leitung und Beaufsichtigung des Betriebes verantwortlichen Personen
   a) das Führungszeugnis,
   b) die Auskunft aus dem Gewerbezentralregister,
   c) Nachweise über die Fachkunde.

(3) Der Antrag ist in dreifacher Ausfertigung einzureichen.

§ 8
Transportgenehmigung

(1) Die Transportgenehmigung berechtigt den Einsammler und Beförderer, Abfälle im Bundesgebiet einzusammeln und zu befördern. Sie ist nicht übertragbar.

(2) Die Transportgenehmigung kann mit Auflagen verbunden werden, soweit dies zur Wahrung des Wohls der Allgemeinheit, insbesondere zur Sicherstellung der Genehmigungsvoraussetzungen erforderlich ist. Der Einsammler und Beförderer muß den Auflagen nachkommen. Die zuständige Behörde hat den Antragsteller insbesondere zu verpflichten, ihr die Veränderung von Umständen mitzuteilen, die für die Erfüllung der Genehmigungsvoraussetzungen erheblich sind.

(3) Die Transportgenehmigung wird unter Verwendung eines Vordrucks nach Anlage 2 erteilt.

§ 9
Lesbarkeit und Dokumentenechtheit

Alle Eintragungen in den in den Anlagen 1 und 2 aufgeführten Vordrucken müssen leserlich in deutscher Sprache mit Druck, Schreibmaschine, Kugelschreiber oder einem sonstigen Schreibgerät mit dauerhafter Schrift vorgenommen werden. Der ursprüngliche Inhalt darf nicht unleserlich gemacht werden, ohne daß gleichzeitig kenntlich gemacht wird, ob dies bei der ursprünglichen Eintragung oder erst später erfolgt ist.

Vierter Abschnitt
Schlußvorschriften

§ 10
Übergangsvorschrift

(1) Eine vor Inkrafttreten dieser Verordnung nach § 12 des Abfallgesetzes erteilte Genehmigung gilt bis zum Ablauf ihrer Wirksamkeit als Transportgenehmigung nach § 49 Abs. 1 des Kreislaufwirtschafts- und Abfallgesetzes fort.

(2) Bereits begonnene Verfahren auf Erteilung einer Transportgenehmigung nach § 12 des Abfallgesetzes sind nach den Vorschriften des Kreislaufwirtschafts- und Abfallgesetzes und dieser Verordnung zu Ende zu führen. Die Verfahren können ohne Verwendung der in den Anlagen 1 und 2 enthaltenen Vordrucke durchgeführt werden. Die zuständige Behörde kann bestimmen, daß die Verfahren unter entsprechender Verwendung der für die Erteilung der Transportgenehmigung nach § 12 des Abfallgesetzes geltenden Vordrucke durchgeführt werden.

(3) Anträge auf Erteilung einer Transportgenehmigung darf die zuständige Behörde nicht deshalb ablehnen, weil die für die Leitung und Beaufsichtigung des Betriebes verantwortlichen Personen nicht an den nach § 3 Abs. 1 Nr. 2 erforderlichen Lehrgängen teilgenommen haben. Sie hat in diesem Fall durch Auflage zu bestimmen, daß die Teilnahme an den entsprechenden Lehrgängen bis zum 6. Oktober 1998 erfolgt sein muß.

(4) Für Verfahren auf Erteilung einer Transportgenehmigung, die nach Inkrafttreten dieser Verordnung bis zum 6. Oktober 1997 beantragt werden, gelten die Absätze 2 und 3 entsprechend.

§ 11
Gebühren und Auslagen

(1) Für Amtshandlungen der für die Ausführung dieser Verordnung zuständigen Behörden werden Gebühren und Auslagen nach den Vorschriften des Verwaltungskostengesetzes erhoben. Für die Gebühren gelten folgende Rahmensätze:

1. Entscheidung über die Erteilung einer Transportgenehmigung (§ 8):
   a) Freistellung von der Transportgenehmigung nach § 49 Abs. 1 Satz 2 Nr. 3 des Kreislaufwirtschafts- und Abfallgesetzes 100 bis 500 DM,
   b) erstmalige Entscheidung nach dieser Verordnung 500 bis 10 000 DM,
   c) Entscheidung nach einer wesentlichen Änderung der für die Erfüllung der Genehmigungsvoraussetzungen erheblichen Umstände 100 bis 10 000 DM,
   d) Entscheidung über eine auf Antrag inhaltlich beschränkte oder befristete Transportgenehmigung (insbesondere für bestimmte grenzüberschreitende Verbringungen) 100 bis 10 000 DM;
2. Entscheidung über die Anerkennung eines Lehrgangs (§ 3 Abs. 1 Nr. 2):
   a) Anerkennung auf Antrag des Veranstalters 100 bis 1 000 DM,

b) nachträgliche Anerkennung eines oder mehrerer Lehrgänge für einen einzelnen Teilnehmer
20 bis 200 DM.

(2) Für den Widerruf oder die Rücknahme einer Amtshandlung, soweit der Betroffene dazu Anlaß gegeben hat, die Ablehnung eines Antrags auf Vornahme einer Amtshandlung sowie in den Fällen der Rücknahme eines Antrags auf Vornahme einer Amtshandlung werden Gebühren nach Maßgabe des § 15 des Verwaltungskostengesetzes erhoben.

(3) Für die vollständige oder teilweise Zurückweisung eines nicht ausschließlich gegen eine Kostenentscheidung gerichteten Widerspruchs wird eine Gebühr bis zur Höhe der für die angegriffene Amtshandlung vorgesehenen Gebühr erhoben. Dies gilt nicht, wenn der Widerspruch nur deshalb keinen Erfolg hat, weil die Verletzung einer Verfahrens- oder Formvorschrift nach verwaltungsverfahrensrechtlichen Vorschriften unbeachtlich ist. Wird ein Widerspruch nach Beginn der sachlichen Bearbeitung, jedoch vor deren Beendigung zurückgenommen, beträgt die Gebühr höchstens 75 vom Hundert der Widerspruchsgebühr.

(4) Für die Erhebung von Auslagen gilt § 10 des Verwaltungskostengesetzes.

§ 12

Ordnungswidrigkeiten

Ordnungswidrig im Sinne des § 61 Abs. 1 Nr. 5 des Kreislaufwirtschafts- und Abfallgesetzes handelt, wer vorsätzlich oder fahrlässig

1. ohne Genehmigung nach § 1 Abs. 1 Satz 1 besonders überwachungsbedürftige Abfälle zur Verwertung gewerbsmäßig einsammelt oder befördert oder
2. entgegen § 8 Abs. 2 Satz 2 einer vollziehbaren Auflage nicht nachkommt.

§ 13

Inkrafttreten

§ 1 Abs. 1 tritt am 1. Januar 1999 in Kraft, die Verordnung tritt im übrigen am 7. Oktober 1996 in Kraft.

Der Bundesrat hat zugestimmt.

Bonn, den 10. September 1996

Der Bundeskanzler
Dr. Helmut Kohl

Die Bundesministerin
für Umwelt, Naturschutz und Reaktorsicherheit
Angela Merkel

Anhang
zur Transportgenehmigungsverordnung

Fachkunde der für die Leitung und Beaufsichtigung eines Einsammlungs- oder Beförderungsbetriebes verantwortlichen Personen

Die Kenntnisse müssen sich auf folgende Bereiche erstrecken:

1. sach- und fachgerechte Einsammlung und Beförderung von Abfällen unter besonderer Berücksichtigung der abfallrelevanten Transporttechnik und Kennzeichnung von Fahrzeugen und Behältern;
2. schädliche Umwelteinwirkungen und sonstige Gefahren, erhebliche Nachteile und erhebliche Belästigungen, die von Abfällen ausgehen können, und Maßnahmen zu ihrer Verhinderung oder Beseitigung;
3. Art und Beschaffenheit von besonders überwachungsbedürftigen Abfällen;
4. Vorschriften des Abfallrechts und des für die Einsammlungs- und Beförderungstätigkeit geltenden sonstigen Umweltrechts;
5. Bezüge zum Güterkraftverkehrs- und Gefahrgutrecht;
6. Vorschriften der betrieblichen Haftung.

Anlage 1
zur Transportgenehmigungsverordnung

Diese Anlage enthält den Vordruck*) eines Antrags auf Erteilung einer Transportgenehmigung (§ 7 Abs. 1).

---

*) *Hinweise zur Gestaltung des Vordrucks*

1. *Der Vordruck ist verkleinert wiedergegeben und in dieser Größe weder maschinenlesbar noch mit Schreibmaschine oder EDV zu beschriften. Zur ordnungsgemäßen Verwendung ist der Vordruck auf das Format DIN A4 im Verhältnis 84 : 100 zu vergrößern.*
2. *Sämtliche Feldbegrenzungen und Rasterflächen sind vorzugsweise im Farbton HKS 6 N zu drucken. Die Rasterflächen dürfen 60 % vom Volltonwert nicht überschreiten. Sämtliche Schriften, Nummern und der Passer sind schwarz zu drucken.*

☐ Passer für EDV

Seite ① von ② **Formblatt Antrag Transportgenehmigung (AT)**

Antrag auf Erteilung einer Transportgenehmigung gemäß § 49 Abs. 1, § 50 Abs. 2 Nr. 1 KrW-/AbfG in Verbindung mit § 7 Transportgenehmigungsverordnung

Zutreffendes bitte ankreuzen ☒ oder ausfüllen.

1 Antragsteller (Betriebsinhaber) (Hauptsitz des Einsammlers und Beförderers)

1.1 Firma

Beförderernummer

1.2 Straße Hausnr.

1.3 PLZ Ort

1.4 Telefon Telefax

Folgende Unterlagen über den Antragsteller sind als Anlage beigefügt oder liegen der Behörde bereits vor:	Ausstellungsdatum Tag, Monat, Jahr	liegt der Behörde vor	Anlage[1]
1.5 Gewerbeanmeldung		☐	
1.6 Handelsregisterauszug		☐	
1.7 Auskunft aus dem Gewerbezentralregister		☐	
1.8 Nachweis einer Kfz-Haftpflichtversicherung einschließlich einer Umwelthaftpflichtversicherung		☐	
1.9 Nachweis einer Betriebshaftpflichtversicherung[2]		☐	
1.10 Nachweis einer Umwelthaftpflichtversicherung[2]		☐	

2 Betriebsinhaber, gesetzliche Vertreter des Betriebsinhabers, vertretungsberechtigter Gesellschafter, Geschäftsführer

	Geburtsdatum Tag, Monat, Jahr	Geburtsort	
2.1 Name			
	Ausstellungsdatum	**liegt der Behörde vor**	**Anlage[1]**
2.2 Führungszeugnis		☐	
2.3 Auskunft aus dem Gewerbezentralregister		☐	
	Geburtsdatum Tag, Monat, Jahr	**Geburtsort**	
2.4 Name			
	Ausstellungsdatum	**liegt der Behörde vor**	**Anlage[1]**
2.5 Führungszeugnis		☐	
2.6 Auskunft aus dem Gewerbezentralregister		☐	

2.7 ☐ Fortsetzung weiterer Personen auf formlosem Einlegeblatt

Bitte verwenden Sie diese Schreibweise:

A B C D E F G H I J K L M N O P Q R

S T U V W X Y Z 1 2 3 4 5 6 7 8 9 0

BARCODEFELD 75x15mm

[1] Anlagen durchnumerieren und betreffende Nummer eintragen.
[2] Soweit eine Zwischenlagerung oder eine andere, nicht zum Gebrauch eines Kraftfahrzeugs gehörende Tätigkeit vorgenommen werden (z. B. vgl. § 7 Abs. 2 Nr. 11) TgV.

☐ Passer für EDV

Seite ② von ② Formblatt Antrag Transportgenehmigung (AT)

3 Für die Leitung und Beaufsichtigung des Betriebes verantwortliche Personen

3.1 der unter Ziffer ⌴ genannte Betriebsinhaber

3.2 ☐ folgende Person:

		Geburtsdatum Tag, Monat, Jahr	Geburtsort	
3.3	Name			
		Ausstellungsdatum	**liegt der Behörde vor**	**Anlage[1)]**
3.4	Nachweise der Fachkunde		☐	
3.5	Führungszeugnis		☐	
3.6	Auskunft aus dem Gewerbezentralregister		☐	

4 Vertretung der für die Leitung und Beaufsichtigung des Betriebes verantwortlichen Person (soweit vorhanden)

		Geburtsdatum Tag, Monat, Jahr	Geburtsort	
4.1	Name			
		Ausstellungsdatum	**liegt der Behörde vor**	**Anlage[1)]**
4.2	Nachweise der Fachkunde		☐	
4.3	Führungszeugnis		☐	
4.4	Auskunft aus dem Gewerbezentralregister		☐	

4.5 ☐ Fortsetzung weiterer Personen auf formlosem Einlegeblatt

Bitte verwenden Sie diese Schreibweise: A B C D E F G H I J K L M N O P Q R S T U V W X Y Z 1 2 3 4 5 6 7 8 9 0

5 Bestätigung und Unterschrift

5.1 Wir bestätigen, daß die im Antrag gemachten Angaben richtig sind. Wir versichern, beim Einsammeln und Befördern alle einschlägigen Vorschriften des Kreislaufwirtschafts- und Abfallgesetzes und der dazu erlassenen Rechtsverordnungen zu beachten und die für die Beförderung zusätzlich geltenden Vorschriften, insbesondere die Rechtsvorschriften über die Beförderung gefährlicher Güter einzuhalten. Wir wissen, daß der Betriebsinhaber dafür Sorge zu tragen hat, daß die für die Leitung und Beaufsichtigung des Einsammlungs- und Beförderungsbetriebs verantwortlichen Personen sowie das sonstige Personal durch geeignete Fortbildung über den für die Tätigkeit erforderlichen aktuellen Wissensstand verfügen (s. § 6 TgV.)

5.2 Ort	Datum Tag, Monat, Jahr	Rechtsverbindliche Unterschrift

BARCODEFELD 75x15mm

[1)] Anlagen durchnumerieren und betreffende Nummer eintragen.

Anlage 2
zur Transportgenehmigungsverordnung

Diese Anlage enthält den Vordruck*) zur Erteilung einer Transportgenehmigung (§ 8 Abs. 3).

---

*) *Hinweise zur Gestaltung des Vordrucks*

1. *Der Vordruck ist verkleinert wiedergegeben und in dieser Größe weder maschinenlesbar noch mit Schreibmaschine oder EDV zu beschriften. Zur ordnungsgemäßen Verwendung ist der Vordruck auf das Format DIN A4 im Verhältnis 84:100 zu vergrößern.*
2. *Sämtliche Feldbegrenzungen und Rasterflächen sind im Farbton HKS 6 N zu drucken. Die Rasterflächen dürfen 60 % vom Volltonwert nicht überschreiten. Sämtliche Schriften, Nummern und der Passer sind schwarz zu drucken.*

Passer für EDV

Formblatt Transportgenehmigung (TG)

Transportgenehmigung

Zutreffendes bitte ausfüllen.

Zuständige Genehmigungsbehörde:

Aktenzeichen

Beförderernummer

Allgemeines

Aufgrund Ihres Antrages vom ______ wird Ihnen gemäß § 49 Abs. 1, § 50 Abs. 2 Nr. 1 KrW-/AbfG in Verbindung mit der Transportgenehmigungsverordnung eine Transportgenehmigung erteilt. Die im Antrag gemachten Angaben sind Bestandteil dieser Genehmigung. Soweit im folgenden abweichende Auflagen getroffen werden, gehen diese den Angaben im Antrag vor.
Diese Genehmigung gilt ab Ausstellungsdatum, sie ist nicht übertragbar. Die Transportgenehmigung berechtigt ihren Inhaber, Abfälle im Bundesgebiet einzusammeln und zu befördern.

Auflagen

Die Transportgenehmigung wird mit folgenden Auflagen verbunden:
In dem zum Einsammeln oder Befördern benutzten Beförderungsmittel sind, soweit die Beförderung nicht mittels schienengebundener Fahrzeuge erfolgt,
- eine Kopie der Transportgenehmigung und des Antrags,
- eine Kopie des Entsorgungsnachweises, des vereinfachten Entsorgungsnachweises oder der Nachweiserklärungen,
- die Ausfertigungen 2 bis 6 der Begleitscheine oder die Ausfertigungen 2 der Übernahmescheine für die eingesammelten oder beförderten Abfälle

mitzuführen und den zur Überwachung und Kontrolle Befugten auf Verlangen vorzuzeigen und auszuhändigen.
Veränderungen des für die Genehmigung entscheidungserheblichen Sachverhaltes (z.B. der Angaben zum Einsammler und Beförderer oder der vorgelegten Antragsunterlagen) sind der Genehmigungsbehörde unverzüglich mitzuteilen.

Die Genehmigung wird mit folgenden weiteren Auflagen verbunden:

Bitte verwenden Sie diese Schreibweise:
A B C D E F G H I J K L M N O P Q R
S T U V W X Y Z 1 2 3 4 5 6 7 8 9 0

BARCODEFELD 75x15mm

Hinweise

Beim Einsammeln und Befördern der Abfälle sind alle einschlägigen Vorschriften des Kreislaufwirtschafts- und Abfallgesetzes und der dazu erlassenen Verordnungen in der jeweils gültigen Fassung und die daraus sich ergebenden Nebenpflichten zu beachten.
Das mit dem Einsammeln und Befördern betraute Personal muß die für die jeweils wahrgenommene Tätigkeit erforderliche Sachkunde besitzen. Es muß insbesondere mit den Gefahren im Umgang mit Abfällen vertraut und in der Lage sein, bei Unfällen mit den Abfällen auf diese abgestimmte Maßnahmen zu ergreifen, insbesondere die zuständigen Stellen (Polizei, Feuerwehr, Wasserbehörde, Umweltschutzbehörde) zu benachrichtigen. Die Sachkunde erfordert eine betriebliche Einarbeitung auf der Grundlage eines Einarbeitungsplans (§ 4 TgV).
Ein Wechsel der für die Leitung und Beaufsichtigung des Betriebes verantwortlichen Person bedarf der Genehmigung.
Diese Genehmigung schließt nach anderen Vorschriften erforderliche Genehmigungen, Erlaubnisse oder Zulassungen (insbesondere nach Vorschriften über den Güterkraftverkehr und die Beförderung gefährlicher Güter) nicht ein. Die Genehmigung läßt auch die Anforderungen unberührt, welche die Gefahrgutvorschriften – insbesondere in bezug auf die beförderten Stoffe, die Beförderungsmittel, das Transportpersonal und das Mitführen von Begleitpapieren – stellen.

Dieser Bescheid ist gebührenpflichtig. Es ergeht ein gesonderter Gebührenbescheid.

Rechtsbehelfsbelehrung

Die beigefügte Rechtsbehelfsbelehrung ist Bestandteil dieses Bescheides.

Ort | Datum Tag, Monat, Jahr | Unterschrift/Stempel der Genehmigungsbehörde

Bundesgesetzblatt Jahrgang 1996 Teil I Nr. 47, ausgegeben zu Bonn am 20. September 1996 **1421**

Verordnung über Entsorgungsfachbetriebe (Entsorgungsfachbetriebeverordnung – EfbV) *)

Vom 10. September 1996

Auf Grund des § 52 Abs. 2 des Kreislaufwirtschafts- und Abfallgesetzes vom 27. September 1994 (BGBl. I S. 2705) verordnet die Bundesregierung nach Anhörung der beteiligten Kreise:

Inhaltsübersicht

Erster Abschnitt

Allgemeine Vorschriften

§ 1 Anwendungsbereich

§ 2 Entsorgungsfachbetrieb, Begriffsbestimmungen

Zweiter Abschnitt

Anforderung an die Organisation, Ausstattung und Tätigkeit eines Entsorgungsfachbetriebes

§ 3 Anforderungen an die Betriebsorganisation

§ 4 Anforderung an die personelle Ausstattung

§ 5 Betriebstagebuch

§ 6 Versicherungsschutz

§ 7 Anforderungen an die Tätigkeit

Dritter Abschnitt

Anforderungen an den Betriebsinhaber und die im Entsorgungsfachbetrieb beschäftigten Personen

§ 8 Anforderungen an den Betriebsinhaber

§ 9 Anforderungen an die für die Leitung und Beaufsichtigung des Betriebes verantwortlichen Personen

§ 10 Anforderungen an das sonstige Personal

§ 11 Anforderungen an die Fortbildung

Vierter Abschnitt

Überwachung und Zertifizierung von Entsorgungsfachbetrieben

§ 12 Überwachungsvertrag

§ 13 Überwachung des Betriebes

§ 14 Zertifizierung des Entsorgungsfachbetriebes

§ 15 Zustimmung zum Überwachungsvertrag

§ 16 Unwirksamkeit des Überwachungsvertrages

Fünfter Abschnitt

Schlußvorschriften

§ 17 Zugänglichkeit der DIN-Normen

§ 18 Übergangsvorschrift

§ 19 Inkrafttreten

*) Diese Verordnung dient der Umsetzung der Richtlinie 75/442/EWG des Rates vom 15. Juli 1975 über Abfälle (ABl. EG Nr. L 194 S. 47) in der durch die Änderungsrichtlinie 91/156/EWG des Rates vom 18. März 1991 (ABl. EG Nr. L 78 S. 32) geänderten Fassung.

Erster Abschnitt

Allgemeine Vorschriften

§ 1

Anwendungsbereich

Diese Verordnung regelt die Anforderungen an Entsorgungsfachbetriebe, die nach § 52 Abs. 1 des Kreislaufwirtschafts- und Abfallgesetzes mit einer technischen Überwachungsorganisation einen Überwachungsvertrag abgeschlossen haben oder die Berechtigung erlangen wollen, das Überwachungszeichen einer anerkannten Entsorgergemeinschaft zu führen. Sie regelt darüber hinaus die Überwachung und Zertifizierung von Entsorgungsfachbetrieben auf der Grundlage eines mit einer technischen Überwachungsorganisation geschlossenen Überwachungsvertrages. Für die Überwachung und Zertifizierung von Entsorgungsfachbetrieben durch Entsorgergemeinschaften findet die Richtlinie für die Tätigkeit und Anerkennung von Entsorgergemeinschaften Anwendung.

§ 2

Entsorgungsfachbetrieb, Begriffsbestimmungen

(1) Entsorgungsfachbetrieb im Sinne dieser Verordnung kann ein Betrieb werden, der

1. gewerbsmäßig oder im Rahmen wirtschaftlicher Unternehmen oder öffentlicher Einrichtungen Abfälle einsammelt, befördert, lagert, behandelt, verwertet oder beseitigt,
2. auf Grund seiner organisatorischen, personellen und technischen Ausstattung in der Lage ist, eine oder mehrere der in Nummer 1 genannten Tätigkeiten selbständig wahrzunehmen und
3. hinsichtlich einer oder mehrerer der in Nummer 1 genannten Tätigkeiten die in der Verordnung genannten Anforderungen an Organisation, Ausstattung und Tätigkeit sowie an die Zuverlässigkeit, Fach- und Sachkunde des Inhabers und der im Betrieb beschäftigten Personen erfüllt.

(2) Entsorgungsfachbetrieb im Sinne dieser Verordnung kann auch ein Teil eines Unternehmens werden, der die in Absatz 1 genannten Anforderungen erfüllt. Der Entsorgungsfachbetrieb kann seine Fachbetriebstätigkeit beschränken auf

1. bestimmte Abfallarten oder Abfälle aus bestimmten Herkunftsbereichen,
2. bestimmte Verwertungs- oder Beseitigungsverfahren oder
3. bestimmte Standorte.

(3) Die Verwendung der Bezeichnung „Entsorgungsfachbetrieb" ist verboten

1. für Standorte, für die ein Unternehmen kein wirksames Überwachungszertifikat einer technischen Überwachungsorganisation nach § 14 Abs. 1 oder einer nach § 52 Abs. 3 des Kreislaufwirtschafts- und Abfallgesetzes anerkannten Entsorgergemeinschaft besitzt,
2. für Anlagen, für die ein Unternehmen kein wirksames Zertifikat im Sinne der Nummer 1 besitzt,
3. für Tätigkeiten, für die ein Unternehmen kein wirksames Zertifikat im Sinne der Nummer 1 besitzt.

Ein Überwachungszeichen einer technischen Überwachungsorganisation nach § 14 Abs. 3 oder einer nach § 52 Abs. 3 des Kreislaufwirtschafts- und Abfallgesetzes anerkannten Entsorgergemeinschaft darf nicht ohne eines der in Satz 1 genannten Überwachungszertifikate verwendet werden.

(4) Betriebsinhaber im Sinne dieser Verordnung sind diejenigen natürlichen oder juristischen Personen oder die nicht rechtsfähige Personenvereinigung, die den Entsorgungsbetrieb betreiben.

(5) Für die Leitung und Beaufsichtigung des Betriebes verantwortliche Personen sind diejenigen natürlichen Personen, die vom Betriebsinhaber mit der fachlichen Leitung, Überwachung und Kontrolle der vom Betrieb durchgeführten abfallwirtschaftlichen Tätigkeiten insbesondere im Hinblick auf die Beachtung der hierfür geltenden Vorschriften und Anordnungen bestellt worden sind.

(6) Sonstiges Personal im Sinne dieser Verordnung sind Arbeitnehmer und andere im Betrieb beschäftigte Personen, die bei der Ausführung der abfallwirtschaftlichen Tätigkeiten mitwirken.

Zweiter Abschnitt

Anforderungen an die Organisation, Ausstattung und Tätigkeit eines Entsorgungsfachbetriebes

§ 3

Anforderungen an die Betriebsorganisation

(1) Die Organisation des Entsorgungsfachbetriebes ist so auszugestalten, daß die erforderliche Überwachung und Kontrolle der vom Betrieb durchgeführten abfallwirtschaftlichen Tätigkeiten sichergestellt ist. Bei der Gestaltung der Organisation sind insbesondere der Zweck, die Tätigkeit und die Größe des Betriebes, die Tätigkeit der im Betrieb beschäftigten Personen und die Art, insbesondere Gefährlichkeit, Beschaffenheit und Menge der Abfälle, auf die sich die Tätigkeit bezieht, zu berücksichtigen.

(2) Für die im Betrieb vorgenommenen abfallwirtschaftlichen Tätigkeiten sind Verantwortung und Entscheidungs- und Mitwirkungsbefugnisse,

1. des Betriebsinhabers oder bei juristischen Personen oder nicht rechtsfähigen Personenvereinigungen der nach Gesetz, Satzung oder Gesellschaftsvertrag zur Vertretung oder Geschäftsführung Berechtigten,
2. der für die Leitung und Beaufsichtigung verantwortlichen Personen,
3. der Betriebsbeauftragten, die nach Umwelt- oder Gefahrgutvorschriften im Betrieb zu bestellen sind, sowie
4. des sonstigen Personals

festzulegen und in Form von Funktionsbeschreibungen und Organisationsplänen darzustellen.

(3) Soweit es die sach- und fachgerechte Durchführung der im Betrieb vorgenommenen abfallwirtschaftlichen Tätigkeiten erfordert, sind für diese Tätigkeiten Arbeitsabläufe durch Arbeitsanweisungen festzulegen.

§ 4

Anforderungen an die personelle Ausstattung

(1) Der Entsorgungsfachbetrieb hat für jeden Standort mindestens eine für die Leitung und Beaufsichtigung des Betriebes verantwortliche Person zu bestellen. Der Betriebsinhaber kann selbst die Stelle einer verantwortlichen Person einnehmen. Hat ein Entsorgungsfachbetrieb mehrere Standorte oder sind mehrere Entsorgungsfachbetriebe Teile des gleichen Unternehmens, so kann für diese eine gemeinsame verantwortliche Person bestellt werden, wenn hierdurch eine sachgemäße Erfüllung der in § 2 Abs. 5 genannten Aufgaben nicht gefährdet wird.

(2) Der Entsorgungsfachbetrieb muß neben den für die Leitung und Beaufsichtigung des Betriebes verantwortlichen Personen über ausreichend sonstiges Personal verfügen. Diese Voraussetzung ist erfüllt, wenn mit dem vorhandenen Personal ein sach- und fachgerechter Betriebsablauf sichergestellt werden kann. Der Nachweis der ausreichenden Personalstärke erfolgt auf der Grundlage eines Einsatzplanes. Dabei sind übliche Ausfälle einzelner Personen durch Urlaub, Krankheit und Fortbildungsmaßnahmen zu berücksichtigen.

§ 5

Betriebstagebuch

(1) Der Entsorgungsfachbetrieb hat für jeden Standort zum Nachweis einer sach- und fachgerechten Durchführung der abfallwirtschaftlichen Tätigkeiten ein Betriebstagebuch zu führen. Das Betriebstagebuch hat alle für den Nachweis eines ordnungsgemäßen Verbleibs der Abfälle wesentlichen Daten zu enthalten, insbesondere

1. Angaben über Art, Menge, Herkunft und Verbleib der vom Entsorgungsfachbetrieb eingesammelten, beförderten, gelagerten, behandelten, verwerteten oder beseitigten Abfälle einschließlich der Dokumentation der durchgeführten Leistung,
2. besondere Vorkommnisse, insbesondere Betriebsstörungen, die Auswirkungen auf die ordnungsgemäße Entsorgung haben können, einschließlich der möglichen Ursachen und erfolgter Abhilfemaßnahmen,
3. die Dokumentation einer fehlenden Übereinstimmung des übernommenen Abfalls mit den Angaben des Abfallerzeugers sowie die Angabe der getroffenen Maßnahmen,
4. die Angabe der mit dem Vorgang des Einsammelns, Beförderns, Lagerns, Behandelns, Verwertens oder Beseitigens beauftragten Person sowie im Falle der Beauftragung eines nicht zertifizierten Betriebes gemäß § 7 Abs. 3 der jeweilige Umfang der Beauftragung und

5. die Ergebnisse von anlagen- und stoffbezogenen Kontrolluntersuchungen einschließlich Funktionskontrollen (Eigen- und Fremdkontrollen).

(2) Das Betriebstagebuch ist von der für die Leitung und Beaufsichtigung des Betriebes verantwortlichen Person regelmäßig zu überprüfen. Es kann mittels elektronischer Datenverarbeitung oder in Form von Einzelblättern für verschiedene Tätigkeitsbereiche oder Betriebsteile geführt werden, wenn die Blätter täglich zusammengefaßt werden. Es ist dokumentensicher anzulegen und vor unbefugtem Zugriff zu schützen. Das Betriebstagebuch muß jederzeit einsehbar sein und in Klarschrift vorgelegt werden können.

(3) Das Betriebstagebuch ist fünf Jahre lang aufzubewahren.

§ 6

Versicherungsschutz

Der Entsorgungsfachbetrieb muß über einen für seine abfallwirtschaftlichen Tätigkeiten ausreichenden Versicherungsschutz verfügen. Art und Umfang des erforderlichen Versicherungsschutzes sind auf der Grundlage einer betrieblichen Risikoabschätzung zu bestimmen. Der Versicherungsschutz muß

1. bei Betrieben, die Abfälle lagern, behandeln, verwerten oder beseitigen, mindestens eine Umwelthaftpflichtversicherung und eine Betriebshaftpflichtversicherung,
2. bei Betrieben, die Abfälle einsammeln oder befördern, Kraftfahrzeug-Haftpflichtversicherungen einschließlich einer auf den Einsammlungs- und Beförderungsvorgang bezogenen Umwelthaftpflichtversicherung,

umfassen.

§ 7

Anforderungen an die Tätigkeit

(1) Der Entsorgungsfachbetrieb hat die für seine abfallwirtschaftliche Tätigkeit geltenden öffentlich-rechtlichen Vorschriften zu beachten. Der Betriebsinhaber hat den Nachweis zu erbringen, daß die für die Tätigkeit des Entsorgungsfachbetriebes erforderlichen behördlichen Entscheidungen, insbesondere Planfeststellungen, Genehmigungen, Zulassungen, Erlaubnisse und Bewilligungen, vorliegen und die mit ihnen verbundenen Auflagen und sonstigen Anordnungen der zuständigen Behörden erfüllt werden.

(2) Der Entsorgungsfachbetrieb darf im Rahmen der zertifizierten Tätigkeit einen Dritten nur dann beauftragen, wenn dieser hinsichtlich der übernommenen Tätigkeit ebenfalls als Entsorgungsfachbetrieb zertifiziert ist oder die Voraussetzungen des Absatzes 3 erfüllt sind. Die Verantwortlichkeit des Entsorgungsfachbetriebes für die ordnungsgemäße Ausführung der Tätigkeiten bleibt hiervon unberührt.

(3) Der Entsorgungsfachbetrieb darf Dritte, die hinsichtlich ihrer jeweiligen Tätigkeiten nicht als Entsorgungsfachbetriebe zertifiziert sind, in einem insgesamt unerheblichen Umfange mit der Ausführung von zertifizierten Tätigkeiten beauftragen. Der Entsorgungsfachbetrieb hat in jedem Fall durch eine sorgfältige Auswahl und ausreichende Kontrolle eine fach- und sachgerechte Ausführung dieser Tätigkeiten sicherzustellen. Dies setzt insbesondere voraus, daß

1. der Entsorgungsfachbetrieb sich vor der Beauftragung vergewissert, daß
   a) der Dritte bei dieser Tätigkeit die Voraussetzungen des Absatzes 1 erfüllt,
   b) beim Dritten die erforderliche Überwachung und Kontrolle der durchzuführenden Tätigkeit sichergestellt ist,
   c) der Dritte und sein Personal die für diese Tätigkeit notwendige Zuverlässigkeit, Sach- und Fachkunde besitzen,
2. der Versicherungsschutz des Entsorgungsfachbetriebes sich auch auf die Tätigkeit des Dritten erstreckt oder der Dritte ihm einen eigenen, dem § 6 entsprechenden ausreichenden Versicherungsschutz nachweist,
3. vertraglich oder in anderer Weise verbindlich festgelegt ist, in welcher Weise die jeweilige Tätigkeit ausgeführt werden soll und wo die Abfälle verbleiben sollen,
4. der Entsorgungsfachbetrieb gegenüber dem Dritten vertraglich zu Weisungen hinsichtlich der Art und Weise der ordnungsgemäßen Ausführung der jeweiligen Tätigkeit berechtigt ist,
5. dem Entsorgungsfachbetrieb vertraglich entsprechende Kontrollbefugnisse eingeräumt werden und
6. der Dritte sich verpflichtet, dem § 5 entsprechende Nachweise über die Durchführung seiner Tätigkeit und des ordnungsgemäßen Verbleibs der Abfälle zu führen und dem Entsorgungsfachbetrieb unaufgefordert eine Kopie dieser Nachweise zu überlassen.

Dritter Abschnitt

Anforderungen an den Betriebsinhaber und die im Entsorgungsfachbetrieb beschäftigten Personen

§ 8

Anforderungen an den Betriebsinhaber

(1) Der Betriebsinhaber muß zuverlässig sein. Die Zuverlässigkeit erfordert, daß der Betriebsinhaber, seine gesetzlichen Vertreter und bei juristischen Personen oder nicht rechtsfähigen Personenvereinigungen die nach Gesetz, Satzung oder Gesellschaftsvertrag zur Vertretung oder Geschäftsführung Berechtigten auf Grund ihrer persönlichen Eigenschaften, ihres Verhaltens und ihrer Fähigkeiten zur ordnungsgemäßen Erfüllung der ihnen obliegenden Aufgaben geeignet sind.

(2) Die erforderliche Zuverlässigkeit ist in der Regel nicht gegeben, wenn eine der in Absatz 1 Satz 2 genannten Personen

1. wegen Verletzung der Vorschriften
   a) des Strafrechts über gemeingefährliche Delikte oder Delikte gegen die Umwelt,
   b) des Immissionsschutz-, Abfall-, Wasser-, Natur- und Landschaftsschutz-, Chemikalien-, Gentechnik- oder Atom- und Strahlenschutzrechts,
   c) des Lebensmittel-, Arzneimittel-, Pflanzenschutz- oder Seuchenrechts,
   d) des Gewerbe- oder Arbeitsschutzrechts,

e) des Betäubungsmittel-, Waffen- oder Sprengstoffrechts

mit einer Geldbuße in Höhe von mehr als zehntausend Deutsche Mark oder mit einer Strafe belegt worden ist oder

2. wiederholt oder grob pflichtwidrig gegen Vorschriften nach Nummer 1 Buchstabe a bis e verstoßen hat.

(3) Zum Nachweis der Zuverlässigkeit sind bei der erstmaligen Überprüfung und bei einem Wechsel der in Absatz 1 genannten Personen, oder wenn eine Überprüfung der Zuverlässigkeit aus anderen Gründen erforderlich ist, ein Führungszeugnis und eine Auskunft aus dem Gewerbezentralregister vorzulegen.

§ 9

Anforderungen an die für die Leitung und Beaufsichtigung des Betriebes verantwortlichen Personen

(1) Die für die Leitung und Beaufsichtigung des Betriebes verantwortlichen Personen müssen zuverlässig sein. § 8 Abs. 1 Satz 2, Abs. 2 und 3 findet entsprechende Anwendung.

(2) Die für die Leitung und Beaufsichtigung des Betriebes verantwortlichen Personen müssen die für ihren Tätigkeitsbereich erforderliche Fachkunde besitzen. Die Fachkunde erfordert

1. den Abschluß eines Studiums auf den Gebieten des Ingenieurwesens, der Chemie, der Biologie oder der Physik an einer Hochschule, eine technische Fachschulausbildung oder die Qualifikation als Meister auf einem Fachgebiet, dem der Betrieb hinsichtlich seiner Anlagen- und Verfahrenstechnik oder seiner Betriebsvorgänge zuzuordnen ist,
2. während einer zweijährigen praktischen Tätigkeit erworbene Kenntnisse über die abfallwirtschaftliche Tätigkeit, für die eine Leitungs- oder Beaufsichtigungsfunktion beabsichtigt ist, und
3. die Teilnahme an einem oder mehreren von der zuständigen Behörde anerkannten Lehrgängen, in denen Kenntnisse entsprechend dem Anhang zu dieser Verordnung vermittelt worden sind, die für die Aufgaben der in Satz 1 genannten Personen erforderlich sind; für Betriebe, die Abfälle einsammeln oder befördern, gilt der Anhang zur Transportgenehmigungsverordnung entsprechend.

(3) Soweit unter Berücksichtigung der in § 3 Abs. 1 Satz 2 genannten Umstände die ordnungsgemäße Erfüllung der Aufgaben der für die Leitung und Beaufsichtigung des Betriebes verantwortlichen Personen gewährleistet ist, kann als Voraussetzung für die Fachkunde auch anerkannt werden

1. eine abgeschlossene Berufsausbildung in einem Fachgebiet, dem der Betrieb hinsichtlich seiner Anlagen- und Verfahrenstechnik oder seiner Betriebsvorgänge zuzuordnen ist, und zusätzlich
2. während einer vierjährigen praktischen Tätigkeit erworbene Kenntnisse über die abfallwirtschaftliche Tätigkeit, für die eine Leitungs- oder Beaufsichtigungsfunktion beabsichtigt ist.

Absatz 2 Satz 2 Nr. 3 bleibt unberührt.

(4) Die Ausbildung in anderen als den in Absatz 2 Satz 2 Nr. 1 und Absatz 3 Satz 1 Nr. 1 genannten Fachgebieten kann anerkannt werden, wenn diese Ausbildung im Hinblick auf die Aufgabenstellung unter Berücksichtigung der in § 3 Abs. 1 Satz 2 genannten Umstände als gleichwertig anzusehen ist. Die Berufserfahrung in anderen als den in Absatz 2 Satz 2 Nr. 2 und Absatz 3 Satz 1 Nr. 2 genannten Tätigkeitsgebieten kann anerkannt werden, wenn die auf Grund der praktischen Tätigkeit erworbenen Kenntnisse im Hinblick auf die Aufgabenstellung im Einzelfall als gleichwertig anzusehen sind.

(5) Von der Erfüllung der in Absatz 2 Satz 2 Nr. 1 und 2 sowie Absatz 3 Satz 1 Nr. 1 und 2 genannten Fachkundevoraussetzungen kann abgesehen werden, wenn die für die Leitung und Beaufsichtigung des Betriebes verantwortliche Person

1. am 7. Oktober 1996 seit mindestens fünf Jahren im Betrieb Aufgaben wahrgenommen hat, die mit denen einer für die Leitung und Beaufsichtigung des Betriebes verantwortlichen Person vergleichbar sind, und
2. unter Berücksichtigung der in § 3 Abs. 1 genannten Umstände die ordnungsgemäße Erfüllung dieser Aufgaben gewährleistet ist.

§ 10

Anforderungen an das sonstige Personal

Das sonstige Personal muß zuverlässig sein und eine für die jeweils wahrgenommene Tätigkeit erforderliche Sachkunde besitzen. Hinsichtlich der Zuverlässigkeit findet § 8 Abs. 1 Satz 2 entsprechende Anwendung. Die Sachkunde erfordert eine betriebliche Einarbeitung auf der Grundlage eines Einarbeitungsplanes.

§ 11

Anforderungen an die Fortbildung

Der Betriebsinhaber hat dafür Sorge zu tragen, daß die für die Leitung und Beaufsichtigung des Betriebes verantwortlichen Personen sowie das sonstige Personal durch geeignete Fortbildung über den für die Tätigkeit erforderlichen aktuellen Wissensstand verfügen. Die für die Leitung und Beaufsichtigung verantwortlichen Personen haben regelmäßig, mindestens alle zwei Jahre, an Lehrgängen im Sinne des § 9 Abs. 2 Satz 2 Nr. 3 teilzunehmen. Die Fortbildungsmaßnahmen erstrecken sich auf die im Anhang zu dieser Verordnung genannten Sachgebiete. Hinsichtlich des sonstigen Personals hat der Betriebsinhaber den Fortbildungsbedarf zu ermitteln.

Vierter Abschnitt

Überwachung und Zertifizierung von Entsorgungsfachbetrieben

§ 12

Überwachungsvertrag

(1) Der Überwachungsvertrag nach § 52 Abs. 1 des Kreislaufwirtschafts- und Abfallgesetzes bedarf der Schriftform. Der Vertrag muß die Überwachung des Betriebes sowie die Zertifizierung des Betriebes als Entsorgungsfachbetrieb nach den Anforderungen der §§ 13 und 14 regeln.

(2) Die Vertragsparteien können weitergehende Vereinbarungen treffen, soweit diese den Anforderungen dieser Verordnung nicht widersprechen.

§ 13

Überwachung des Betriebes

(1) Die technische Überwachungsorganisation muß sich im Überwachungsvertrag verpflichten,

1. die in dieser Verordnung festgelegten Anforderungen an die Organisation, Ausstattung und Tätigkeit des Betriebes, die Zuverlässigkeit, Fach- und Sachkunde des Betriebsinhabers, der für die Leitung und Beaufsichtigung des Betriebes verantwortlichen Personen und des sonstigen Personals vor der erstmaligen Zertifizierung, nach wesentlichen Änderungen des Betriebes, im übrigen jährlich zu überprüfen,
2. den Verlauf und das Ergebnis der Prüfung gegenüber dem Betrieb schriftlich zu dokumentieren,
3. soweit auf Grund der Prüfung festgestellt wird, daß die in dieser Verordnung genannten Anforderungen nicht erfüllt sind, dem Betrieb gegenüber die festgestellten Mängel konkret zu bezeichnen und
4. alle Unterlagen und Informationen einschließlich Inhalt und Ergebnissen von Gesprächen, Untersuchungen und Prüfungen, von denen die technische Überwachungsorganisation oder die von ihr beauftragten Sachverständigen im Rahmen der Durchführung des Überwachungsvertrages Kenntnis erlangt haben, vertraulich zu behandeln und Dritten gegenüber nicht zugänglich zu machen; öffentlich-rechtliche Pflichten zur Mitteilung gegenüber Behörden bleiben unberührt.

(2) Der Betrieb muß sich verpflichten,

1. den beauftragten Sachverständigen der technischen Überwachungsorganisation alle für die Prüfung der in dieser Verordnung genannten Anforderungen benötigten Informationen, Unterlagen und Nachweise zur Verfügung zu stellen,
2. den beauftragten Sachverständigen der technischen Überwachungsorganisation, soweit dies zur Prüfung der in dieser Verordnung genannten Anforderungen erforderlich ist, das Betreten des Grundstücks, der Geschäfts- oder Betriebsräume, die Einsicht in Unterlagen und die Vornahme von technischen Ermittlungen und Prüfungen zu gestatten sowie Arbeitskräfte und Werkzeuge zur Verfügung zu stellen und
3. der technischen Überwachungsorganisation alle Änderungen im Betrieb, die für die Erfüllung der in dieser Verordnung genannten Anforderungen erheblich sind, unverzüglich anzuzeigen.

(3) Die technische Überwachungsorganisation ist verpflichtet, bei der Überprüfung neben den einschlägigen Rechtsvorschriften auch die hierzu ergangenen amtlich veröffentlichten Verwaltungsvorschriften des Bundes und der Länder zu berücksichtigen.

(4) Die technische Überwachungsorganisation muß bei der Überprüfung der in dieser Verordnung festgelegten Anforderungen Ergebnisse von Prüfungen berücksichtigen, die

1. durch einen unabhängigen Umweltgutachter oder eine Umweltgutachterorganisation gemäß Artikel 4 Abs. 3 der Verordnung (EWG) Nr. 1836/93 des Rates vom 29. Juni 1993 über die freiwillige Beteiligung gewerblicher Unternehmen an einem Gemeinschaftssystem für das Umweltmanagement und die Umweltbetriebsprüfung (ABl. EG Nr. L 168 S. 1) oder
2. durch eine nach DIN EN ISO 45012 akkreditierte Stelle im Rahmen der Zertifizierung eines Qualitätsmanagementsystems nach DIN EN ISO 9001, 9002, 9003 oder 9004

vorgenommen wurden.

§ 14

Zertifizierung des Entsorgungsfachbetriebes

(1) Soweit auf Grund der Prüfung nach § 13 festgestellt ist, daß die in dieser Verordnung genannten Anforderungen erfüllt sind, und die zuständige Behörde dem Überwachungsvertrag zugestimmt hat, ist die technische Überwachungsorganisation verpflichtet, dem Betrieb ein schriftliches Überwachungszertifikat mit folgenden Angaben auszustellen:

1. Name und Sitz des Betriebes und seiner zertifizierten Standorte,
2. die Bezeichnung der zertifizierten Tätigkeiten des Betriebes bezogen auf seine Standorte und Anlagen, im Falle des § 2 Abs. 2 Satz 2 unter Angabe der jeweiligen Abfallarten, Herkunftsbereiche, Verwertungs- oder Beseitigungsverfahren,
3. Angabe des Namens der technischen Überwachungsorganisation, das Datum der Ausstellung und die Unterschrift des beauftragten Sachverständigen und des Leiters der technischen Überwachungsorganisation oder seines Beauftragten.

(2) Das Überwachungszertifikat ist zu befristen. Die Gültigkeitsdauer darf einen Zeitraum von 18 Monaten nicht überschreiten.

(3) Mit dem Überwachungszertifikat ist dem Betrieb ein Überwachungszeichen zu erteilen. Das Überwachungszeichen muß die Bezeichnung „Entsorgungsfachbetrieb" in Verbindung mit dem Hinweis auf die zertifizierte Tätigkeit und die das Überwachungszeichen erteilende technische Überwachungsorganisation aufweisen.

(4) Die technische Überwachungsorganisation ist verpflichtet, das Überwachungszertifikat und die Berechtigung zur Führung des Überwachungszeichens zu entziehen, wenn

1. der Betrieb die in dieser Verordnung genannten Anforderungen auch nach Ablauf einer von ihr gesetzten, drei Monate nicht überschreitenden Frist nicht erfüllt,
2. sie hierzu durch einen Verwaltungsakt der zuständigen Behörde verpflichtet worden ist,
3. der Betrieb die zertifizierte Tätigkeit auf Dauer einstellt oder
4. der Überwachungsvertrag gekündigt oder aus anderen Gründen unwirksam wird.

(5) Der Betrieb ist in den in Absatz 4 genannten Fällen nicht mehr berechtigt, das Überwachungszeichen zu führen, und verpflichtet, das Überwachungszertifikat der technischen Überwachungsorganisation auf deren Verlangen zurückzugeben. Mit dem Entzug verliert das Überwachungszeichen seine Wirksamkeit.

§ 15

Zustimmung zum Überwachungsvertrag

(1) Der Überwachungsvertrag bedarf der Zustimmung der für die Abfallwirtschaft zuständigen obersten Landesbehörde am Hauptsitz der technischen Überwachungsorganisation oder der von ihr bestimmten Behörde; die Zustimmung kann auch allgemein erteilt werden. Bei der Zustimmung zu Überwachungsverträgen, die auch die Überwachung von Entsorgungsbetrieben mit Standorten in anderen Ländern regeln, trifft die nach Satz 1 zuständige Behörde ihre Entscheidung im Benehmen mit den zuständigen Behörden dieser Länder. Die Zustimmung ist zu erteilen, wenn

1. der Überwachungsvertrag die in den §§ 12 bis 14 genannten Anforderungen erfüllt und
2. die von der technischen Überwachungsorganisation mit der Durchführung des Überwachungsauftrages beauftragten Sachverständigen die hierfür erforderliche Zuverlässigkeit, Unabhängigkeit und Fachkunde besitzen.

(2) Die in Absatz 1 Satz 3 Nr. 2 genannten Anforderungen an die Zuverlässigkeit, Unabhängigkeit und Fachkunde gelten als erfüllt, wenn der Sachverständige eine Zulassung als Umweltgutachter nach § 9 des Umweltauditgesetzes oder die technische Überwachungsorganisation eine Zulassung als Umweltgutachterorganisation nach § 10 des Umweltauditgesetzes für den Unternehmensbereich Recycling, Behandlung, Vernichtung oder Endlagerung von festen oder flüssigen Abfällen im Sinne des Artikels 2 Buchstabe i der Verordnung (EWG) Nr. 1836/93 besitzt.

(3) Die Zustimmung kann unter Bedingungen erteilt und mit Auflagen verbunden werden, soweit dies erforderlich ist, um die in Absatz 1 genannten Zustimmungsvoraussetzungen sicherzustellen. Die zuständige Behörde kann insbesondere die technische Überwachungsorganisation verpflichten, ihr im Einzelfall oder in wiederkehrenden Fristen über die Durchführung der Überwachung und Zertifizierung zu berichten.

(4) Die Zustimmung zum Überwachungsvertrag kann widerrufen werden,

1. wenn mit der Zustimmung eine Auflage verbunden ist und die Vertragspartei oder beide Parteien diese nicht oder nicht innerhalb einer ihr oder ihnen gesetzten Zeit erfüllt haben,
2. wenn die nach Absatz 1 zuständige Behörde auf Grund nachträglich eingetretener Tatsachen berechtigt wäre, die Zustimmung nicht zu erteilen,
3. um schwere Nachteile für das Wohl der Allgemeinheit zu verhindern oder zu beseitigen oder
4. wenn die technische Überwachungsorganisation ihre Pflichten gemäß § 13 Abs. 1 und § 14 nicht ordnungsgemäß wahrnimmt.

§ 16

Unwirksamkeit des Überwachungsvertrages

Wird der Überwachungsvertrag unwirksam, so verliert der Entsorgungsfachbetrieb die Berechtigung, das Überwachungszertifikat und das Überwachungszeichen der technischen Überwachungsorganisation und die Bezeichnung „Entsorgungsfachbetrieb" zu führen. Beruht die Unwirksamkeit des Überwachungsvertrages auf Gründen, die nicht vom Entsorgungsfachbetrieb zu vertreten sind, kann die für die Zustimmung zuständige Behörde dem Entsorgungsfachbetrieb die weitere Führung des Überwachungszertifikats und der Bezeichnung „Entsorgungsfachbetrieb" für eine angemessene Übergangszeit gestatten.

Fünfter Abschnitt
Schlußvorschriften

§ 17

Zugänglichkeit der DIN-Normen

DIN-Normen, auf die in § 13 verwiesen wird, sind im Beuth-Verlag GmbH, Berlin, erschienen und beim Deutschen Patentamt in München archivmäßig gesichert niedergelegt.

§ 18

Übergangsvorschrift

Bis zum 6. Oktober 1997 bedürfen die Lehrgänge zur Erfüllung der Fachkundevoraussetzung gemäß § 9 Abs. 2 Satz 2 Nr. 3 keiner Anerkennung durch die zuständige Behörde.

§ 19

Inkrafttreten

Diese Verordnung tritt am 7. Oktober 1996 in Kraft.

Der Bundesrat hat zugestimmt.

Bonn, den 10. September 1996

Der Bundeskanzler
Dr. Helmut Kohl

Die Bundesministerin
für Umwelt, Naturschutz und Reaktorsicherheit
Angela Merkel

Anhang
zur Entsorgungsfachbetriebeverordnung

Fachkunde der für die Leitung und Beaufsichtigung eines Entsorgungsfachbetriebes verantwortlichen Personen

Die Kenntnisse müssen sich auf folgende Bereiche erstrecken:

1. anlagen-, verfahrenstechnische und sonstige Maßnahmen der Vermeidung, der ordnungsgemäßen und schadlosen Verwertung und der gemeinwohlverträglichen Beseitigung von Abfällen;
2. schädliche Umwelteinwirkungen und sonstige Gefahren, erhebliche Nachteile und erhebliche Belästigungen, die von Abfällen ausgehen können, und Maßnahmen zu ihrer Verhinderung oder Beseitigung;
3. Art und Beschaffenheit von besonders überwachungsbedürftigen Abfällen;
4. Vorschriften des Abfallrechts und des für die abfallwirtschaftlichen Tätigkeiten geltenden sonstigen Umweltrechts;
5. Bezüge zum Gefahrgutrecht;
6. Vorschriften der betrieblichen Haftung.

1428 Bundesgesetzblatt Jahrgang 1996 Teil I Nr. 47, ausgegeben zu Bonn am 20. September 1996

Verordnung zur Einführung des Europäischen Abfallkatalogs (EAK-Verordnung – EAKV)*)

Vom 13. September 1996

Auf Grund des § 57 in Verbindung mit § 59 des Kreislaufwirtschafts- und Abfallgesetzes vom 27. September 1994 (BGBl. I S. 2705) verordnet die Bundesregierung nach Anhörung der beteiligten Kreise unter Berücksichtigung der Rechte des Bundestages:

§ 1
Abfallbezeichnung

(1) Soweit bewegliche Sachen Abfälle nach § 3 Abs. 1 des Kreislaufwirtschafts- und Abfallgesetzes sind, sind sie den in der Anlage zu dieser Verordnung genannten und mit einem sechsstelligen Abfallschlüssel gekennzeichneten Abfallarten zuzuordnen.

(2) Bei der Zuordnung eines Abfalls zu einer in der Anlage bezeichneten Abfallart ist die zweistellige branchen- oder prozeßartspezifische Kapitelüberschrift vor sonstigen herkunfts- oder abfallartenspezifischen zweistelligen Kapitelüberschriften zugrunde zu legen. Innerhalb eines Kapitels ist die speziellere vor der allgemeinen vierstelligen Gruppenüberschrift maßgebend. Innerhalb der Gruppe ist die speziellere vor der allgemeinen Abfallbezeichnung zu wählen.

(3) Umfaßt die Tätigkeit eines Abfallerzeugers mehrere Branchen oder Prozeßarten, so sind die Abfälle dieses Abfallerzeugers den jeweils speziellen branchen- oder prozeßartspezifischen Kapitelüberschriften zuzuordnen.

(4) Ergibt die Zuordnung von Abfällen, die einer branchen- oder prozeßartspezifischen Herkunft nach den Absätzen 2 und 3 unterfallen, einen sechsstelligen Abfallschlüssel mit der Endung 99 (Abfälle a.n.g.) oder läßt sich kein Abfallschlüssel ermitteln, so ist zu prüfen, ob der Abfall unter einer Gruppe einer anderen branchen- oder prozeßartspezifischen Kapitelüberschrift aufgeführt ist, die der Branche oder dem Herstellungsprozeß nahesteht oder in diesen integriert ist. Ist dies der Fall, so ist der Abfall dieser Branche oder Prozeßart zuzuordnen.

(5) Führt auch die Prüfung nach Absatz 4 zu einem Abfallschlüssel mit der Bezeichnung „Abfälle a.n.g." oder zu keiner Zuordnungsmöglichkeit, so ist zu prüfen, ob der Abfall einem herkunfts- oder abfallartenspezifischen Kapitel zugeordnet werden kann. Trifft dies zu, ist der Abfall der herkunfts- oder abfallartenspezifischen Kapitelüberschrift zuzuordnen.

(6) Abweichend von den Absätzen 2 bis 5 können Abfälle mit branchen- oder prozeßartspezifischer Herkunft auch direkt einem Abfallschlüssel einer herkunfts- oder abfallartenspezifischen Kapitelüberschrift zugeordnet werden, wenn dieser den Abfall genauer charakterisiert. Der Kapitelüberschrift 20 dürfen Abfälle nur dann zugeordnet werden, wenn sie im Rahmen der Siedlungsabfallentsorgung entsorgt werden.

§ 2
Übergangsvorschrift

(1) Behördliche Entscheidungen, insbesondere Planfeststellungen, Genehmigungen, Zulassungen, Erlaubnisse und Bewilligungen, sowie Entsorgungsnachweise, die bis zum 31. Dezember 1998 erteilt oder erlassen worden sind, haben bestehende Abfallschlüssel und -bezeichnungen bis zum 31. Dezember 1998 zu verwenden; dies gilt auch im Falle von Verlängerungen sowie bei behördlichen Entscheidungen, die nach dem 6. Oktober 1996 und bis zum 31. Dezember 1998 erteilt oder erlassen werden. Begleitscheine und Übernahmescheine, die auf der Grundlage eines Entsorgungsnachweises nach Satz 1 ausgefüllt werden, haben bestehende Abfallschlüssel und -bezeichnungen bis zum 31. Dezember 1998 zu verwenden.

(2) Behördliche Entscheidungen, insbesondere Planfeststellungen, Genehmigungen, Zulassungen, Erlaubnisse und Bewilligungen, sowie Nachweise im Sinne der Nachweisverordnung sind bis zum 31. Dezember 1998 mit Wirkung zum 1. Januar 1999 auf die Abfallschlüssel und -bezeichnungen in der Anlage umzustellen. Die zuständigen Behörden können die hierfür erforderlichen Anordnungen treffen.

§ 3
Inkrafttreten

Diese Verordnung tritt am 7. Oktober 1996 in Kraft.

*) Diese Verordnung dient der Umsetzung der Entscheidung 94/3/EG der Kommission vom 20. Dezember 1993 über ein Abfallverzeichnis gemäß Artikel 1 Buchstabe a) der Richtlinie 75/442/EWG des Rates über Abfälle (ABl. EG 1994 Nr. L 5 S. 15).

Der Bundesrat hat zugestimmt.

Bonn, den 13. September 1996

Der Bundeskanzler
Dr. Helmut Kohl

Die Bundesministerin
für Umwelt, Naturschutz und Reaktorsicherheit
Angela Merkel

Anlage

Verzeichnis von Abfällen

Abfall-schlüssel	Abfallbezeichnung (Abfallart einschließlich Eigenschaften und Inhaltsstoffe)
01	**Abfälle aus der Exploration, der Gewinnung und der Nach- beziehungsweise Weiterbearbeitung von Mineralien sowie Steinen und Erden**
01 01	**Abfälle aus dem Abbau von Mineralien**
01 01 01	Abfälle aus dem Abbau von metallhaltigen Mineralien
01 01 02	Abfälle aus dem Abbau von nichtmetallhaltigen Mineralien
01 02	**Abfälle aus der Nachbearbeitung von Mineralien**
01 02 01	Abfälle aus der Nachbearbeitung von metallhaltigen Mineralien
01 02 02	Abfälle aus der Nachbearbeitung von nichtmetallhaltigen Mineralien
01 03	**Abfälle aus der physikalischen und chemischen Weiterverarbeitung von metallhaltigen Mineralien**
01 03 01	Waschberge
01 03 02	Grob- und Feinstäube
01 03 03	Rotschlamm aus der Aluminiumherstellung
01 03 99	Abfälle a.n.g.
01 04	**Abfälle aus der physikalischen und chemischen Verarbeitung von nichtmetallischen Mineralien**
01 04 01	Abfälle von Kies und Gesteinsbruch
01 04 02	Abfälle von Sand und Ton
01 04 03	Grob- und Feinstäube
01 04 04	Abfälle aus der Verarbeitung von Kali- und Steinsalz
01 04 05	Abfälle aus der Wäsche und Reinigung von Mineralien
01 04 06	Abfälle aus Steinmetz- und Sägearbeiten
01 04 99	Abfälle a.n.g.
01 05	**Bohrschlämme und andere Bohrabfälle**
01 05 01	ölhaltige Bohrschlämme und -abfälle
01 05 02	bariumsulfathaltige Bohrschlämme und -abfälle
01 05 03	chloridhaltige Bohrschlämme und -abfälle
01 05 04	Schlämme und Abfälle aus Frischwasserbohrungen
01 05 99	Abfälle a.n.g.
02	**Abfälle aus der Landwirtschaft, dem Gartenbau, der Jagd, Fischerei und Teichwirtschaft, Herstellung und Verarbeitung von Nahrungsmitteln**
02 01	**Abfälle aus der Herstellung von Grundstoffen**
02 01 01	Schlämme von Wasch- und Reinigungsvorgängen
02 01 02	Abfälle aus Tiergewebe
02 01 03	Abfälle aus Pflanzengeweben
02 01 04	Kunststoffabfälle (ohne Verpackungen)
02 01 05	Abfälle von Chemikalien für die Landwirtschaft
02 01 06	Tierfäkalien, Urin und Mist (einschließlich verdorbenes Stroh), Abwässer, getrennt gesammelt und extern behandelt
02 01 07	Abfälle aus der Forstwirtschaft
02 01 99	Abfälle a.n.g.

Abfall-schlüssel	Abfallbezeichnung (Abfallart einschließlich Eigenschaften und Inhaltsstoffe)
02 02	**Abfälle aus der Zubereitung und Verarbeitung von Fleisch, Fisch und anderen Nahrungsmitteln tierischen Ursprungs**
02 02 01	Schlämme von Wasch- und Reinigungsvorgängen
02 02 02	Abfälle aus Tiergewebe
02 02 03	für Verzehr oder Verarbeitung ungeeignete Stoffe
02 02 04	Schlämme aus der betriebseigenen Abwasserbehandlung
02 02 99	Abfälle a.n.g.
02 03	**Abfälle aus der Zubereitung und Verarbeitung von Obst, Gemüse, Getreide, Speiseölen, Kakao, Kaffee und Tabak; Konservenherstellung**
02 03 01	Schlämme aus Waschen, Reinigung, Schälen, Zentrifugieren und Abtrennen
02 03 02	Abfälle von Konservierungsstoffen
02 03 03	Abfälle aus der Extraktion mit Lösemitteln
02 03 04	für Verzehr oder Verarbeitung ungeeignete Stoffe
02 03 05	Schlämme aus der betriebseigenen Abwasserbehandlung
02 03 99	Abfälle a.n.g.
02 04	**Abfälle aus der Zuckerherstellung**
02 04 01	Erde aus der Wäsche und Reinigung von Zuckerrüben
02 04 02	nicht spezifikationsgerechter Calciumcarbonatschlamm
02 04 03	Schlämme aus der betriebseigenen Abwasserbehandlung
02 04 99	Abfälle a.n.g.
02 05	**Abfälle aus der Milchverarbeitung**
02 05 01	für Verzehr oder Verarbeitung ungeeignete Stoffe
02 05 02	Schlämme aus der betriebseigenen Abwasserbehandlung
02 05 99	Abfälle a.n.g.
02 06	**Abfälle aus der Herstellung von Back- und Süßwaren**
02 06 01	für Verzehr oder Verarbeitung ungeeignete Stoffe
02 06 02	Abfälle von Konservierungsstoffen
02 06 03	Schlämme aus der betriebseigenen Abwasserbehandlung
02 06 99	Abfälle a.n.g.
02 07	**Abfälle aus der Herstellung von alkoholischen und alkoholfreien Getränken (ohne Kaffee, Tee und Kakao)**
02 07 01	Abfälle aus der Wäsche, Reinigung von mechanischen Zerkleinerungen des Rohmaterials
02 07 02	Abfälle aus der Destillation von Spirituosen
02 07 03	Abfälle aus der chemischen Behandlung
02 07 04	für Verzehr oder Verarbeitung ungeeignete Stoffe
02 07 05	Schlämme aus der betriebseigenen Abwasserbehandlung
02 07 99	Abfälle a.n.g.
03	**Abfälle aus der Holzverarbeitung und der Herstellung von Zellstoffen, Papier, Pappe, Platten und Möbeln**
03 01	**Abfälle aus der Holzbearbeitung und der Herstellung von Platten und Möbeln**
03 01 01	Rinden und Korkabfälle
03 01 02	Sägemehl
03 01 03	Späne, Abschnitte, Verschnitt von Holz, Spanplatten und Furnieren
03 01 99	andere Abfälle a.n.g.

Abfall-schlüssel	Abfallbezeichnung (Abfallart einschließlich Eigenschaften und Inhaltsstoffe)
03 02	**Abfälle aus der Holzkonservierung**
03 02 01	halogenfreie organische Holzkonservierungsmittel
03 02 02	chlororganische Holzkonservierungsmittel
03 02 03	metallorganische Holzkonservierungsmittel
03 02 04	anorganische Holzkonservierungsmittel
03 03	**Abfälle aus der Herstellung und Verarbeitung von Zellstoff, Papier und Pappe**
03 03 01	Rinde
03 03 02	Bodensatz und Sulfitschlämme (aus der Behandlung von Sulfidablauge)
03 03 03	Bleichschlämme aus Hypochlorit- und Chlorbleiche
03 03 04	Bleichschlämme aus anderen Bleichprozessen
03 03 05	Deinkingschlämme aus dem Papierrecycling
03 03 06	Faser- und Papierschlämme
03 03 07	Abfälle aus der Aufbereitung von Altpapier und gebrauchter Pappe
03 03 99	andere Abfälle a.n.g.
04	**Abfälle aus der Leder- und Textilindustrie**
04 01	**Abfälle aus der Lederindustrie**
04 01 01	Fleischabschabungen und Häuteabfälle
04 01 02	Äschereiabfälle
04 01 03	Entfettungsabfälle, lösemittelhaltig, ohne flüssige Phase
04 01 04	chromhaltige Gerbbrühe
04 01 05	chromfreie Gerbbrühe
04 01 06	chromhaltige Schlämme
04 01 07	chromfreie Schlämme
04 01 08	chromhaltige Abfälle aus gegerbtem Leder (Abschnitte, Polierstaub usw.)
04 01 09	Abfälle aus der Zurichtung und dem Finish
04 01 99	Abfälle a.n.g.
04 02	**Abfälle aus der Textilindustrie**
04 02 01	Abfälle aus unbehandelten Textilfasern und anderen Naturfasern, vorwiegend pflanzlichen Ursprungs
04 02 02	Abfälle aus unbehandelten Textilfasern, vorwiegend tierischen Ursprungs
04 02 03	Abfälle aus unbehandelten Textilfasern, vorwiegend künstlichen oder synthetischen Ursprungs
04 02 04	Abfälle aus unbehandelten gemischten Textilfasern vor dem Spinnen
04 02 05	Abfälle aus verarbeiteten Textilfasern, vorwiegend pflanzlichen Ursprungs
04 02 06	Abfälle aus verarbeiteten Textilfasern, vorwiegend tierischen Ursprungs
04 02 07	Abfälle aus verarbeiteten Textilfasern, vorwiegend künstlichen oder synthetischen Ursprungs
04 02 08	Abfälle aus verarbeiteten gemischten Textilfasern
04 02 09	Abfälle aus Verbundmaterialien (imprägnierte Textilien, Elastomer, Plastomer)
04 02 10	organische Stoffe aus Naturstoffen (zum Beispiel Fette, Wachse)
04 02 11	halogenierte Abfälle aus der Zurichtung und dem Finish
04 02 12	halogenfreie Abfälle aus der Zurichtung und dem Finish
04 02 13	Farbstoffe und Pigmente
04 02 99	Abfälle a.n.g.
05	**Abfälle aus der Ölraffination, Erdgasreinigung und Kohlepyrolyse**
05 01	**Ölschlämme und feste Abfälle**
05 01 01	Schlämme aus der betriebseigenen Abwasserbehandlung
05 01 02	Entsalzungsschlämme
05 01 03	schlammige Tankrückstände

Abfall-schlüssel	Abfallbezeichnung (Abfallart einschließlich Eigenschaften und Inhaltsstoffe)
05 01 04	saure Alkylschlämme
05 01 05	verschüttetes Öl
05 01 06	Schlämme aus Betriebsvorgängen und Instandhaltung
05 01 07	Säureteere
05 01 08	andere Teere
05 01 99	Abfälle a.n.g.
05 02	**nichtölige Schlämme und feste Abfälle**
05 02 01	Schlämme aus der Kesselwasseraufbereitung
05 02 02	Abfälle aus Kühlkolonnen
05 02 99	Abfälle a.n.g.
05 03	**verbrauchte Katalysatoren**
05 03 01	verbrauchte Katalysatoren, edelmetallhaltig
05 03 02	andere verbrauchte Katalysatoren
05 04	**verbrauchte Filtertone**
05 04 01	verbrauchte Filtertone
05 05	**Abfälle aus der Ölentschwefelung**
05 05 01	schwefelhaltige Abfälle
05 05 99	Abfälle a.n.g.
05 06	**Abfälle aus der Kohlepyrolyse**
05 06 01	Säureteere
05 06 02	Asphalt
05 06 03	andere Teere
05 06 04	Abfälle aus Kühlkolonnen
05 06 99	Abfälle a.n.g.
05 07	**Abfälle aus der Erdgasreinigung**
05 07 01	quecksilberhaltige Schlämme
05 07 02	schwefelhaltige Abfälle
05 07 99	Abfälle a.n.g.
05 08	**Abfälle aus der Altölaufbereitung**
05 08 01	verbrauchte Filtertone
05 08 02	Säureteere
05 08 03	sonstige Teere
05 08 04	wäßrige Flüssigabfälle aus der Altölaufbereitung
05 08 99	Abfälle a.n.g.
06	**Abfälle aus anorganischen chemischen Prozessen**
06 01	**verbrauchte säurehaltige Lösungen (Säuren)**
06 01 01	Schwefelsäure und schweflige Säure
06 01 02	Salzsäure
06 01 03	Flußsäure
06 01 04	Phosphorsäure und phosphorige Säure
06 01 05	Salpetersäure und salpetrige Säure
06 01 99	Abfälle a.n.g.

Abfall-schlüssel	Abfallbezeichnung (Abfallart einschließlich Eigenschaften und Inhaltsstoffe)
06 02	**verbrauchte basische Lösungen (Laugen)**
06 02 01	Calciumhydroxid
06 02 02	Natriumcarbonat
06 02 03	Ammoniak
06 02 99	Abfälle a.n.g.
06 03	**verbrauchte Salze und ihre Lösungen**
06 03 01	Carbonate (außer 02 04 02 und 19 10 03)
06 03 02	Salzlösungen, die Sulfate, Sulfite oder Sulfide enthalten
06 03 03	feste Salze, die Sulfate, Sulfite oder Sulfide enthalten
06 03 04	Salzlösungen, die Chloride, Fluoride und Halogenide enthalten
06 03 05	feste Salze, die Chloride, Fluoride und andere Halogene enthalten
06 03 06	Salzlösungen, die Phosphate und verwandte feste Salze enthalten
06 03 07	Phosphate und verwandte feste Salze
06 03 08	Salzlösungen, die Nitrate und verwandte Verbindungen enthalten
06 03 09	feste Salze, die Nitride (Metallnitride) enthalten
06 03 10	feste Salze, die Ammonium enthalten
06 03 11	Salze und Lösungen, cyanidhaltig
06 03 12	Salze und Lösungen, die organische Bestandteile enthalten
06 03 99	Abfälle a.n.g
06 04	**metallhaltige Abfälle**
06 04 01	Metalloxide
06 04 02	Metallsalze (außer 06 03)
06 04 03	arsenhaltige Abfälle
06 04 04	quecksilberhaltige Abfälle
06 04 05	Abfälle, die andere Schwermetalle enthalten
06 04 99	Abfälle a.n.g.
06 05	**Schlämme aus der betriebseigenen Abwasserbehandlung**
06 05 01	Schlämme aus der betriebseigenen Abwasserbehandlung
06 06	**Abfälle aus Prozessen der Schwefelchemie (Herstellung und Umwandlung) und aus Entschwefelungsprozessen**
06 06 01	schwefelhaltige Abfälle
06 06 99	Abfälle a.n.g.
06 07	**Abfälle aus der Halogenchemie**
06 07 01	asbesthaltige Abfälle aus der Elektrolyse
06 07 02	Aktivkohle aus der Chlorherstellung
06 07 99	Abfälle a.n.g.
06 08	**Abfälle aus der Herstellung von Silizium und Siliziumverbindungen**
06 08 01	Abfälle aus der Herstellung von Silizium und Siliziumverbindungen
06 09	**Abfälle aus der Phosphorchemie**
06 09 01	Phosphorgips
06 09 02	phosphorhaltige Schlacke
06 09 99	Abfälle a.n.g.
06 10	**Abfälle aus der Stickstoffchemie und Herstellung von Düngemitteln**
06 10 01	Abfälle aus der Stickstoffchemie und Herstellung von Düngemitteln
06 11	**Abfälle aus der Herstellung von anorganischen Pigmenten und Farbgebern**
06 11 01	Gips aus der Titandioxidherstellung
06 11 99	Abfälle a.n.g.

Abfall-schlüssel	Abfallbezeichnung (Abfallart einschließlich Eigenschaften und Inhaltsstoffe)
06 12	**Abfälle aus der Herstellung, Anwendung und Regeneration von Katalysatoren**
06 12 01	verbrauchte Katalysatoren, edelmetallhaltig
06 12 02	andere verbrauchte Katalysatoren
06 13	**Abfälle aus anderen Prozessen der anorganischen Chemie**
06 13 01	anorganische Pestizide, Biozide und Holzschutzmittel
06 13 02	verbrauchte Aktivkohle (außer 06 07 02)
06 13 03	Ruß
06 13 99	Abfälle a.n.g.
07	**Abfälle aus organischen chemischen Prozessen**
07 01	**Abfälle aus Herstellung, Zubereitung, Vertrieb und Anwendung (HZVA) organischer Grundchemikalien**
07 01 01	wäßrige Waschflüssigkeiten und Mutterlaugen
07 01 02	Schlämme aus der betriebseigenen Abwasserbehandlung
07 01 03	organische halogenierte Lösemittel, Waschflüssigkeiten und Mutterlaugen
07 01 04	andere organische Lösemittel, Waschflüssigkeiten und Mutterlaugen
07 01 05	verbrauchte Katalysatoren, edelmetallhaltig
07 01 06	andere verbrauchte Katalysatoren
07 01 07	halogenierte Reaktions- und Destillationsrückstände
07 01 08	andere Reaktions- und Destillationsrückstände
07 01 09	halogenierte Filterkuchen, verbrauchte Aufsaugmaterialien
07 01 10	andere Filterkuchen, verbrauchte Aufsaugmaterialien
07 01 99	Abfälle a.n.g.
07 02	**Abfälle aus der Herstellung, Zubereitung, Vertrieb und Anwendung (HZVA) von Kunststoffen, synthetischen Gummi- und Kunstfasern**
07 02 01	wäßrige Waschflüssigkeiten und Mutterlaugen
07 02 02	Schlämme aus der betriebseigenen Abwasserbehandlung
07 02 03	organische halogenierte Lösemittel, Waschflüssigkeiten und Mutterlaugen
07 02 04	andere organische Lösemittel, Waschflüssigkeiten und Mutterlaugen
07 02 05	verbrauchte Katalysatoren, edelmetallhaltig
07 02 06	andere verbrauchte Katalysatoren
07 02 07	halogenierte Reaktions- und Destillationsrückstände
07 02 08	andere Reaktions- und Destillationsrückstände
07 02 09	halogenierte Filterkuchen, verbrauchte Aufsaugmaterialien
07 02 10	andere Filterkuchen, verbrauchte Aufsaugmaterialien
07 02 99	Abfälle a.n.g.
07 03	**Abfälle aus Herstellung, Zubereitung, Vertrieb und Anwendung (HZVA) von organischen Farbstoffen und Pigmenten (außer 06 11)**
07 03 01	wäßrige Waschflüssigkeiten und Mutterlaugen
07 03 02	Schlämme aus der betriebseigenen Abwasserbehandlung
07 03 03	organische halogenierte Lösemittel, Waschflüssigkeiten und Mutterlaugen
07 03 04	andere organische Lösemittel, Waschflüssigkeiten und Mutterlaugen
07 03 05	verbrauchte Katalysatoren, edelmetallhaltig
07 03 06	andere verbrauchte Katalysatoren
07 03 07	halogenierte Reaktions- und Destillationsrückstände
07 03 08	andere Reaktions- und Destillationsrückstände
07 03 09	halogenierte Filterkuchen, verbrauchte Aufsaugmaterialien
07 03 10	andere Filterkuchen, verbrauchte Aufsaugmaterialien
07 03 99	Abfälle a.n.g.

Abfall-schlüssel	Abfallbezeichnung (Abfallart einschließlich Eigenschaften und Inhaltsstoffe)
07 04	**Abfälle aus Herstellung, Zubereitung, Vertrieb und Anwendung (HZVA) von organischen Pestiziden (außer 02 01 05)**
07 04 01	wäßrige Waschflüssigkeiten und Mutterlaugen
07 04 02	Schlämme aus der betriebseigenen Abwasserbehandlung
07 04 03	organische halogenierte Lösemittel, Waschflüssigkeiten und Mutterlaugen
07 04 04	andere organische Lösemittel, Waschflüssigkeiten und Mutterlaugen
07 04 05	verbrauchte Katalysatoren, edelmetallhaltig
07 04 06	andere verbrauchte Katalysatoren
07 04 07	halogenierte Reaktions- und Destillationsrückstände
07 04 08	andere Reaktions- und Destillationsrückstände
07 04 09	halogenierte Filterkuchen, verbrauchte Aufsaugmaterialien
07 04 10	andere Filterkuchen, verbrauchte Aufsaugmaterialien
07 04 99	Abfälle a.n.g.
07 05	**Abfälle aus Herstellung, Zubereitung, Vertrieb und Anwendung (HZVA) von Pharmazeutika**
07 05 01	wäßrige Waschflüssigkeiten und Mutterlaugen
07 05 02	Schlämme aus der betriebseigenen Abwasserbehandlung
07 05 03	organische halogenierte Lösemittel, Waschflüssigkeiten und Mutterlaugen
07 05 04	andere organische Lösemittel, Waschflüssigkeiten und Mutterlaugen
07 05 05	verbrauchte Katalysatoren, edelmetallhaltig
07 05 06	verbrauchte Katalysatoren
07 05 07	halogenierte Reaktions- und Destillationsrückstände
07 05 08	andere Reaktions- und Destillationsrückstände
07 05 09	halogenierte Filterkuchen, verbrauchte Aufsaugmaterialien
07 05 10	andere Filterkuchen, verbrauchte Aufsaugmaterialien
07 05 99	Abfälle a.n.g.
07 06	**Abfälle aus Herstellung, Zubereitung, Vertrieb und Anwendung (HZVA) von Fetten, Schmiermitteln, Seifen, Waschmitteln, Desinfektionsmitteln und Körperpflegemitteln**
07 06 01	wäßrige Waschflüssigkeiten und Mutterlaugen
07 06 02	Schlämme aus der betriebseigenen Abwasserbehandlung
07 06 03	organische halogenierte Lösemittel, Waschflüssigkeiten und Mutterlaugen
07 06 04	andere organische Lösemittel, Waschflüssigkeiten und Mutterlaugen
07 06 05	verbrauchte Katalysatoren, edelmetallhaltig
07 06 06	andere verbrauchte Katalysatoren
07 06 07	halogenierte Reaktions- und Destillationsrückstände
07 06 08	andere Reaktions- und Destillationsrückstände
07 06 09	halogenierte Filterkuchen, verbrauchte Aufsaugmaterialien
07 06 10	andere Filterkuchen, verbrauchte Aufsaugmaterialien
07 06 99	Abfälle a.n.g.
07 07	**Abfälle aus Herstellung, Zubereitung, Vertrieb und Anwendung (HZVA) von Feinchemikalien und Chemikalien a.n.g.**
07 07 01	wäßrige Waschflüssigkeiten und Mutterlaugen
07 07 02	Schlämme aus der betriebseigenen Abwasserbehandlung
07 07 03	organische halogenierte Lösemittel, Waschflüssigkeiten und Mutterlaugen
07 07 04	andere organische Lösemittel, Waschflüssigkeiten und Mutterlaugen
07 07 05	verbrauchte Katalysatoren, edelmetallhaltig
07 07 06	andere verbrauchte Katalysatoren
07 07 07	halogenierte Reaktions- und Destillationsrückstände
07 07 08	andere Reaktions- und Destillationsrückstände
07 07 09	halogenierte Filterkuchen, verbrauchte Aufsaugmaterialien
07 07 10	andere Filterkuchen, verbrauchte Aufsaugmaterialien
07 07 99	Abfälle a.n.g.

Abfall-schlüssel	Abfallbezeichnung (Abfallart einschließlich Eigenschaften und Inhaltsstoffe)
08	**Abfälle aus Herstellung, Zubereitung, Vertrieb und Anwendung (HZVA) von Überzügen (Farben, Lacken, Email), Dichtungsmassen und Druckfarben**
08 01	**Abfälle aus der HZVA von Farben und Lacken**
08 01 01	alte Farben und Lacke, die halogenierte Lösemittel enthalten
08 01 02	alte Farben und Lacke, die keine halogenierten Lösemittel enthalten
08 01 03	Abfälle von Farben und Lacken auf Wasserbasis
08 01 04	Farben in Pulverform
08 01 05	ausgehärtete Farben und Lacke
08 01 06	Schlämme aus der Farb- oder Lackentfernung, die halogenierte Lösemittel enthalten
08 01 07	Schlämme aus der Farb- oder Lackentfernung, die keine halogenierten Lösemittel enthalten
08 01 08	wäßrige Schlämme, die Farbe oder Lack enthalten
08 01 09	Abfälle aus der Farb- oder Lackentfernung (außer 08 01 05 und 08 01 06)
08 01 10	wäßrige Suspensionen, die Farbe oder Lack enthalten
08 01 99	Abfälle a.n.g.
08 02	**Abfälle aus der HZVA anderer Überzüge (einschließlich keramischer Werkstoffe)**
08 02 01	alte Überzugspuder
08 02 02	wäßrige Schlämme, die keramische Werkstoffe enthalten
08 02 03	wäßrige Suspensionen, die keramische Werkstoffe enthalten
08 02 99	Abfälle a.n.g.
08 03	**Abfälle aus der HZVA von Druckfarben**
08 03 01	alte Druckfarben, die halogenierte Lösemittel enthalten
08 03 02	alte Druckfarben, die keine halogenierten Lösemittel enthalten
08 03 03	Abfälle von wassermischbaren Druckfarben
08 03 04	getrocknete Druckfarben
08 03 05	Druckfarbenschlämme, die halogenierte Lösemittel enthalten
08 03 06	Druckfarbenschlämme, die keine halogenierten Lösemittel enthalten
08 03 07	wäßrige Schlämme, die Druckfarben enthalten
08 03 08	wäßrige flüssige Abfälle, die Druckfarben enthalten
08 03 09	verbrauchter Toner (einschließlich Kartuschen)
08 03 99	Abfälle a.n.g.
08 04	**Abfälle aus der HZVA von Klebstoffen und Dichtungsmassen (einschließlich wasserabweisendem Material)**
08 04 01	alte Klebstoffe und Dichtungsmassen, die halogenierte Lösemittel enthalten
08 04 02	alte Klebstoffe und Dichtungsmassen, die keine halogenierten Lösemittel enthalten
08 04 03	Abfälle von wassermischbaren Klebstoffen und Dichtungsmassen
08 04 04	ausgehärtete Klebstoffe und Dichtungsmassen
08 04 05	Klebstoffe und Dichtungsmassen, die halogenierte Lösemittel enthalten
08 04 06	Klebstoffe und Dichtungsmassen, die keine halogenierten Lösemittel enthalten
08 04 07	wäßrige Schlämme, die Klebstoffe und Dichtungsmassen enthalten
08 04 08	wäßrige flüssige Abfälle, die Klebstoffe und Dichtungsmassen enthalten
08 04 99	Abfälle a.n.g.
09	**Abfälle aus der photographischen Industrie**
09 01	**Abfälle aus der photograpischen Industrie**
09 01 01	Entwickler und Aktivatoren auf Wasserbasis
09 01 02	Offsetplatten-Entwickler auf Wasserbasis
09 01 03	Entwickler auf der Basis von Lösemitteln
09 01 04	Fixierlösungen
09 01 05	Bleichlösungen und Bleich-Fixier-Lösungen

Abfall-schlüssel	Abfallbezeichnung (Abfallart einschließlich Eigenschaften und Inhaltsstoffe)
09 01 06	silberhaltige Abfälle aus der betriebseigenen Behandlung photographischer Abfälle
09 01 07	Filme und photographische Papiere, die Silber oder Silberverbindungen enthalten
09 01 08	Filme und photographische Papiere, die kein Silber und keine Silberverbindungen enthalten
09 01 09	Einwegkameras mit Batterien
09 01 10	Einwegkameras ohne Batterien
09 01 99	Abfälle a.n.g.
10	**anorganische Abfälle aus thermischen Prozessen**
10 01	**Abfälle aus Kraftwerken und anderen Verbrennungsanlagen (außer 19)**
10 01 01	Rost- und Kesselasche
10 01 02	Flugasche aus Kohlefeuerung
10 01 03	Flugasche aus Torffeuerung
10 01 04	Flugasche aus Ölfeuerung
10 01 05	Reaktionsabfälle auf Kalziumbasis aus der Rauchgasentschwefelung in fester Form
10 01 06	andere feste Abfälle aus der Gasreinigung
10 01 07	Reaktionsabfälle auf Kalziumbasis aus der Rauchgasentschwefelung in Form von Schlämmen
10 01 08	andere Schlämme aus der Gasreinigung
10 01 09	Schwefelsäure
10 01 10	verbrauchte Katalysatoren, zum Beispiel aus der NOx-Entfernung
10 01 11	wäßrige Schlämme aus der Kesselreinigung
10 01 12	verbrauchte Auskleidungen und feuerfeste Materialien
10 01 99	Abfälle a.n.g.
10 02	**Abfälle aus der Eisen- und Stahlindustrie**
10 02 01	Abfälle aus der Verarbeitung von Schlacke
10 02 02	unverarbeitete Schlacke
10 02 03	feste Abfälle aus der Gasreinigung
10 02 04	Schlämme aus der Gasreinigung
10 02 05	andere Schlämme
10 02 06	verbrauchte Auskleidungen und feuerfeste Materialien
10 02 99	Abfälle a.n.g.
10 03	**Abfälle aus der thermischen Aluminiummetallurgie**
10 03 01	Teere und andere kohlenstoffhaltige Abfälle aus der Anodenherstellung
10 03 02	verbrauchte Anoden
10 03 03	Krätzen
10 03 04	Schlacken aus der Erstschmelze/weiße Krätze
10 03 05	Aluminiumstaub
10 03 06	verbrauchter Kohlenstoff und feuerfeste Materialien aus der Elektrolyse
10 03 07	verbrauchte Tiegelauskleidungen
10 03 08	Salzschlacken aus der Zweitschmelze
10 03 09	schwarze Krätzen aus der Zweitschmelze
10 03 10	Abfälle aus der Behandlung von Salzschlacken und schwarzen Krätzen
10 03 11	Feinstaub
10 03 12	andere Teilchen und Staub (einschließlich Kugelmühlenstaub)
10 03 13	feste Abfälle aus der Gasreinigung
10 03 14	Schlämme aus der Gasreinigung
10 03 99	Abfälle a.n.g.

Abfall-schlüssel	Abfallbezeichnung (Abfallart einschließlich Eigenschaften und Inhaltsstoffe)
10 04	**Abfälle aus der thermischen Bleimetallurgie**
10 04 01	Schlacken (Erst- und Zweitschmelze)
10 04 02	Krätzen und Abschaum (Erst- und Zweitschmelze)
10 04 03	Calciumarsenat
10 04 04	Feinstaub
10 04 05	andere Teilchen und Staub
10 04 06	feste Abfälle aus der Gasreinigung
10 04 07	Schlämme aus der Gasreinigung
10 04 08	verbrauchte Auskleidungen und feuerfeste Materialien
10 04 99	Abfälle a.n.g.
10 05	**Abfälle aus der thermischen Zinkmetallurgie**
10 05 01	Schlacken (Erst- und Zweitschmelze)
10 05 02	Krätzen und Abschaum (Erst- und Zweitschmelze)
10 05 03	Feinstaub
10 05 04	andere Teilchen und Staub
10 05 05	feste Abfälle aus der Gasreinigung
10 05 06	Schlämme aus der Gasreinigung
10 05 07	verbrauchte Auskleidungen und feuerfeste Materialien
10 05 99	Abfälle a.n.g.
10 06	**Abfälle aus der thermischen Kupfermetallurgie**
10 06 01	Schlacken (Erst- und Zweitschmelze)
10 06 02	Krätzen und Abschaum (Erst- und Zweitschmelze)
10 06 03	Feinstaub
10 06 04	andere Teilchen und Staub
10 06 05	Abfälle aus der elektrolytischen Raffination
10 06 06	Abfall aus der nassen Gasreinigung
10 06 07	Abfall aus der trockenen Gasreinigung
10 06 08	verbrauchte Auskleidungen und feuerfeste Materialien
10 06 99	Abfälle a.n.g.
10 07	**Abfälle aus der thermischen Silber-, Gold- und Platinmetallurgie**
10 07 01	Schlacken (Erst- und Zweitschmelze)
10 07 02	Krätzen und Abschaum (Erst- und Zweitschmelze)
10 07 03	feste Abfälle aus der Gasreinigung
10 07 04	andere Teilchen und Staub
10 07 05	Schlämme aus der Gasreinigung
10 07 06	verbrauchte Auskleidungen und feuerfeste Materialien
10 07 99	Abfälle a.n.g.
10 08	**Abfälle aus sonstiger thermischer Nichteisenmetallurgie**
10 08 01	Schlacken (Erst- und Zweitschmelze)
10 08 02	Krätzen und Abschaum (Erst- und Zweitschmelze)
10 08 03	Feinstaub
10 08 04	andere Teilchen und Staub
10 08 05	feste Abfälle aus der Gasreinigung
10 08 06	Schlämme aus der Gasreinigung
10 08 07	verbrauchte Auskleidungen und feuerfeste Materialien
10 08 99	Abfälle a.n.g.

Abfall-schlüssel	Abfallbezeichnung (Abfallart einschließlich Eigenschaften und Inhaltsstoffe)
10 09	**Abfälle vom Gießen von Eisen und Stahl**
10 09 01	Gießformen und -sande mit organischen Bindern vor dem Gießen
10 09 02	Gießformen und -sande mit organischen Bindern nach dem Gießen
10 09 03	Ofenschlacke
10 09 04	Ofenstaub
10 09 99	Abfälle a.n.g.
10 10	**Abfälle vom Gießen von Nichteisenmetallen**
10 10 01	Gießformen und -sande mit organischen Bindern vor dem Gießen
10 10 02	Gießformen und -sande mit organischen Bindern nach dem Gießen
10 10 03	Ofenschlacke
10 10 04	Ofenstaub
10 10 99	Abfälle a.n.g.
10 11	**Abfälle aus der Herstellung von Glas und Glaserzeugnissen**
10 11 01	verbrauchtes Gemenge vor der thermischen Verarbeitung
10 11 02	Altglas
10 11 03	alte Glasfasermaterialien
10 11 04	Feinstaub
10 11 05	andere Teilchen und Staub
10 11 06	feste Abfälle aus der Gasreinigung
10 11 07	Schlämme aus der Gasreinigung
10 11 08	verbrauchte Auskleidungen und feuerfeste Materialien
10 11 99	Abfälle a.n.g.
10 12	**Abfälle aus der Herstellung von Keramikerzeugnissen, Ziegeln, Fliesen und Baustoffen**
10 12 01	verbrauchtes Gemenge vor der thermischen Verarbeitung
10 12 02	Feinstaub
10 12 03	andere Teilchen und Staub
10 12 04	feste Abfälle aus der Gasreinigung
10 12 05	Schlämme aus der Gasreinigung
10 12 06	verworfene Formen
10 12 07	verbrauchte Auskleidungen und feuerfeste Materialien
10 12 99	Abfälle a.n.g.
10 13	**Abfälle aus der Herstellung von Zement, Branntkalk, Gips und Erzeugnissen aus diesen**
10 13 01	verworfenes Gemenge vor der thermischen Verarbeitung
10 13 02	Abfälle aus der Herstellung von Asbestzement
10 13 03	Abfälle aus der Herstellung anderer Verbundstoffe auf Zementbasis
10 13 04	Abfälle aus der Kalzinierung und Hydratisierung von Branntkalk
10 13 05	feste Abfälle aus der Gasreinigung
10 13 06	andere Teilchen und Staub
10 13 07	Schlämme aus der Gasreinigung
10 13 08	verbrauchte Auskleidungen und feuerfeste Materialien
10 13 99	Abfälle a.n.g.
11	**anorganische metallhaltige Abfälle aus der Metallbearbeitung und -beschichtung sowie aus der Nichteisen-Hydrometallurgie**
11 01	**flüssige Abfälle und Schlämme aus der Metallbearbeitung und -beschichtung (zum Beispiel Galvanik, Verzinkung, Beizen, Ätzen, Phosphatieren und alkalisches Entfetten)**
11 01 01	cyanidhaltige (alkalische) Abfälle mit Schwermetallen ohne Chrom
11 01 02	cyanidhaltige (alkalische) Abfälle ohne Schwermetalle
11 01 03	cyanidfreie Abfälle, die Chrom enthalten

Abfall-schlüssel	Abfallbezeichnung (Abfallart einschließlich Eigenschaften und Inhaltsstoffe)
11 01 04	cyanidfreie Abfälle, die kein Chrom enthalten
11 01 05	saure Beizlösungen
11 01 06	Säuren a.n.g.
11 01 07	Laugen a.n.g.
11 01 08	Phosphatierschlämme
11 02	**Abfälle und Schlämme aus Prozessen der Nichteisen-Hydrometallurgie**
11 02 01	Schlämme aus der Kupfer-Hydrometallurgie
11 02 02	Schlämme aus der Zink-Hydrometallurgie (einschließlich Jarosit-, Goethitschlamm)
11 02 03	Abfälle aus der Herstellung von Anoden für wäßrige elektrolytische Prozesse
11 02 04	Schlämme a.n.g.
11 03	**Schlämme und Feststoffe aus Härteprozessen**
11 03 01	cyanidhaltige Abfälle
11 03 02	andere Abfälle
11 04	**andere anorganische Abfälle mit Metallen a.n.g.**
11 04 01	andere anorganische Abfälle mit Metallen a.n.g.
12	**Abfälle aus Prozessen der mechanischen Formgebung und Oberflächenbearbeitung von Metallen, Keramik, Glas und Kunststoffen**
12 01	**Abfälle aus der mechanischen Formgebung (Schmieden, Schweißen, Pressen, Ziehen, Drehen, Bohren, Schneiden, Sägen und Feilen)**
12 01 01	eisenhaltige Späne und Abschnitte
12 01 02	andere eisenhaltige Teilchen
12 01 03	NE-metallhaltige Späne und Abschnitte
12 01 04	andere NE-metallhaltige Teilchen
12 01 05	Kunststoffteile
12 01 06	verbrauchte Bearbeitungsöle, halogenhaltig (keine Emulsionen)
12 01 07	verbrauchte Bearbeitungsöle, halogenfrei (keine Emulsionen)
12 01 08	Bearbeitungsemulsionen, halogenhaltig
12 01 09	Bearbeitungsemulsionen, halogenfrei
12 01 10	synthetische Bearbeitungsöle
12 01 11	Bearbeitungsschlämme
12 01 12	verbrauchte Wachse und Fette
12 01 13	Preß- und Stanzabfälle
12 01 99	Abfälle a.n.g.
12 02	**Abfälle aus der mechanischen Oberflächenbehandlung (Sandstrahlen, Schleifen, Honen, Läppen, Polieren)**
12 02 01	verbrauchter Strahlsand
12 02 02	Schleif-, Hon- und Läppschlämme
12 02 03	Polierschlämme
12 02 99	Abfälle a.n.g.
12 03	**Abfälle aus der Wasser- und Dampfentfettung (außer 11)**
12 03 01	wäßrige Waschflüssigkeiten
12 03 02	Abfälle aus der Dampfentfettung
13	**Ölabfälle (außer Speiseöle und 05 und 12)**
13 01	**verbrauchte Hydrauliköle und Bremsflüssigkeiten**
13 01 01	Hydrauliköle, die PCB oder PCT enthalten
13 01 02	andere chlorierte Hydrauliköle (keine Emulsionen)
13 01 03	nichtchlorierte Hydrauliköle (keine Emulsionen)

Abfall-schlüssel	Abfallbezeichnung (Abfallart einschließlich Eigenschaften und Inhaltsstoffe)
13 01 04	chlorierte Emulsionen
13 01 05	nichtchlorierte Emulsionen
13 01 06	ausschließlich mineralische Hydrauliköle
13 01 07	andere Hydrauliköle
13 01 08	Bremsflüssigkeiten
13 02	**verbrauchte Maschinen-, Getriebe- und Schmieröle**
13 02 01	chlorierte Maschinen-, Getriebe- und Schmieröle
13 02 02	nichtchlorierte Maschinen-, Getriebe- und Schmieröle
13 02 03	andere Maschinen-, Getriebe- und Schmieröle
13 03	**verbrauchte Isolier- und Wärmeübertragungsöle oder -flüssigkeiten**
13 03 01	Isolier- und Wärmeübertragungsöle oder -flüssigkeiten, die PCB oder PCT enthalten
13 03 02	andere chlorierte Isolier- und Wärmeübertragungsöle oder -flüssigkeiten
13 03 03	andere nichtchlorierte Isolier- und Wärmeübertragungsöle oder -flüssigkeiten
13 03 04	synthetische Isolier- und Wärmeübertragungsöle oder -flüssigkeiten
13 03 05	mineralische Isolier- und Wärmeübertragungsöle
13 04	**Bilgenöle**
13 04 01	Bilgenöle aus der Binnenschiffahrt
13 04 02	Bilgenöle aus Molenablaufkanälen
13 04 03	Bilgenöle aus der übrigen Schiffahrt
13 05	**Inhalte von Öl-/Wasserabscheidern**
13 05 01	Feststoffe aus Öl-/Wasserabscheidern
13 05 02	Schlämme aus Öl-/Wasserabscheidern
13 05 03	Schlämme aus Einlaufschächten
13 05 04	Schlämme oder Emulsionen aus Entsalzern
13 05 05	andere Emulsionen
13 06	**Ölabfälle a.n.g.**
13 06 01	Ölmischungen a.n.g.
14	**Abfälle von als Lösemittel verwendeten organischen Stoffen (außer 07 und 08)**
14 01	**Abfälle aus der Metallentfettung und Maschinenwartung**
14 01 01	Fluorchlorkohlenwasserstoffe
14 01 02	andere halogenierte Lösemittel und Lösemittelgemische
14 01 03	andere Lösemittel und Lösemittelgemische
14 01 04	wäßrige halogenhaltige Lösemittelgemische
14 01 05	wäßrige halogenfreie Lösemittelgemische
14 01 06	Schlämme oder feste Abfälle, die halogenierte Lösemittel enthalten
14 01 07	Schlämme oder feste Abfälle, die keine halogenierten Lösemittel enthalten
14 02	**Abfälle aus der Textilreinigung und Entfettung von Naturstoffen**
14 02 01	halogenierte Lösemittel und Lösemittelgemische
14 02 02	Lösemittelgemische oder organische Flüssigkeiten, die keine halogenierten Lösemittel enthalten
14 02 03	Schlämme oder feste Abfälle, die halogenierte Lösemittel enthalten
14 02 04	Schlämme oder feste Abfälle, die andere Lösemittel enthalten
14 03	**Abfälle aus der Elektronikindustrie**
14 03 01	Fluorchlorkohlenwasserstoffe
14 03 02	andere halogenierte Lösemittel
14 03 03	Lösemittel und -gemische, die keine halogenierten Lösemittel enthalten

Abfall-schlüssel	Abfallbezeichnung (Abfallart einschließlich Eigenschaften und Inhaltsstoffe)
14 03 04	Schlämme oder feste Abfälle, die halogenierte Lösemittel enthalten
14 03 05	Schlämme oder feste Abfälle, die andere Lösemittel enthalten
14 04	**Abfälle von Kühlmitteln und Schaum- und Treibmitteln**
14 04 01	Fluorchlorkohlenwasserstoffe
14 04 02	andere halogenierte Lösemittel und -gemische
14 04 03	andere Lösemittel und -gemische
14 04 04	Schlämme oder feste Abfälle, die halogenierte Lösemittel enthalten
14 04 05	Schlämme oder feste Abfälle, die andere Lösemittel enthalten
14 05	**Abfälle aus der Rückgewinnung von Löse- und Kühlmitteln (Destillationsrückstände)**
14 05 01	Fluorchlorkohlenwasserstoffe
14 05 02	andere halogenierte Lösemittel und -gemische
14 05 03	andere Lösemittel und -gemische
14 05 04	Schlämme, die halogenierte Lösemittel enthalten
14 05 05	Schlämme, die andere Lösemittel enthalten
15	**Verpackungen, Aufsaugmassen, Wischtücher, Filtermaterialien und Schutzkleidung (a.n.g.)**
15 01	**Verpackungen**
15 01 01	Papier und Pappe
15 01 02	Kunststoff
15 01 03	Holz
15 01 04	Metall
15 01 05	Verbundverpackung
15 01 06	gemischte Materialien
15 02	**Aufsaug- und Filtermaterialien, Wischtücher und Schutzkleidung**
15 02 01	Aufsaug- und Filtermaterialien, Wischtücher und Schutzkleidung
16	**Abfälle, die nicht anderswo im Katalog aufgeführt sind**
16 01	**Fahrzeugwracks**
16 01 01	aus Fahrzeugen ausgebaute Katalysatoren, die Edelmetalle enthalten
16 01 02	andere aus Fahrzeugen ausgebaute Katalysatoren
16 01 03	Altreifen
16 01 04	aufgegebene Fahrzeuge
16 01 05	Schredderrückstände von Fahrzeugen
16 01 99	Abfälle a.n.g.
16 02	**gebrauchte Geräte und Schredderrückstände**
16 02 01	Transformatoren und Kondensatoren, die PCB oder PCT enthalten
16 02 02	andere gebrauchte elektronische Geräte (zum Beispiel gedruckte Schaltungen)
16 02 03	Geräte, die Fluorchlorkohlenwasserstoffe enthalten
16 02 04	gebrauchte Geräte, freies Asbest enthaltend
16 02 05	andere gebrauchte Geräte
16 02 06	Abfälle aus der asbestverarbeitenden Industrie
16 02 07	Abfälle aus der kunststoffverarbeitenden Industrie
16 02 08	Schredderabfälle
16 03	**Fehlchargen**
16 03 01	anorganische Fehlchargen
16 03 02	organische Fehlchargen

Abfall-schlüssel	Abfallbezeichnung (Abfallart einschließlich Eigenschaften und Inhaltsstoffe)
16 04	**verbrauchte Sprengstoffe**
16 04 01	Munition
16 04 02	Feuerwerkskörper
16 04 03	andere verbrauchte Sprengstoffe
16 05	**Gase und Chemikalien in Behältern**
16 05 01	Industriegase in Hochdruckgastanks, Flüssiggasbehälter und industrielle Aerosole (einschließlich Halone)
16 05 02	andere Abfälle mit anorganischen Chemikalien, zum Beispiel Laborchemikalien a.n.g., Feuerlöschpulver
16 05 03	andere Abfälle mit organischen Chemikalien, zum Beispiel Laborchemikalien a.n.g.
16 06	**Batterien und Akkumulatoren**
16 06 01	Bleibatterien
16 06 02	Ni-Cd-Batterien
16 06 03	Quecksilbertrockenzellen
16 06 04	Alkalibatterien
16 06 05	andere Batterien und Akkumulatoren
16 06 06	Elektrolyte aus Batterien und Akkumulatoren
16 07	**Abfälle aus der Reinigung von Transport- und Lagertanks (außer 05 und 12)**
16 07 01	Abfälle aus der Tankreinigung auf Seeschiffen, Chemikalien enthaltend
16 07 02	Abfälle aus der Tankreinigung auf Seeschiffen, ölhaltig
16 07 03	Abfälle aus der Reinigung von Eisenbahn- und Straßentransporttanks, ölhaltig
16 07 04	Abfälle aus der Reinigung von Eisenbahn- und Straßentransporttanks, Chemikalien enthaltend
16 07 05	Abfälle aus der Reinigung von Lagertanks, Chemikalien enthaltend
16 07 06	Abfälle aus der Reinigung von Lagertanks, ölhaltig
16 07 07	feste Abfälle von Schiffsladungen
16 07 99	Abfälle a.n.g.
17	**Bau- und Abbruchabfälle (einschließlich Straßenaufbruch)**
17 01	**Beton, Ziegel, Fliesen, Keramik und Materialien auf Gipsbasis**
17 01 01	Beton
17 01 02	Ziegel
17 01 03	Fliesen und Keramik
17 01 04	Baustoffe auf Gipsbasis
17 01 05	Baustoffe auf Asbestbasis
17 02	**Holz, Glas und Kunststoff**
17 02 01	Holz
17 02 02	Glas
17 02 03	Kunststoff
17 03	**Asphalt, Teer und teerhaltige Produkte**
17 03 01	Asphalt, teerhaltig
17 03 02	Asphalt, teerfrei
17 03 03	Teer und teerhaltige Produkte
17 04	**Metalle (einschließlich Legierungen)**
17 04 01	Kupfer, Bronze, Messing
17 04 02	Aluminium
17 04 03	Blei
17 04 04	Zink
17 04 05	Eisen und Stahl
17 04 06	Zinn
17 04 07	gemischte Metalle
17 04 08	Kabel

Abfall-schlüssel	Abfallbezeichnung (Abfallart einschließlich Eigenschaften und Inhaltsstoffe)
17 05	**Erde und Hafenaushub**
17 05 01	Erde und Steine
17 05 02	Hafenaushub
17 06	**Isoliermaterial**
17 06 01	Isoliermaterial, das freies Asbest enthält
17 06 02	anderes Isoliermaterial
17 07	**gemischte Bau- und Abbruchabfälle**
17 07 01	gemischte Bau- und Abbruchabfälle
18	**Abfälle aus der ärztlichen oder tierärztlichen Versorgung und Forschung (ohne Küchen- und Restaurantabfälle, die nicht aus der unmittelbaren Krankenpflege stammen)**
18 01	**Abfälle aus Entbindungsstationen, Diagnose, Krankenbehandlung und Vorsorge beim Menschen**
18 01 01	spitze Gegenstände
18 01 02	Körperteile und Organe, einschließlich Blutbeutel und Blutkonserven
18 01 03	andere Abfälle, an deren Sammlung und Entsorgung aus infektionspräventiver Sicht besondere Anforderungen gestellt werden
18 01 04	Abfälle, an deren Sammlung und Entsorgung aus infektionspräventiver Sicht keine besonderen Anforderungen gestellt werden (zum Beispiel Wäsche, Gipsverbände, Einwegkleidung)
18 01 05	gebrauchte Chemikalien und Medizinprodukte
18 02	**Abfälle aus Forschung, Diagnose, Krankenbehandlung und Vorsorge bei Tieren**
18 02 01	spitze Gegenstände
18 02 02	andere Abfälle, an deren Sammlung und Entsorgung aus infektionspräventiver Sicht besondere Anforderungen gestellt werden
18 02 03	Abfälle, an deren Sammlung und Entsorgung aus infektionspräventiver Sicht keine besonderen Anforderungen gestellt werden
18 02 04	gebrauchte Chemikalien
19	**Abfälle aus Abfallbehandlungsanlagen, öffentlichen Abwasserbehandlungsanlagen und der öffentlichen Wasserversorgung**
19 01	**Abfälle aus der Verbrennung oder Pyrolyse von Siedlungs- und ähnlichen Abfällen aus Gewerbe, Industrie und Einrichtungen**
19 01 01	Rost- und Kesselaschen und Schlacken
19 01 02	eisenhaltige Stoffe, aus der Rost- und Kesselasche ausgelesen
19 01 03	Flugasche
19 01 04	Kesselstaub
19 01 05	Filterkuchen aus der Gasreinigung
19 01 06	wäßrige flüssige Abfälle aus der Gasreinigung und andere wäßrige Abfälle
19 01 07	feste Abfälle aus der Gasreinigung
19 01 08	Pyrolyseabfälle
19 01 09	verbrauchte Katalysatoren, zum Beispiel aus der NOx-Wäsche
19 01 10	verbrauchte Aktivkohle aus der Rauchgasreinigung
19 01 99	Abfälle a.n.g.
19 02	**Abfälle von spezifischen physikalisch-chemischen Behandlungen industrieller Abfälle (zum Beispiel Dechromatisierung, Cyanidentfernung, Neutralisation)**
19 02 01	Metallhydroxidschlämme und andere Schlämme aus der Metallfällung
19 02 02	vorgemischte Abfälle zur Ablagerung

Abfall-schlüssel	Abfallbezeichnung (Abfallart einschließlich Eigenschaften und Inhaltsstoffe)
19 03	**stabilisierte und verfestigte Abfälle**
19 03 01	Abfälle, die mit hydraulischen Bindemitteln stabilisiert/verfestigt sind
19 03 02	Abfälle, die mit organischen Bindemitteln stabilisiert/verfestigt sind
19 03 03	Abfälle, die durch biologische Behandlung stabilisiert sind
19 04	**verglaste Abfälle und Abfälle aus der Verglasung**
19 04 01	verglaste Abfälle
19 04 02	Flugasche und andere Abfälle aus der Gasreinigung
19 04 03	nicht verglaste Festphase
19 04 04	wäßrige flüssige Abfälle aus dem Tempern
19 05	**Abfälle aus der aerobischen Behandlung von festen Abfällen**
19 05 01	nicht kompostierte Fraktion von Siedlungs- und ähnlichen Abfällen
19 05 02	nicht kompostierte Fraktion von tierischen und pflanzlichen Abfällen
19 05 03	nicht spezifikationsgerechter Kompost
19 05 99	Abfälle a.n.g.
19 06	**Abfälle aus der anaeroben Behandlung von Abfällen**
19 06 01	Schlämme aus der anaeroben Behandlung von Siedlungs- und ähnlichen Abfällen
19 06 02	Schlämme aus der anaeroben Behandlung von tierischen und pflanzlichen Abfällen
19 06 99	Abfälle a.n.g.
19 07	**Deponiesickerwasser**
19 07 01	Deponiesickerwasser
19 08	**Abfälle aus Abwasserbehandlungsanlagen a.n.g.**
19 08 01	Sieb- und Rechenrückstände
19 08 02	Abfälle aus Sandfängern
19 08 03	Fett- und Ölmischungen aus Ölabscheidern
19 08 04	Schlämme aus der Behandlung von industriellem Abwasser
19 08 05	Schlämme aus der Behandlung von kommunalem Abwasser
19 08 06	gesättigte oder verbrauchte Ionenaustauscherharze
19 08 07	Lösungen und Schlämme aus der Regeneration von Ionenaustauschern
19 08 99	Abfälle a.n.g.
19 09	**Abfälle aus der Zubereitung von Trinkwasser oder industriellem Brauchwasser**
19 09 01	feste Abfälle aus der Erstfiltration und Siebgut
19 09 02	Schlämme aus der Wasserklärung
19 09 03	Schlämme aus der Dekarbonatisierung
19 09 04	verbrauchte Aktivkohle
19 09 05	gesättigte oder verbrauchte Ionenaustauscherharze
19 09 06	Lösungen und Schlämme aus der Regeneration von Ionenaustauschern
19 09 99	Abfälle a.n.g.
20	**Siedlungsabfälle und ähnliche gewerbliche und industrielle Abfälle sowie Abfälle aus Einrichtungen, einschließlich getrennt gesammelter Fraktionen**
20 01	**getrennt gesammelte Fraktionen**
20 01 01	Papier und Pappe
20 01 02	Glas
20 01 03	Kunststoffkleinteile
20 01 04	andere Metalle
20 01 05	Kleinmetall (Getränkedosen usw.)
20 01 06	andere Kunststoffe
20 01 07	Holz

Abfall-schlüssel	Abfallbezeichnung (Abfallart einschließlich Eigenschaften und Inhaltsstoffe)
20 01 08	organische, kompostierbare Küchenabfälle, getrennt eingesammelte Fraktionen (einschließlich Frittieröl und Küchenabfälle aus Kantinen)
20 01 09	Öle und Fette
20 01 10	Bekleidung
20 01 11	Textilien
20 01 12	Farben, Druckfarben, Klebstoffe und Kunstharze
20 01 13	Lösemittel
20 01 14	Säuren
20 01 15	Laugen
20 01 16	Waschmittel
20 01 17	Photochemikalien
20 01 18	Medikamente
20 01 19	Pestizide
20 01 20	Batterien
20 01 21	Leuchtstoffröhren und andere quecksilberhaltige Abfälle
20 01 22	Aerosole
20 01 23	Geräte, die Fluorchlorkohlenwasserstoffe enthalten
20 01 24	elektronische Geräte (zum Beispiel gedruckte Schaltungen)
20 02	**Garten- und Parkabfälle (einschließlich Friedhofsabfälle)**
20 02 01	kompostierbare Abfälle
20 02 02	Erde und Steine
20 02 03	andere nicht kompostierbare Abfälle
20 03	**andere Siedlungsabfälle**
20 03 01	gemischte Siedlungsabfälle
20 03 02	Marktabfälle
20 03 03	Straßenreinigungsabfälle
20 03 04	Versitzgrubenschlamm
20 03 05	Fahrzeugwracks

Bundesgesetzblatt Jahrgang 1996 Teil I Nr. 47, ausgegeben zu Bonn am 20. September 1996 **1447**

Verordnung über Abfallwirtschaftskonzepte und Abfallbilanzen (Abfallwirtschaftskonzept- und -bilanzverordnung – AbfKoBiV) *)

Vom 13. September 1996

Auf Grund des § 19 Abs. 4 Nr. 1 und 2, auch in Verbindung mit § 20 Abs. 1 Satz 2, des Kreislaufwirtschafts- und Abfallgesetzes vom 27. September 1994 (BGBl. I S. 2705) verordnet die Bundesregierung nach Anhörung der beteiligten Kreise:

Inhaltsübersicht

Erster Abschnitt

Allgemeine Bestimmungen

§ 1 Anwendungsbereich

Zweiter Abschnitt

Form und Inhalt des Abfallwirtschaftskonzeptes und der Abfallbilanz

§ 2 Abfälle, Abfall-Anfallstellen

§ 3 Verbleib

§ 4 Entsorgungsweg

§ 5 Maßnahmen und Begründungen

§ 6 Standort- und Anlagenplanung bei Eigenentsorgern

§ 7 Abfallwirtschaftskonzept, Abfallbilanz

§ 8 Form des Abfallwirtschaftskonzeptes und der Abfallbilanz

§ 9 Gemeinsames Abfallwirtschaftskonzept, gemeinsame Abfallbilanz

Dritter Abschnitt

Schlußbestimmungen

§ 10 Ausnahmen

§ 11 Inkrafttreten

Anlage 1 Formblätter zur Erstellung des Abfallwirtschaftskonzeptes und der Abfallbilanz

Anlage 2 Ausnahmen nach § 10

*) Diese Verordnung dient der Umsetzung des Artikels 3 Abs. 1 Buchstabe b und des Artikels 14 der Richtlinie 75/442/EWG des Rates vom 15. Juli 1975 über Abfälle (ABl. EG Nr. L 194 S. 47) in der durch die Änderungsrichtlinie 91/156/EWG des Rates vom 18. März 1991 (ABl. EG Nr. L 78 S. 32) geänderten Fassung.

Erster Abschnitt
Allgemeine Bestimmungen

§ 1
Anwendungsbereich

Diese Verordnung regelt Form und Inhalt der für

1. das Abfallwirtschaftskonzept nach § 19 Abs. 1 des Kreislaufwirtschafts- und Abfallgesetzes,
2. die Abfallbilanz nach § 20 Abs. 1 des Kreislaufwirtschafts- und Abfallgesetzes

erforderlichen Unterlagen sowie Ausnahmen für bestimmte Abfallarten.

Zweiter Abschnitt
Form und Inhalt des Abfallwirtschaftskonzeptes und der Abfallbilanz

§ 2
Abfälle, Abfall-Anfallstellen

(1) Wer zum Erstellen eines Abfallwirtschaftskonzeptes und einer Abfallbilanz verpflichtet ist (Konzeptpflichtiger, Bilanzpflichtiger), hat in den Unterlagen zum Abfallwirtschaftskonzept und zur Abfallbilanz

1. die bei ihm anfallenden besonders überwachungsbedürftigen Abfälle und überwachungsbedürftigen Abfälle nach ihrer Art darzustellen und die jeweilige Menge zu ermitteln und
2. die Abfall-Anfallstellen bezüglich der in Nummer 1 genannten Abfälle darzustellen.

(2) Für die Abfälle nach Absatz 1 Nr. 1 sind

1. der Abfallschlüssel und die Abfallbezeichnung nach der EAK-Verordnung vom 13. September 1996 (BGBl. I S. 1428) oder der Bestimmungsverordnung besonders überwachungsbedürftige Abfälle vom 10. September 1996 (BGBl. I S. 1366) oder der Bestimmungsverordnung überwachungsbedürftige Abfälle zur Verwertung vom 10. September 1996 (BGBl. I S. 1377) anzugeben,

2. bei Verwertung außerhalb der Bundesrepublik Deutschland zusätzlich der Abfallcode und die Abfallbezeichnung nach der Entscheidung 94/774/EG der Kommission vom 24. November 1994 über den einheitlichen Begleitschein gemäß der Verordnung (EWG) Nr. 259/93 des Rates zur Überwachung und Kontrolle der Verbringung von Abfällen in der, in die und aus der Europäischen Gemeinschaft (ABl. EG Nr. L 310 S. 70) in der jeweils geltenden Fassung anzugeben,
3. die Menge der nach Nummer 1 oder 2 beschriebenen Abfallarten zu ermitteln, die in den Abfall-Anfallstellen nach Absatz 3 je Standort
   a) in dem von der Abfallbilanz erfaßten Kalenderjahr angefallen ist und
   b) in jedem vom Abfallwirtschaftskonzept erfaßten Kalenderjahr voraussichtlich anfallen wird.

(3) Abfall-Anfallstellen sind Betriebsstätten, sonstige ortsfeste Einrichtungen, bauliche Anlagen, Grundstücke oder davon betrieblich unabhängige ortsveränderliche technische Einrichtungen. Die Darstellung der Abfall-Anfallstellen hat zu enthalten:

1. die betriebliche Bezeichnung,
2. die Erzeugernummer,
3. soweit es sich um eine genehmigungsbedürftige Anlage im Sinne des § 4 Abs. 1 des Bundes-Immissionsschutzgesetzes handelt, die Angabe der Nummer und Spalte des Anhangs der Verordnung über genehmigungsbedürftige Anlagen in der jeweils geltenden Fassung,
4. die Angabe, ob der zuständigen Behörde eine Anzeige nach § 11 der Nachweisverordnung vom 10. September 1996 (BGBl. I S. 1382) vorliegt.

(4) Abfallmengen sind im Abfallwirtschaftskonzept und in der Abfallbilanz in Tonnen anzugeben.

§ 3

Verbleib

(1) Der Bilanzpflichtige hat in den Unterlagen zur Abfallbilanz für jede nach § 2 Abs. 2 Nr. 1 und 2 darzustellende Abfallart und für die Abfallmenge nach § 2 Abs. 2 Nr. 3 Buchstabe a die für die Verwertung oder Beseitigung benutzte Anlage (Anlage) und das in der Anlage benutzte Verwertungs- oder Beseitigungsverfahren nach Anhang IIA oder IIB des Kreislaufwirtschafts- und Abfallgesetzes anzugeben. Die Angabe einer Anlage, in der Abfall ausschließlich gelagert wird, ist nur zulässig, soweit der Abfall am Ende des von der Abfallbilanz erfaßten Kalenderjahres noch dort gelagert wurde.

(2) Soweit für Teilmengen derselben Abfallart mehrere Anlagen oder unterschiedliche Verwertungs- oder Beseitigungsverfahren benutzt wurden, sind die zugehörigen Teilmengen der Abfallmenge nach § 2 Abs. 2 Nr. 3 Buchstabe a darzustellen und für jede Teilmenge die Angaben nach Absatz 1 zu machen.

(3) Die Darstellung der Anlage hat zu enthalten:

1. die Angabe des Betreibers der Anlage,
2. die Bezeichnung und Anschrift der Anlage,
3. die Entsorgernummer der Anlage,
4. die Angabe, ob die Anlage
   a) nach § 13 der Nachweisverordnung vom 10. September 1996 (BGBl. I S. 1382) freigestellt ist,
   b) im Sinne des § 19 Abs. 1 Nr. 4 des Kreislaufwirtschafts- und Abfallgesetzes eine eigene Anlage ist,
5. bei Verwertung oder Beseitigung in einer Anlage außerhalb der Bundesrepublik Deutschland die Angabe des Einfuhrstaates nach der Entscheidung 94/774/EG der Kommission vom 24. November 1994 über den einheitlichen Begleitschein gemäß der Verordnung (EWG) Nr. 259/93 des Rates zur Überwachung und Kontrolle der Verbringung von Abfällen in der, in die und aus der Europäischen Gemeinschaft (ABl. EG Nr. L 310 S. 70) in der jeweils geltenden Fassung.

(4) Der Konzeptpflichtige hat in den Unterlagen zum Abfallwirtschaftskonzept den vorgesehenen Verbleib für jede nach § 2 Abs. 2 Nr. 1 und 2 darzustellende Abfallart in jedem vom Abfallwirtschaftskonzept erfaßten Kalenderjahr entsprechend den Absätzen 1 und 3 darzustellen. Die Angabe einer Anlage, in der der Abfall ausschließlich gelagert werden soll, ist nicht zulässig. Soweit die Angabe einer Anlage nicht möglich ist, hat der Konzeptpflichtige den Typ der vorgesehenen Anlage anzugeben.

(5) Soweit eine Verwertung oder Beseitigung außerhalb einer Anlage durchgeführt wurde oder durchgeführt werden soll, sind die Absätze 1 bis 4 mit der Maßgabe anzuwenden, daß anstelle der Anlage der Ort der Entsorgung anzugeben ist. Soweit die Abfälle einem Einsammler übergeben wurden oder übergeben werden sollen, ist der Einsammler sowie in der Abfallbilanz der Abfallentsorger anzugeben.

§ 4

Entsorgungsweg

(1) Der Entsorgungsweg ist durch den Verbleib nach § 3 Abs. 4 und ergänzende Angaben darzustellen. Dazu hat der Konzeptpflichtige in den Unterlagen zum Abfallwirtschaftskonzept die folgenden ergänzenden Angaben zu machen:

1. die, in den für die Abfallart vorgesehenen Anlagen nach § 3, zu entsorgende Teilmenge der Abfallmenge nach § 2 Abs. 2 Nr. 3 Buchstabe b für jedes vom Abfallwirtschaftskonzept erfaßte Kalenderjahr,
2. die, in den für die Abfallart vorgesehenen Anlagen nach § 3, von ihm angestrebten
   a) energetisch zu verwertenden oder zum Zwecke der energetischen Verwertung zu behandelnden,
   b) stofflich zu verwertenden oder zum Zwecke der stofflichen Verwertung zu behandelnden,
   c) abzulagernden oder zum Zwecke der Ablagerung zu behandelnden,
   d) weder stofflich oder energetisch zu verwertenden, zum Zwecke der stofflichen oder energetischen Verwertung zu behandelnden, abzulagernden noch zum Zwecke der Ablagerung zu behandelnden

   Anteile; diese Anteile sind als Vomhundertsatz der Gesamtmenge der vom Konzeptpflichtigen für die Anlage und das Verwertungs- oder Beseitigungsverfahren vorgesehenen Abfälle anzugeben, soweit für diese Abfälle dieselben Anteile angestrebt werden,
3. für den Anteil nach Nummer 2 Buchstabe d das Ziel der endgültigen Verwertung oder Beseitigung unter

Angabe des Verfahrens nach Anhang IIA oder IIB des Kreislaufwirtschafts- und Abfallgesetzes; Ziele können sein

a) die Ablagerung,

b) die Substitution von Rohstoffen durch das Gewinnen von Stoffen aus dem Abfall,

c) die Nutzung der stofflichen Eigenschaften des Abfalls für den ursprünglichen Zweck oder für andere Zwecke mit Ausnahme der unmittelbaren Energierückgewinnung oder

d) die energetische Verwertung.

(2) Im Falle des § 3 Abs. 5 Satz 1 findet Absatz 1 mit der Maßgabe Anwendung, daß statt der Anlage der Ort der Entsorgung anzugeben ist. Absatz 1 Nr. 2 und 3 finden keine Anwendung im Falle des § 3 Abs. 5 Satz 2.

§ 5

Maßnahmen und Begründungen

(1) Der Konzeptpflichtige hat in den Unterlagen zum Abfallwirtschaftskonzept für jede nach § 2 Abs. 2 Nr. 1 und 2 darzustellende Abfallart die getroffenen und geplanten Maßnahmen zur Vermeidung, zur Verwertung und zur Beseitigung, insbesondere unter Berücksichtigung der Anforderungen nach den §§ 4 bis 6 und 10 bis 12 des Kreislaufwirtschafts- und Abfallgesetzes, darzustellen.

(2) Der Konzept- und Bilanzpflichtige hat in den Unterlagen zum Abfallwirtschaftskonzept und zur Abfallbilanz zu begründen, wenn für eine nach § 2 Abs. 2 Nr. 1 und 2 darzustellende Abfallart und die zugehörige Abfallmenge nach § 2 Abs. 2 Nr. 3, unter Berücksichtigung der nach Absatz 1 dargestellten Maßnahmen zur Vermeidung und Verwertung, die Notwendigkeit zur Beseitigung besteht.

§ 6

Standort- und Anlagenplanung bei Eigenentsorgern

(1) Soweit der Konzeptpflichtige Eigenentsorger ist, hat er in den Unterlagen zum Abfallwirtschaftskonzept, zusätzlich zu den vorgesehenen Entsorgungswegen, bei der Darstellung der notwendigen Standort- und Anlagenplanung sowie ihrer zeitlichen Abfolge anzugeben, ob und gegebenenfalls zu welchem Zeitpunkt eine eigene Entsorgungsanlage innerhalb der vom Abfallwirtschaftskonzept erfaßten Kalenderjahre

1. in Betrieb oder

2. längerfristig außer Betrieb

genommen werden soll. Soweit eine Anlage erstmalig in Betrieb genommen werden soll, ist zusätzlich der Zeitpunkt der Antragstellung anzugeben.

(2) In den Unterlagen zur notwendigen Standort- und Anlagenplanung sowie ihrer zeitlichen Abfolge hat der Konzeptpflichtige darzulegen, ob und inwieweit die eigenen Entsorgungsanlagen in jedem vom Abfallwirtschaftskonzept erfaßten Kalenderjahr zur Entsorgung der bei ihm anfallenden Abfälle zur Verfügung stehen.

§ 7

Abfallwirtschaftskonzept, Abfallbilanz

(1) Soweit Abfälle des Konzeptpflichtigen in verschiedenen Standorten anfallen, ist für jeden Standort ein Abfallwirtschaftskonzept zu erstellen. Für den Begriff des Standortes ist die Begriffsbestimmung des Artikels 2 Buchstabe k der Verordnung (EWG) Nr. 1836/93 des Rates vom 29. Juni 1993 über die freiwillige Beteiligung gewerblicher Unternehmen an einem Gemeinschaftssystem für das Umweltmanagement und die Umweltbetriebsprüfung (ABl. EG Nr. L 168 S. 1) entsprechend anzuwenden.

(2) Für die Erstellung von Abfallbilanzen gilt Absatz 1 entsprechend. Sind einem Standort im Rahmen der Abfallüberwachung mehrere Erzeugernummern zugeordnet, ist für jede einer Erzeugernummer zugeordnete Abfall-Anfallstelle eine gesonderte Teil-Bilanz zu erstellen.

§ 8

Form des Abfallwirtschaftskonzeptes und der Abfallbilanz

(1) Der Konzept- und Bilanzpflichtige kann das Abfallwirtschaftskonzept und die Abfallbilanz unter Verwendung der Formblätter der Anlage 1 darstellen; nach dieser Verordnung geforderte und über die Formblätter hinausgehende Darstellungen sind formlos vorzunehmen.

(2) Alle Eintragungen in den Unterlagen zum Abfallwirtschaftskonzept und zur Abfallbilanz müssen leserlich in deutscher Sprache mit Druck, Schreibmaschine, Kugelschreiber oder einem sonstigen Schreibgerät mit dauerhafter Schrift vorgenommen werden. Der ursprüngliche Inhalt einer Eintragung darf nicht unleserlich gemacht werden, ohne daß gleichzeitig kenntlich gemacht wird, ob dies bei der ursprünglichen Eintragung oder erst später erfolgt ist.

(3) Der Konzept- und Bilanzpflichtige kann die Unterlagen in digitalisierter Form aufbereiten. In diesem Fall ist statt der Eintragung in den Unterlagen eine geordnete Speicherung aller aufzunehmenden Angaben sicherzustellen.

(4) Die zuständige Behörde und der Konzept- und Bilanzpflichtige können die Struktur der digitalisierten Aufbereitung sowie die Form der Datenübergabe vereinbaren.

(5) Die Unterlagen zum Abfallwirtschaftskonzept und zur Abfallbilanz sind im Falle der Aufbereitung in digitalisierter Form vor der Übergabe an die zuständige Behörde vom Konzept- und Bilanzpflichtigen zu speichern.

(6) Eine Umwelterklärung, die gemäß der Verordnung (EWG) Nr. 1836/93 des Rates vom 29. Juni 1993 über die freiwillige Beteiligung gewerblicher Unternehmen an einem Gemeinschaftssystem für das Umweltmanagement und die Umweltbetriebsprüfung (ABl. EG Nr. L 168 S. 1) abgegeben und für gültig erklärt ist, wird als Abfallwirtschaftskonzept oder dessen Fortschreibung und als Abfallbilanz anerkannt, wenn die der Umwelterklärung zugrundeliegende Umweltbetriebsprüfung die Anforderungen der §§ 19 und 20 des Kreislaufwirtschafts- und Abfallgesetzes und dieser Verordnung erfüllt.

§ 9

Gemeinsames Abfallwirtschaftskonzept, gemeinsame Abfallbilanz

(1) Die zuständige Behörde kann auf Antrag zulassen, daß mehrere Abfallerzeuger ein gemeinsames Abfallwirtschaftskonzept und eine darauf bezogene gemeinsame Abfallbilanz erstellen, wenn

1. sie im wesentlichen Abfälle, die denselben Abfallschlüsseln zuzuordnen sind, erzeugen,
2. sie in demselben Land tätig sind,
3. die Abfälle aus vergleichbaren Herkunftsbereichen und wirtschaftlichen Tätigkeiten stammen.

§ 7 Satz 2 findet keine Anwendung.

(2) Soweit sich Abfallerzeuger an einem gemeinsamen Abfallwirtschaftskonzept und einer gemeinsamen Abfallbilanz beteiligen, muß erkennbar sein, welche Angaben sich auf den einzelnen Abfallerzeuger beziehen und welche Abfallerzeuger konzept- und bilanzpflichtig sind.

Dritter Abschnitt
Schlußbestimmungen

§ 10

Ausnahmen

Für die in Anlage 2 Spalte 1 genannten Abfälle gelten die Vorschriften dieser Verordnung nach Maßgabe der in Anlage 2 Spalte 2 getroffenen Regelungen.

§ 11

Inkrafttreten

Diese Verordnung tritt am 7. Oktober 1996 in Kraft.

Der Bundesrat hat zugestimmt.

Bonn, den 13. September 1996

Der Bundeskanzler
Dr. Helmut Kohl

Die Bundesministerin
für Umwelt, Naturschutz und Reaktorsicherheit
Angela Merkel

Anlage 1
(zu § 8 Abs. 1)

Formblätter*)
zur Erstellung des Abfallwirtschaftskonzeptes und der Abfallbilanz

Hinweis

Die Formblätter werden außer im Rahmen der Abfallwirtschaftskonzept- und -bilanzverordnung auch für Zwecke anderer Verordnungen genutzt. Von daher sind die Ausfüllanweisungen der einzelnen Felder zu beachten.

Bei Verwendung von Formblättern zur Erstellung von Abfallwirtschaftskonzepten und Abfallbilanzen sind die nachfolgend genannten Angaben erforderlich:

Deckblatt Abfallwirtschaftskonzept/Abfallbilanz (KB)

mit
1. Angaben zum Konzept-/Bilanzpflichtigen,
2. Angaben zu den Betriebsbeauftragten für Abfall,
3. Angabe der dem Deckblatt beigefügten Anlagen zum Abfallwirtschaftskonzept/Abfallbilanz;

Formblatt Verantwortliche Erklärung (VE)

mit
1. Angaben zur Abfallherkunft,
2. Angaben zur Abfallbeschreibung,
3. Angaben zu den jährlich anfallenden Abfallmengen;

Formblatt Annahmeerklärung (AE)

mit
1. Angaben zum Abfallentsorger,
2. Angaben zur Entsorgungsanlage,
3. Angaben zum Entsorgungsverfahren;

Formblatt Eigenentsorgung (EE)

mit Angaben zur Anlagenplanung, zugleich Darstellung der Entsorgungswege für Eigenentsorger;

Formblatt Beiblatt Eigenentsorgung (BE)

mit ergänzenden Angaben zur Darstellung der Entsorgungswege für Eigenentsorger bei weiteren Abfällen;

Formblatt Entsorgungswege/Verbleib (EV)

mit Angaben zur Darstellung der Entsorgungswege für Abfallerzeuger, die nicht Eigenentsorger sind.

---

*) *Hinweise zur Gestaltung der Formblätter*

1. *Die Formblätter sind verkleinert wiedergegeben und in dieser Größe weder maschinenlesbar noch mit Schreibmaschine oder EDV zu beschriften. Zur ordnungsgemäßen Verwendung sind die Formblätter auf das Format DIN A4 im Verhältnis 84 : 100 zu vergrößern.*
2. *Sämtliche Feldbegrenzungen und Rasterflächen sind vorzugsweise im Farbton HKS 6 N zu drucken. Die Rasterflächen dürfen 60% vom Volltonwert nicht überschreiten. Sämtliche Schriften, Nummern und der Passer sind schwarz zu drucken.*

1452 Bundesgesetzblatt Jahrgang 1996 Teil I Nr. 47, ausgegeben zu Bonn am 20. September 1996

Passer für EDV

Formblatt Deckblatt Abfallwirtschaftskonzept/Abfallbilanz (KB)

☐ **Abfallwirtschaftskonzept** für die Jahre ____ bis ____

☐ **Abfallbilanz** für das Jahr ____

zu Nr. ____
(im Falle der §§ 44, 47 KrW-/AbfG nicht vom Antragsteller auszufüllen)

Zutreffendes bitte ankreuzen ☒ oder ausfüllen.

1 Angaben zum Konzept-/Bilanzpflichtigen

Für interne Vermerke der Behörde

1.1 Firma / Körperschaft

1.2 Straße Hausnr.

1.3 PLZ Ort

1.4 Ansprechpartner

1.5 Telefon Telefax

2 Betriebsbeauftragte(r) für Abfall

2.1 Lfd.Nr.[1] Name
BA
Telefon Telefax

2.2 Lfd.Nr.[1] Name
BA
Telefon Telefax

2.3 Lfd.Nr.[1] Name
BA
Telefon Telefax

☐ Fortsetzung weiterer Betriebsbeauftragter auf formlosen Einlegeblatt

Bitte verwenden Sie diese Schreibweise:
A B C D E F G H I J K L M N O P Q R
S T U V W X Y Z 1 2 3 4 5 6 7 8 9 0

3 Anlagen

Das Abfallwirtschaftskonzept / Die Abfallbilanz besteht aus:

3.1 ___ Formblättern Verantwortliche Erklärung (VE)

3.2 ___ Formblättern Annahmeerklärung (AE)

3.3 ___ Formblättern Eigenentsorgung (EE)

3.4 ___ Formblättern Beiblatt Eigenentsorgung (BE)

3.5 ___ Formblättern Entsorgungswege / Verbleib (EV)

3.6 ___ Einlegeblättern (formlos)

3.7 Wir versichern, das Abfallwirtschaftskonzept / die Abfallbilanz entsprechend der Verordnung über Abfallwirtschaftskonzepte / Abfallbilanzen aufgestellt zu haben.

3.8 Ort Datum Tag, Monat, Jahr Rechtsverbindliche Unterschrift des Konzept-/Bilanzpflichtigen

BARCODEFELD 75x15mm

[1] Bitte fortlaufend numerieren

☐ Passer für EDV

Seite ① von ②

Formblatt Verantwortliche Erklärung (VE)

Verantwortliche Erklärung für Nachweise ☐

Abfallbeschreibung für Abfallwirtschaftskonzept ☐

Abfallbeschreibung für Abfallbilanz ☐

Abfallbeschreibung für Anzeige nach § 11 NachwV ☐
(auszufüllen durch den Abfallerzeuger)

zu Nr. __________
(nicht vom Antragsteller auszufüllen, bei Konzept/Bilanz aus Deckblatt zu übertragen)

zu lfd. Nr. ____ VE[1]

Folgeblatt ist beigefügt ☐

Zutreffendes bitte ankreuzen ☒ oder ausfüllen.
Für jede Anfallstelle und für jeden Abfallschlüssel gesondert ausfüllen.

Für interne Vermerke

1 Abfallherkunft (nicht ausfüllen bei Sammelentsorgung)

1.1 Bezeichnung der Anfallstelle[2]

____

1.2 Anlage ist nach BImSchG, Nr. ____ Spalte __ der Anlage zur 4. BImSchV, genehmigt.

Anlagennummer nach BImSchG-Genehmigung ____________

Zuständiger Betriebsbeauftragter für Abfall lfd. Nr. __ BA (aus Deckblatt für Konzept/Bilanz)

1.3 Straße oder Koordinaten ______________________________ Erzeugernummer __________

____

1.4 PLZ _____ Ort ______________________________

1.5 Ansprechpartner ______________________________

1.6 Telefon ______________ Telefax ______________

1.7 Die Anzeige gemäß § 11 NachwV für die Anfallstelle liegt der zuständigen Behörde vor: Ja ☐ Nein ☐

wenn ja, Anzeigenummer ______________

2 Abfallherkunft (nur ausfüllen bei Sammelentsorgung)

2.1 Bundesland/Bundesländer in dem/denen der Abfall eingesammelt wird

____

____

2.2 Beförderernummer __________

Name

____

____

Straße oder Koordinaten

____

____

PLZ _____ Ort ______________________________

Ansprechpartner ______________________________

Telefon ______________ Telefax ______________

Bitte verwenden Sie diese Schreibweise:

A	B	C	D	E	F	G	H	I	J	K	L	M	N	O	P	Q	R
S	T	U	V	W	X	Y	Z	1	2	3	4	5	6	7	8	9	0

BARCODEFELD 75x15mm

[1] Bitte fortlaufend numerieren.
[2] Betriebsstätte, sonstige ortsfeste Einrichtung, bauliche Anlage, Grundstück oder davon betrieblich unabhängige ortsveränderliche technische Einrichtung.

1454 Bundesgesetzblatt Jahrgang 1996 Teil I Nr. 47, ausgegeben zu Bonn am 20. September 1996

☐ Passer für EDV

Seite ② von ② **Formblatt Verantwortliche Erklärung (VE)**

Für interne Vermerke

3 Abfallbeschreibung

3.1 Betriebsinterne Bezeichnung

Abfallschlüssel[3] Code[4] (Nur bei Konzept/Bilanz bei Verbringung außerhalb der Bundesrepublik Deutschland)

Abfallbezeichnung[3]

3.2 Abfall wurde vorbehandelt: Ja ☐ Nein ☐

Abfallbeschreibung (Fortsetzung) (Nur ausfüllen bei VE für Nachweise)

3.3 Konsistenz: ☐ fest ☐ stichfest ☐ pastös/schlammig/breiig ☐ staubförmig ☐ flüssig

3.4 Geruch Farbe

3.5 Deklarationsanalyse(n) ist/sind beigefügt (nicht für Konzept/Bilanz): Ja ☐ Nein ☐

4 Anfall und Abgabe des Abfalls

4.1 Menge des Anfalls

Bilanzjahr/ 1. Konzeptjahr 2. Konzeptjahr 3. Konzeptjahr 4. Konzeptjahr 5. Konzeptjahr t/a

4.2 Abgabehäufigkeit[5]
einmalig ☐
mehrmalig ☐

5 Verantwortliche Erklärung (nur ausfüllen bei VE für Nachweise)

5.1 Wir versichern, daß die in dieser Verantwortlichen Erklärung gemachten Angaben zutreffen. Wir werden nur Abfälle zur Entsorgung bereitstellen, die den Angaben in der Verantwortlichen Erklärung entsprechen.

5.2 Ort Datum Tag, Monat, Jahr Rechtsverbindliche Unterschrift des Abfallerzeugers

Bitte verwenden Sie diese Schreibweise:

A	B	C	D	E	F	G	H	I	J	K	L	M	N	O	P	Q	R
S	T	U	V	W	X	Y	Z	1	2	3	4	5	6	7	8	9	0

BARCODEFELD 75x15mm

3) Nach EAK-Verordnung, Bestimmungsverordnung besonders überwachungsbedürftige Abfälle oder Bestimmungsverordnung überwachungsbedürftige Abfälle zur Verwertung

4) Code gemäß Anhang II–V der Verordnung (EWG) Nr. 259/93 des Rates vom 1. 2. 1993 zur Überwachung und Kontrolle der Verbringung von Abfällen in der, in die und aus der Europäischen Gemeinschaft. – Nur ausfüllen bei Verwertung.

5) Nur ausfüllen bei VE für Nachweise

☐ Passer für EDV

Seite ① von ②

Formblatt Annahmeerklärung (AE)

☐ **Annahmeerklärung für Nachweise**
☐ **Angaben zur Entsorgung für Abfallwirtschaftskonzept**
☐ **Angaben zur Entsorgung für Abfallbilanz**
☐ **Angaben zur Entsorgung für Antrag auf Freistellung nach § 13 NachwV**

(auszufüllen durch den Abfallentsorger/Konzeptpflichtigen/Bilanzpflichtigen)

zu Nr. (nicht vom Antragsteller auszufüllen, bei Konzept/Bilanz aus Deckblatt zu übertragen)

zu lfd. Nr. ______ AE

Folgeblatt ist beigefügt ☐

Zutreffendes bitte ankreuzen ☒ oder ausfüllen.

1 Angaben zum Abfallentsorger

Für interne Vermerke

1.1 Firma

1.2 Straße — Hausnr.

1.3 PLZ — Ort

2 Entsorgungsanlage (bestehende Anlage, für Konzept auch geplante Anlage)

2.1 Entsorgungsverfahren[1] R ___ oder D ___

2.2 Eigenentsorgung i.S. des § 19 Abs. 1 Nr. 4 KrW-/AbfG ☐ (Falls zutreffend, Formblatt Eigenentsorgung ausfüllen)

2.3 Bezeichnung der Entsorgungsanlage — Entsorgernummer

2.4 Straße — Hausnr.

2.5 Staat[2] — PLZ — Ort

2.6 Ansprechpartner

2.7 Telefon — Telefax

2.8 Die Anlage ist gemäß § 13 NachwV freigestellt: Ja ☐ Nein ☐

wenn ja, Freistellungsnummer

2.9 Auflistung und Beschreibung der Abfälle nach Art, Beschaffenheit und Menge bei Anträgen nach §13 NachwV auf gesondertem Blatt nach Maßgabe der zuständigen Behörde.

Bitte verwenden Sie diese Schreibweise:

A	B	C	D	E	F	G	H	I	J	K	L	M	N	O	P	Q	R
S	T	U	V	W	X	Y	Z	1	2	3	4	5	6	7	8	9	0

BARCODEFELD 75x15mm

[1] Verfahrensangabe nach Anhang IIA oder IIB des KrW-/AbfG
[2] Ländercode nach der Entscheidung 94/774/EG der Kommission vom 24. November 1994 über den einheitlichen Begleitschein gemäß der Entscheidung des Rates (EWG) Nr. 259/93

1456 Bundesgesetzblatt Jahrgang 1996 Teil I Nr. 47, ausgegeben zu Bonn am 20. September 1996

Passer für EDV

Seite ② von ②

Formblatt Annahmeerklärung (AE)

Für interne Vermerke

3 Entsorgungsverfahren (nur für Konzepte ausfüllen)

Die in die Anlage eingebrachten Abfälle werden zu

3.1 ___ v.H. stofflich verwertet ___ v.H. energetisch verwertet ___ v.H. beseitigt ___ v.H. weder verwertet noch beseitigt

3.2 Der weder verwertete noch beseitigte Anteil soll in einem Verfahren nach ___ ___*) entsorgt werden.

3.3 Anlagentyp oder Branche gemäß § 3 Abs. 4 AbfKoBiV (soweit noch keine konkrete Anlage benannt werden kann)

4 Annahmeerklärung (nur ausfüllen bei AE für Nachweise)

4.1 Wir versichern, daß die Angaben zutreffen. Die Anlage ist für die Entsorgung des deklarierten Abfalls gemäß

Verantwortlicher Erklärung lfd.-Nr. ___ VE bis ___ VE

zugelassen. Wir versichern, daß die Abfälle in unserer Anlage ordnungsgemäß und schadlos verwertet oder gemeinwohlverträglich beseitigt werden. Wir sind bereit, den deklarierten Abfall anzunehmen.

4.2 Ort Datum Tag, Monat, Jahr Rechtsverbindliche Unterschrift des Abfallentsorgers

Bitte verwenden Sie diese Schreibweise:

A B C D E F G H I J K L M N O P Q R
S T U V W X Y Z 1 2 3 4 5 6 7 8 9 0

BARCODEFELD 75x15mm

*) Verfahrensangabe nach Anhang IIA oder IIB des KrW-/AbfG

☐ Passer für EDV

Formblatt Eigenentsorgung (EE)

Anlage zu den Angaben zur Entsorgung für Eigenentsorger

zu Nr. ☐☐☐☐☐☐☐☐☐☐☐
(aus Deckblatt zu übertragen)

zu lfd. Nr. ☐☐☐☐ AE

Zutreffendes bitte ankreuzen ☒ oder ausfüllen.

1 Anlagenplanung — Tag, Monat, Jahr — Für interne Vermerke der Behörde

1.1 Die Anlage ist beantragt Ja ☐ Nein ☐ Ggf. Zeitpunkt der Antragstellung ☐☐☐☐☐☐

1.2 Liegt die Zulassung vor? Ja ☐ Nein ☐

1.3 Ist die Anlage in Betrieb? Ja ☐ Nein ☐ **Falls Nein:** Voraussichtlicher Betriebsbeginn: ☐☐☐☐☐☐

Falls Ja: Geplantes Betriebsende: ☐☐☐☐☐☐

2 Anlagenplanung (Fortsetzung)

				1. Konzeptjahr	2. Konzeptjahr	3. Konzeptjahr	4. Konzeptjahr	5. Konzeptjahr	
2.1	Kalenderjahr			☐	☐	☐	☐	☐	
2.2	Kapazität der Anlage			☐	☐	☐	☐	☐	t/a
2.3	Gesamtmenge aus Beiblättern[1]			☐	☐	☐	☐	☐	t/a
2.4	Abfallschlüssel	☐	☐[2]	☐	☐	☐	☐	☐	t/a
	Abfallschlüssel	☐	☐[2]	☐	☐	☐	☐	☐	t/a
	Abfallschlüssel	☐	☐[2]	☐	☐	☐	☐	☐	t/a
	Abfallschlüssel	☐	☐[2]	☐	☐	☐	☐	☐	t/a
	Abfallschlüssel	☐	☐[2]	☐	☐	☐	☐	☐	t/a
	Abfallschlüssel	☐	☐[2]	☐	☐	☐	☐	☐	t/a
	Abfallschlüssel	☐	☐[2]	☐	☐	☐	☐	☐	t/a
	Abfallschlüssel	☐	☐[2]	☐	☐	☐	☐	☐	t/a
	Abfallschlüssel	☐	☐[2]	☐	☐	☐	☐	☐	t/a
	Abfallschlüssel	☐	☐[2]	☐	☐	☐	☐	☐	t/a
	Abfallschlüssel	☐	☐[2]	☐	☐	☐	☐	☐	t/a
	Abfallschlüssel	☐	☐[2]	☐	☐	☐	☐	☐	t/a
	Abfallschlüssel	☐	☐[2]	☐	☐	☐	☐	☐	t/a
	Abfallschlüssel	☐	☐[2]	☐	☐	☐	☐	☐	t/a
	Abfallschlüssel	☐	☐[2]	☐	☐	☐	☐	☐	t/a
	Abfallschlüssel	☐	☐[2]	☐	☐	☐	☐	☐	t/a
	Kapazitätsrest/-defizit			☐	☐	☐	☐	☐	t/a

Folgeblatt ist beigefügt ☐

Bitte verwenden Sie diese Schreibweise:

A	B	C	D	E	F	G	H	I	J	K	L	M	N	O	P	Q	R
S	T	U	V	W	X	Y	Z	1	2	3	4	5	6	7	8	9	0

BARCODEFELD 75x15mm

[1] Soweit auf Beiblättern weitere Abfälle aufgeführt werden, ist hier die Endsumme des letzten Folgeblattes zu übernehmen.
[2] Anzukreuzen, wenn die Anfallstelle in einem engen räumlichen und betrieblichen Zusammenhang mit der Entsorgungsanlage steht.

1458 Bundesgesetzblatt Jahrgang 1996 Teil I Nr. 47, ausgegeben zu Bonn am 20. September 1996

☐ Passer für EDV

Formblatt Beiblatt Eigenentsorgung (BE)

Beiblatt zur Eigenentsorgung
Anlage zu den Angaben zur Entsorgung für Eigenentsorger

zu Nr. ☐☐☐☐☐☐☐☐☐☐☐
(aus Deckblatt zu übertragen)

zu lfd. Nr. ____ AE

Beiblatt Nr. ____ [1]

Zutreffendes bitte ankreuzen ☒ oder ausfüllen.

Für interne Vermerke der Behörde

Bitte verwenden Sie diese Schreibweise:

A	B	C	D	E	F	G	H	I	J	K	L	M	N	O	P	Q	R
S	T	U	V	W	X	Y	Z	1	2	3	4	5	6	7	8	9	0

BARCODEFELD 75x15mm

Anlagenplanung (Fortsetzung)

			1. Konzeptjahr	2. Konzeptjahr	3. Konzeptjahr	4. Konzeptjahr	5. Konzeptjahr	
			____	____	____	____	____	
Übertrag aus Beiblatt Nr.		____	______	______	______	______	______	t/a
Abfallschlüssel	______	☐ [2]	______	______	______	______	______	t/a
Abfallschlüssel	______	☐ [2]	______	______	______	______	______	t/a
Abfallschlüssel	______	☐ [2]	______	______	______	______	______	t/a
Abfallschlüssel	______	☐ [2]	______	______	______	______	______	t/a
Abfallschlüssel	______	☐ [2]	______	______	______	______	______	t/a
Abfallschlüssel	______	☐ [2]	______	______	______	______	______	t/a
Abfallschlüssel	______	☐ [2]	______	______	______	______	______	t/a
Abfallschlüssel	______	☐ [2]	______	______	______	______	______	t/a
Abfallschlüssel	______	☐ [2]	______	______	______	______	______	t/a
Abfallschlüssel	______	☐ [2]	______	______	______	______	______	t/a
Abfallschlüssel	______	☐ [2]	______	______	______	______	______	t/a
Abfallschlüssel	______	☐ [2]	______	______	______	______	______	t/a
Abfallschlüssel	______	☐ [2]	______	______	______	______	______	t/a
Abfallschlüssel	______	☐ [2]	______	______	______	______	______	t/a
Abfallschlüssel	______	☐ [2]	______	______	______	______	______	t/a
Abfallschlüssel	______	☐ [2]	______	______	______	______	______	t/a
Abfallschlüssel	______	☐ [2]	______	______	______	______	______	t/a
Abfallschlüssel	______	☐ [2]	______	______	______	______	______	t/a
Abfallschlüssel	______	☐ [2]	______	______	______	______	______	t/a
Abfallschlüssel	______	☐ [2]	______	______	______	______	______	t/a
Abfallschlüssel	______	☐ [2]	______	______	______	______	______	t/a
Abfallschlüssel	______	☐ [2]	______	______	______	______	______	t/a
Summe			______	______	______	______	______	t/a

Folgeblatt ist beigefügt ☐

[1] Bitte fortlaufend numerieren

[2] Anzukreuzen, wenn die Anfallstelle in einem engen räumlichen und betrieblichen Zusammenhang mit der Entsorgungsanlage steht.

☐ Passer für EDV

Formblatt Entsorgungswege/Verbleib (EV)

Zuordnung der Abfälle zu Entsorgungsanlagen

zu Nr. ☐☐☐☐☐☐☐☐☐☐
(aus Deckblatt zu übertragen)

☐ **Entsorgungswege für Abfallwirtschaftskonzept** ☐ **im Inland**[1]

☐ **Verbleib für Abfallbilanz** ☐ **außerhalb der Bundesrepublik Deutschland**[1]

Zutreffendes bitte ankreuzen ☒ oder ausfüllen. Nicht für Eigenentsorger zur Darstellung der Entsorgungswege für Abfallwirtschaftskonzept zu verwenden.

Bitte verwenden Sie diese Schreibweise: A B C D E F G H I J K L M N O P Q R S T U V W X Y Z 1 2 3 4 5 6 7 8 9 0

BARCODEFELD 75x15mm

Blatt-Nr. ___ [2]

Abfallschlüssel	Lfd. Nr.		Bilanzjahr 1. Konzeptjahr	2. Konzeptjahr	3. Konzeptjahr	4. Konzeptjahr	5. Konzeptjahr		Für interne Vermerke der Behörde
			___	___	___	___	___		
___	___ AE	☐ [3]	___	___	___	___	___	t/a[4]	
___	___ AE	☐ [3]	___	___	___	___	___	t/a[4]	
___	___ AE	☐ [3]	___	___	___	___	___	t/a[4]	
___	___ AE	☐ [3]	___	___	___	___	___	t/a[4]	
___	___ AE	☐ [3]	___	___	___	___	___	t/a[4]	
___	___ AE	☐ [3]	___	___	___	___	___	t/a[4]	
___	___ AE	☐ [3]	___	___	___	___	___	t/a[4]	
___	___ AE	☐ [3]	___	___	___	___	___	t/a[4]	
___	___ AE	☐ [3]	___	___	___	___	___	t/a[4]	
___	___ AE	☐ [3]	___	___	___	___	___	t/a[4]	
___	___ AE	☐ [3]	___	___	___	___	___	t/a[4]	
___	___ AE	☐ [3]	___	___	___	___	___	t/a[4]	
___	___ AE	☐ [3]	___	___	___	___	___	t/a[4]	
___	___ AE	☐ [3]	___	___	___	___	___	t/a[4]	
___	___ AE	☐ [3]	___	___	___	___	___	t/a[4]	
___	___ AE	☐ [3]	___	___	___	___	___	t/a[4]	
___	___ AE	☐ [3]	___	___	___	___	___	t/a[4]	
___	___ AE	☐ [3]	___	___	___	___	___	t/a[4]	
___	___ AE	☐ [3]	___	___	___	___	___	t/a[4]	

Folgeblatt ist beigefügt ☐

[1] Entsorgung im Inland und außerhalb der Bundesrepublik ist auf jeweils gesondertem Formblatt darzustellen.
[2] Bitte fortlaufend numerieren.
[3] Anzukreuzen, wenn die Anfallstelle in einem engen räumlichen und betrieblichen Zusammenhang mit der Entsorgungsanlage steht.
[4] Einzutragen sind die in die Entsorgungsanlage nach Formblatt Annahmeerklärung (AE) einzubringenden Abfall-Teilmengen der aus den Formblättern Verantwortliche Erklärung (VE) ermittelten Gesamtmenge der Abfälle gleichen Abfallschlüssels.

Herausgeber: Bundesministerium der Justiz – Verlag: Bundesanzeiger Verlagsges.m.b.H. – Druck: Bundesdruckerei GmbH, Zweigniederlassung Bonn.

Bundesgesetzblatt Teil I enthält Gesetze sowie Verordnungen und sonstige Bekanntmachungen von wesentlicher Bedeutung, soweit sie nicht im Bundesgesetzblatt Teil II zu veröffentlichen sind.

Bundesgesetzblatt Teil II enthält

a) völkerrechtliche Übereinkünfte und die zu ihrer Inkraftsetzung oder Durchsetzung erlassenen Rechtsvorschriften sowie damit zusammenhängende Bekanntmachungen,

b) Zolltarifvorschriften.

Laufender Bezug nur im Verlagsabonnement. Postanschrift für Abonnementsbestellungen sowie Bestellungen bereits erschienener Ausgaben:

Bundesanzeiger Verlagsges.m.b.H., Postfach 13 20, 53003 Bonn
Telefon: (02 28) 3 82 08 - 0, Telefax: (02 28) 3 82 08 - 36.

Bezugspreis für Teil I und Teil II halbjährlich je 97,80 DM. Einzelstücke je angefangene 16 Seiten 3,10 DM zuzüglich Versandkosten. Dieser Preis gilt auch für Bundesgesetzblätter, die vor dem 1. Januar 1993 ausgegeben worden sind. Lieferung gegen Voreinsendung des Betrages auf das Postgirokonto Bundesgesetzblatt Köln 3 99-509, BLZ 370 100 50, oder gegen Vorausrechnung.

Preis dieser Ausgabe: 20,65 DM (18,60 DM zuzüglich 2,05 DM Versandkosten), bei Lieferung gegen Vorausrechnung 21,65 DM.

Im Bezugspreis ist die Mehrwertsteuer enthalten; der angewandte Steuersatz beträgt 7%.

Bundesanzeiger Verlagsges.m.b.H. · Postfach 13 20 · 53003 Bonn

Postvertriebsstück · Z 5702 · Entgelt bezahlt

Anlage 2
(zu § 10)

Ausnahmen nach § 10

Spalte 1	Spalte 2
1. Beton aus Straßenaufbruch zur Verwertung (Abfallschlüssel 17 01 01 nach der Bestimmungsverordnung überwachungsbedürftige Abfälle zur Verwertung vom 10. September 1996 (BGBl. I S. 1377))	Auf die in Spalte 1 Nr. 1 genannten Abfälle finden die Regelungen dieser Verordnung keine Anwendung.
2. Abfälle, die unmittelbar und üblicherweise durch Maßnahmen der Grundlagenforschung anfallen	Die in Spalte 1 Nr. 2 genannten Abfälle können auf Antrag befristet oder dauerhaft von den Regelungen dieser Verordnung ausgenommen werden.
3. Abfälle von Abfallerzeugern mit wechselnden Einsatzstellen und nicht vorhersehbaren Eigentums- und Besitzverhältnissen an den erzeugten Abfällen, insbesondere Abfälle aus Bautätigkeit als Dienstleistungstätigkeit	(1) Abweichend von § 2 Abs. 2 Nr. 3 Buchstabe b ist für die in Spalte 1 Nr. 3 genannten Abfälle im Abfallwirtschaftskonzept eine Ermittlung nicht erforderlich. (2) Abweichend von § 2 Abs. 1 Nr. 2 ist für die in Spalte 1 Nr. 3 genannten Abfälle im Abfallwirtschaftskonzept die Darstellung der Abfall-Anfallstellen nicht erforderlich.
4. Besonders überwachungsbedürftige Abfälle, von denen weniger als 100 kg, oder überwachungsbedürftige Abfälle, von denen weniger als 50 Tonnen in einem Kalenderjahr anfallen	(1) Abweichend von § 5 Abs. 1 bedarf es für die in Spalte 1 Nr. 4 genannten Abfälle keiner Darstellung der getroffenen und geplanten Maßnahmen. (2) Abweichend von § 5 Abs. 2 bedarf es für die in Spalte 1 Nr. 4 genannten Abfälle keiner Begründung der Notwendigkeit der Beseitigung.
5. Abfälle aus Abfall-Anfallstellen von Abfallerzeugern im Sinne des § 44 Abs. 1 oder § 47 Abs. 1 des Kreislaufwirtschafts- und Abfallgesetzes	(1) Abweichend von § 8 Abs. 1 sind für die in Spalte 1 Nr. 5 genannten Abfälle die Formblätter der Anlage 1 zu verwenden. Die Darstellung der Abfall-Anfallstellen in Listenform ist zulässig. (2) Abweichend von § 8 Abs. 4 ist für die in Spalte 1 Nr. 5 genannten Abfälle die Struktur der digitalisierten Aufbereitung sowie die Form der Datenübergabe mit der zuständigen Behörde abzustimmen.

Informieren Sie sich regelmäßig über die aktuellen Entwicklungen im Umwelt- und Planungsrecht

Fordern Sie bitte ein kostenloses Probeheft und Abo-Informationen an.

JEHLE REHM

Damit bleiben Sie auf dem laufenden: verständliche Abhandlungen zu den Fragen rund um Umweltrecht und Planungsrecht mit Berichten und Hinweisen. Als Entscheidungsgrundlage besonders wertvoll ist die Darstellung von Rechtsprechung und Leitsätzen. Wichtige Hintergrundinformationen, z. B. zu Gesetzesentwicklungen und Veranstaltungen, helfen Trends frühzeitig zu erkennen bzw. rasch reagieren zu können.

Die UPR erscheint monatlich. Fordern Sie einfach ein kostenloses Probeheft und Abo-Informationen an.

Verlagsgruppe
Jehle Rehm
München/Berlin

Verlagsgruppe Jehle Rehm GmbH
Postfach 80 19 40, 81619 München
Telefon 0 89/41 979-0, Telefax 0 89/41 979-230

2227796

Zeitgemäße Lösungen auf der sicheren Seite: *wlb* – Zeitschrift für Umwelttechnik

Das *wlb*-Redaktionsprogramm serviert Ihnen das Spezialwissen und den Informations-Querschnitt zur Anwendung. Ganz nach Ihrem umwelttechnischen Bedarf.

wlb "Wasser, Luft und Boden" berichtet auch 1997 über:

- **Abfalltechnik / Recycling / Bodensanierung**
  Auswirkungen des KrW-/AbfG mit untergesetzlichem Regelwerk, Entsorgungsfachbetriebe, Abfallverwertung, Abfallbeseitigung, Restmüllbehandlung, Behandlung biologischer Abfälle
- **Wasser-/Abwassertechnik**
- **Luftreinhaltung**
- **EDV/Software/Dienstleistungen**
- **Ingenieurbüros in der Umwelttechnik**

Abo!
DM 218,- (Ausland DM 234,-) inkl. Versandkosten

Erscheint 9mal jährlich und zusätzlich WLB Marktspiegel Umwelttechnik 1998

Abobestellung: VEREINIGTE FACHVERLAGE Postfach 4068 · D-55030 Mainz
Tel. 06131/992-0 · Fax 992-100

Kennen Sie eigentlich auch die wlb?

wlb "Wasser, Luft und Boden" – Die Zeitschrift für Umwelttechnik

Unser Magazin WLB "Wasser, Luft und Boden" ist die **älteste Umwelttechnik-Fachzeitschrift Deutschlands** und hat seit fast 40 Jahren die Entwicklung von Umweltschutz und Umwelttechnik in Deutschland publizistisch begleitet.

Damit verfügt die WLB über die **längste Erfahrung aller Fachzeitschriften** in der Umwelttechnik-Branche, was sich in der großen Kompetenz und der sehr hohen Marktdurchdringung niederschlägt.

Sie ist eine **Fachzeitschrift mit Kennziffern** und wendet sich **monatlich** mit einer **Auflage von 15.000 Exemplaren** an die Betriebsbeauftragten für Umweltschutz in der produzierenden Industrie, an Umweltbehörden auf Bundes-, Landes-, Kreis- und kommunaler Ebene sowie an Ingenieur- und Beratungsbüros.

WLB berichtet über Geräte, Anlagen, Verfahren und Dienstleistungen in der Umwelttechnik, über Meß- und Analysentechnik, Betriebs- und Hilfsmittel sowie über Werkstoffe. Außerdem kommt eine Fülle praxisorientierter Informationen sowie gesetzliche Grundlagen für die Bereiche Wasser-/ Abwassertechnik, Luftreinhaltung, Abfalltechnik, Bodenschutz und Altlastensanierung hinzu.

Damit gehört die WLB **zur Pflichtlektüre für alle Spezialisten im Umweltbereich** und bietet auch **Ihrem Unternehmen** eine ideale Möglichkeit, sich **mit Ihren Produkten und Dienstleistungen diesen Einkaufs-Entscheidern zu präsentieren.**

Ein Exemplar der neuesten WLB-Ausgabe und unsere Mediadaten haben wir für Sie bereitgelegt! Einfach diese Seite zufaxen und anfordern!
Anforderungsgutschein für:

Firma: ______________________

Name: ______________________

Straße: ______________________

PLZ/Ort: ______________________

Tel./Fax: ______________________

Anzeigenleitung **wlb**, Michael Kiefer, Fax-Nr. 0 61 31 / 992-100

Es hat sich noch immer ausgezahlt, gut informiert zu sein!

Als Leser dieser Fachzeitschrift können Sie sich dessen sicher sein

uwf

bietet Ihnen als betriebswirtschaftlich ökologisch-orientierte Fachzeitschrift

- ➜ Umfassende Informationen zu aktuellen Schwerpunktthemen:

  Öko-Audit
  Produktintegrierter Umweltschutz
  Umwelt- und Qualitätsmanagement

- ➜ Allgemeingültige Lösungsansätze für betriebliche Problemstellungen
- ➜ Neueste wissenschaftliche Erkenntnisse und Forschungsergebnisse
- ➜ Diskussionsbeiträge aus erster Hand von Fachleuten aus Wirtschaft, Recht und Politik
- ➜ Besprechungen aktueller Fachbücher und wissenschaftlicher Publikationen
- ➜ Termine von Messen, Konferenzen und Seminaren

Denken Sie daran, es lohnt sich!

Kontaktadresse:
IUWA,
Institut für Umweltwirtschaftsanalysen Heidelberg e.V.,
Tiergartenstr. 17, 69121 Heidelberg.
Tel. 06221/487-630, Fax: 06221/487-683.

d&p.3202.MNTZ/E/1

BESTELLSCHEIN

uwf UmweltWirtschaftsForum ISSN 0943-3481 Titel Nr. 550

☐ Bitte liefern Sie gegen Rechnung
☐ Bitte belasten Sie meine Kreditkarte
☐ Eurocard/Access/Mastercard
☐ American Express
☐ Visa/Barclaycard/BankAmericard

Nummer: |_|_|_|_|_|_|_|_|_|_|_|_|_|_|_|_|

Gültig bis: ____________________

Bitte bestellen Sie bei Ihrem Buchhändler oder bei :
Springer-Verlag, Postfach 31 13 40,
D-10643 Berlin
Fax: 0 30 / 82 07 - 3 01 / 4 48
e-mail: subscription@springer.de

☐ Ich abonniere die Zeitschrift ab 1996, Bd. 4 (4 issues) DM 132,- (unverbindliche Preisempfehlung)
Studierende mit Nachweis erhalten 50% Ermäßigung!
zuzüglich Versandkosten: BRD DM 10,80 andere Länder DM 29,20

☐ Bitte senden Sie mir ein kostenloses Probeheft

Name/Adresse: ....

Datum: .... Unterschrift: ....

*** Garantie:** Ich weiß, daß ich Bestellungen von Zeitschriften innerhalb von 10 Tagen schriftlich bei der Bestelladresse widerrufen kann, wobei die rechtzeitige Absendung des Widerrufschreibens zur Wahrung der Frist genügt. Ich bestätige die Kenntnis dieser Erklärung durch meine zweite Unterschrift.

ZweiteUnterschrift: ....

Preisänderungem vorbehalten. 7% MWSt. im Preis enthalten.
In EG Ländern gilt die landesübliche Mehrwertsteuer.

Die größte Zeitschrift Europas für Angewandte Geographie!

STANDORT

berichtet über aktuelle Entwicklungen der Angewandten Geographie und verwandter Fachgebiete.

Inhalt Heft 4/95:

Tarner; Wittke; Mager; Marquardt-Kuron:
STANDORT-Gespräch: Geographen in der Politik

Franck:
Arbeitslosigkeit und Region

Henkel:
Arbeitsplätze im ländlichen Raum

Helmstädter:
Beschäftigtenstruktur deutscher Großstadtregionen

Klecker:
Arbeitsmarkt für Geographen

Klecker; Marquardt-Kuron:
45 Jahre DVAG

Herausgeber
Deutscher Verband für Angewandte Geographie e.V. (DVAG), Bonn;
Mitglied im Zentralverband der Deutschen Geographen

Schriftleitung
A. Marquard-Kuron
P.M. Klecker
Redaktionsassistentin
M. Huch

rb.3332.MNTZ/E/1

BESTELLSCHEIN **Standort** ISSN 0174-3635 Titel Nr. 548

☐ Bitte liefern Sie gegen Rechnung
☐ Bitte belasten Sie meine Kreditkarte
☐ Eurocard/Access/Mastercard
☐ American Express
☐ Visa/Barclaycard/BankAmericard

Nummer: ______________________

Gültig bis: ______________

Bitte bestellen Sie bei Ihrem Buchhändler
oder bei :
Springer-Verlag, Postfach 31 13 40,
D-10643 Berlin
Fax: 0 30 / 82 07 - 3 01 / 4 48
e-mail: subscription@springer.de

☐ Ich abonniere die Zeitschrift ab 1996, Band 20 (4 Hefte) DM 118,-
(unverbindliche Preisempfehlung)
zzgl. Versandkosten: BRD DM 10,80 andere Länder DM 19,40
☐ Bitte senden Sie mir ein kostenloses Probeheft

Name/Adresse: ....

Datum: .... Unterschrift: ....

* **Garantie:** Ich weiß, daß ich Bestellungen von Zeitschriften innerhalb von 10 Tagen schriftlich bei der Bestelladresse widerrufen kann, wobei die rechtzeitige Absendung des Widerrufschreibens zur Wahrung der Frist genügt. Ich bestätige die Kenntnis dieser Erklärung durch meine zweite Unterschrift.

Zweite Unterschrift: ....

Preisänderungen vorbehalten. 7% MWSt. im Preis enthalten.
In EG Ländern gilt die landesübliche Mehrwertsteuer.

Ziel des DVAG ...

... ist die Interessenvertretung der Angewandten Geographie und somit all jener, die Geographie in der Praxis als querschnittsorientierte Anwendung und Umsetzung geographischer Erkenntnisse in Gesellschaft, Wirtschaft, Planung, Politik und Verwaltung begreifen.

Der DVAG vertritt die Interessen der Berufstätigen und Studierenden und engagiert sich dafür, die Leistungen der Angewandten Geographie als Anbieter praxisnaher Lösungsmöglichkeiten zur Vorbereitung und Umsetzung unternehmerischer und politischer Entscheidungen noch weiter in das Bewußtsein der Öffentlichkeit zu rükken.

Dadurch fördert der DVAG Bedeutung und Image der Geographie und somit der Geographinnen und Geographen.

Leistungen des DVAG ...

... sind Fachtagungen und Weiterbildungsveranstaltungen, die im Dialog mit Fachleuten und Interessenten anderer Disziplinen aktuelle Themen in Diskussionen, Vorträge und Workshops aufgreifen.

... sind in bestimmten Fachgebieten kontinuierlich tätige Facharbeitsgruppen (FAG), die Stellungnahmen erarbeiten und Fachtagungen organisieren. Die FAGs sind fachliche Anlaufstelle für Mitglieder und Interessenten.

... sind Regionale Arbeitsgruppen (RAG), die Ansprechpartner des DVAG vor Ort. In Studienfragen sind die RAGs in Kooperation mit den Geographischen Instituten Kontaktstelle für die Studierenden. Die RAGs führen in regelmäßigen Abständen Diskussionsveranstaltungen und Exkursionen durch.

... sind Publikationen, in denen Tagungs- und Diskussionsergebnisse dokumentiert werden. Nachrichten und Trends aus allen Bereichen der Angewandten Geographie erscheinen vierteljährlich im STANDORT – Zeitschrift für Angewandte Geographie.

DVAG

DEUTSCHER VERBAND FÜR ANGEWANDTE GEOGRAPHIE

Die 1700 Mitglieder des DVAG ...

... nutzen das Netzwerk beruflicher Kontakte und Anregungen durch aktive und berufsfeldbezogene Mitarbeit in RAGs und FAGs.

... erhalten Service- und Beratungsleistungen in allen Fragen der Angewandten Geographie einschließlich Arbeitsmarkt, Studium und Praktikum.

... beziehen kostenlos den STANDORT – Zeitschrift für Angewandte Geographie und ermäßigt die Schriftenreihen Material zur Angewandten Geographie und Material zum Beruf der Geographen.

... nehmen vergünstigt an allen Veranstaltungen des DVAG–Tagungs- und Weiterbildungsprogramms teil einschließlich Geographentag und geotechnica.

... sind in allen Bereichen von Wirtschaft, Politik und Verwaltung, als Freiberufler, in Forschungsinstitutionen und Hochschulen, in Verbänden und Stiftungen tätig.

Der DVAG ...

... wurde 1950 von Walter Christaller, Paul Gauss und Emil Meynen als Verband Deutscher Berufsgeographen gegründet.

... ist Mitglied in der Deutschen Gesellschaft für Geographie e.V., in der die etwa 8.000 Mitglieder der geographischen Fachverbände und Gesellschaften Deutschlands vertreten sind.

Deutscher Verband für
Angewandte Geographie e.V. (DVAG)
Königstraße 68
53115 Bonn
☎ 0228 / 914 88 11
Fax 0228 / 914 88 49

Veröffentlichungen des DVAG

Der Deutsche Verband für Angewandte Geographie (DVAG) dokumentiert regelmäßig die Ergebnisse seiner Tagungen in der Reihe "**Material zur Angewandten Geographie**" (MAG) – Bezugsanschrift: DVAG, Königstraße 68, 53115 Bonn, Fax 0228 / 914 88 49 –. In den letzten Jahren sind darin erschienen:

MAG 20 **Umweltplanung – Reparaturunternehmen oder ökologische Raumentwicklung?**
hrsg. 1991 im Auftrag des DVAG von Burghard Rauschelbach und Jan Jahns

MAG 21 **Die Vereinigten Staaten von Europa – Anspruch und Wirklichkeit**
hrsg. 1991 im Auftrag des DVAG von Arnulf Marquardt-Kuron, Thomas J. Mager und Juan-J. Carmona-Schneider

MAG 22 **Die Region Leipzig–Halle im Wandel – Chancen für die Zukunft**
hrsg. 1993 im Auftrag des DVAG von Juan-J. Carmona-Schneider und Petra Karrasch

MAG 23 **Raumbezogene Informationssysteme in der Anwendung**
hrsg. 1995 im Auftrag des DVAG von Peter Moll

MAG 24 **Umweltschonender Tourismus – Eine Entwicklungsperspektive für den ländlichen Raum**
hrsg. 1995 im Auftrag des DVAG von Peter Moll

MAG 25 **Umweltverträglichkeitsprüfung – Umweltqualitätsziele – Umweltstandards**
hrsg. 1994 im Auftrag des DVAG von Thomas J. Mager, Astrid Habener und Arnulf Marquardt-Kuron

MAG 26 **Angewandte Verkehrswissenschaften – Anwendung mit Konzept**
hrsg. 1995 im Auftrag des DVAG von Arnulf Marquardt-Kuron und Konrad Schliephake

MAG 27 **Regionale Leitbilder – Vermarktung oder Ressourcensicherung?**
hrsg. 1995 im Auftrag des DVAG von Burghard Rauschelbach

MAG 28 **Land unter – Bedeutungswandel und Entwicklungsperspektiven "Ländlicher Räume"**
hrsg. 1995 im Auftrag des DVAG von Frank Hömme

MAG 29 **Stadt- und Regionalmarketing – Irrweg oder Stein der Weisen?**
hrsg. 1995 im Auftrag des DVAG von Rolf Beyer und Irene Kuron

MAG 30 **Regionalisierte Entwicklungsstrategien**
hrsg. 1995 im Auftrag des DVAG von Achim Momm, Ralf Löckener, Rainer Danielzyk und Axel Priebs

MAG 31 **UVP und UVS als Instrumente der Umweltvorsorge**
hrsg. 1995 im Auftrag des DVAG von Werner Veltrup und Arnulf Marquardt-Kuron

umwelt & technik

... ist unsere Zukunft

Katalysatoren
Entschwefelung Kläranlagen Filter
Geruchsvernichter Schallschutz
Kläranlagen Entschwefelung
Entstaubung Recycling Müllverbrennung
Katalysatoren Gülleverarbeitung
Grundwassersanierung Kläranlagen
Entschwefelung Müllverbrennung Bodensanierung Filter
Bodensanierung Geruchsvernichter Recycling
Schallschutz Grundwassersanierung Filter
Katalysatoren Gülleverarbeitung Schallschutz
Katalysatoren Kläranlagen Müllverbrennung
Bodensanierung Entstaubung Recycling Entstaubung
Grundwassersanierung Recycling Entschwefelung Geruchsvernichter
Katalysatoren Geruchsvernichter Entstaubung Katalysatoren
Schallschutz Katalysatoren Entstaubung Kläranlagen
Gülleverarbeitung Bodensanierung Katalysatoren Gülleverarbeitung Filter
Kläranlagen Grundwassersanierung Entschwefelung Schallschutz
Filter Geruchsvernichter Müllverbrennung Filter Grundwassersanierung
Müllverbrennung Entschwefelung Katalysatoren Kläranlagen
Grundwassersanierung Recycling Geruchsvernichter Recycling
Filter Gülleverarbeitung Müllverbrennung Entstaubung
Recycling Entstaubung Grundwassersanierung Katalysatoren
Katalysatoren Kläranlagen Schallschutz
Müllverbrennung Entschwefelung Bodensanierung
Schallschutz Gülleverarbeitung Recycling

Die ganze Bandbreite der Umweltthemen lesen Sie bei uns.

umwelt & technik Zeitschrift für angewandten Umweltschutz
Fordern Sie Ansichtshefte und Media Informationen an.

Coupon
Firma
Name
Straße/Postfach
Ort

verlag moderne industrie
86895 Landsberg

Zeichnung: Dietmar Dänecke, Quelle ›Die Zeit‹

Umweltinstitut Offenbach, Nordring 82B, 63067 Offenbach,

Telefon (069) 81 06 79, Telefax (9069) 823493

Geographisches Altlasten-Dokumentations- und Informationssystem

ALADIN® Version 2.0

- neue Version mit erheblich reduzierten Preisen! -

ALADIN®, das *A*lt*LA*sten-*D*okumentations- und *IN*formationssystem liegt jetzt in der Version 2.0 vor. Mit der neuen Version wurden auch **anwendungsspezifische Variationen** und **neue Preise** eingeführt.

Das Geographische Informationssystem **ALADIN® 2.0** ist eine Anwendung für PCs unter WINDOWS 3.x, WINDOWS-NT oder WINDOWS 95 auf Basis von ArcView 2.1.

Die Anwendung ist auch zusammen mit dem Bohrprofilsystem TK-PLOT zur Darstellung von Bohrprofilen erhältlich.

ALADIN® 2.0 ist eine Zusammenfassung zahlreicher Einzelfunktionsmodule zur komfortablen und zweckmäßigen Erfüllung umweltrelevanter Aufgaben und geht über die reine altlastenspezifische Betrachtungsweise weit hinaus.

ALADIN® 2.0 ist erhältlich als

ALADIN®-BUIS
für den Aufbau oder die Ergänzung eines **Betrieblichen Umweltinformationssystems (BUIS)**. Für mittlere bis größere produzierende Betriebe als Hilfsmittel zur Erfüllung ihrer umweltpolitischen Aufgaben.

ALADIN®-KOMM
für den Aufbau oder die Ergänzung eines **Kommunalen Umweltinformationssystems (KOMM)**. Für kommunale, regionale und Landes-Behörden als Hilfsmittel zur Erfüllung ihrer umweltpolitischen Aufgaben.

ALADIN®-CONSULT
für den Aufbau oder die Ergänzung von spezifischen Umweltinformationssystemen, wie sie bei **Umwelt-Consulting-Büros** oder im Auftrag von Behörden oder Firmen tätigen Büros benötigt werden.

ALADIN® ist als Demo-Version verfügbar.

Weitere Informationen zur Anforderung der Demo-Version sind beim Umweltitutinstitut Offenbach erhältlich.

Umweltbetriebsprüfer / Umweltgutachter

Fortbildungskonzept des Umweltinstituts Offenbach nach EG-Öko-Audit-Verordnung

UMWELTINSTITUT OFFENBACH GmbH
Nordring 82 B
63067 Offenbach am Main
Telefon: (069) 81 06 79
Telefax: (069) 82 34 93

Seit April 1995 gilt europaweit die EG-Öko-Audit-Verordnung. Sie betont die Eigenverantwortung der Industrie für die Bewältigung der Umweltfolgen ihrer Tätigkeit und fordert aktive Konzepte zur kontinuierlichen Verbesserung des betrieblichen Umweltschutzes.

Regelmäßige Umweltbetriebsprüfungen und Begutachtungen sind zentraler Bestandteil des in der Verordnung geforderten Umweltmanagementsystems.

Die EU-Kommission hat durch diese Verordnung ("über die freiwillige Beteiligung gewerblicher Unternehmen an einem Gemeinschaftssystem für das Umweltmanagement und die Umweltbetriebsprüfung") zwei völlig neue Berufsbilder geschaffen:

Umweltbetriebsprüfer und Umweltgutachter

Aufgaben und Qualifikationen der Umweltbetriebsprüfer und -gutachter ergeben sich einerseits aus der Verordnung selbst, den relevanten Normen und aus den Bestimmungen des Umweltauditgesetzes (UAG). Auf dieser Basis hat das Umweltinstitut Offenbach ein modulares Fortbildungskonzept entwickelt, das der "Deutschen Akkreditierungs- und Zulassungsgesellschaft für Umweltgutachter (DAU)" zur Anerkennung vorgelegt ist und der Vorbereitung auf die Zulassungsprüfung für Umweltgutachter dient.

Aufbauend auf den gesetzlich definierten Einzelnachweisen der Fach/Sachkunde als Betriebsbeauftragte für Abfall, Gewässerschutz und Immissionsschutz werden die Fachkenntnisse über "Methodik und Durchführung der Umweltbetriebsprüfung" vermittelt.

Umweltbetriebsprüfer belegen zudem das Modul "Kommunikation im Betrieblichen Umweltschutz", Umweltgutachter belegen das Modul "Betriebliches Management und Organisation des Umweltschutzes".

Pflichtmodule für Umweltbetriebsprüfer und Umweltgutachter

Modul 1: Betriebsbeauftragte/r für Abfall - 5-täg. Sachkunde-Seminar

Modul 2: Betriebsbeauftragte/r für Gewässerschutz - 5-täg. Fachkunde-Seminar

Modul 3: Betriebsbeauftragte/r für Immissionsschutz - 5-täg. Fachkunde-Seminar

Modul 4: Methodik und Durchführung der Umweltbetriebsprüfung (Umwelt-Auditor) - 5-täg. Sem.

sowie zusätzlich:

Pflichtmodul für Umweltbetriebsprüfer

Modul 5: Kommunikation im betrieblichen Umweltschutz - 4-tägiges Praxisseminar *(für Umweltgutachter freiwillig)*

Pflichtmodul für Umweltgutachter

Modul 6: Betriebliches Management und Organisation des Umweltschutzes - 4-tägiges Seminar *(für Umweltbetriebsprüfer freiwillig)*

Fordern Sie die aktuellen Termine und das ausführliche Kursprogramm an !

Das Umweltinstitut Offenbach hat die **Software "Öko-AUDITOR"** zur praktischen Unterstützung des gesamten Audit-Prozesses entwickelt. Sie führt den Anwender durch die Umweltprüfung und zeigt die nach EG-Verordnung zu bearbeitenden Aufgaben an. Ebenso erhältlich ist ein **"Leitfaden zur Umsetzung des EG-Öko-Audt-Systems im Unternehmen"**. Fordern Sie Informationen an!

UMWELTINSTITUT OFFENBACH GmbH

Nordring 82 B
63067 Offenbach am Main
Telefon: (069) 81 06 79
Telefax: (069) 82 34 93

Absender:

O Beauftragte/r für die Bearbeitung von Altlasten

Fünftägiger Zertifikats-Grundkurs zur Erlangung der Fachkenntnisse für die Erfassung, Erkundung, Untersuchung und Sanierung von Altlasten.

Fortbildungsveranstaltung im Hinblick auf den Nachweis der erforderlichen Sachkunde nach dem Referentenentwurf für ein Bundes-Bodenschutzgesetz.

Die explosionsartig gestiegene Zahl von Altlastenverdachtsflächen stellt die Behörden vor enorme Aufwendungen für die Erfassungs-, Untersuchungs- und Sanierungsmaßnahmen. Die Sachbearbeiter, aber auch die Mitarbeiter der beauftragten Ingenieurbüros, sind oftmals durch die Begriffsvielfalt, die unterschiedlichen Rechtsgrundlagen, die verschiedenen Untersuchungsschritte und Sanierungsverfahren sowie mit der praktischen Umsetzung ihrer Fachkenntnis überfordert. Das Umweltinstitut Offenbach bietet einen fünftägigen Zertifikatskurs an, der grundlegend das Fachwissen der Altlastenbearbeitung vermittelt. Angesprochen werden sowohl kommunale Mitarbeiter als auch Mitarbeiter aus Industrie, Gewerbe und Ingenieurbüros.

O Umweltbetriebsprüfer und Umweltgutachter

Seit April 1995 gilt europaweit die **EG-Öko-Audit-Verordnung**. Regelmäßige Umweltbetriebsprüfungen sind zentraler Bestandteil des in der Verordnung geforderten Umweltmanagementsystems. Die EU-Kommission hat durch diese Verordnung zwei völlig neue Berufe geschaffen: **Umweltbetriebsprüfer und Umweltgutachter.**

Ihre Aufgaben ergeben sich aus der Verordnung selbst und aus den Bestimmungen des Umweltauditgesetzes. Auf dieser Basis hat das Umweltinstitut Offenbach ein Fortbildungskonzept entwickelt. Aufbauend auf den gesetzlich definierten Einzelnachweisen der Fachkunde als Betriebsbeauftragte für Abfall, Gewässerschutz und Immissionsschutz werden die Fachkenntnisse über "Methodik der Umweltbetriebsprüfung" sowie über "Betriebliches Management und Organisation des Umweltschutzes" vermittelt.

Das Konzept wurde der "Deutschen Akkreditierungs- und Zulassungsgesellschaft für Umweltgutachter (DAU) zur Anerkennung vorgelegt und dient neben der Ausbildung zum Umweltbetriebsprüfer der Vorbereitung auf die Zulassungsprüfung für Umweltgutachter.

O Beauftragte/r für die Vorbereitung und Durchführung der Umweltverträglichkeitsprüfung (UVP)

Allgemeine Verwaltungsvorschrift zur UVP, Investitionserleichterungs- und Wohnbaulandgesetz, EG-Richtlinie über die integrierte Vermeidung und Verminderung der Umweltverschmutzung (IVU-Richtlnie)

Nach wie vor bestehen seitens der Projektträger, der Gutachter und der Behörden Unsicherheit in Bezug auf Prüfverfahren, Art und Umfang der Umweltverträglichkeitsuntersuchung, Ablauf und Bewertung der Ergebnise. Das einwöchige Praxis-Seminar wird diese Themenkomplexe grundlegend aufarbeiten. Neben Referenten aus Ingenieurbüros werden Behördenvertreter ihre spezifischen Probleme und Anforderungen darstellen. Intensiv werden dabei die juristischen Grundlagen erarbeitet, insbesondere die gesetzlichen Änderungen der vergangenen Jahre.

O Grundwasserschadensfälle

Untersuchung, Probenahme und Sanierung

Tagung mit begleitender Ausstellung

O Betriebsbeauftragte/r für Gewässerschutz, Immissionsschutz und Abfall

Zertifikats-Kurse zur Erlangung der gesetzlich geforderten Sach- bzw. Fachkunde

Firmenprofil

UIO UMWELTINSTITUT OFFENBACH GmbH
Nordring 82 B, 63067 Offenbach a.M.
Tel.: 069-810679; Fax: 069-823493

Geschäftsführer:	Dr. Lutz Schimmelpfeng Herbert Pfaff-Schley
Gründung:	1988
Rechtsform:	GmbH
Registergericht:	Offenbach a.M., HRB 7165
Mitarbeiter:	20

Das Umweltinstitut Offenbach arbeitet mit zwei unternehmerischen Schwerpunkten: Zum einen werden Dienstleistungen in den Bereichen Erfassung, Darstellung und Untersuchung von Umweltauswirkungen angeboten. Zum anderen werden regelmäßig Fachtagungen und Seminare zu aktuellen Umweltthemen durchgeführt.

DIENSTLEISTUNGSBEREICH

Bereich Altlasten

Erfassung, Erkundung und Untersuchung von altlastenverdächtigen Flächen

Durchführung von Rammkernsondierungen

Messungen, Probenahmen, Analysen

Bereich Umweltverträglichkeitsprüfungen

Anlagen- und Planungs-UVP

Festlegung des Untersuchungsrahmens

Durchführung von Umweltverträglichkeitsuntersuchungen

Behördenmanagement

Öffentlichkeitsarbeit, Mediationsverfahren

Bereich Standortplanung

Standortsuche, Standortbewertung

Stellungnahmen zu bestehenden Planungen

Bereich Messungen

Raumluftmessungen, Faserbestimmungen

Lärmmessungen, Emissionsmessungen

Bereich Umwelt-Audit

Praktische Unterstützung bei der Durchführung von Öko-Audits

Umsetzung des Umweltmanagementsystems im Unternehmen

Bereich EDV

ALADIN Geographisches ***Al****t****la****sten-* ***D****okumentations-und* ***In****formationssystem*

ÖKO-AUDITOR Software zur Durchführung von Öko-Audits nach der EG-Öko-Audit-Verordnung

FORTBILDUNGSBEREICH

Umweltbetriebsprüfer und Umweltgutachter

Modular aufgebautes Fortbildungskonzept nach der EG-Öko-Audit-Verordnung

Einwöchige Seminare:

Betriebsbeauftragte/r für Abfall

Betriebsbeauftragte/r für Gewässerschutz

Betriebsbeauftragte/r für Immissionsschutz

Beauftragte/r für die Bearbeitung von Altlasten

Beauftragte/r für die Umweltverträglichkeitsprüfung

Zweitägige Fachtagungen zu den Themen:

Altlasten

Rüstungsaltlasten

Grundwasserschadensfälle

Wasser/Abwasser

Umweltverträglichkeitsprüfung

Umwelt-Audit

Abfallwirtschaft

Inhouse-Schulungen

Umweltschutz, Umweltmanagement

Firmen- und branchenspezifische Umweltberatung

UMWELTINSTITUT OFFENBACH, Nordring 82B, 63067 Offenbach Tel.: (069) 810679 Fax: (069) 823493

Abfall ist zu vermeiden. Wir sagen, wie.

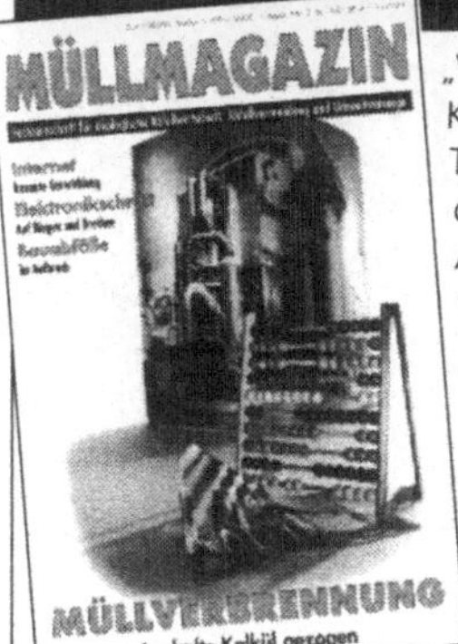

„Wenn Sie Ihre Kenntnisse über Theorie und Praxis der ökologischen Abfallwirtschaft vertiefen möchten und an fundierten Informationen über Abfallvermeidung interessiert sind, dann ist das MüllMagazin für Sie eine unentbehrliche Informationsquelle."

Viermal im Jahr

Einzelverkaufspreis 25,- DM inkl. Versand, Jahresabonnement 80,- DM inkl. Versand
ISSN 0934-3482

Fachzeitschrift für ökologische Abfallwirtschaft, Abfallvermeidung und Umweltvorsorge

Für die juristische Praxis:

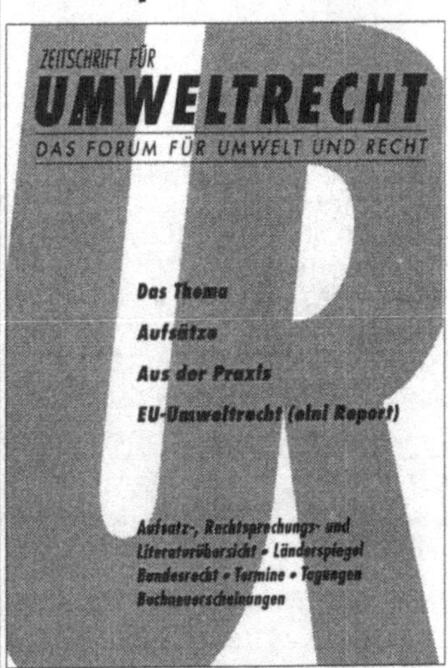

Sechsmal im Jahr:

Die Zeitschrift für Umweltrecht – und damit sechsmal im Jahr ein kompletter Überblick über das gesamte Umweltrecht.

Jahresabonnement 175,- DM inkl. Versand
ISSN 0943-388 X

Das starke Kombi-Angebot:

Kompakt. Kompetent. Kostengünstig.

Das neueste aus Forschung, Politik und Wirtschaft

Achtmal im Jahr

Jahresabonnement 152,- DM incl. MwSt. und Versand

Ermäßigter Preis für Abonnentinnen und Abonnenten des MüllMagazins:
98,50 DM incl. MwSt. und Versand
ISSN 0947-0182

Bestellungen: In jeder Buchhandlung oder direkt beim RHOMBOS-VERLAG, Kurfürstenstr. 17, 10785 Berlin, Tel. 030/ 261 94 61, Fax 261 68 54

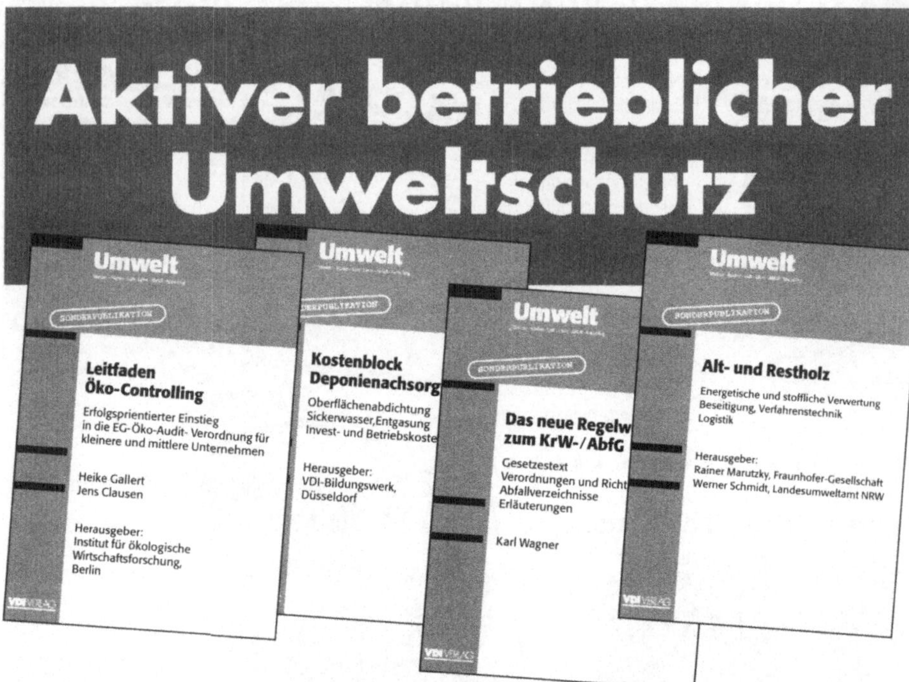

Sonderpublikationen zu unseren Fachzeitschriften widmen sich Themen, die zeitnah am Geschen sind. Folgende Titel sind bisher erschienen:

Gallert/Clausen
Leitfaden Öko-Controlling
ISBN 3-18-990012-4
DM 30,–*

Kostenblock Deponienachsorge
ISBN 3-18-990016-7
DM 40,–*

Kurt Wagner
Das neue Regelwerk zum KrW-/AbfG
ISBN 3-18-990018-3
DM 30,–*

Marutzky/Werner Schmidt
Alt- und Restholz
ISBN 3-18-990017-5
DM 40,–*

* unverbindliche Preisempfehlung

B U C H B E S T E L L U N G

Bitte einsenden an : VDI Verlag GmbH, Vertriebsleitung Zeitschriften,
Postfach 10 10 54, 40001 Düsseldorf

Ich bestelle hiermit:

___ Expl. Gallert/Clausen
Leitfaden Öko-Controlling
ISBN 3-18-990012-4 DM 30,–*

___ Expl. **Kostenblock Deponienachsorge**
ISBN 3-18-990016-7 DM 40,–*

___ Expl. Kurt Wagner
Das neue Regelwerk zum KrW-/AbfG
ISBN 3-18-990018-3 DM 30,–*

___ Expl. Marutzky/Werner Schmidt
Alt- und Restholz
ISBN 3-18-990017-5 DM 40,–*

Firma (nur bei Firmenanschrift)

Name/Vorname

Straße/Nr./Postfach

PLZ/Ort

Telefonnummer/Branche/Funktion

Datum/Unterschrift

VDI Verlag GmbH
Vertriebsleitung
Zeitschriften,
Postfach 10 10 54
40001 Düsseldorf
Telefon 02 11/61 88-313
Telefax 02 11/61 88-133

Für den Erhalt natürlicher Lebensbedingungen

UMWELT bietet Ihnen aktuelle Informationen, faktenreiche Hintergründe, interessante Reportagen und News. Im Mittelpunkt stehen dabei die technische Lösung, der wissenschaftliche Hintergrund, der juristische und ökologische Aspekt. Praxis statt Theorie heißt 9 x im Jahr das gesamte Spektrum innovativer und zukunftsweisender Umweltthematiken in folgenden Rubriken: Titelthema/Schwerpunkt, Wasser-/ Abwassertechnik, Abfallwirtschaft, Luftreinhaltung, Lärmminderung, Management.

Handeln statt Abwarten.

Fordern Sie Ihr kostenloses Exemplar zum Kennenlernen an oder bestellen Sie das preiswerte Probeabonnement.

Fragen Sie nach Abo-Vorteilen für VDI-Mitglieder.

Vertriebsleitung Zeitschriften
Postfach 10 10 54 · 40001 Düsseldorf
Telefon 02 11/61 88-151
Telefax 02 11/61 88-133

ABONNEMENTBESTELLUNG

Ja, ich möchte die Umwelt zunächst näher kennenlernen. Bitte liefern sie mir ein **Probeabonnement** für

☐ **3 Monate** zum Preis von DM 41,– inkl. Versandkosten und MwSt. Falls ich die Lieferung während dieser Zeit nicht schriftlich abbestelle, erhalte ich die Umwelt weiterhin zum regulären Preis von DM 215,– inkl. MwSt. zuzüglich Versandkosten.

☐ **Bitte senden Sie mir ein Probeheft.**

Name/Vorname

Straße/Postfach

PLZ/Ort

Telefon

Datum/Unterschrift

Diese Bestellung kann ich innerhalb einer Woche widerrufen. (Datum des Poststempels). Diesen Hinweis habe ich zur Kenntnis genommen und bestätige dies durch meine Unterschrift.

Datum/Unterschrift

Stand 1.1.96

Springer und Umwelt

Als internationaler wissenschaftlicher Verlag sind wir uns unserer besonderen Verpflichtung der Umwelt gegenüber bewußt und beziehen umweltorientierte Grundsätze in Unternehmensentscheidungen mit ein. Von unseren Geschäftspartnern (Druckereien, Papierfabriken, Verpackungsherstellern usw.) verlangen wir, daß sie sowohl beim Herstellungsprozess selbst als auch beim Einsatz der zur Verwendung kommenden Materialien ökologische Gesichtspunkte berücksichtigen.
Das für dieses Buch verwendete Papier ist aus chlorfrei bzw. chlorarm hergestelltem Zellstoff gefertigt und im pH-Wert neutral.